普通高等教育系列教材

Pro/ENGINEER 5.0 基础教程

江 洪　郦祥林　孙丽琴　等编著

机 械 工 业 出 版 社

本书详细讲解了 Pro/ENGINEER Wildfire 5.0 的常用功能，并通过大量实例讲解了 Pro/ENGINEER Wildfire 5.0 的设计方法与技巧。书中配有大量的上机练习题，配套光盘中附有实例动画演示。

本书可作为高等院校机械、建筑、工业设计等相关专业的 CAD 课程教材，也可作为工程技术人员的自学用书。

图书在版编目（CIP）数据

Pro/ENGINEER 5.0 基础教程 / 江洪等编著. —北京：机械工业出版社，2011.1（2024.1 重印）
普通高等教育系列教材
ISBN 978-7-111-32398-3

Ⅰ. ①P… Ⅱ. ①江… Ⅲ. ①机械设计：计算机辅助设计－应用软件，Pro/ENGINEER 5.0－高等学校－教材 Ⅳ. ①TH122

中国版本图书馆 CIP 数据核字（2010）第 213291 号

机械工业出版社（北京市百万庄大街 22 号　邮政编码 100037）
策划编辑：张宝珠
责任编辑：张宝珠
责任印制：刘　媛
涿州市般润文化传播有限公司印刷
2024 年 1 月 • 第 1 版第 17 次印刷
184mm×260mm • 17.75 印张 • 438 千字
标准书号：ISBN 978-7-111-32398-3
　　　　　ISBN 978-7-89451-825-5（光盘）
定价：59.00 元（含 1DVD）

电话服务
客服电话：010-88361066
　　　　　010-88379833
　　　　　010-68326294

网络服务
机　工　官　网：www.cmpbook.com
机　工　官　博：weibo.com/cmp1952
金　　书　　网：www.golden-book.com
机工教育服务网：www.cmpedu.com

前　　言

党的二十大提出，“加快建设制造强国”。实现制造强国，智能制造是必经之路。计算机辅助设计技术是智能制造的重要支撑技术之一，其推广和使用缩短了产品的设计周期，提高了企业的生产率，从而使生产成本得到了降低，增强了企业的市场竞争力，所以掌握计算机辅助设计对高等院校的学生来说是十分必要的。

Pro/ENGINEER 是 1988 年由 PTC（参数技术）公司开发的三维建模软件。经过不断的发展和完善，目前该软件已成为世界上最普及的 CAD/CAM/CAE 软件之一。Pro/ENGINEER 广泛应用于电子、机械、模具、工业设计、汽车、航空航天、家电、玩具等行业，是一个全方位的 3D 产品开发软件。它集零件设计、产品装配、模具开发、NC 加工、钣金件设计、铸造件设计、造型设计、逆向工程、自动测量、机构模拟、压力分析、产品数据管理等功能于一体。Pro/ENGINEER Wildfire 5.0 在功能加强和软件的易用性上做了进一步的改进，操作界面也更友好，易学易用。

本书详细讲解了 Pro/ENGINEER Wildfire 5.0 的常用功能，并通过大量实例讲解了 Pro/ENGINEER Wildfire 5.0 的设计方法与技巧。书中附有大量的上机练习题，配套光盘中附有实例的动画演示，可帮助读者巩固所学知识。

参加本书编写的人员有江洪、郦祥林、孙丽琴、祁晨宇、李美、徐兴、唐宁、周婧瑜、许赟、程曦、赵皓、金志扬、琚龙玉、张伟龙、李尧尧、杨晴元、王申旭、黄定师、李超、高明宏、沈旭峰、郭继伟、吴越、姜伟娟、侯剑波、张丛。

书中疏漏之处，恳请广大读者批评指正。

感谢您阅读本书。您可以将意见和建议发送至：99998888@126.com。

编　者

目　　录

第 1 章　Pro/E 5.0 基础

本章概要介绍了 Pro/ENGINEER Wildfire 5.0（以下简称为 Pro/E 5.0）的功能与特点、工作界面，以及如何启动和退出 Pro/E 5.0，如何新建文件、打开文件和保存文件，如何使用菜单栏、工具栏、快捷键。此外还介绍了鼠标的使用和系统参数的配置。本章力图使读者熟悉 Pro/E 5.0 的工作环境，掌握 Pro/E 5.0 的基本操作。

1.1　Pro/E 5.0 的启动和界面

三维建模软件 Pro/ENGINEER 是美国 PTC（参数技术）公司的产品。自 1988 年 Pro/ENGINEER 问世以来，该软件经过不断地发展和完善，目前已成为世界上最普及的 CAD/CAM/CAE 软件之一。Pro/ENGINEER 广泛应用于电子、机械、模具、工业设计、汽车、航空航天、家电、玩具等行业，是一个全方位的 3D 产品开发软件。它集零件设计、产品装配、模具开发、NC 加工、钣金件设计、铸造件设计、造型设计、逆向工程、自动测量、机构模拟、压力分析、产品数据管理等功能于一体。Pro/E 5.0 版本在功能加强和软件的易用性上作了进一步的改进。

在正确安装了 Pro/E 5.0 后，选择“开始”→“所有程序”→“PTC”→“Pro ENGINEER”→“Pro ENGINEER”，或者双击桌面上的 Pro ENGINEER 快捷图标，系统启动 Pro/E 5.0，启动画面如图 1-1 所示。

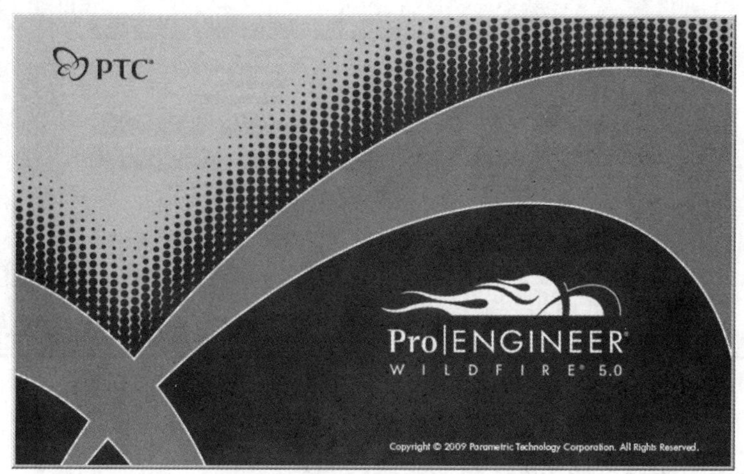

图 1-1　Pro/E 5.0 启动画面

如果在启动过程中计算机的网络连接不通畅，会弹出一个网页错误的对话框，如图 1-2 所示。单击对话框中的“是”或“否”按钮即可关闭该对话框，不会影响软件的正常启动。启动结束后系统进入 Pro/E 5.0 界面，如图 1-3 所示。

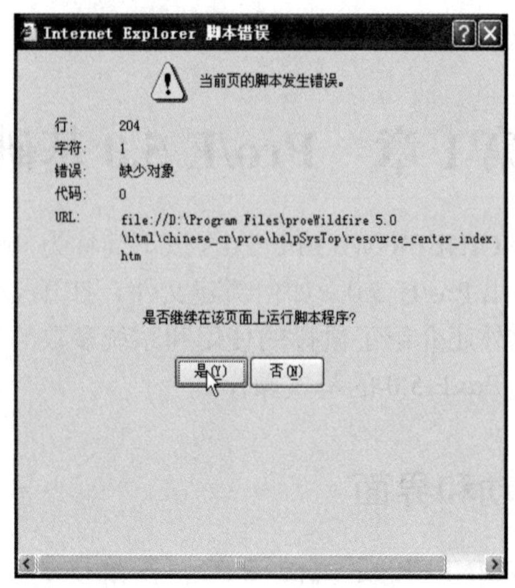

图 1-2　网页脚本错误对话框

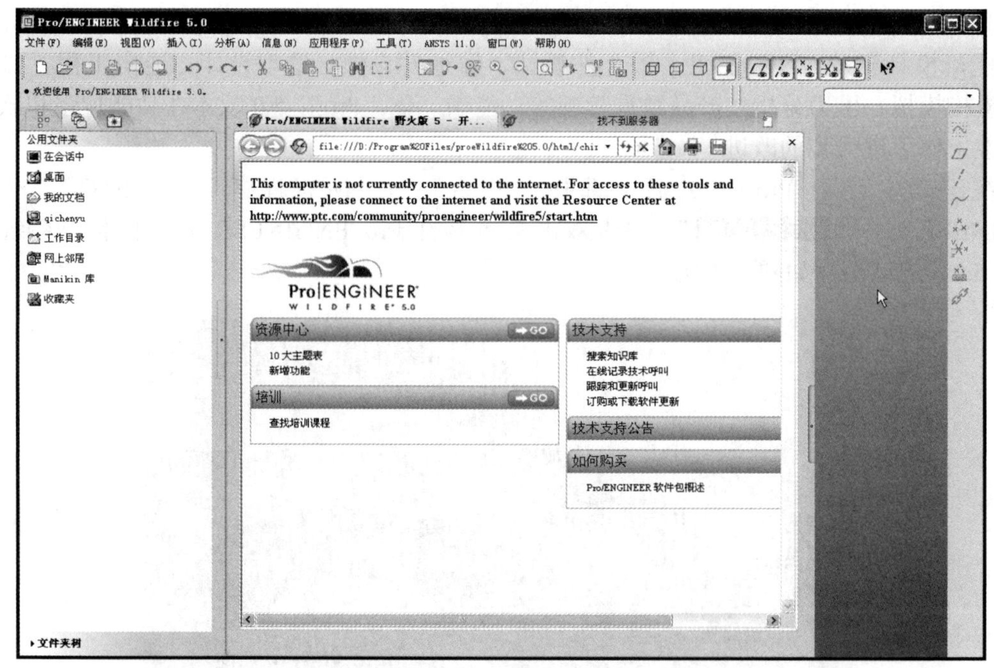

图 1-3　Pro/E 5.0 界面

操作过程见随书光盘 1\视频\1-1 启动和关闭.avi。

Pro/E 5.0 的界面友好，用户操作快捷。Pro/E 5.0 零件模块的工作界面如图 1-4 所示，一般包括如下几个部分。

（1）菜单栏

Pro/E 5.0 的菜单栏位于工作界面的最上方，菜单中含有软件提供的所有命令。不同的模块显示的菜单及内容有所不同。图 1-5 所示为“插入”菜单和“工具”菜单中的命令显示。

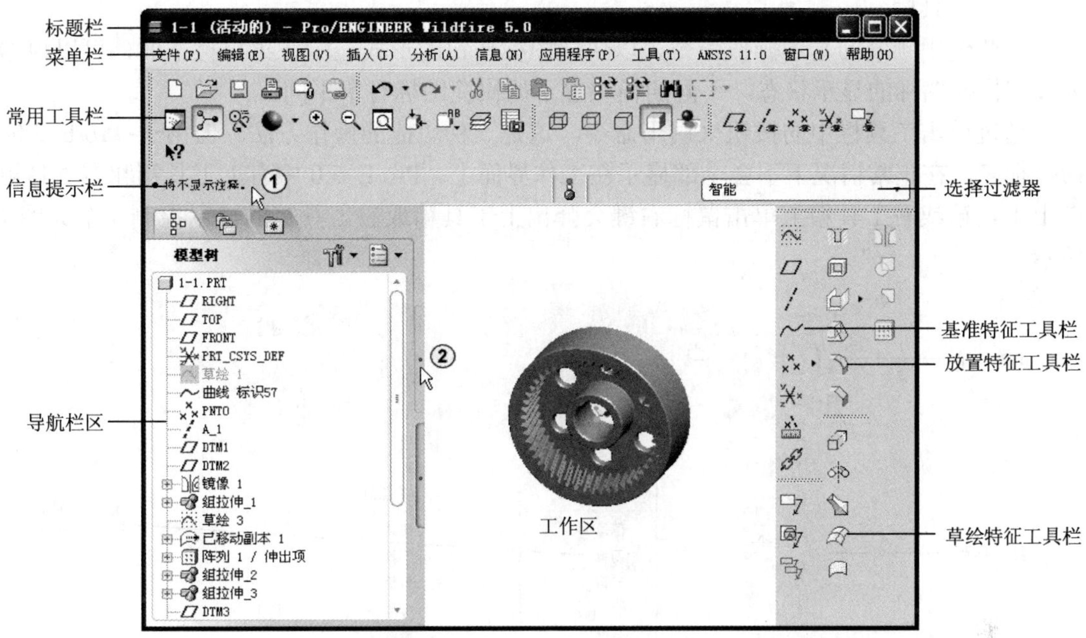

图 1-4 Pro/E 5.0 的工作界面

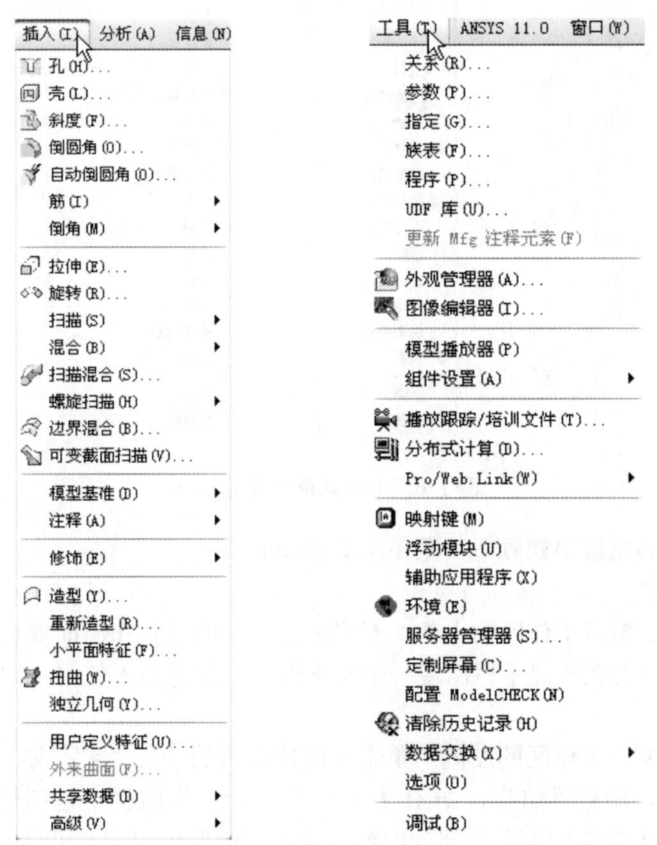

图 1-5 “插入”菜单和“工具”菜单

（2）工具栏

一些使用频繁的基本操作命令，以快捷图标按钮的形式显示在菜单栏下面，可以根据需要设置快捷图标的显示状态。不同的模块显示的快捷图标有所不同。

通过单击工具栏中的按钮来调用命令，这是一种快捷的操作方法。但由于 Pro/E 5.0 的命令很多，在正常情况下不会全部显示在工作界面上。Pro/E 5.0 中有上工具箱和右工具箱。在上工具箱或右工具箱上单击鼠标右键会弹出上工具箱或右工具箱的显示控制菜单如图 1-6 所示。

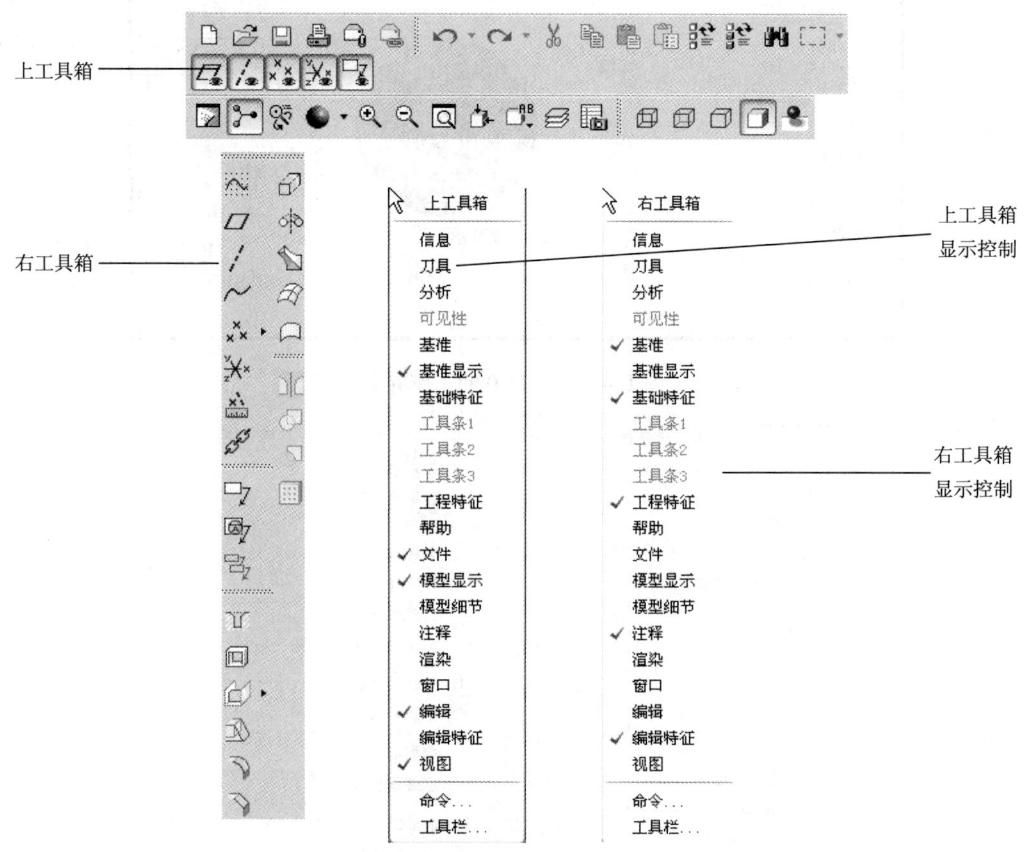

图 1-6　上工具箱和右工具箱

操作过程见随书光盘 1\视频\1-2 菜单工具栏.avi。

（3）信息提示栏

信息提示栏位于窗口工作区的上部，对当前窗口中的操作作出简要说明或提示。对于需要输入数据的操作，会在该提示栏出现一个文本框，供数据输入使用，如图 1-4 中①所示。

（4）导航栏区

导航栏区位于窗口工作区的左侧。单击导航栏右侧的符号“>”，显示导航栏；单击导航栏右侧的符号“<”，隐藏导航栏，如图 1-4 中②所示。导航栏中包括模型树、文件夹浏览器、收藏夹和相关网络技术资源 3 部分内容。单击相应选项按钮，可打开相应的导航面板，如图 1-7 所示。

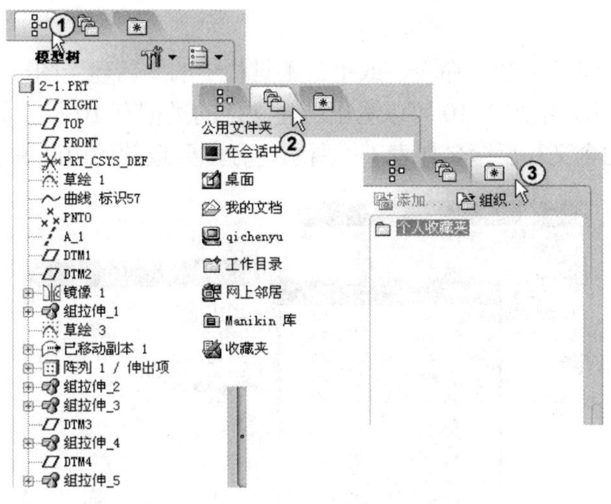

图 1-7　导航面板

（5）工作区

工作区是 Pro/E 5.0 软件的主窗口区域。操作结果将显示在该区域内，也可在该区域内对模型进行相关的操作，如观察模型、选择模型、编辑模型等。

（6）选择过滤器

选择过滤器位于工作区的右上角。使用该栏中的相应选项，可以有目的地选择模型中的对象。利用该功能，可以在较复杂的模型中快速选择要操作的对象。单击右侧的按钮，打开下拉列表，可以显示当前模型可供选择的项目，如图 1-8 所示。不同模块、不同工作阶段过滤器下拉列表中的内容有所不同。通过选择相应的项目，使得在模型中可选择的项目受到限制，即在模型中只有在过滤器栏中选中的项目才能被选中。在过滤器栏中系统默认的选项为“智能”，又称为“智能选择”。所谓“智能选择”，是指当光标移动到模型某个特征上时，系统会自动识别出该特征，在光标附近出现该特征的名称，同时该特征的边界高亮显示为蓝色，如图 1-9 所示。此时，单击鼠标左键，便选中该特征，其边界高亮显示为红色。

操作过程见随书光盘 1\视频\1-3 选择过滤器.avi。

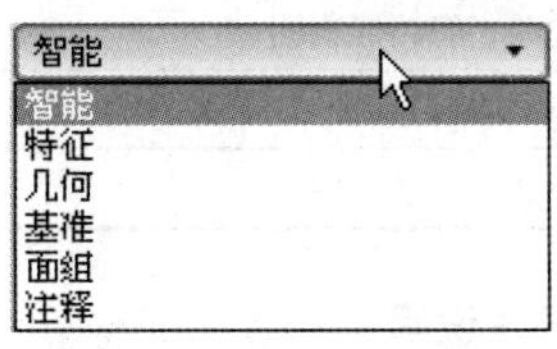

图 1-8　选择过滤器

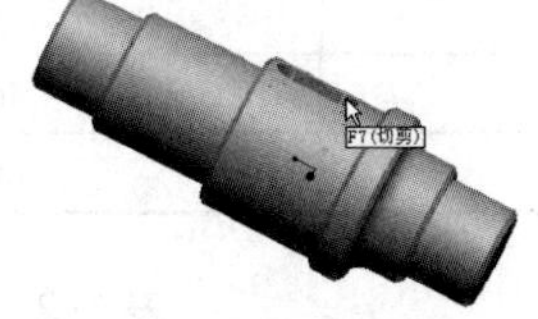

图 1-9　特征选择

1.2　Pro/E 5.0 的基本操作

1.2.1　新建文件

使用“文件”菜单中的相应命令，可对图形文件执行相应的操作。下面介绍该菜单中常用命令的使用方法。

单击菜单“文件”→“新建”命令，或单击工具栏中的“新建”图标□可以新建一个文件。新建过程如图 1-10 所示。由图 1-10 可以看出新建文件的类型有 10 种，每一个类型中又包含各种子类型。各种类型的含义和后缀名如表 1-1 所示，各主要选项的用法说明如表 1-2 所示。

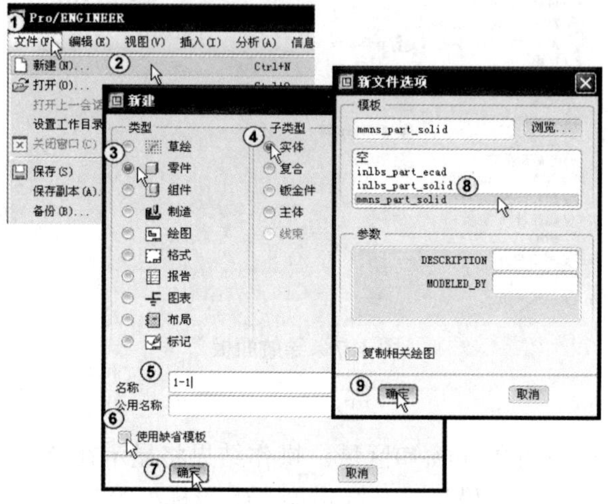

图 1-10　新建文件

表 1-1　新建文件的类型

文件类型	文件后缀名	说　明
草绘	.sec	建立 2D 草图文件
零件	.prt	建立 3D 零件模型文件
组建	.asm	建立 3D 模型安装文件
制造	.mfg	NC 加工程序制作、模具设计
绘图	.drw	建立 2D 工程图
格式	.frm	建立 2D 工程图图纸格式
报表	.rep	建立模型报表
图标	.dgm	建立电路、管路流程图
布局	.lay	建立产品组装布局
标记	.mrk	注解

表 1-2　新建文件各主要选项的用法说明

主要选项名称	说　明
子类型	在该栏中列出相应模块功能的子模块类型
名称	输入新建的文件名，若不输入则接受系统设置的默认文件名。在本地存储时，该名称为模型的文件名；输入的名称中不能含有汉字
公用名称	输入模型的公共描述
使用缺省模板	NC 加工程序制作、模具设计
绘图	建立 2D 工程图使用系统默认模板选项，如系统默认的单位、视图、基准面、图层等的设置。若不选择该项，系统会弹出选择模板的对话框，在该对话框中可选择其他模板样式。一般选择“mmns_part_solid”，该模板的单位制符合我国的国家标准

单击图 1-10 中⑨处的“确定”按钮，即可得到一个零件的创建环境，如图 1-11 所示。

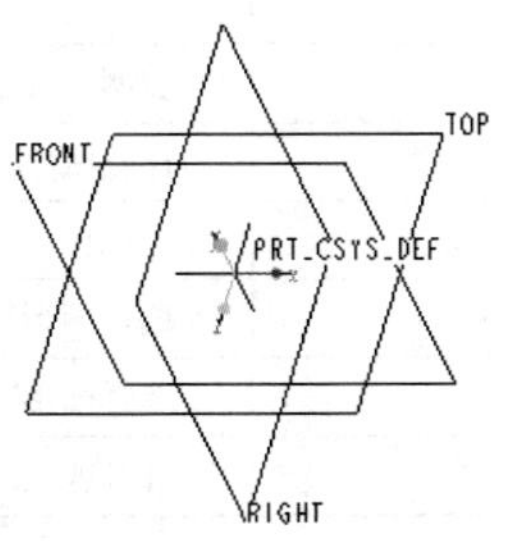

图 1-11　新建后的工作环境

操作过程见随书光盘 1\视频\1-4.avi。

1.2.2　打开和保存文件

（1）打开文件

单击菜单“文件”→“打开”命令，操作过程如图 1-12 所示。打开的文件显示如图 1-13 所示。使用该命令可以打开系统已有的图形文件，如图 1-13 所示。该对话框中各主要功能选项的用法说明如表 1-3 所示。

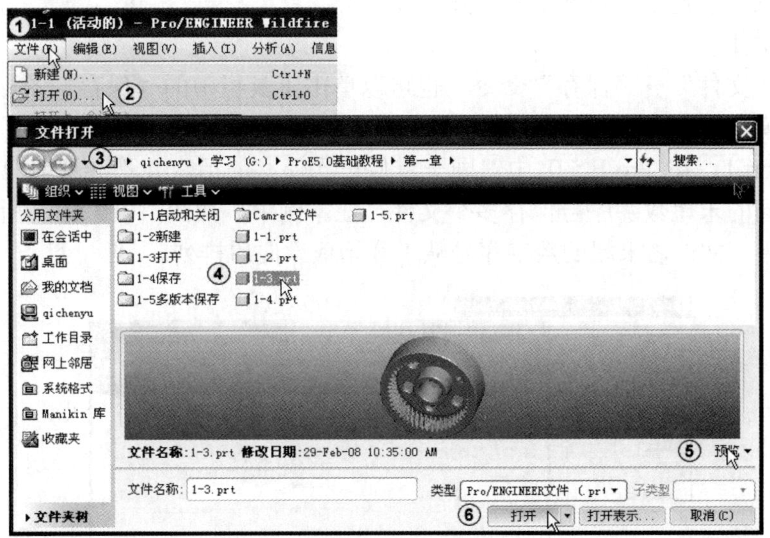

图 1-12　打开文件

表 1-3　“文件打开”对话框中各主要功能选项的用法说明

各主要功能选项	用 法 说 明
在会话中	查看当前内存中的文件
桌面	查看桌面上的文件
我的文档	在我的文档中查找文件
工作目录	回到当前工作目录

（续）

各主要功能选项	用 法 说 明
网上邻居	在网上邻居中查找文件
收藏夹	在收藏夹中查找文件
文件名	在该栏中输入要打开的文件名
类型	选择图形文件的类型及格式
子类型	选择图形文件的子类型及格式
预览 ▾	打开或关闭预览

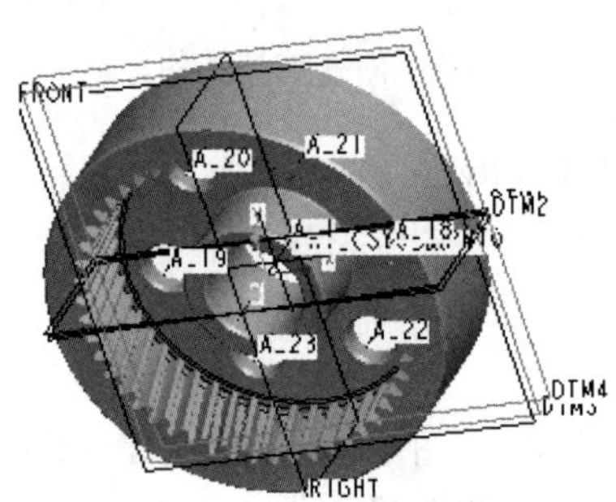

图 1-13　打开的文件显示

操作过程见随书光盘 1\视频\1-5 打开.avi。

（2）保存文件

单击菜单“文件”→“保存”命令，也可以单击工具栏中的“保存”图标，可将当前工作窗口中的模型保存到选定的磁盘位置，操作过程如图 1-14 所示。得到如图 1-14 中⑤所示的零件 1-1.prt.1。在 Pro/E 5.0 中对同一零件再次保存的话，并不会覆盖第一次保存的零件，而是以不同的末尾数字序号保存多个文件，在本例中，如图 1-14 中⑦所示为零件 1-1 保存 4 次的结果，文件名末尾的数字序号从 1 开始依次向后排列。

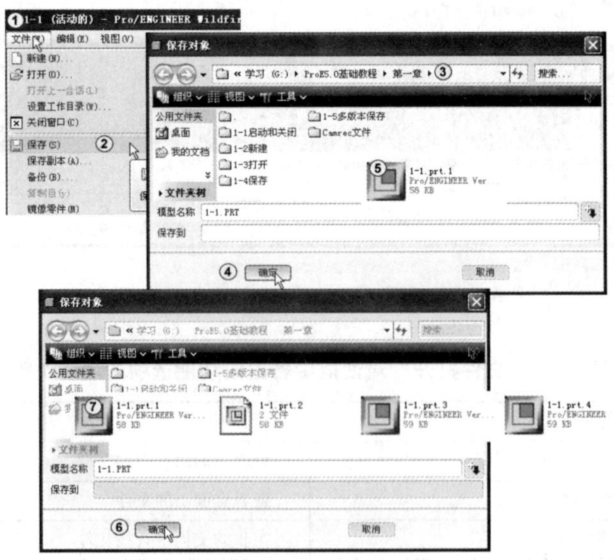

图 1-14　保存文件

操作过程见随书光盘 1\视频\1-6 保存.avi 和 1-7 多版本保存.avi。

1.2.3 设置工作目录

单击菜单“文件”→“设置工作目录”命令，操作过程如图 1-15 所示。选择要设为工作目录的文件夹，单击“确定”按钮即可完成当前工作目录的设定。设定当前工作目录可方便以后文件的保存、打开、保存副本和备份，既便于文件的管理，又节省文件打开的时间，设置工作目录的作用如图 1-16 所示，3 种操作（即打开文件、保存到本备份）的地址栏中的地址会自动选择到所选定的工作目录中。

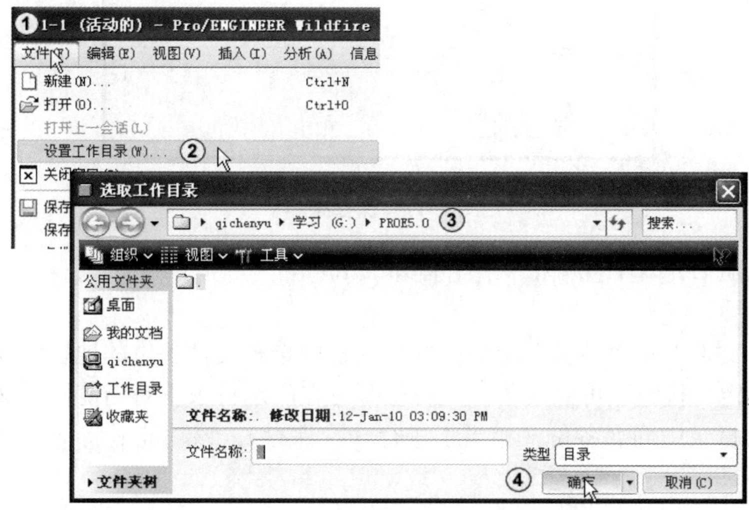

图 1-15　选取工作目录

图 1-16　工作目录的作用

操作过程见随书光盘 1\视频\1-8 设置工作目录.avi。

1.2.4 保存副本、备份和重命名

（1）保存副本

单击菜单“文件”→“保存副本”命令，选择文件要保存的地址如图 1-17 中③所示，输入保存文件名的新建名称，如图 1-17 中④所示，选择相应的文件类型如图 1-17 中⑤所示，单击“确定”按钮即可得到当前模型的一个副本。该功能是将同一个文件以不同的名称另存一份。

图 1-17　保存副本

操作过程见随书光盘 1\视频\1-9 保存副本.avi。

（2）备份

单击菜单“文件”→“备份”命令，在地址栏中选择文件备份的地址，如图 1-18 中③所示，单击“确定”按钮即可完成备份。备份既可在所选目录下对当前模型文件同名备份，也可在文件当前目录中同名备份（相当于进行一次保存）。该功能是将同一个文件以原有的名称另存一份。

图 1-18　备份

操作过程见随书光盘 1\视频\1-10 备份.avi。

（3）重命名

使用“重命名”命令可实现对当前工作界面中的模型文件重新命名，单击菜单“文件”→“重命名”命令，在“新名称”文本框中输入新的文件名称，如图 1-19 中③所示，然后根据需要选择“在磁盘上和会话中重命名”（更改模型在硬盘及内存中的文件名称）或“在会话中重命名”（只更改模型在内存中的文件名称）选项。

提示：任意重命名模型会影响与其相关的装配模型或工程图，因此重命名模型文件应该慎重。

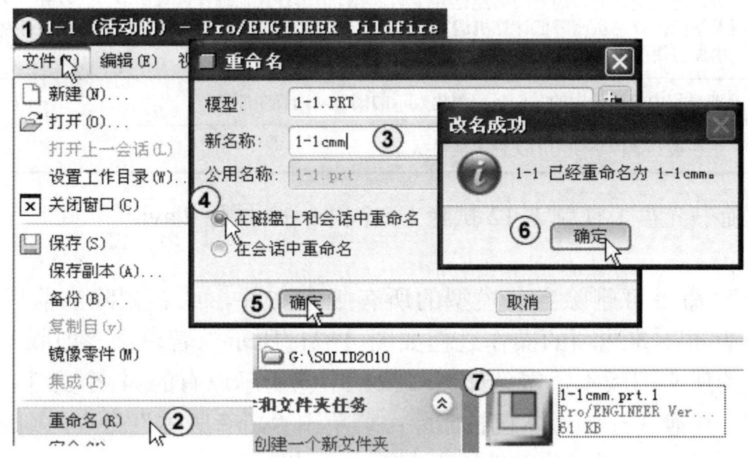

图 1-19 重命名

操作过程见随书光盘 1\视频\1-11 重命名.avi。

1.2.5 拭除和删除

（1）拭除

使用“拭除”命令可将内存中的模型文件删除，但并不删除硬盘中的源文件。该命令的操作过程如图 1-20 所示。“拭除”子菜单中的各选项含义说明如表 1-4 所示。

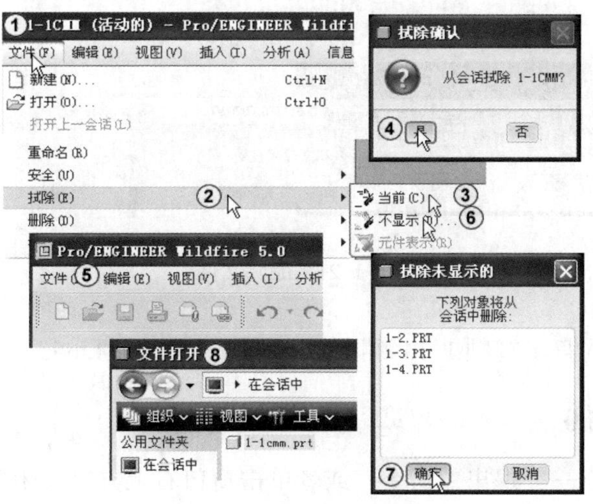

图 1-20 拭除文件

表 1-4 “拭除”子菜单中各选项的含义说明

子菜单选项	含 义 说 明
当前	将当前工作窗口中的模型文件从内存中删除
不显示	将没有显示在工作窗口中但存在于内存中的所有模型文件从内存中删除。当应用 Pro/E 5.0 打开多个文件时，通过关闭窗口的方法只能让零件不显示，但零件还保存在内存当中。若打开过多的文件时，就会占用大量的内存，从而降低计算机运行的速度，这时就需要把已经关闭了的零件或组件从内存中清理出去，以增加可用的内存空间
元件表示	把进程中没有使用的，而且用简化表示的模型从内存中删除
提示	正在被其他模块使用的文件不能被拭除

操作过程见随书光盘 1\视频\1-12 拭除 1.avi 和 1-13 拭除 2.avi。

（2）删除

使用“删除”命令可删除当前模型的所有版本文件，或者删除当前模型的所有旧版本，只保留最新版本。该选项的操作过程如图 1-21 所示。若单击“旧版本”命令，系统将删除当前零件的所有旧版本，得到如图 1-21 中⑤所示原有的 4 个文件，只保留最新版本 1-1cmm.prt.4，其他 3 个旧版本已被删除；若单击“所有版本”命令，则删除当前模型的所有版本，如图 1-21 中⑧所示该零件的所有版本已被删除。

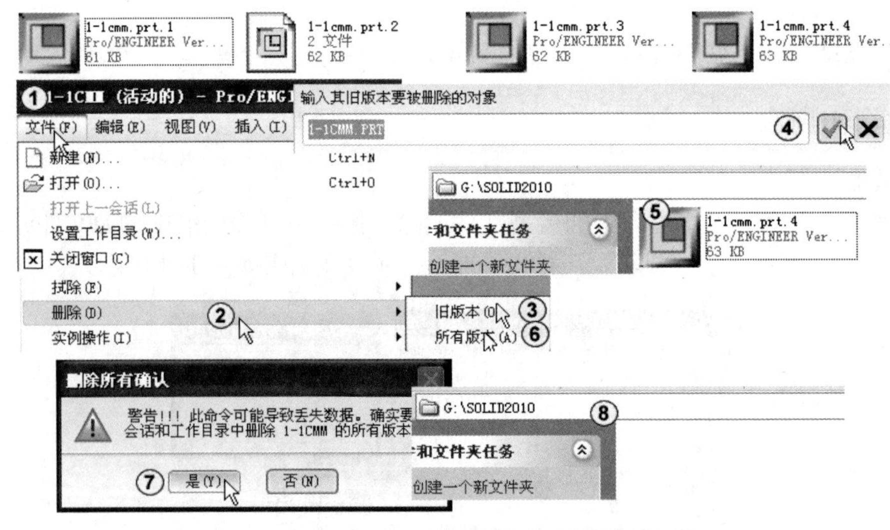

图 1-21 删除文件

操作过程见随书光盘 1\视频\1-14 删除 1.avi 和 1-15 删除 1.avi。

1.2.6 退出 Pro/E 5.0

单击菜单“文件”→“退出”命令，或者单击窗口右上方“关闭”按钮☒，操作过程如图 1-22 所示。单击“退出”命令后，系统会弹出“确认”对话框。单击“是”按钮，则退出 Pro/E 5.0；单击“否”按钮则返回到 Pro/E 5.0 的操作界面中。

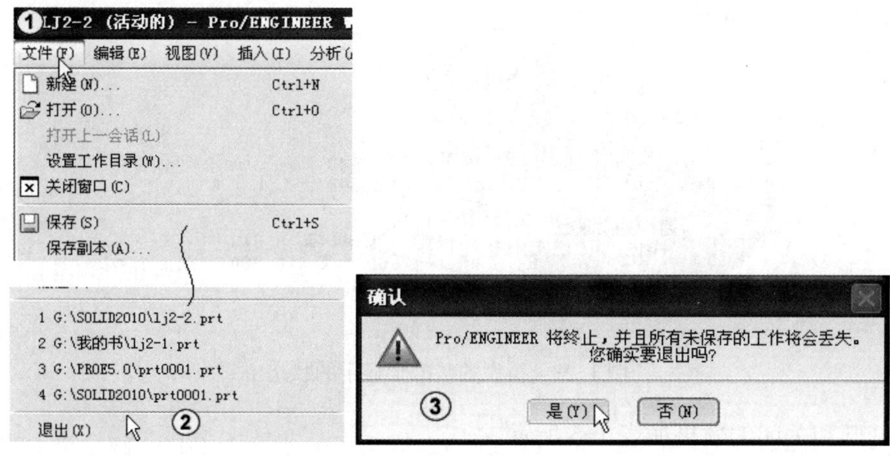

图 1-22　退出 Pro/E 5.0

1.3　鼠标的使用和模型的显示

1.3.1　鼠标的使用

在 Pro/E 5.0 中使用的鼠标必须是三键鼠标，否则许多操作不能进行。三键鼠标在 Pro/E 5.0 中的常用操作说明如表 1-5 所示。

表 1-5　鼠标的功能

键　名	功　能
左键	用于选择菜单、工具按钮，明确绘制图素的起始点与终止点，确定文字注释位置，选择模型中的对象等
中键	单击鼠标中键表示结束或完成当前操作，一般情况下与菜单中的“完成”选项、对话框中的“确定”按钮、特征操控板中的“确认”按钮 ✔ 的功能相同。此外，鼠标中键还用于控制模型的视角变换、缩放模型的显示及移动模型在视区中的位置等，具体操作如下： 单击鼠标中键并移动鼠标，可以任意方向地旋转视区中的模型 对于中键为滚轮的鼠标，滚动鼠标滚轮，可以缩放模型：向前滚动，模型缩小；向后滚动，模型放大 转动鼠轮可缩放视区中的模型 同时按<Ctrl>键和鼠标中键，上下拖动鼠标可缩放视区中的模型 同时按<Shift>键和鼠标中键，拖动鼠标可平移视区中的模型
右键	选中对象（如工作区和模型树中的对象、模型中的图素等），单击鼠标右键，显示相应的快捷菜单

1.3.2　模型的显示

选择合适的方式显示几何模型是开展工作的重要环节。模型的显示操作包括以下 3 个方面。

（1）基准显示控制和模型观察角度调整

基准是用来建模的基础，在一个较复杂的模型中会有很多的基准，如果同时全部显示的话，视图会比较乱，这时就需要调整基准的显示和隐藏。打开随书光盘 1\book\1-6.prt.1，如图 1-23 所示。

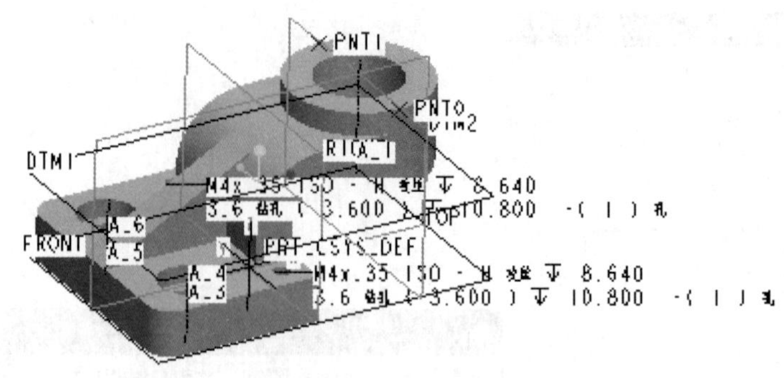

图 1-23　模型的基准全显示的状态

基准打开和关闭的效果如表 1-6 所示。

表 1-6　基准的打开和关闭

按　钮	基准打开状态	基准关闭状态
基准平面 	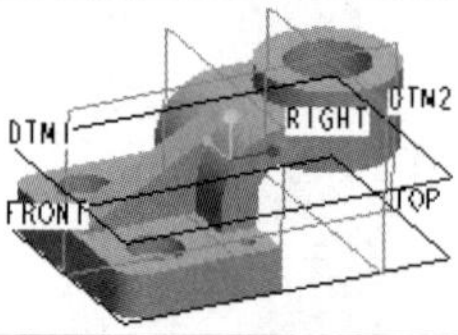	
基准轴 	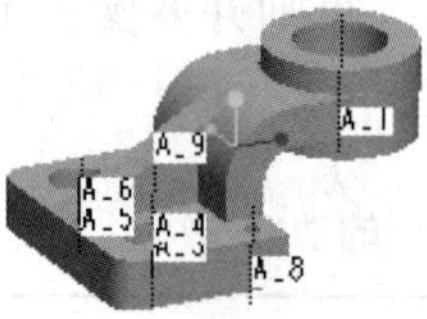	
基准点 	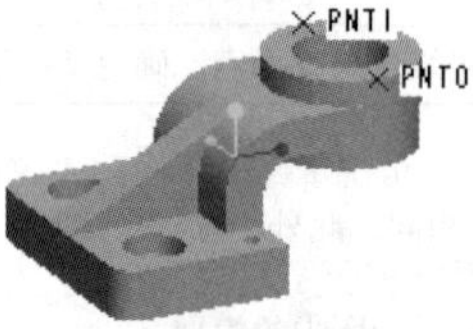	
坐标系 	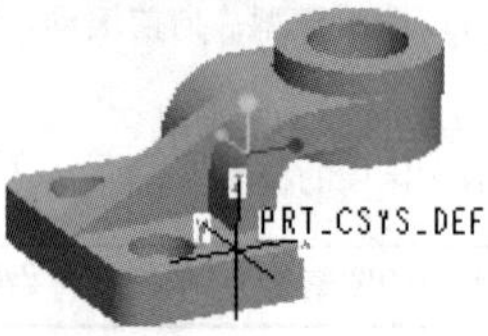	
注释元素 	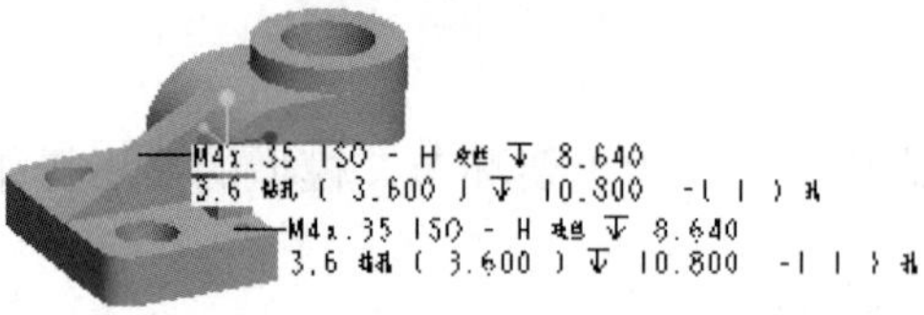	

操作过程见随书光盘 1\视频\1-16 基准的显示.avi。

模型的观察方向用来控制观察模型的角度，系统提供了 8 种模型的观察角度，如图 1-24 所示，这些观察方向的结果如表 1-7 所示。

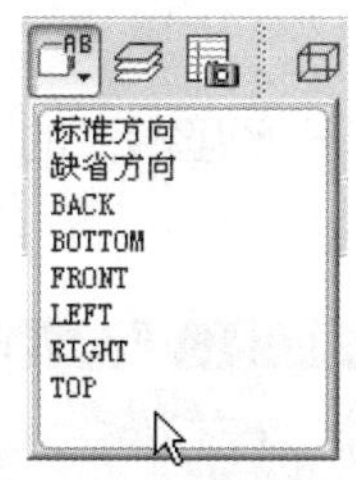

图 1-24　模型的观察方向

操作过程见随书光盘 1\视频\1-17 模型的观察方向.avi。

表 1-7　模型的观察角度

方向	标准方向	缺省方向	BACK（后部）	BOTTOM（底部）
示例				
方向	FRONT（前部）	LEFT（左侧）	RIGHT（右侧）	TOP（顶部）
示例				

（2）模型的显示方式

模型的显示方式共有 5 种，如图 1-25 所示，位于 Pro/E 5.0 的上工具栏。通过单击相应的按钮就可以实现不同显示方式之间的切换。各种不同的显示结果如表 1-8 所示。

图 1-25　模型的显示控制按钮

表 1-8　模型的显示方式

按钮					
按钮名称	线框模型	隐藏线模型	消隐线模型	着色模型	真实感模型
示例					

操作过程见随书光盘 1\视频\1-18 模型显示方式.avi。

（3）模型的材质和颜色

给模型设定不同的材料和颜色有助于增强模型的真实感和区别不同的零件。设定零件材质和颜色的界面如图 1-26 所示。

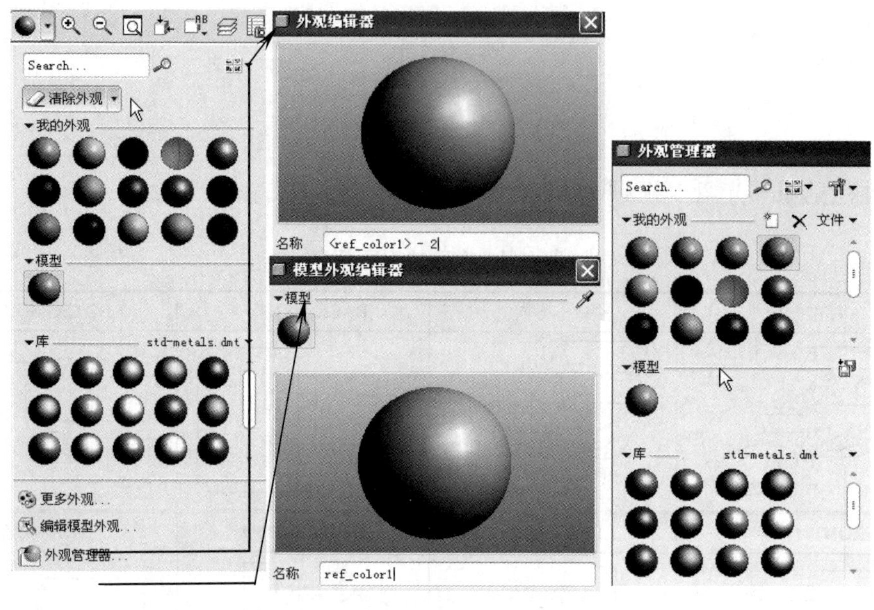

图 1-26　模型的材质和颜色控制

设定模型的材质和颜色的过程如图 1-27 所示。在选择颜色后会弹出如图 1-27 中③所示的“选取”对话框。然后在过滤对话框中选择“零件”，此时鼠标指针已经变成“毛笔”状，单击选中整个零件如图 1-27 中⑥所示，再单击如图 1-27 中⑦所示的“确定”按钮，得到如图 1-27 中⑧所示的效果。

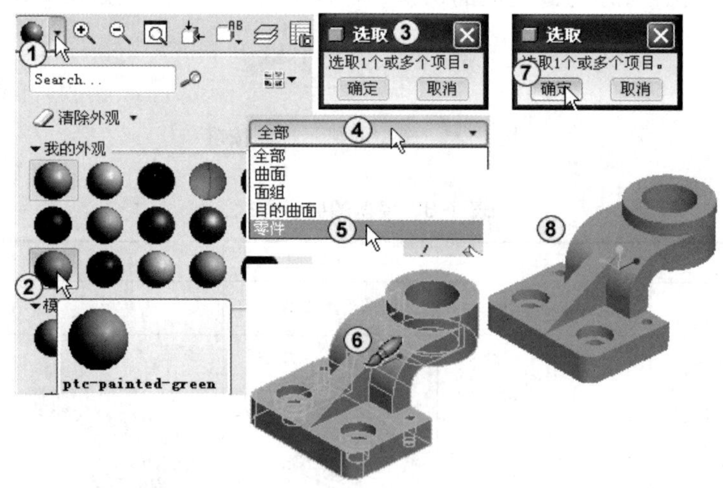

图 1-27　设定模型的颜色

操作过程见随书光盘 1\视频\1-19 模型外观.avi。

1.4 对象选取操作

1.4.1 普通选取

选取对象是应用 Pro/E 5.0 软件最基本的操作，必须选取设计项目（如基准、几何和特征）才可在模型上工作。在激活特征工具之前或之后也需选取项目。选取项目时，将鼠标指针置于图形窗口中要选择的项目附近，项目预选加亮后（变为亮蓝色显示），单击它即可选中（选中后变为红色显示）。如果特征复杂，或选择的对象不易捕捉时，可查询该项目把鼠标指针置于要选择的项目附近，单击鼠标右键进行特征间的切换直到预选的项目被加亮，再单击鼠标左键即可选中。用户也可使用过滤器选择方式，加快选择对象的速度。选取实例如表 1-9 所示。

表 1-9 选取实例

模 型 名	三 维 模 型	操 作 方 法
原始模型		打开模型文件 1-1.prt.1
特征预选		鼠标指针滑过特征时，特征被加亮。该特征进入预选状态，变为亮蓝色显示
特征选中		单击鼠标左键完成特征的选取
面预选		在选中的特征上移动鼠标指针，鼠标指针附近的面就被加亮，该面进入预选状态
面选中		单击鼠标左键选中该面
边预选		再次移动鼠标指针到该面的边上，则该边被加亮并进入预选状态

（续）

模 型 名	三 维 模 型	操 作 方 法
边选中		单击鼠标左键选中边
点预选		将鼠标指针移动到这条边的端点上，则该端点被加亮，并进入预选状态
点选中		单击鼠标左键选中该端点

如果同时选择多个对象，应在按<Ctrl>键的同时单击所选对象。

操作过程见随书光盘 1\视频\1-20 选取对象.avi。

1.4.2 查询

查询选取的功能是通过单击鼠标右键来实现的。当鼠标指针附近有多个特征的时候，单击鼠标右键可以实现在各个特征之间的切换，使各个特征循环进入预选状态。

操作过程见随书光盘 1\视频\1-21 查询选取.avi。

选择过滤器如图 1-28 所示，在该下拉列表中单击相应的选项即可在模型上选取相应的项目。

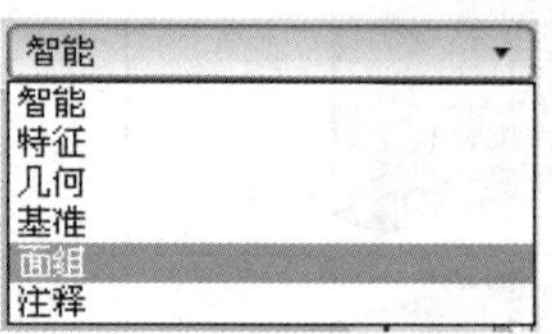

图 1-28 选择过滤器

1.5 练习题

1．启动 Pro/E 5.0，熟悉系统操作界面及各部分的功能。
2．练习文件的新建、打开和保存。
3．练习工作目录的设定、保存副本和备份以及重命名文件。
4．打开随书光盘 1\book\1-6.prt.1 的显示方式和材质颜色控制，并退出 Pro/E 5.0。

第2章　草图绘制

参数化草图绘制是创建各种零件特征的基础，它贯穿整个零件建模的过程，不论 3D 特征的创建、工程图的创建还是 2D 组装示意图的创建都要用到它。本章主要介绍 Pro/E 5.0 的草绘环境和草图绘制的方法，为学习后面的内容作准备。本章图形约定：单击鼠标左键“↖”，单击鼠标右键“↖”，双击鼠标左键“↖↖”，单击鼠标中键（及鼠标滚轮）“☝”，操作步骤的序号“①②③④⑤⑥⑦⑧⑨”。

2.1　草绘工作界面

1．进入草绘工作界面

单击“常用”工具栏中的“新建”按钮，或单击菜单“文件”→“新建”命令，在弹出的“新建”对话框中选择“草绘”类型，在“名称”文本框中输入草绘图名称，如“2-1”（或接受系统默认的文件名），如图 2-1 中①②③所示。单击“确定”按钮确定，系统进入草绘工作界面，如图 2-1 中④⑤所示。它与系统最初工作界面不同的是：在主菜单中新增“草绘”菜单；在上工具栏中新增“草绘”工具栏；在右工具栏中新增“草绘”命令工具栏。

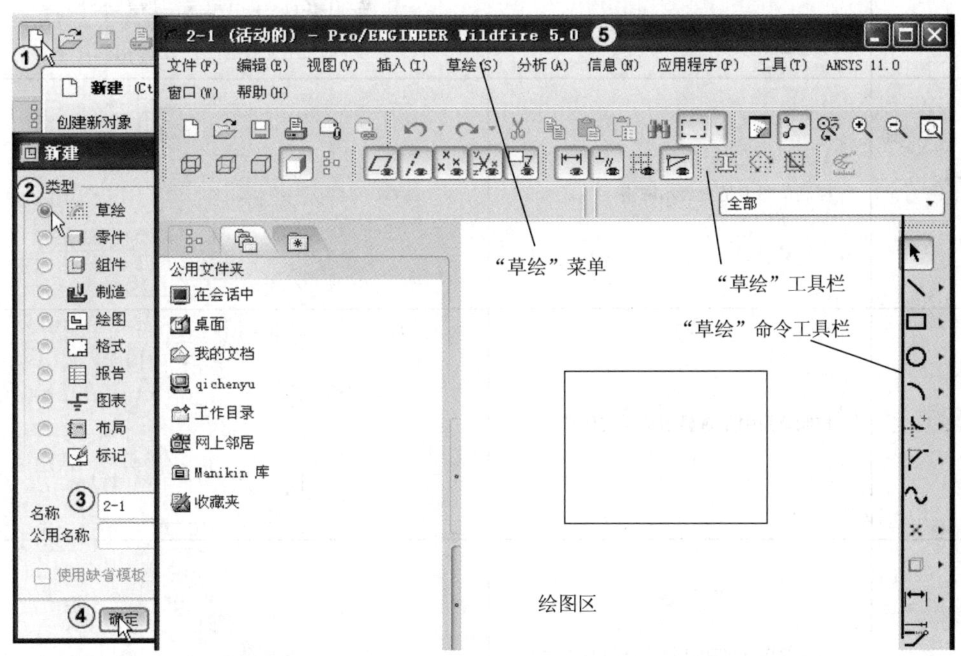

图 2-1　进入草绘环境

操作过程见随书光盘 2\视频\2-1 进入草绘.avi。

2．草绘工具栏

工具栏中新增的“草绘器”和“草绘器诊断工具”如图 2-2 所示。它们主要用来控制草绘过程及在草绘图中是否显示尺寸、几何约束，以及对图形的诊断等。

图 2-2 “草绘显示控制器”和“草绘诊断工具”

下面将“草绘”工具栏中的命令按钮说明如表 2-1 所示。

表 2-1　草绘按钮功能说明

按　钮	说　明	图　例
	控制草图中是否显示尺寸	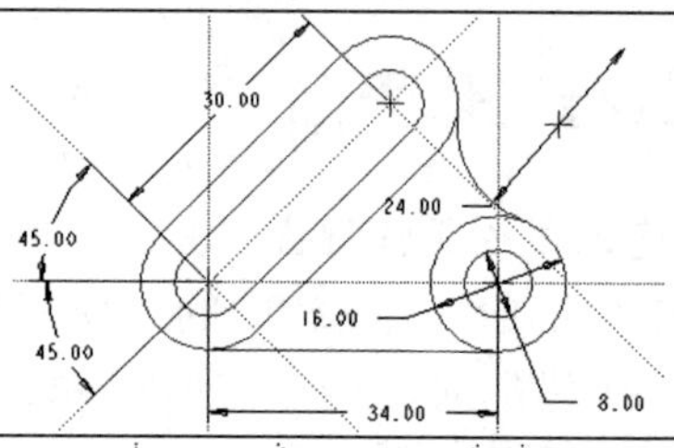
	控制草图中是否显示几何约束	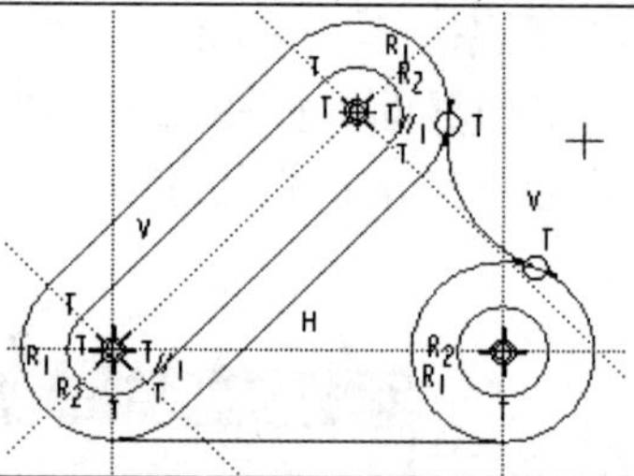
	控制草图中是否显示网格	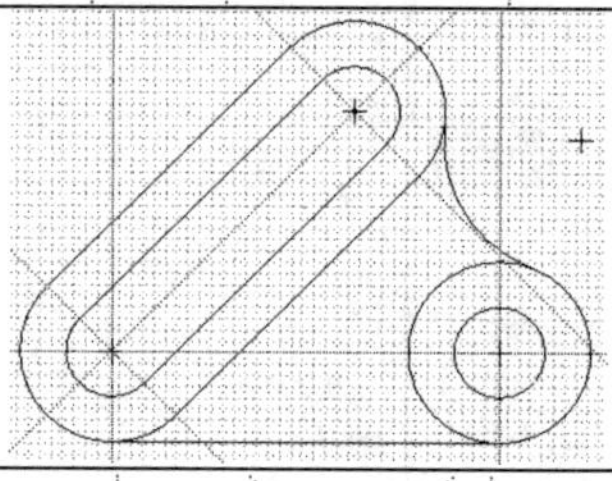
	控制草图中是否显示草绘实体端点	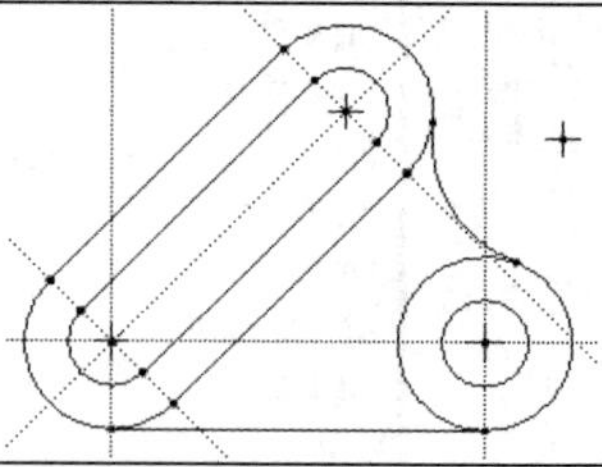
	对草绘图元的封闭链内部进行着色	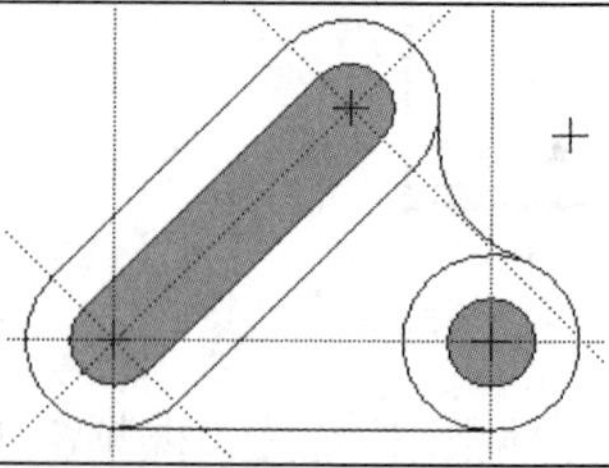

（续）

按　　钮	说　　明	图　　例
	加亮为多个图元共有的草绘图元的顶点	
	加亮重点几何的显示	

打开随书光盘 2\book\2-2.sec.1 若所有项目都显示的话如图 2-3 所示。操作过程见随书光盘 2\视频\2-2 草绘显示控制和草绘诊断工具.avi。

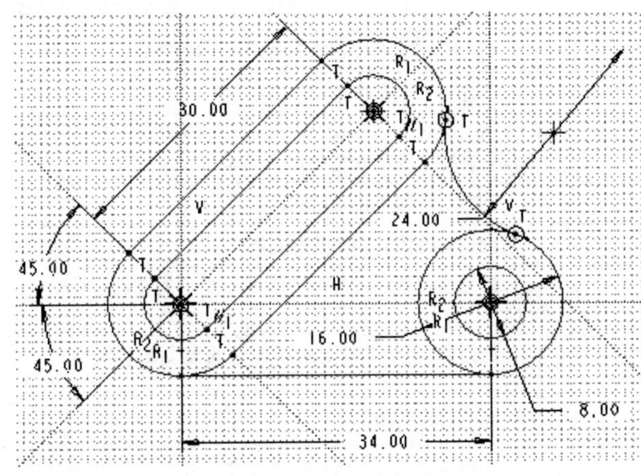

图 2-3　示例草图

3．“草绘”命令工具栏

“草绘”命令工具栏位于屏幕右侧，其中将绘制草图的各种绘制命令、尺寸标注、尺寸修改、几何约束、图元镜像等命令以按钮的形式给出，与之对应的“草绘”命令也可在菜单“草绘”中找到。

现将“草绘”命令工具栏中各命令按钮的功能说明如表 2-2 所示。

表 2-2 “草绘”命令工具栏中各按钮含义

按　　钮	名　　称	说　　明
	依次	项目选择切换按钮，处于按下状态时为选取对象模式
	线	创建两点直线，通常用于实体模型截面图形中直线的绘制

（续）

按　钮	名　称	说　明
	直线相切	创建与两实体相切的直线，实体为圆或圆弧
	中心线	创建两点中心线，中心线为“构建”中心线，不参与建模，只起辅助线的作用
	几何中心线	创建两点几何中心线，作为对称图形中的辅助线。绘制完成退出草绘后，会在模型中形成一条基准轴
	矩形	通过两对角点绘制矩形
	斜矩形	通过先绘制一条边（方向任意），再确定矩形的宽度来绘制矩形
	平行四边形	通过先绘制一条边（方向任意），再确定另一条边上的一点来绘制平行四边形
	圆心和点	通过确定圆心和半径的方式绘制圆
	同心	在草绘中已有圆或圆弧的情况下绘制它们的同心圆
	3 点	通过确定 3 点的方式绘制圆
	3 相切	绘制与 3 个实体相切的圆
	轴端点椭圆	通过先绘制椭圆一个轴的两个端点，再拖动鼠标指针确定另一个轴的长度的方法来绘制椭圆
	中心和轴椭圆	通过先绘制椭圆中心和一个轴的一个端点，再拖动鼠标指针确定另一个轴的长度的方法来绘制椭圆
	3 点/相切端	通过 3 点绘制圆弧，或通过在其端点与图元相切绘制圆弧
	同心	在草绘中已有圆或圆弧的情况下绘制它们的同心圆弧
	圆心和端点	通过确定的中心和圆弧两端点绘制圆弧
	3 相切	创建与 3 个实体相切的圆弧
	圆锥	通过先绘制两点确定圆锥曲线的两端点，再拖动鼠标指针确定圆锥曲线弧形状的方法来创建圆锥曲线
	圆形	创建与两图元相切的圆角
	椭圆形	创建与两图元相切的椭圆圆角
	倒角	通过选择两条相交的直线对两相交的直线进行倒角，倒角后被倒掉的线段用虚线显示
	倒角修剪	通过选择两条相交的直线对两相交的直线进行倒角，倒角后被倒掉的线段被删除
	样条	绘制样条曲线
	点	单击鼠标左键创建点，该点为“构建”的点，起参照作用不参与实体建模
	几何点	单击鼠标左键创建点，该点为几何点参与实体建模
	坐标系	单击鼠标左键创建坐标系，该坐标系为“构建”的坐标系，起参照作用不参与实体建模
	几何坐标系	单击鼠标左键创建坐标系，该点为几何坐标系参与实体建模。绘制完成后会在实体模型中形成一个基准坐标系
	使用	使用已有的几何边界作为草绘图元，只有在工作环境中已有其他创建好的特征的边界时，该命令才处于可用状态
	偏移	选择已有的边界，并给定偏移量，得到的偏移线作为草绘图元
	加厚	选择已有的边界并给定厚度和偏移量，所得线作为草绘图元
	法向	用鼠标左键选择要标注的图元，再移动鼠标指针到要放置所标尺寸的位置单击鼠标中键（滚轮鼠标为滚轮）即可完成尺寸的标注
	周长	
	参照	
	基线	

（续）

按　钮	名　称	说　明
	修改	修改尺寸值、样条几何或文本图元
	竖直	使线或两点垂直
	水平	使线或两点水平
	垂直	使两图元正交
	相切	使两图元相切
	中点	在线或弧的中间放置点
	重合	创建相同点、图元上的点或共线约束
	对称	使两点或顶点关于中心线对称
	相等	创建等长、等半径、等尺寸或相同曲率的约束
	平行	使两条线平行
	文本	创建文字作为草绘图
	调色板	将调色板中的外部数据插入到当前绘图区域中
	删除段	动态修剪图元，单击鼠标左键并拖动鼠标，鼠标指针滑过的图元将被删除
	拐角	将图元修剪或延伸到其他图元
	分割	在选取点的位置分割图元
	镜像	对选定图元进行镜像，只有先选定一个图元，该命令才处于可用状态
	移动和调整大小	对选定图元缩放和旋转

2.2　图元的绘制

当选择某一种“草绘”命令时，鼠标指针会发生变化。鼠标指针箭头上多一个小的十字叉表示当前处于图形绘制状态。在草图绘制过程中选择某一绘图命令完成图元绘制时，单击鼠标中键（即滚轮）可退出当前图形的绘制（如绘制直线）或退出当前的绘图命令（如绘制圆）回到鼠标指针选取状态，工具栏上的第一个按钮“依次”变成选中的状态。在进行实体建模的草图绘制时，再次单击鼠标中键为确认草绘图形并退出当前的草绘，回到实体建模状态。草图绘制时尺寸的显示与关闭可以通过工具栏上的按钮来控制。

线的绘制如表 2-3 所示。

表 2-3　线的绘制

按钮	名　称	绘 制 步 骤	说　明
	线	①　②　③　④	单击“草绘”工具栏上的“线”按钮，或单击菜单“草绘”→“线”→“线”命令，在图形绘制区域单击鼠标，确定线的方向和长度 操作过程见随书光盘 2\视频\2-3 草绘线 1.avi
	直线相切	①　②　③　④	单击“草绘”工具栏上的“直线相切”按钮，或单击菜单“草绘”→“线”→“直线相切”命令，在图形绘制区域中圆或圆弧的切点附近单击鼠标，确定切线的方向，可以为内切或外切 操作过程见随书光盘 2\视频\2-3 草绘线 2.avi

（续）

按钮	名　称	绘 制 步 骤	说　明
¦	中心线	① ② ③ ④	单击“草绘”工具栏上的“中心线”按钮¦，或单击菜单“草绘”→“线”→“中心线”命令，在图形绘制区域单击鼠标通过两点来确定中心线的方向，可以绘制水平、竖直或倾斜的中心线 操作过程见随书光盘 2\视频\2-3 草绘线 3.avi
¦	几何中心线	① ② ③ ④	单击“草绘”工具栏上的“几何中心线”按钮¦，或单击菜单“草绘”→“线”→“几何中心线”命令，在图形绘制区域单击鼠标通过两点来确定中心线的方向，可以绘制水平、竖直或倾斜的中心线。绘制完成后会在模型中形成一条基准轴 操作过程见随书光盘 2\视频\2-3 草绘线 4.avi

四边形绘制如表 2-4 所示。

表 2-4　四边形绘制

按　钮	名　称	绘 制 步 骤	说　明
□	矩形	① ②	单击“草绘”工具栏上的“矩形”按钮□，或单击菜单“草绘”→“矩形”→“矩形”命令，在图形绘制区域单击鼠标确定矩形的两对角点，进而确定矩形的大小 操作过程见随书光盘 2\视频\2-4 草绘四边形 1.avi
◇	斜矩形	① ② ③	单击“草绘”工具栏上的“斜矩形”按钮◇，或单击菜单“草绘”→“矩形”→“斜矩形”命令，在图形绘制区域首先单击鼠标通过两点来确定斜矩形底边的长度和底边的倾斜度，再移动鼠标来确定斜矩形另一条边的长度，符合要求后单击鼠标即可完成绘制 操作过程见随书光盘 2\视频\2-4 草绘四边形 2.avi
▱	平行四边形	① ② ③	单击“草绘”工具栏上的“平行四边形”按钮▱，或单击菜单“草绘”→“矩形”→“平行四边形”命令，在图形绘制区域首先单击鼠标通过两点来确定平行四边形底边的长度和底边的倾斜度，再移动鼠标来确定平行四边形另一条边的长度和倾斜度，符合要求后单击鼠标即可完成绘制 操作过程见随书光盘 2\视频\2-4 草绘四边形 3.avi

圆的绘制如表 2-5 所示。

表 2-5　圆的绘制

按　钮	名　称	绘 制 步 骤	说　明
○	圆心和点	① ②	单击“草绘”工具栏上的“圆心和点”按钮○，或单击菜单“草绘”→“圆”→“圆心和点”命令，在图形绘制区域单击鼠标确定圆心位置，再拖动鼠标确定圆的大小，符合要求后单击鼠标即可完成绘制 操作过程见随书光盘 2\视频\2-5 草绘圆 1.avi

（续）

按钮	名　　称	绘制步骤	说　　明
	同心	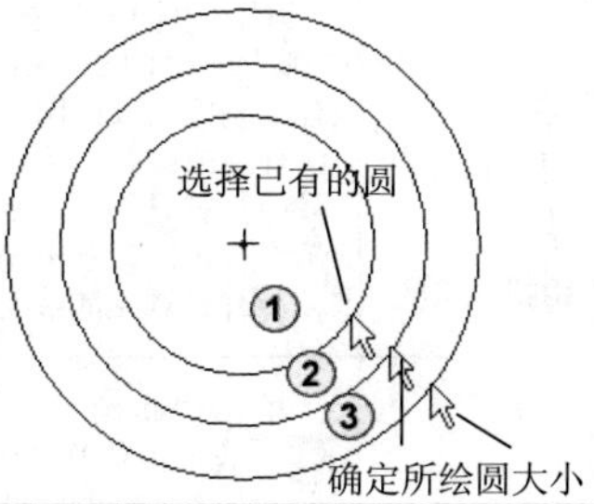 选择已有的圆 ①②③ 确定所绘圆大小	单击“草绘”工具栏上的“同心”按钮，或单击菜单“草绘”→“圆”→“同心”命令，使用该命令时必须草绘中已有绘制好的圆或圆弧。在图形绘制区域单击鼠标选择要与其同心的已有圆或圆弧，再拖动鼠标确定圆的大小，符合要求后单击鼠标即可完成绘制。该命令一次可绘制多个同心圆 操作过程见随书光盘 2\视频\2-5 草绘圆 2.avi
	3 点	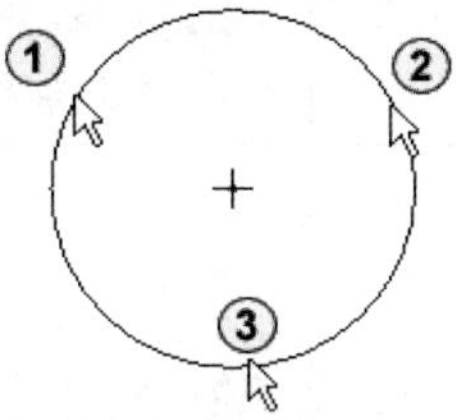 ①②③	单击“草绘”工具栏上的“3 点”按钮，或单击菜单“草绘”→“圆”→“3 点”命令，在图形绘制区域单击鼠标确定 3 点，系统会自动绘制通过这 3 点的圆 操作过程见随书光盘 2\视频\2-5 草绘圆 3.avi
	3 相切	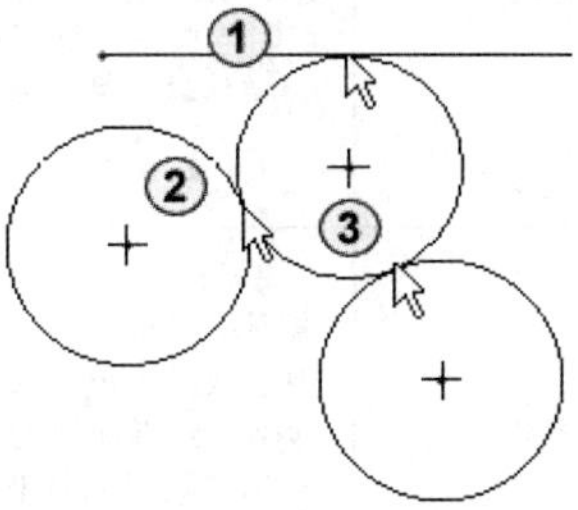 ①②③	单击“草绘”工具栏上的“3 相切”按钮，或单击菜单“草绘”→“圆”→“3 相切”命令，使用该命令时必须草绘中已有绘制好的圆、圆弧或直线用来和所要绘制的圆相切。在图形绘制区域中各图元的切点附近单击鼠标即可完成绘制 操作过程见随书光盘 2\视频\2-5 草绘圆 4.avi
	轴端点椭圆	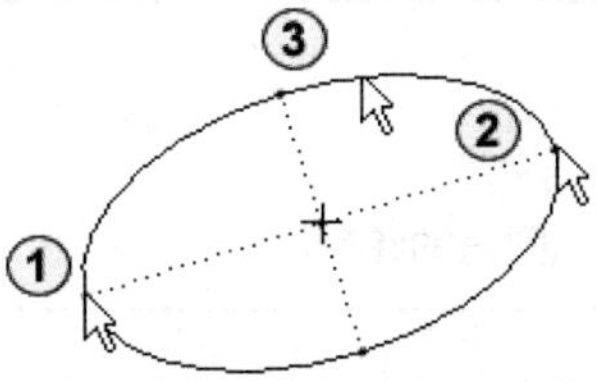 ③②①	单击“草绘”工具栏上的“轴端点椭圆”按钮，或单击菜单“草绘”→“圆”→“轴端点椭圆”命令，在图形绘制区域中单击鼠标确定椭圆一轴的长度和倾斜方向，再拖动鼠标指针确定椭圆另一轴的长度，符合绘制意图时单击鼠标即可完成绘制 操作过程见随书光盘 2\视频\2-5 草绘圆 5.avi
	中心和轴椭圆	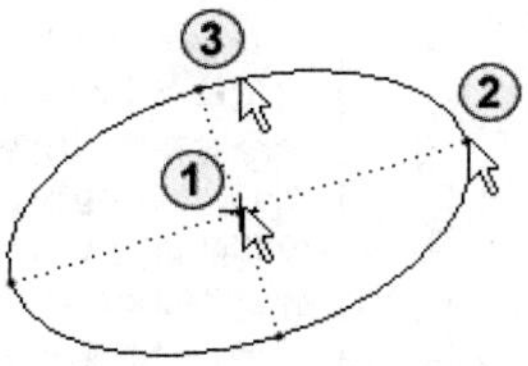 ③②①	单击“草绘”工具栏上的“中心和轴椭圆”按钮，或单击菜单“草绘”→“圆”→“中心和轴椭圆”命令，在图形绘制区域中单击鼠标确定椭圆中心，再单击鼠标确定一轴的长度和倾斜方向，再拖动鼠标确定椭圆另一轴的长度，符合绘制意图时单击鼠标即可完成绘制 操作过程见随书光盘 2\视频\2-5 草绘圆 5.avi

圆弧的绘制如表 2-6 所示。

表 2-6　圆弧的绘制

按钮	名　　称	绘制步骤	说　　明
	3 点/相切端	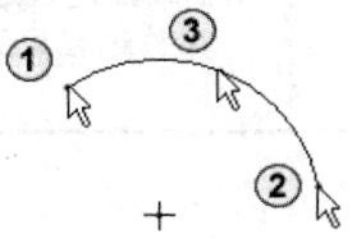 ①③②	单击“草绘”工具栏上的“3 点/相切端”按钮，或单击菜单“草绘”→“弧”→“3 点/相切端”命令，在图形绘制区域单击鼠标确定 3 点，系统会绘制通过这 3 点的圆弧 操作过程见随书光盘 2\视频\2-6 草绘圆弧 1.avi

（续）

按　钮	名　　称	绘 制 步 骤	说　　明
	同心	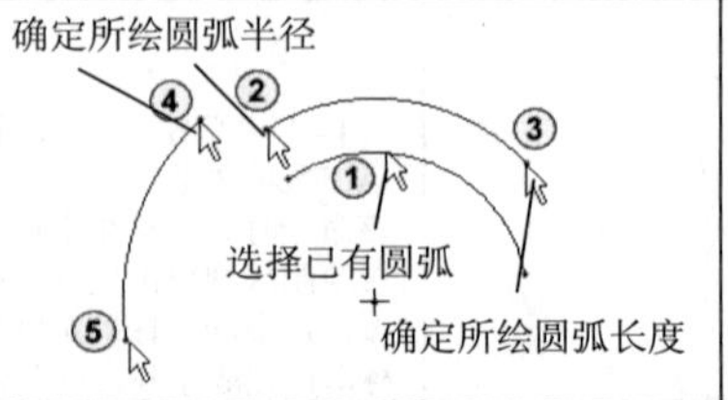 确定所绘圆弧半径 选择已有圆弧 确定所绘圆弧长度	单击“同心”按钮，或单击菜单“草绘”→“弧”→“同心”命令，使用该命令时必须草绘中已有绘制好的圆或圆弧。在图形绘制区域单击鼠标选择已有圆或圆弧，再拖动鼠标确定圆弧的半径（此时的鼠标点就是圆弧的起点），移动鼠标后单击可确定圆弧终点。该命令一次可绘制多个同心圆 操作过程见随书光盘 2\视频\2-6 草绘圆弧 2.avi
	圆心和端点	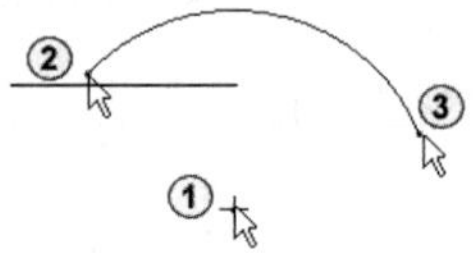	单击“草绘”工具栏上的“圆心和端点”按钮，或单击菜单“草绘”→“弧”→“圆心端点”命令，在图形绘制区域单击鼠标确定圆弧的中心，再单击鼠标确定圆弧的起点和终点，完成圆弧的绘制 操作过程见随书光盘 2\视频\2-6 草绘圆弧 3.avi
	3 相切	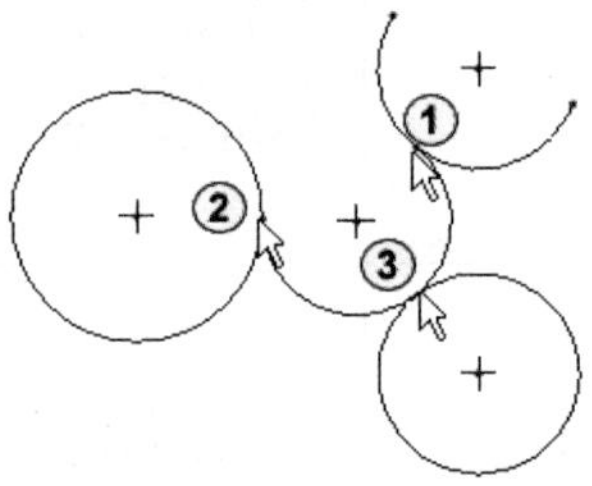	单击“草绘”工具栏上的“3 相切”按钮，或单击菜单“草绘”→“弧”→“3 相切”命令。使用该命令时必须草绘中已有绘制好的圆、圆弧或直线用来和所要绘制的圆相切。在图形绘制区域中各图元的切点附近单击鼠标即可完成绘制 操作过程见随书光盘 2\视频\2-6 草绘圆弧 4.avi
	圆锥	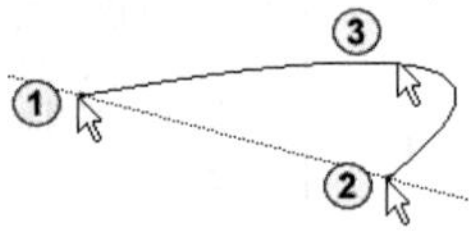	单击“草绘”工具栏上的“圆锥”按钮，或单击菜单“草绘”→“弧”→“圆锥”命令，在图形绘制区域单击鼠标通过两点确定圆锥的轴线，再移动鼠标确定圆锥曲线的形状单击鼠标完成圆锥曲线的绘制 操作过程见随书光盘 2\视频\2-6 草绘圆弧 5.avi

圆角的绘制如表 2-7 所示。

表 2-7　圆角的绘制

按　钮	名　　称	绘 制 步 骤	说　　明
	圆形	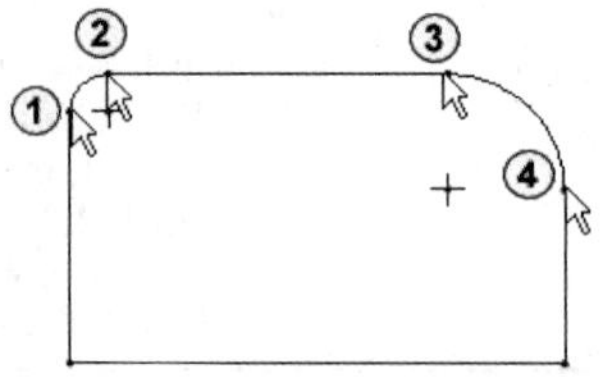	单击“草绘”工具栏上的“圆形”按钮，或单击菜单“草绘”→“圆角”→“圆形”命令。使用该命令时在图形绘制区域中必须已有可用于绘制圆角的图元，例如矩形。在矩形角的两边上单击鼠标确定所绘制圆角的大小，鼠标单击处离矩形角的顶点的远近确定了圆角半径的大小 操作过程见随书光盘 2\视频\2-7 草绘圆角 1.avi
	椭圆形	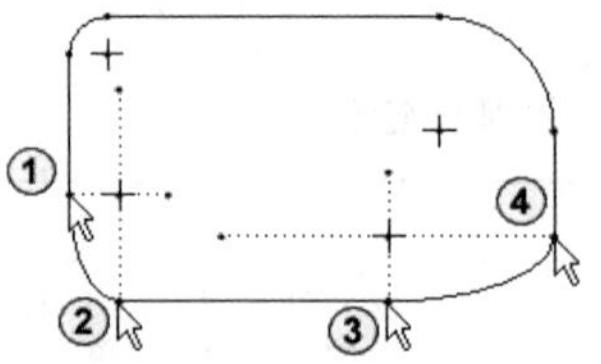	单击“草绘”工具栏上的“椭圆形”按钮，或单击菜单“草绘”→“圆角”→“椭圆形”命令。使用该命令时在图形绘制区域中必须已有可用于绘制圆角的图元，例如矩形。在矩形角的两边上单击鼠标确定所绘制圆角两半轴的长度大小，鼠标单击处离矩形角的顶点的远近确定了椭圆角半轴的长度 操作过程见随书光盘 2\视频\2-7 草绘圆角 2.avi

倒角的绘制如表 2-8 所示。

表 2-8　倒角的绘制

按　钮	名　称	绘 制 步 骤	说　　明
	倒角		单击“草绘”工具栏上的“倒角”按钮，或单击菜单“草绘”→“倒角”→“倒角”命令。使用该命令时在图形绘制区域中必须已有可用于绘制倒角的图元，例如矩形。在矩形角的两边上单击鼠标确定所绘制倒角的大小，鼠标单击处离矩形角的顶点的远近确定了倒角边的长度 操作过程见随书光盘 2\视频\2-8 草绘倒角 1.avi
	倒角修剪		单击“草绘”工具栏上的“倒角修剪”按钮，或单击菜单“草绘”→“倒角”→“倒角修剪”命令。使用该命令时在图形绘制区域中必须已有可用于绘制倒角的图元，例如矩形。在矩形角的两边上单击鼠标确定所绘制倒角的大小，鼠标单击处离矩形角的顶点的远近确定了倒角边的长度 操作过程见随书光盘 2\视频\2-8 草绘倒角 2.avi

样条曲线的绘制如表 2-9 所示。

表 2-9　样条曲线的绘制

按　钮	名　　称	绘 制 步 骤	说　　明
	样条		单击“草绘”工具栏上的“样条”按钮，或单击菜单“草绘”→“样条”命令，在图形绘制区域中单击鼠标确定样条曲线所通过的点的位置，即可完成样条曲线的创建。由图可知，样条曲线既可以绘制成封闭的，也可以绘制成开放的，单击鼠标中键用来完成一条曲线的绘制 操作见随书光盘 2\视频\2-9 草绘样条曲线.avi

点和坐标系的绘制如表 2-10 所示。

表 2-10　点和坐标系的绘制

按　钮	名　　称	绘 制 步 骤	说　　明
	点		单击“草绘”工具栏上的“点”按钮，或单击菜单“草绘”→“点”命令，在图形绘制区域中单击鼠标确定所绘制点的位置，即可完成点的创建 操作见随书光盘 2\视频\2-10 草绘点和坐标系 1.avi
	几何点		单击“草绘”工具栏上的“几何点”按钮，在图形绘制区域中单击鼠标确定所绘制点的位置，即可完成几何点的创建 操作见随书光盘 2\视频\2-10 草绘点和坐标系 2.avi

（续）

按　钮	名　　称	绘 制 步 骤	说　　明
	坐标系		单击“草绘”工具栏上的“坐标系”按钮，或单击菜单“草绘”→“坐标系”命令，在图形绘制区域中单击鼠标确定所绘制坐标系的位置，即可完成坐标系的创建 操作见随书光盘 2\视频\2-10 草绘点和坐标系 3.avi
	几何坐标系		单击“草绘”工具栏上的“几何坐标系”按钮，在图形绘制区域中单击鼠标确定所绘制几何坐标系的位置，即可完成几何坐标系的创建 操作见随书光盘 2\视频\2-10 草绘点和坐标系 4.avi

在使用各编辑按钮时，草绘环境中必须有已经建好的实体特征存在，打开随书光盘 2\book\2-4.prt.1，选择零件中空心圆柱的上表面为草绘面进入草绘环境，如图 2-4 所示。

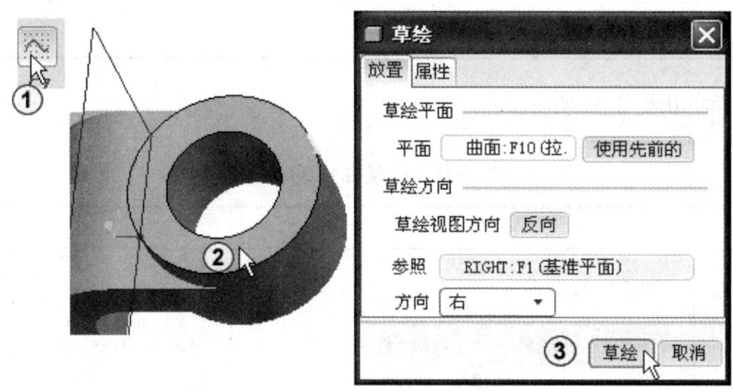

图 2-4　进入草绘环境

编辑按钮的应用如表 2-11 所示。

表 2-11　编辑按钮的应用

按钮	名　称	绘 制 步 骤	说　　明
	使用		按图 2-4 进入草绘环境后，单击“草绘”工具栏上的“使用”按钮，或单击菜单“草绘”→“边”→“使用”命令，在图形绘制区域中单击鼠标选择所要使用的实体边界，如图中②③④所示，即可把实体模型的边线加入到当前草绘中。本说明仅以默认的“单一”选项为例，“链”和“环”操作过程见视频讲解 操作过程见随书光盘 2\视频\2-11-1 使用.avi

（续）

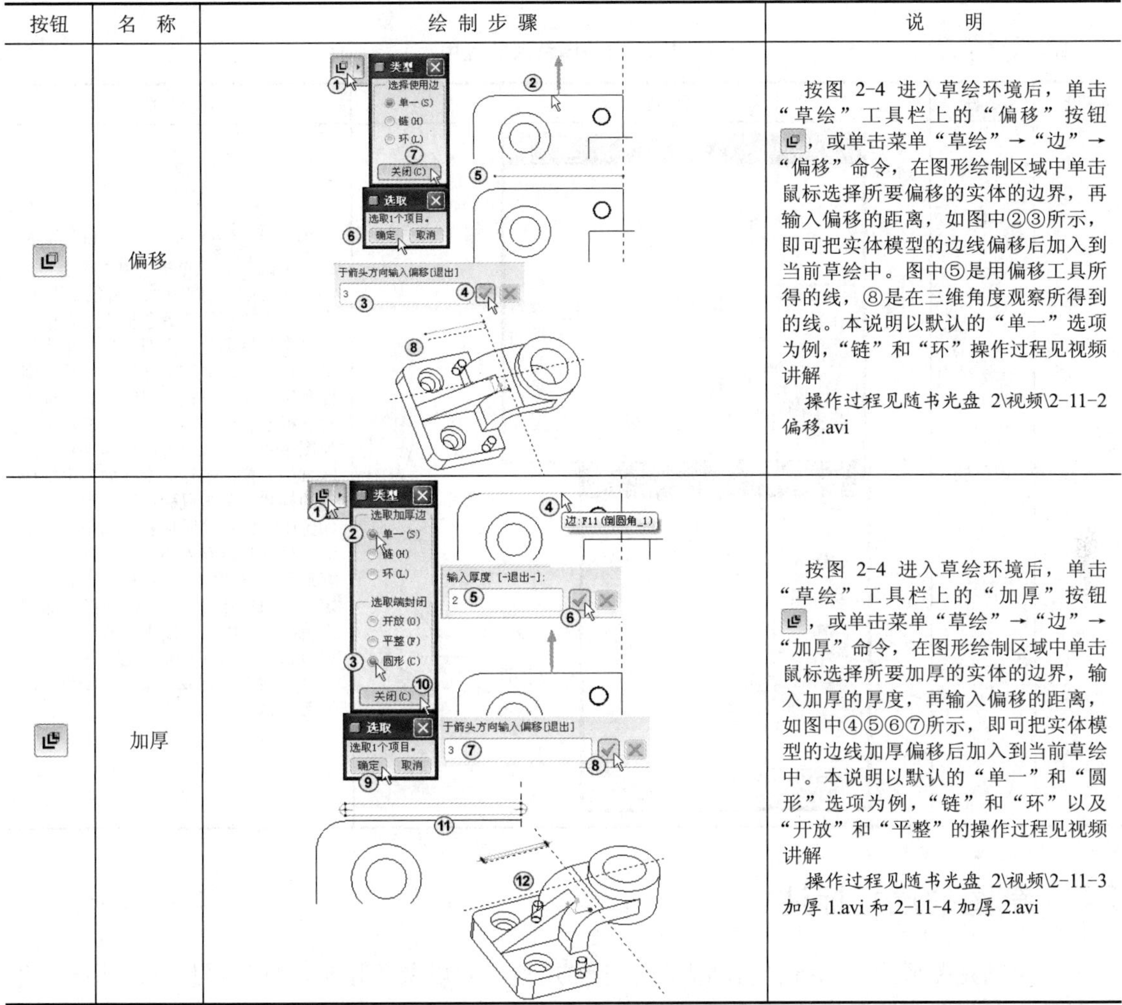

按钮	名　称	绘 制 步 骤	说　　明
	偏移		按图 2-4 进入草绘环境后，单击“草绘”工具栏上的“偏移”按钮，或单击菜单“草绘”→“边”→“偏移”命令，在图形绘制区域中单击鼠标选择所要偏移的实体的边界，再输入偏移的距离，如图中②③所示，即可把实体模型的边线偏移后加入到当前草绘中。图中⑤是用偏移工具所得的线，⑧是在三维角度观察所得到的线。本说明以默认的“单一”选项为例，“链”和“环”操作过程见视频讲解 操作过程见随书光盘 2\视频\2-11-2 偏移.avi
	加厚		按图 2-4 进入草绘环境后，单击“草绘”工具栏上的“加厚”按钮，或单击菜单“草绘”→“边”→“加厚”命令，在图形绘制区域中单击鼠标选择所要加厚的实体的边界，输入加厚的厚度，再输入偏移的距离，如图中④⑤⑥⑦所示，即可把实体模型的边线加厚偏移后加入到当前草绘中。本说明以默认的“单一”和“圆形”选项为例，“链”和“环”以及“开放”和“平整”的操作过程见视频讲解 操作过程见随书光盘 2\视频\2-11-3 加厚 1.avi 和 2-11-4 加厚 2.avi

文本的绘制如表 2-12 所示。

表 2-12　文本的绘制

按钮	名称	绘制步骤	说明
	文本	文本 文本行 机械设计 ④ 文本符号... 字体 字体 font3d 位置: 水平 左边 垂直 底部 长宽比 1.00 斜角 0.00 沿曲线放置　字符间距处理 ⑤ 确定 取消 ⑥ 机械设计	单击“草绘”工具栏上的“文本”按钮，或单击菜单“草绘”→“文本”命令，在图形绘制区域中单击鼠标确定两点，这两点的距离确定文字的高度，如图中②③所示。再输入要绘制的文本，如图④所示，即可把文字添加到当前的草绘中。本说明“文本对话框”中的其他选项都为默认。其他调节选项的调节效果见视频讲解 操作过程见随书光盘 2\视频\2-12 文本 1.avi 和 2-12 文本 2.avi

调色板的应用如表 2-13 所示。

表 2-13 调色板的应用

按钮	名称	绘 制 步 骤	说 明
	调色板		单击“草绘”工具栏上的“调色板”按钮，或单击菜单“草绘”→“数据来自文件”→“调色板”命令，弹出“草绘器调色板”对话框，在“草绘器调色板”对话框中单击选择一种图案，如图中②所示，该图案的预览效果可以在“草绘器调色板”对话框中看到。双击要选择的图形，如图中④所示，再把鼠标移动到绘图区域中，鼠标指针会变成如图中⑤所示的样式。单击鼠标放置图形，得到如图中⑥所示的图形和如图中⑦所示的“移动和调整大小”对话框。调整好旋转和缩放的比例后，单击“确定”按钮，即可把图形添加到当前的草绘中，如图中⑨所示。其他调节选项的调节效果见视频讲解 操作过程见随书光盘 2\视频\2-13 调色板.avi

2.3 草图的尺寸标注

在绘制完图形后，系统会自动为图形添加尺寸，并以灰色显示，称为弱尺寸。系统产生的弱尺寸有时并不符合设计要求，可使用“草绘”工具栏中的“尺寸标注”按钮重新标注尺寸。Pro/E 5.0 对草图的几何尺寸或尺寸约束有严格的要求，用户可通过尺寸标注或添加几何约束定义草图，使其成为完全定义状态。尺寸不足或尺寸过多，系统都会显示出错信息。尺寸标注方法如表 2-14 所示。

表 2-14 基本尺寸的标注方法

尺 寸 类 型	标 注 示 例	说 明
直线长度	① ② ③ ④ ⑤ ⑥ 3	①单击“尺寸标注”按钮；②单击鼠标左键，选中要标注尺寸的直线；③将鼠标指针移动到要放置尺寸的位置单击鼠标中键；④在弹出的尺寸显示框中输入尺寸的数值或使用默认数值；⑤再次单击鼠标中键或按回车键完成尺寸标注；得到第⑥步所示的标注效果 操作过程见随书光盘 2\视频\2-14-1 标注直线长度 1.avi 和 2-14-1 标注直线长度 2.avi

（续）

尺寸类型	标注示例	说明
直线高度	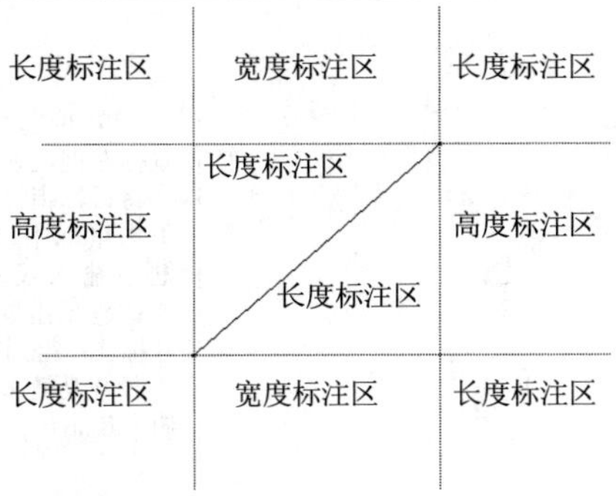 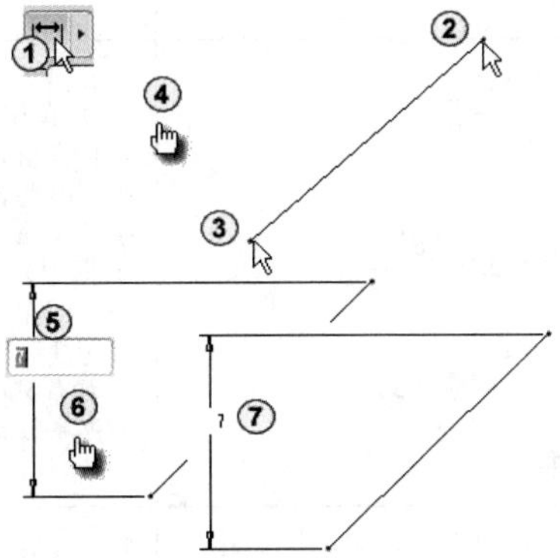 长度标注区 宽度标注区 长度标注区 长度标注区 高度标注区 高度标注区 长度标注区 长度标注区 宽度标注区 长度标注区	通过直线两端点来标注直线时，鼠标中键单击的位置不同，得到的效果也不同，如左图中把直线周围划分成了10个区域，在不同的区域单击鼠标中键就会得到对应的尺寸 ①单击“尺寸标注”按钮；②单击鼠标左键，选中要标注尺寸的直线的一个端点；③单击鼠标左键选中要标注尺寸的直线的另一个端点；④将鼠标指针移动到要放置尺寸的位置单击鼠标中键，且确定放置位置在高度标注区内；⑤在弹出的尺寸显示框中输入尺寸的数值或使用默认数值；⑥单击鼠标中键或按回车键完成尺寸标注；得到第⑦步所示的标注效果 操作见随书光盘 2\视频\2-14-2 标注直线高度.avi
直线宽度	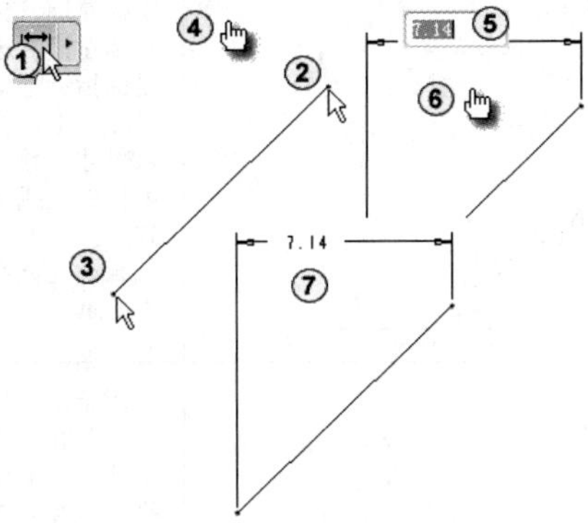	①单击“尺寸标注”按钮；②单击鼠标左键，选中要标注尺寸的直线的一个端点；③单击鼠标左键选中要标注尺寸的直线的另一个端点；④将鼠标指针移动到要放置尺寸的位置单击鼠标中键，且确定放置位置在宽度标注区内；⑤在弹出的尺寸显示框中输入尺寸的数值或使用默认数值；⑥单击鼠标中键或按回车键完成尺寸标注；得到第⑦步所示的标注效果 操作见随书光盘 2\视频\2-14-3 标注直线宽度.avi
圆直径	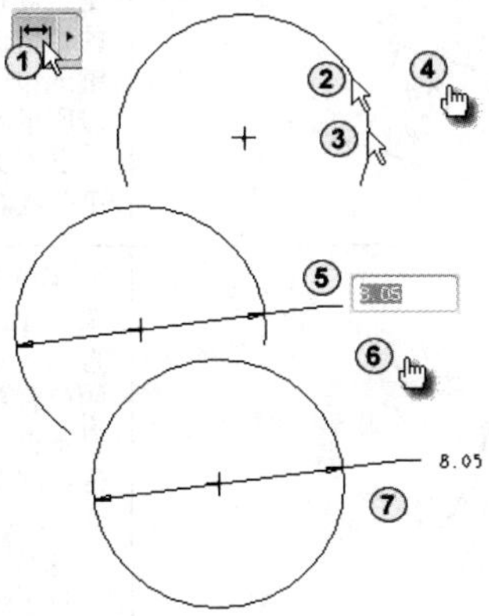	①单击“尺寸标注”按钮；②单击鼠标左键，在圆上选中所要标注的圆；③单击鼠标左键在圆上选中所要标注的圆；④将鼠标指针移动到要放置尺寸的位置单击鼠标中键；⑤在弹出的尺寸显示框中输入尺寸的数值或使用默认数值；⑥单击鼠标中键或按回车键完成尺寸标注；得到第⑦步所示的标注效果 操作见随书光盘 2\视频\2-14-4 标注圆直径.avi

（续）

尺寸类型	标注示例	说　明
圆半径	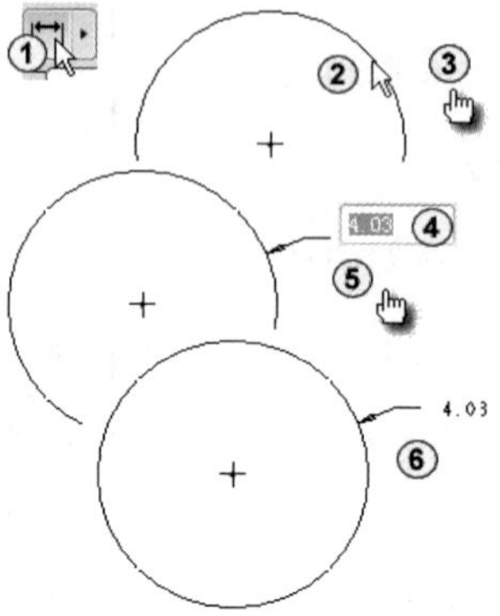	①单击“尺寸标注”按钮；②单击鼠标左键，在圆上选中所要标注的圆；③将鼠标指针移动到要放置尺寸的位置单击鼠标中键；④在弹出的尺寸显示框中输入尺寸的数值或使用默认数值；⑤单击鼠标中键或按回车键完成尺寸标注；得到第⑥步所示的标注效果 操作见随书光盘 2\视频\2-14-5 标注圆半径.avi
圆弧半径	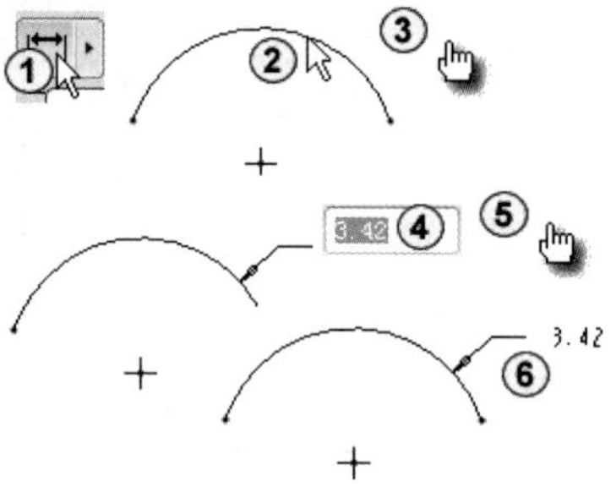	①单击“尺寸标注”按钮；②单击鼠标左键，在圆弧上选中所要标注的圆弧；③将鼠标指针移动到要放置尺寸的位置单击鼠标中键；④在弹出的尺寸显示框中输入尺寸的数值或使用默认数值；⑤单击鼠标中键或按回车键完成尺寸标注；得到第⑥步所示的标注效果 操作见随书光盘 2\视频\2-14-6 标注圆弧半径.avi
角度	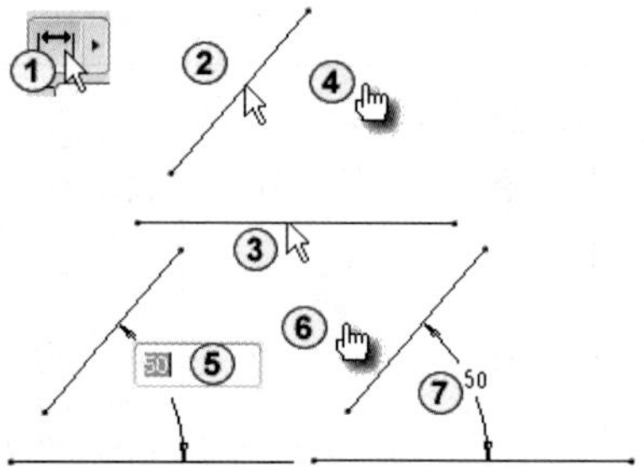	①单击“尺寸标注”按钮；②单击鼠标左键，选中构成角的一边；③单击鼠标左键，选中构成角的另一边；④将鼠标指针移动到要放置尺寸的位置单击鼠标中键；⑤在弹出的尺寸显示框中输入尺寸的数值或使用默认数值；⑥单击鼠标中键或按回车键完成尺寸标注；得到第⑦步所示的标注效果 操作见随书光盘 2\视频\2-14-7 标注角度.avi
平行线距离	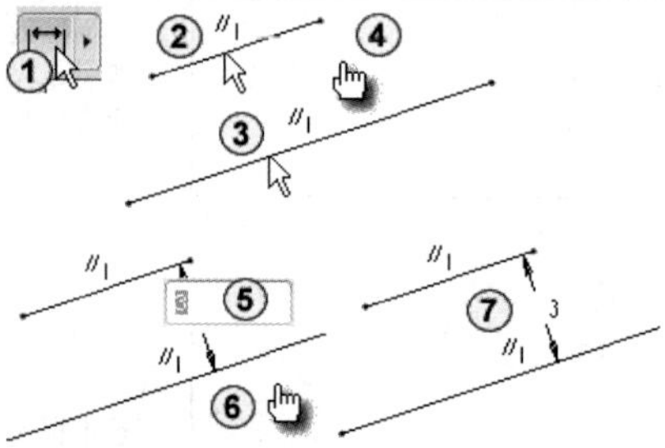	①单击“尺寸标注”按钮；②单击鼠标左键，选中一条直线；③单击鼠标左键，选中另一条直线；④将鼠标指针移动到要放置尺寸的位置单击鼠标中键；⑤在弹出的尺寸显示框中输入尺寸的数值或使用默认数值；⑥单击鼠标中键或按回车键完成尺寸标注；得到第⑦步所示的标注效果 操作见随书光盘 2\视频\2-14-8 标注平行线距离.avi
点到线距离	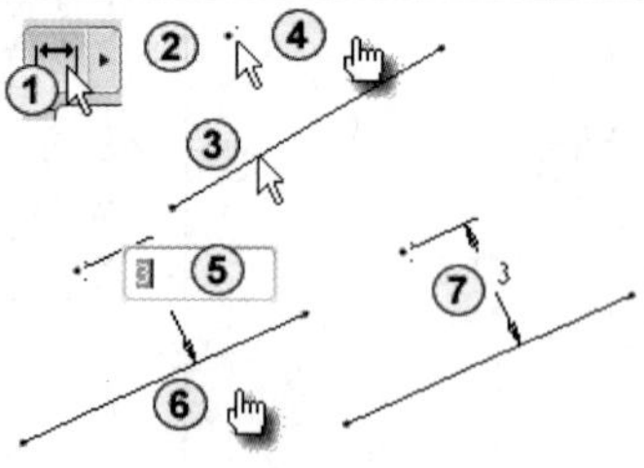	①单击“尺寸标注”按钮；②单击鼠标左键选中点；③单击鼠标左键选中直线；④将鼠标指针移动到要放置尺寸的位置单击鼠标中键；⑤在弹出的尺寸显示框中输入尺寸的数值或使用默认数值；⑥单击鼠标中键或按回车键完成尺寸标注；得到第⑦步所示的标注效果 操作见随书光盘 2\视频\2-14-9 标注点到线距离.avi

（续）

尺寸类型	标注示例	说明
圆弧长度	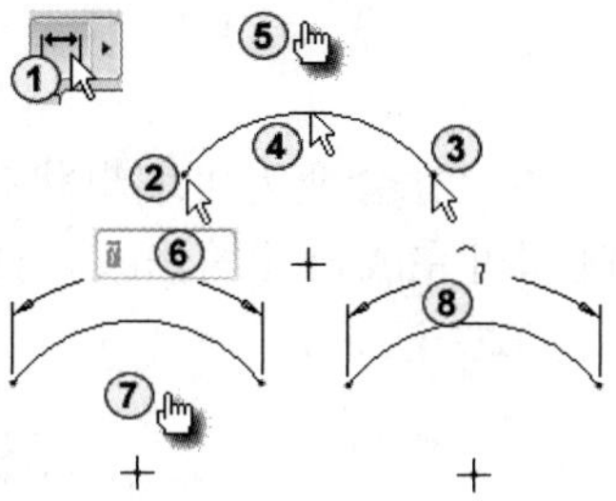	①单击“尺寸标注”按钮；②单击鼠标左键，选中圆弧的一个端点；③单击鼠标左键，选中圆弧的另一端点；④单击鼠标左键，选中圆弧；⑤将鼠标指针移动到要放置尺寸的位置单击鼠标中键；⑥在弹出的尺寸显示框中输入尺寸的数值或使用默认数值；⑦单击鼠标中键或按回车键完成尺寸标注；得到第⑧步所示的标注效果 操作见随书光盘 2\视频\2-14-10 标注圆弧长度.avi
两圆之间的圆心距离	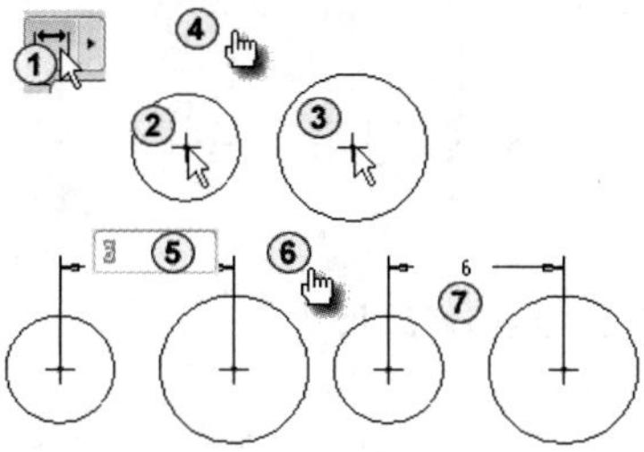	①单击“尺寸标注”按钮；②单击鼠标左键，选中一个圆的圆心；③单击鼠标左键，选中另一个圆的圆心；④将鼠标指针移动到要放置尺寸的位置单击鼠标中键；⑤在弹出的尺寸显示框中输入尺寸的数值或使用默认数值；⑥单击鼠标中键或按回车键完成尺寸标注；得到第⑦步所示的标注效果 操作见随书光盘 2\视频\2-14-11 标注圆心距离.avi
两圆之间的最大距离	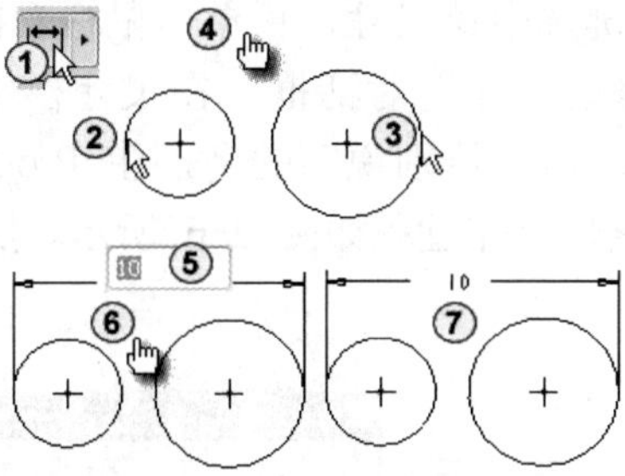	①单击“尺寸标注”按钮；②单击鼠标左键，选中一个圆的最外侧；③单击鼠标左键，选中另一个圆的最外侧；④将鼠标指针移动到要放置尺寸的位置单击鼠标中键；⑤在弹出的尺寸显示框中输入尺寸的数值或使用默认数值；⑥单击鼠标中键或按回车键完成尺寸标注；得到第⑦步所示的标注效果 操作见随书光盘 2\视频\2-14-12 标注两圆最大距离.avi
两圆之间的最小距离	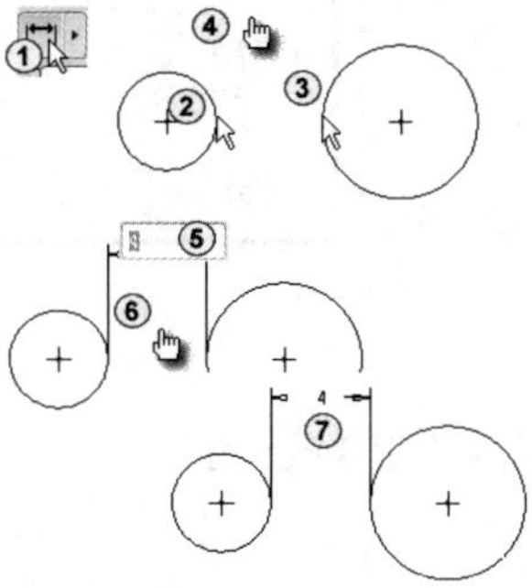	①单击“尺寸标注”按钮；②单击鼠标左键，选中一个圆的最内侧；③单击鼠标左键，选中另一个圆的最内侧；④将鼠标指针移动到要放置尺寸的位置单击鼠标中键；⑤在弹出的尺寸显示框中输入尺寸的数值或使用默认数值；⑥单击鼠标中键或按回车键完成尺寸标注；得到第⑦步所示的标注效果 操作见随书光盘 2\视频\2-14-13 标注两圆最小距离.avi
对称尺寸	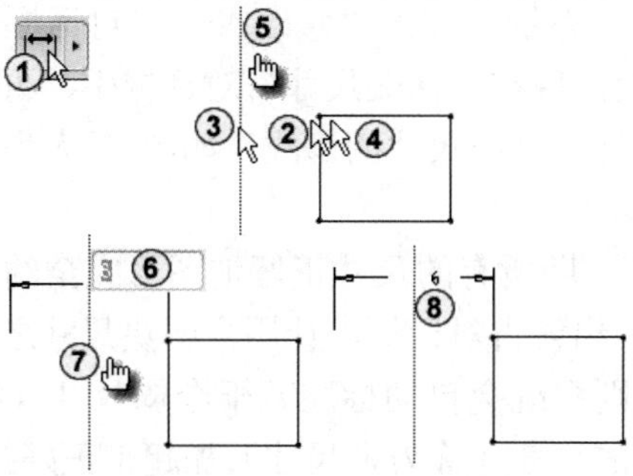	①单击“尺寸标注”按钮；②单击鼠标左键，选中矩形的一个顶点；③单击鼠标左键选中中心线；④单击鼠标左键选中第②步所选的顶点；⑤将鼠标指针移动到要放置尺寸的位置单击鼠标中键；⑥在弹出的尺寸显示框中输入尺寸的数值或使用默认数值；⑦单击鼠标中键或按回车键完成尺寸标注；得到第⑧步所示的标注效果 操作见随书光盘 2\视频\2-14-14 标注对称尺寸.avi

在绘制草图的过程中，需要对所标注的尺寸进行不断的修改、编辑以满足绘制目的。在 Pro/E 5.0 中编辑尺寸的方法有 3 种：双击尺寸法、单击右键法和工具按钮法。下面对这 3 种方法作详细的说明。

（1）双击尺寸法

在已经标注好的尺寸上双击鼠标左键，该尺寸会变为可编辑状态，在尺寸输入框中输入目标尺寸，最后单击鼠标中键或者按回车键即可完成尺寸的修改。具体操作过程如图 2-5 所示。操作见随书光盘 2\视频\2-15-1 编辑标注双击法.avi。

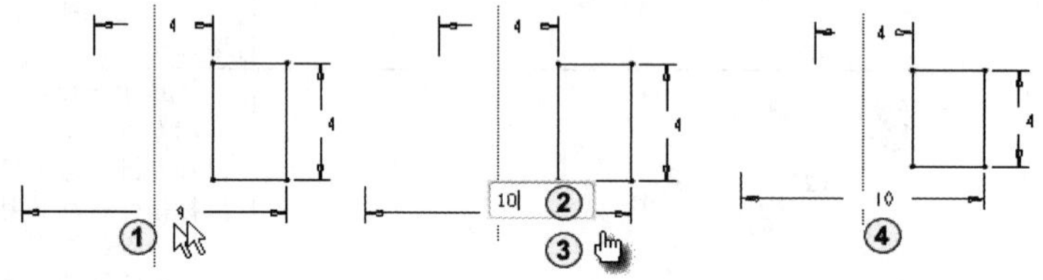

图 2-5　双击修改尺寸

（2）单击右键法

在已经标注好的尺寸上单击鼠标左键选中该尺寸，再单击鼠标右键，在弹出的快捷菜单中选择“修改”命令，系统会弹出“修改尺寸”对话框。在尺寸栏中输入目标尺寸，单击“确定”按钮 ✔ 即可完成尺寸的修改。需要特别说明的是，在 Pro/E 5.0 中单击鼠标右键时，需要的时间稍长才会弹快捷菜单。具体操作过程如图 2-6 所示。操作见随书光盘 2\视频\2-15-2 编辑标注右键法.avi。

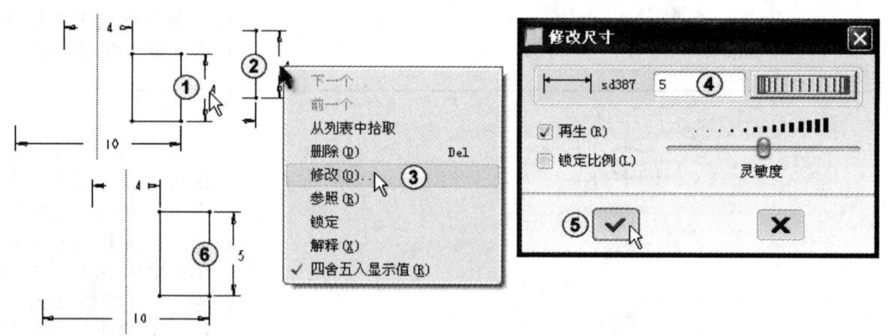

图 2-6　鼠标右键修改尺寸

（3）工具按钮修改法

在工具栏上单击“修改”按钮，系统会弹出“修改尺寸”对话框，此时选择已经标注好的尺寸，则该尺寸的可编辑状态就会出现在“修改尺寸”对话框中，再依次输入各尺寸的目标尺寸，最后单击“确定”按钮 ✔ 即可完成尺寸的修改，如图 2-7 所示。操作见随书光盘 2\视频\2-15-3 编辑标注工具按钮法.avi。

Pro/E 5.0 中的草图是全约束草图，即所有的尺寸正好把图形完全约束，不允许有多余的尺寸存在。若多标尺寸的话，系统会弹出警告对话框，让用户解决尺寸之间的冲突问题。如果用户所标的尺寸不够完全约束草图，则系统会自动标注若干个弱尺寸（在绘图区域用灰色显示），此时所有的弱尺寸和用户所标注的尺寸（称为强尺寸）加起来正好把图形完全约束。

出现尺寸冲突警告时的修改方法有 3 种：①撤销当前标注的尺寸让图形回到上一状态；②选择一个已有的尺寸将其删除；③选择一个已有的或当前标注的尺寸将其变成参照尺寸。操作见随书光盘 2\视频\2-16 尺寸冲突解决.avi。

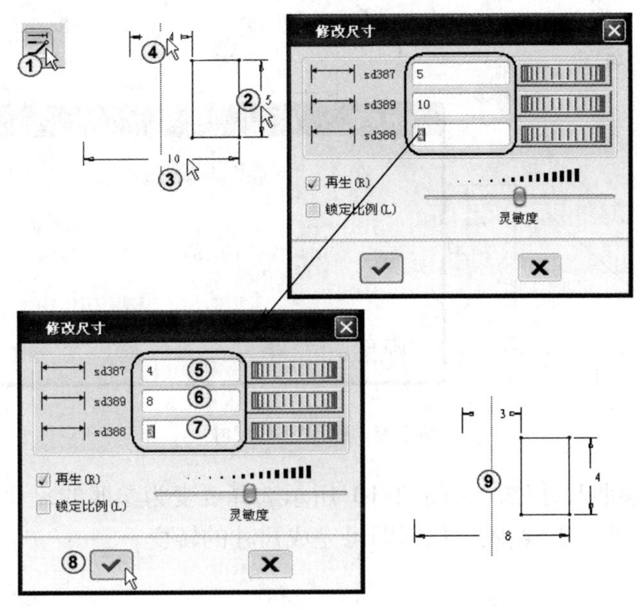

图 2-7　工具按钮修改尺寸

1）撤销当前尺寸。由图 2-8 所示可知，原有的两个尺寸已经把图形完全约束了，若再增加第三个尺寸时，系统就会弹出“解决草绘”对话框。此时单击“撤销”按钮即可把当前正在标注的尺寸撤销。

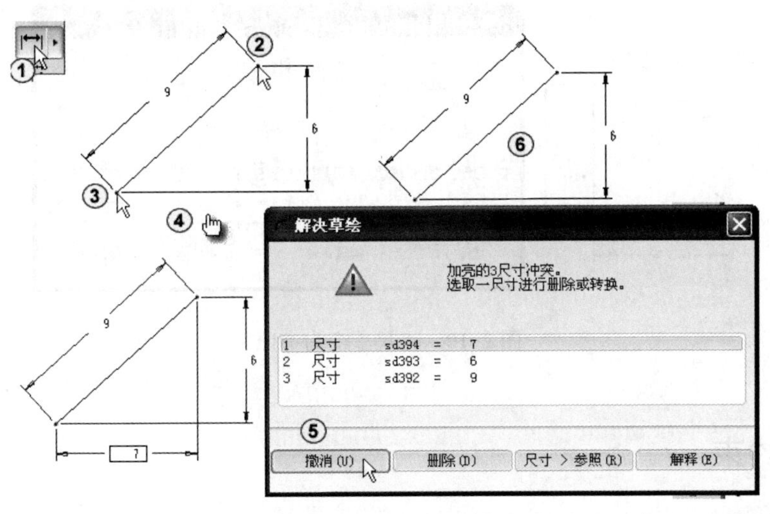

图 2-8　撤销当前尺寸

2）删除已有尺寸法。由图 2-9 所示选择任意一个想删除的尺寸，然后单击对话框中的“删除”按钮即可完成尺寸的删除。

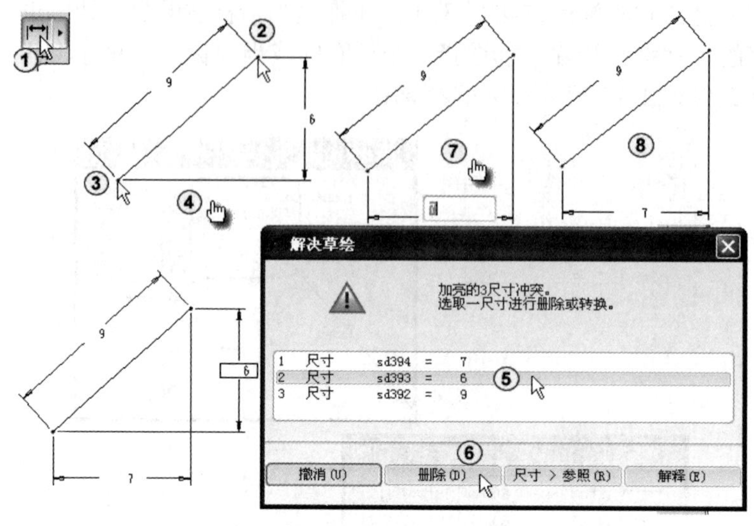

图 2-9　删除已有尺寸

3）将尺寸变为参照尺寸法。由图 2-10 所示选择要变为参照的尺寸（尺寸数值为 9），然后单击对话框中的“尺寸>参照”按钮即可完成尺寸的转变。

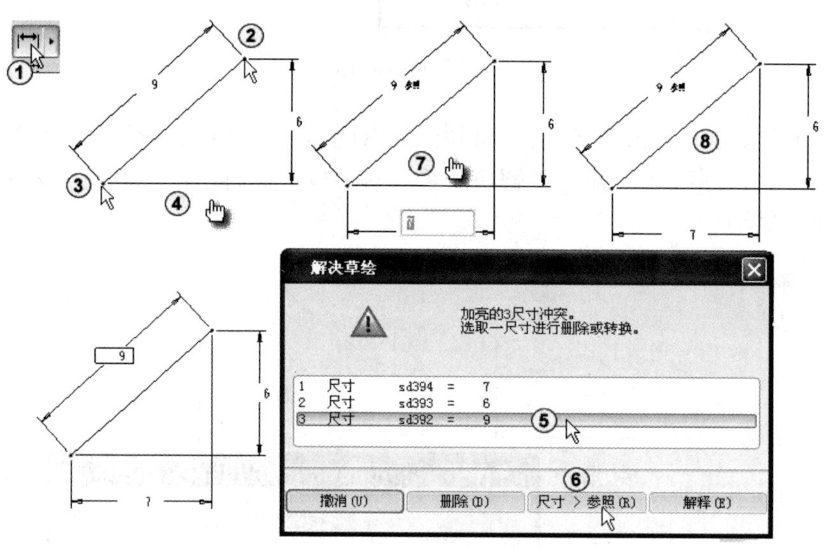

图 2-10　将尺寸变为参照

2.4　几何约束

一个确定的草图必须有充足的约束。约束分尺寸约束和几何约束两种类型，尺寸约束是指控制草图大小的参数化驱动尺寸；几何约束是指控制草图中几何图元的定位方向及几何图元之间的相互关系。在工作界面中，尺寸约束显示为参数符号或数字，几何约束显示为字母符号。几何约束如表 2-15 所示。

表 2-15　几何约束

图标	名称	操 作 步 骤	说　　明
	竖直	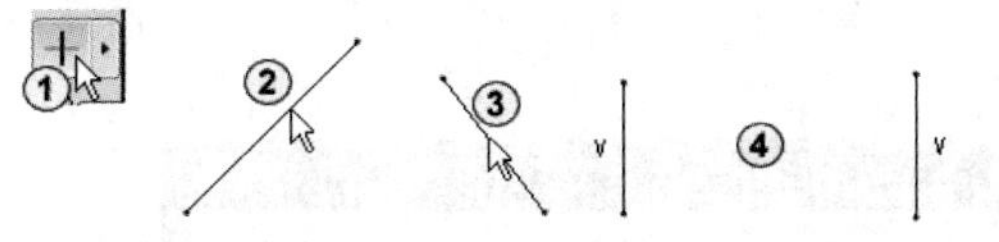	操作见随书光盘 2\视频\2-17-1 约束竖直.avi
	水平		操作见随书光盘 2\视频\2-17-2 约束水平.avi
	垂直	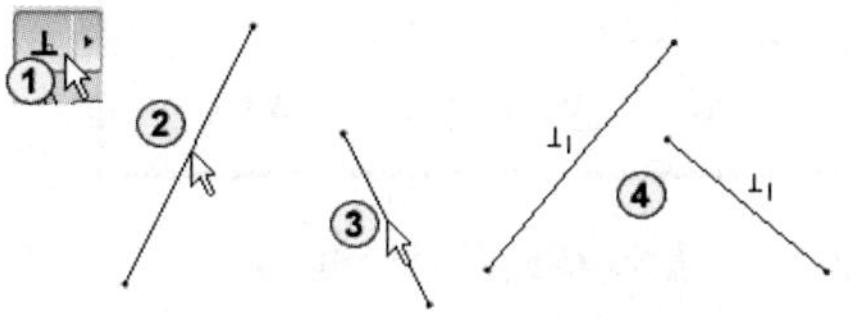	操作见随书光盘 2\视频\2-17-3 约束垂直.avi
	相切	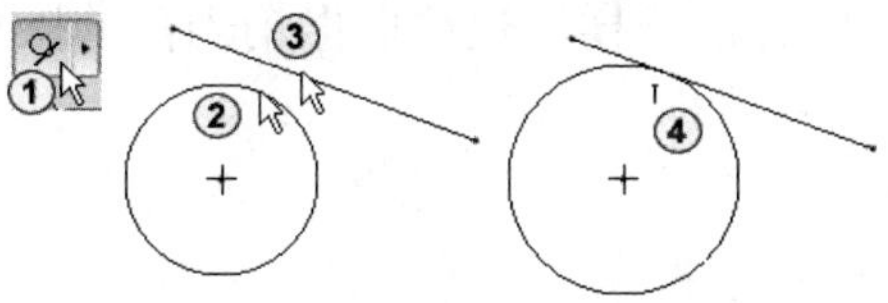	操作见随书光盘 2\视频\2-17-4 约束相切.avi
	中点	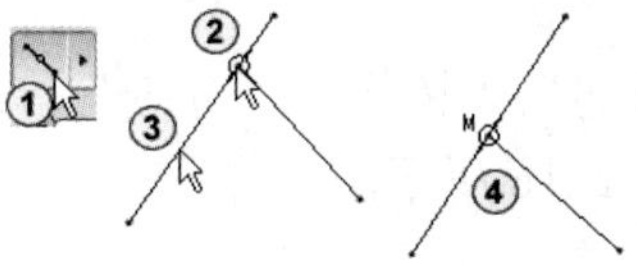	操作见随书光盘 2\视频\2-17-5 约束中点.avi
	重合	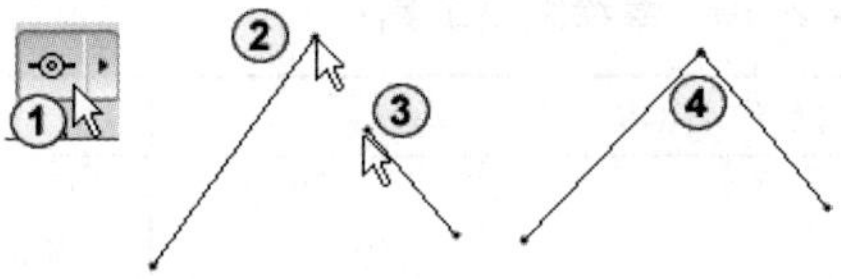	操作见随书光盘 2\视频\2-17-6 约束重合.avi
	对称	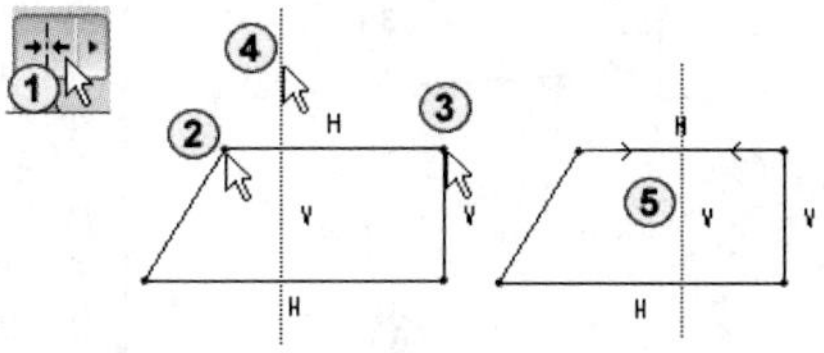	操作见随书光盘 2\视频\2-17-7 约束对称.avi
	相等	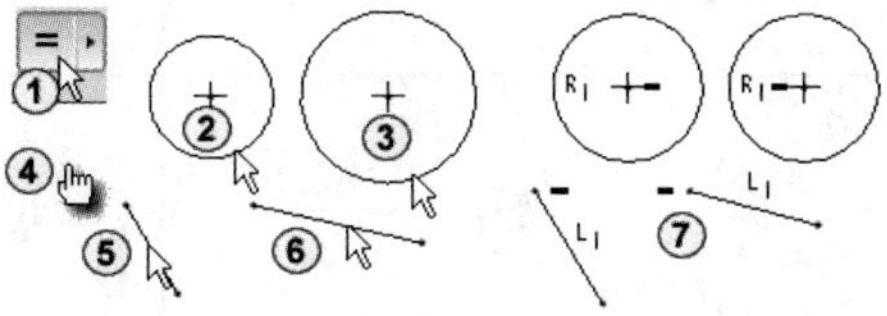	在进行相等约束时完成一个类型的约束需单击鼠标中键，才能开始另一类型的约束，如半径相等到长度相等的切换。操作见随书光盘 2\视频\2-17-8 约束相等.avi
	平行	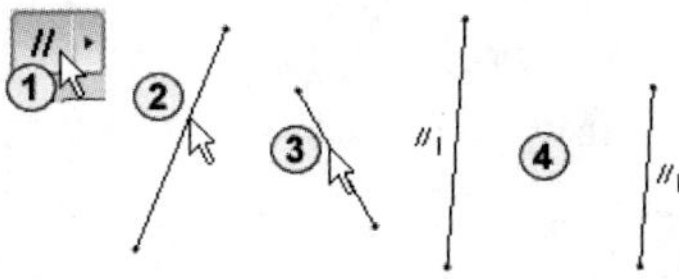	操作见随书光盘 2\视频\2-17-9 约束平行.avi

前面讲过 Pro/E 5.0 系统对尺寸约束要求很严，尺寸过多或几何约束与尺寸约束有重复，都会导致过度约束，此时显示如图 2-11 所示的“解决草绘”对话框。根据对话框中的提示或根据设计要求对显示的尺寸或约束进行相应取舍即可。操作见随书光盘 2\视频\2-17-10 解决约束过度.avi。

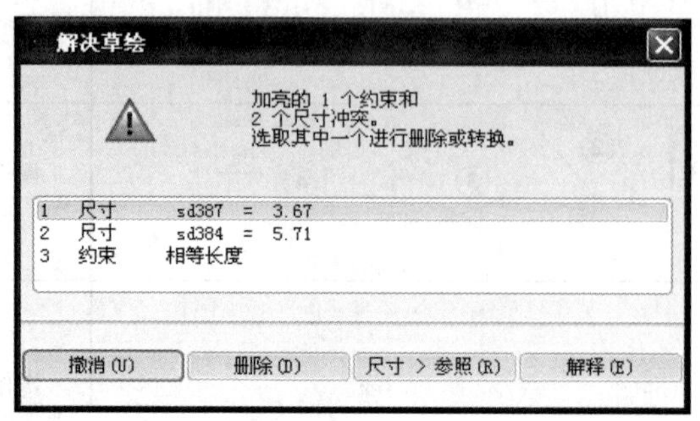

图 2-11 “解决草绘”对话框

具体的操作方法与解决尺寸冲突的方法一样，也可以撤销当前的操作、删除已有的尺寸或约束、把已有尺寸变为参照尺寸。

2.5 草绘编辑工具

使用 Pro/E 5.0 系统提供的“动态剪切”、“镜像”、“分割”等编辑工具，可快速制作出符合设计要求的草图。草绘编辑工具如表 2-16 所示。

表 2-16 草绘编辑工具

按钮	名 称	操 作 步 骤	说 明
	删除段		单击“草绘”工具栏上的“删除段”按钮，或单击菜单“编辑”→“修剪”→“删除段”命令，在图形绘制区域中单击鼠标左键滑过已经绘制好的图元，此时图元变为红色，当放开鼠标左键的时候，该图元即被删除。或者直接单击图元完成删除操作。操作见随书光盘 2\视频\2-18-1 草绘编辑删除段.avi
	拐角		单击“草绘”工具栏上的“拐角”按钮，或单击菜单“编辑”→“修剪”→“拐角”命令，在图形绘制区域中单击鼠标左键，选择要修剪或延长的拐角，即可完成修剪操作。操作见随书光盘 2\视频\2-18-2 草绘编辑拐角.avi

（续）

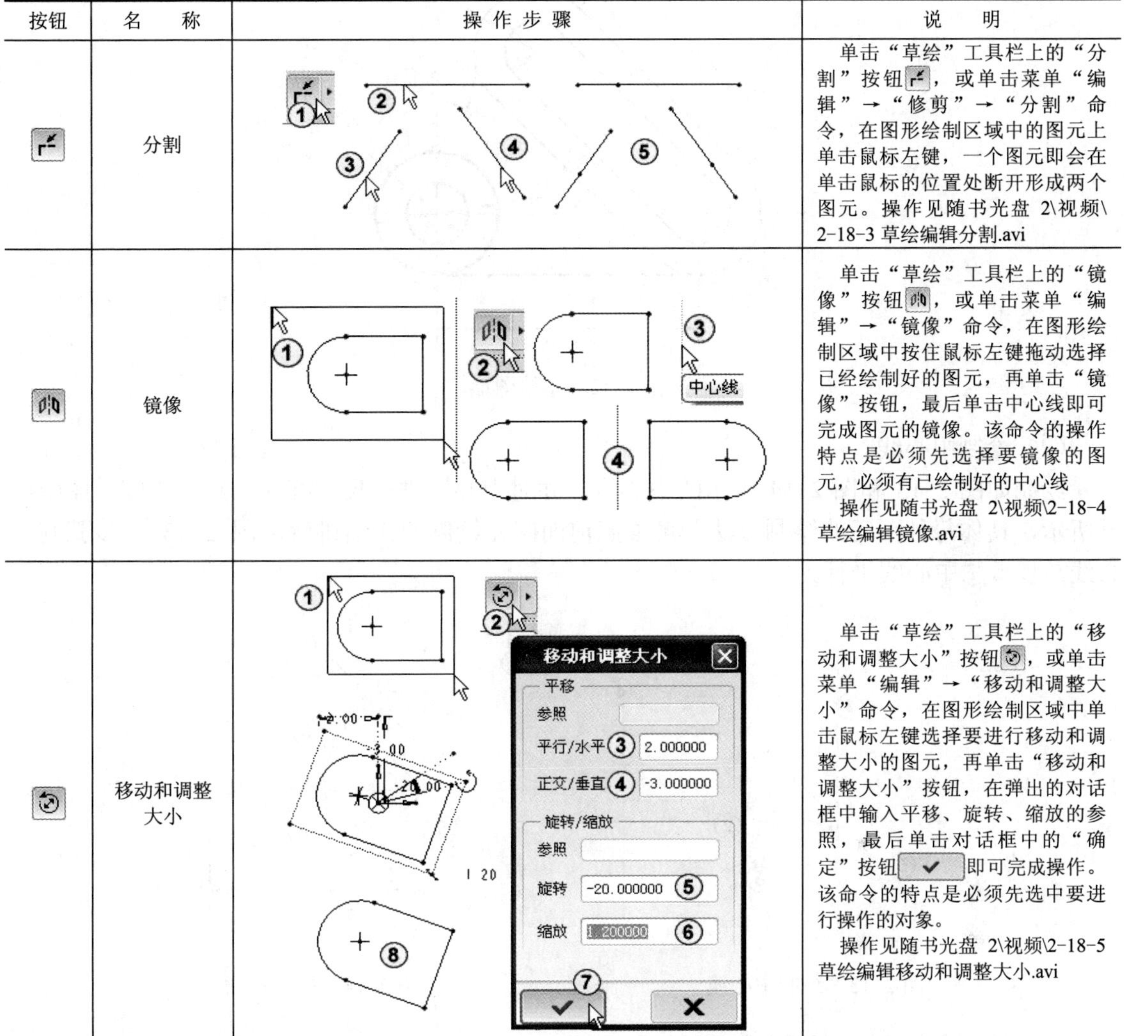

按钮	名　　称	操 作 步 骤	说　　明
	分割		单击“草绘”工具栏上的“分割”按钮，或单击菜单“编辑”→“修剪”→“分割”命令，在图形绘制区域中的图元上单击鼠标左键，一个图元即会在单击鼠标的位置处断开形成两个图元。操作见随书光盘 2\视频\2-18-3 草绘编辑分割.avi
	镜像		单击“草绘”工具栏上的“镜像”按钮，或单击菜单“编辑”→“镜像”命令，在图形绘制区域中按住鼠标左键拖动选择已经绘制好的图元，再单击“镜像”按钮，最后单击中心线即可完成图元的镜像。该命令的操作特点是必须先选择要镜像的图元，必须有已绘制好的中心线 操作见随书光盘 2\视频\2-18-4 草绘编辑镜像.avi
	移动和调整大小		单击“草绘”工具栏上的“移动和调整大小”按钮，或单击菜单“编辑”→“移动和调整大小”命令，在图形绘制区域中单击鼠标左键选择要进行移动和调整大小的图元，再单击“移动和调整大小”按钮，在弹出的对话框中输入平移、旋转、缩放的参照，最后单击对话框中的“确定”按钮即可完成操作。该命令的特点是必须先选中要进行操作的对象。 操作见随书光盘 2\视频\2-18-5 草绘编辑移动和调整大小.avi

2.6　综合实例

提示：在绘制复杂草图时经常使用结构线作为辅助线，要建立结构线只需选中要成为结构线的图元对象，然后单击鼠标右键，在弹出的快捷菜单中单击“构建”命令即可。

2.6.1　实例一

绘制如图 2-12 所示的图形。

详细的绘制步骤如下：

（1）新建文件

单击菜单“文件”→“新建”命令，在弹出的对话框中选择“新建类型”为“草绘”，在“文件名”文本框中输入“2-5”，单击“确定”按钮完成文件的新建。

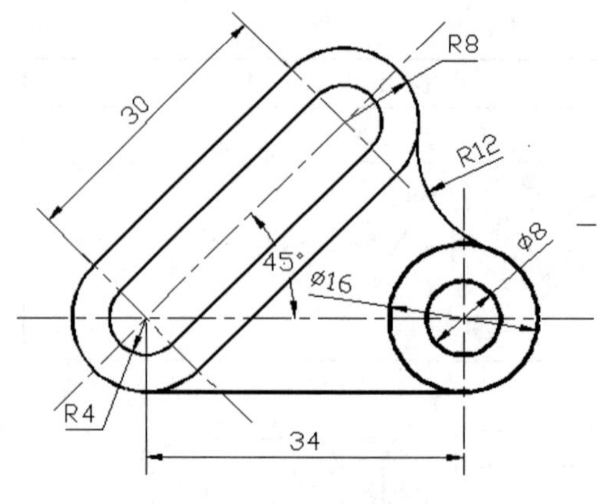

图 2-12　草绘图形

（2）绘制中心线

绘制如图 2-13 和图 2-14 所示的中心线，并对中心线进行尺寸标注。绘制步骤如图中序号所示，具体每种图元的绘制方法，可参照前面图元绘制的详细讲解。图 2-13 中步骤⑥中心线与步骤⑦中心线平行。

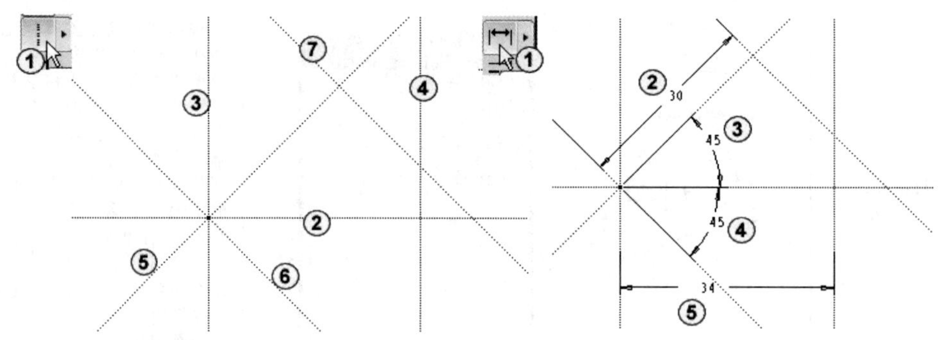

图 2-13　绘制中心线　　　　图 2-14　标注尺寸

（3）绘制圆并标注圆的尺寸

单击绘制圆的工具按钮，绘制如图 2-15 所示的 6 个圆，其中 3 个大圆的半径相等，3 个小圆的半径相等。Pro/E 5.0 的草图绘制过程中，系统会自动添加合适的约束，在图 2-15 中如绘制步骤④的小圆时，当拖动鼠标确定圆的半径时，在半径与步骤②的小圆的半径接近时，系统会显示 R 符号，此时单击鼠标确定半径即可实现步骤④小圆的半径与步骤②小圆的半径相等。用同样的办法可使 3 个大圆的半径相等，3 个小圆的半径相等。如果不想应用自动约束，则在确定步骤④的小圆半径时，拖动鼠标不让自动约束符号 R 出现，再单击鼠标确定小圆的半径。图 2-16 即可看到 3 个小圆半径相等的符号为 R_1，3 个大圆半径相等的符号为 R_2，并标注小圆的直径为 8，大圆的直径为 16，此时受相等约束的其他的圆的直径会同时发生变化。

（4）绘制相切直线并删除多余线

用绘制切线工具绘制如图 2-17 所示的 5 条切线。如图 2-18 所示，为应用动态删除工具删除多余的曲线，得到如图 2-19 所示的效果。

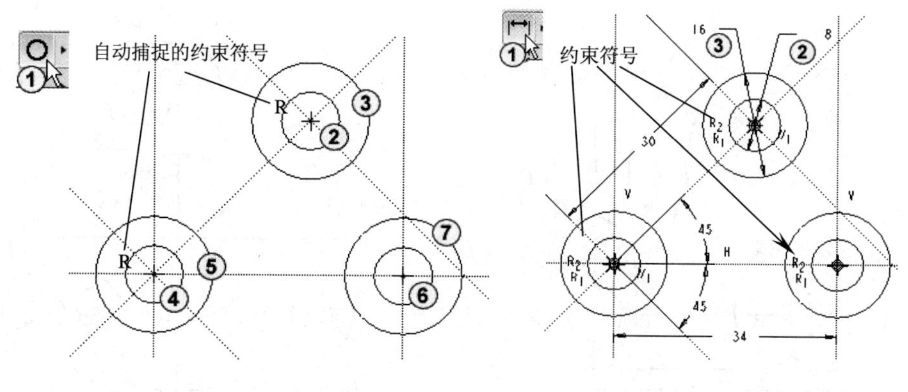

图 2-15　绘制圆　　　　图 2-16　标注圆的尺寸

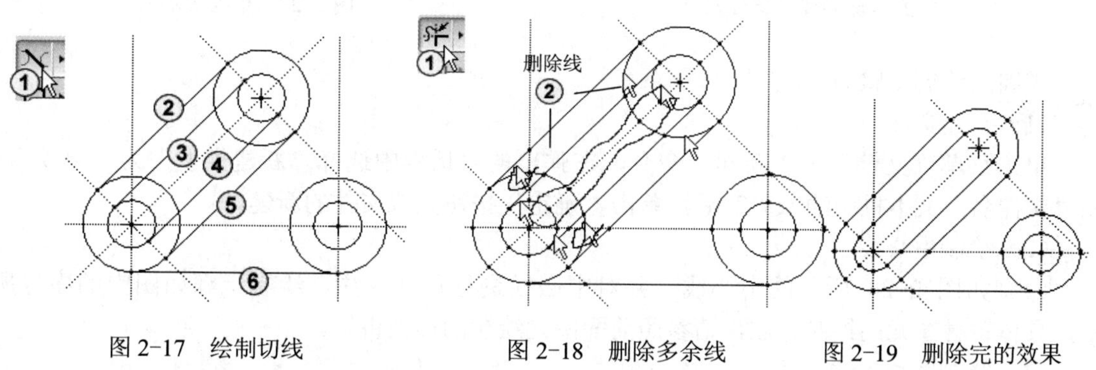

图 2-17　绘制切线　　　　图 2-18　删除多余线　　　　图 2-19　删除完的效果

（5）绘制相切圆并删除多余线

如图 2-20 所示绘制步骤②所示的圆，在绘制圆的过程中不要让圆与其他的图元产生自动约束，即绘制的过程中不出现自动约束符号。如图 2-21 所示，手动添加圆与圆之间的约束，添加完成后图中会出现相切符号 T。如图 2-22 所示，用动态删除工具删除多余的线段，并标注所剩圆弧的半径为 12，即完成了实例的绘制。

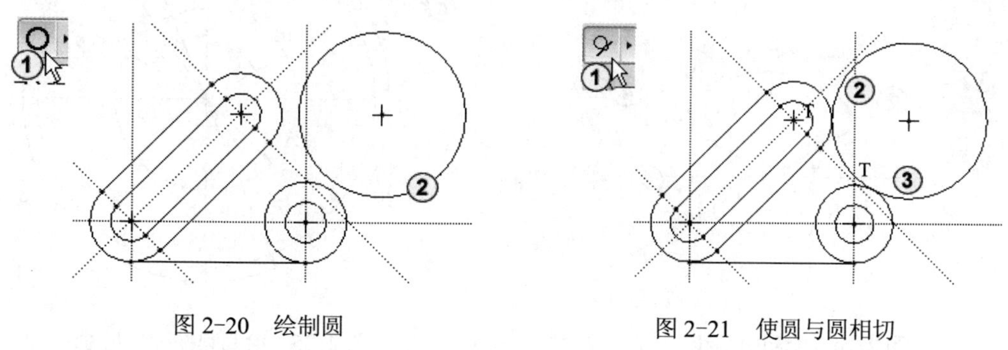

图 2-20　绘制圆　　　　图 2-21　使圆与圆相切

操作过程见随书光盘 2\视频\2-19 实例一 1.avi、2-19 实例一 2.avi、2-19 实例一 3.avi。

2.6.2　实例二

绘制如图 2-23 所示的图形。

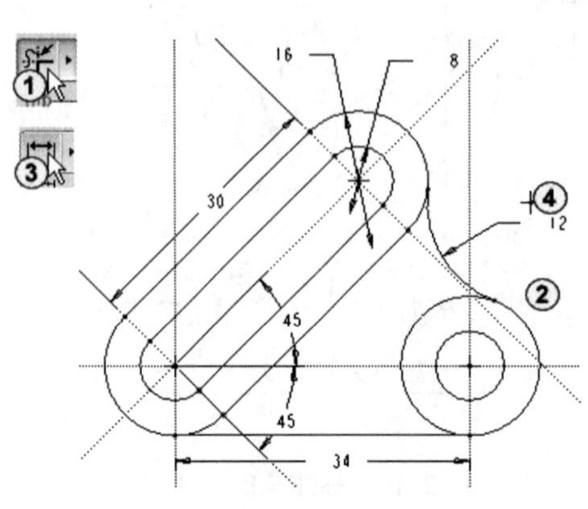

图 2-22　删除线并标注尺寸

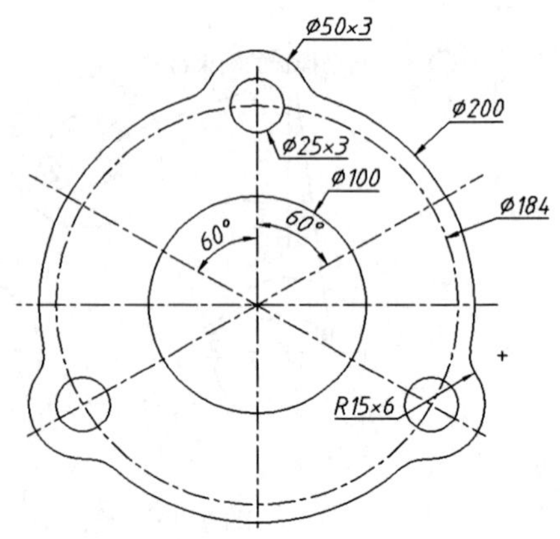

图 2-23　草绘图形

详细的绘制步骤如下：

（1）新建文件

单击菜单“文件”→“新建”命令，在弹出的对话框中选择“新建类型”为“草绘”，在“文件名”文本框中输入“2-6”，单击“确定”按钮完成文件的新建。

（2）绘制中心线

绘制如图 2-24 所示的中心线，并对中心线进行尺寸标注。绘制步骤如图中的序号所示，具体每种图元的绘制方法，请参照前面图元绘制的详细讲解。

（3）绘制圆并标注尺寸

单击绘制圆的工具按钮，绘制如图 2-25 所示的 3 个圆，再单击“标注尺寸”按钮为 3 个圆标注尺寸，圆的直径分别为 100、184、200。

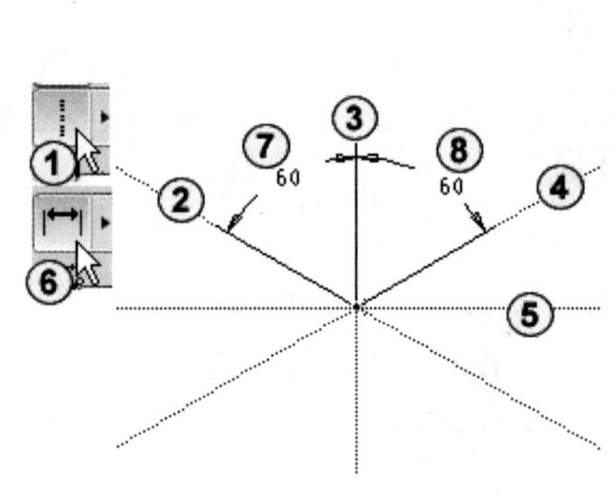

图 2-24　绘制中心线

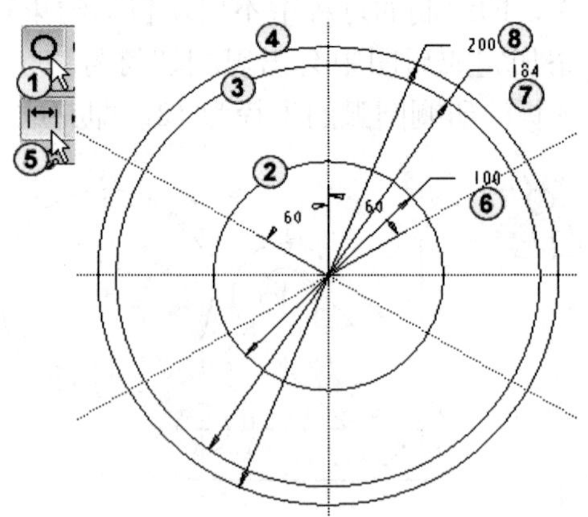

图 2-25　绘制圆并标注尺寸

（4）将图元转化为“构建”

如图 2-26 所示在直径为 184 的圆上，先选中该圆，再在圆上单击鼠标右键，在弹出的快捷菜单中选择“构建”命令，把圆转化成了一个辅助线。图 2-27 为转化后的效果。

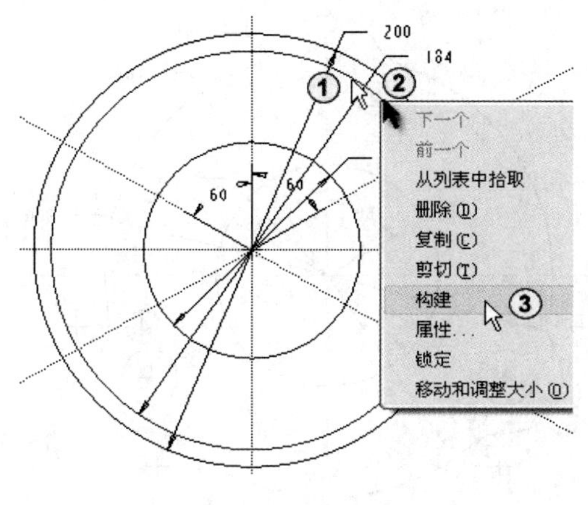

图 2-26　将圆转化为构建圆

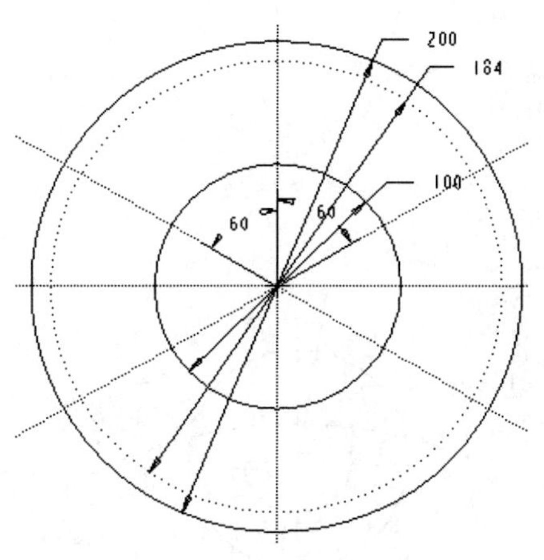

图 2-27　转化后的效果

（5）绘制圆

单击绘制圆的工具按钮，绘制如图 2-28 所示的 6 个圆，使 3 个小圆的半径相等，3 个大圆的半径相等，并且应用 Pro/E 5.0 的自动约束功能。然后再单击“尺寸标注”按钮标注小圆的直径为 25，大圆的直径为 50。

（6）绘制圆角并约束相等

单击绘制圆角的工具按钮，绘制如图 2-29 所示的 6 个圆角。然后再单击约束相等按钮，约束 6 个圆角的半径相等。

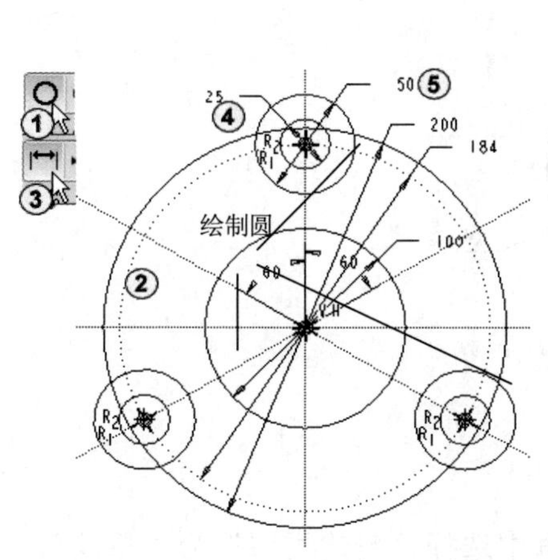

图 2-28　绘制圆并标注尺寸

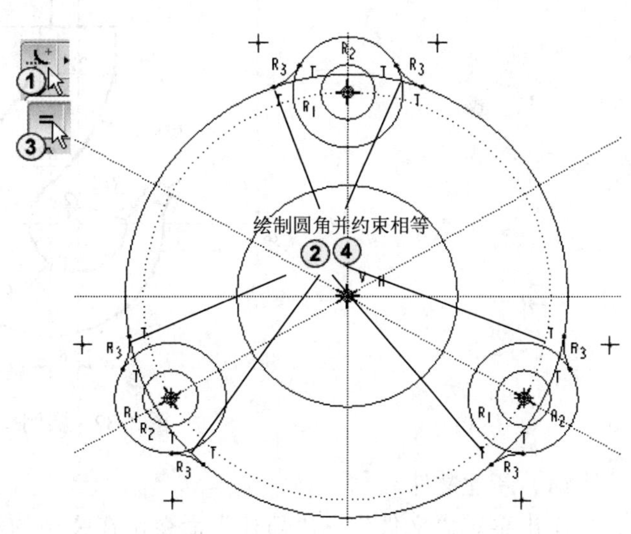

图 2-29　绘制圆角并约束相等

（7）标注圆角并删除多余线

如图 2-30 所示单击“标注”工具按钮，标注圆角半径。如图 2-31 所示，单击“动态删除”按钮，删除多余的线段。

操作过程见随书光盘 2\视频\2-19 实例二.avi。

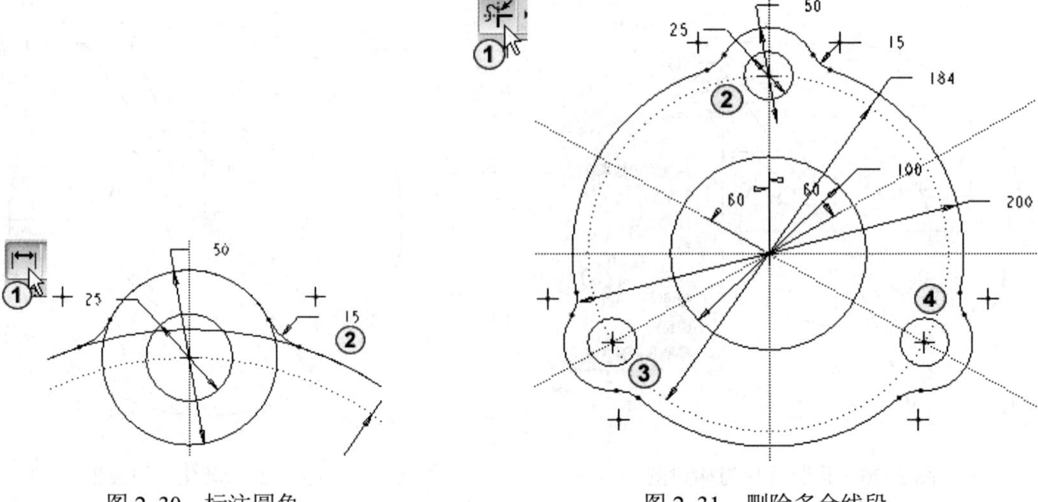

图 2-30 标注圆角

图 2-31 删除多余线段

2.6.3 实例三

绘制如图 2-32 所示的图形。

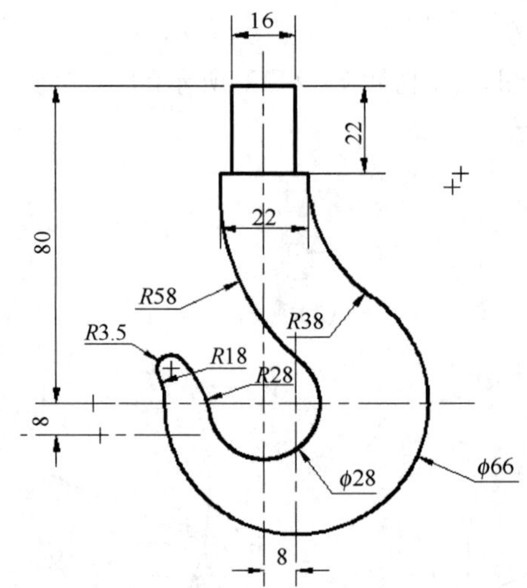

图 2-32 实例三图

（1）新建文件

单击菜单“文件”→“新建”命令，在弹出的对话框中选择“新建类型”为“草绘”，在“文件名”文本框中输入“2-7”，单击“确定”按钮完成文件的新建。

（2）绘制中心线

绘制如图 2-33 所示的中心线，并对中心线进行尺寸标注。绘制步骤如图 2-33 中的序号所示，具体每种图元的绘制方法，可参照前面图元绘制的详细讲解。两条中心线间的距离都是 8。

（3）绘制圆和直线并标注尺寸

单击圆绘制按钮绘制两个圆直径分别为 28 和 66。单击直线绘制按钮，绘制步骤②所示的 4 条直线，长度分别为 16、22、22、22，其位置尺寸如图 2-34 所示。

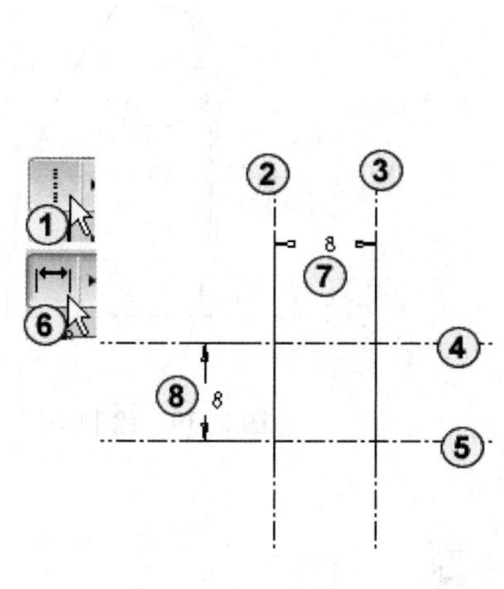

图 2-33 绘制中心线

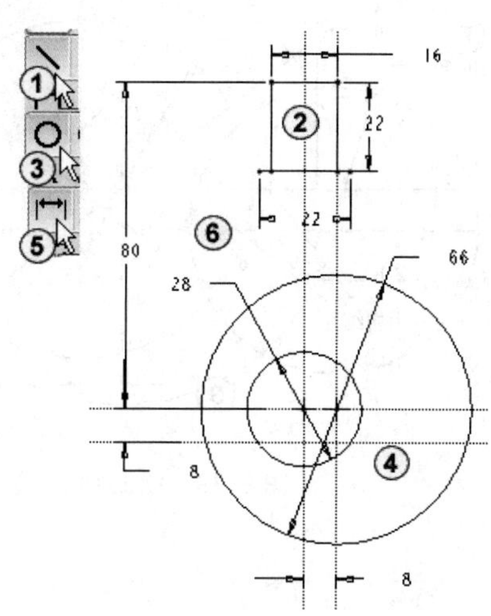

图 2-34 绘制圆和直线

（4）绘制圆弧并标注尺寸

如图 2-35 所示单击“绘制圆弧”按钮绘制两段圆弧，如图 2-36 所示，单击“约束相切”按钮，使圆弧与圆相切，如图 2-37 所示再单击“尺寸标注”按钮标注两圆弧的半径分别为 38 和 58。

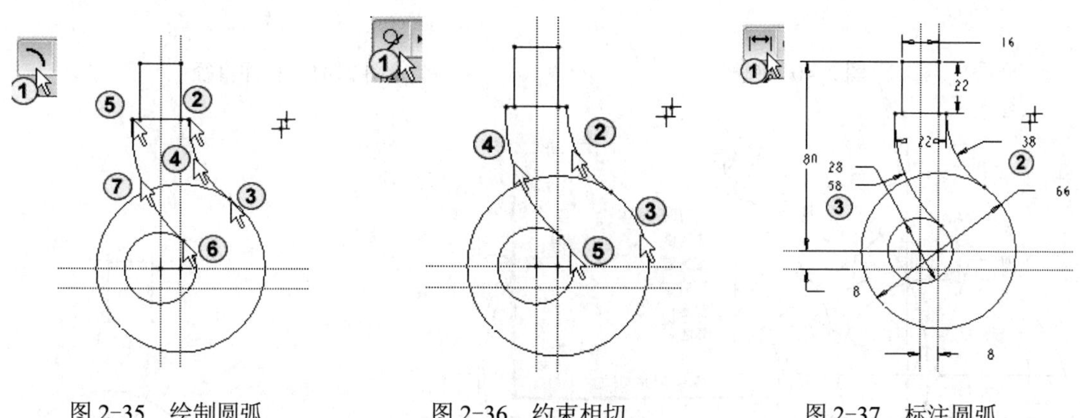

图 2-35 绘制圆弧　　图 2-36 约束相切　　图 2-37 标注圆弧

（5）绘制圆

如图 2-38 所示，单击“绘制圆”按钮绘制步骤②～④所示的 3 个圆，步骤②中圆的直径为 36，步骤③中圆的直径为 84。同时步骤②和④又有相切约束。然后再单击“标注尺寸”按钮标注步骤②和③中圆的直径。如图 2-39 所示，单击“绘制圆”按钮绘制小圆。在绘制小圆时，不要让小圆与其他图元产生自动约束。如图 2-40 所示，单击“相切约束”按钮使小圆与周围大圆相切。如图 2-41 所示，单击“尺寸标注”按钮，标注小圆的直径为 7。

（6）转化图元

如图 2-42 所示，单击鼠标左键选中直径为 84 的圆，再单击鼠标右键，在弹出的快捷菜单中选取“构建”，得到转化的效果如图 2-43 所示。

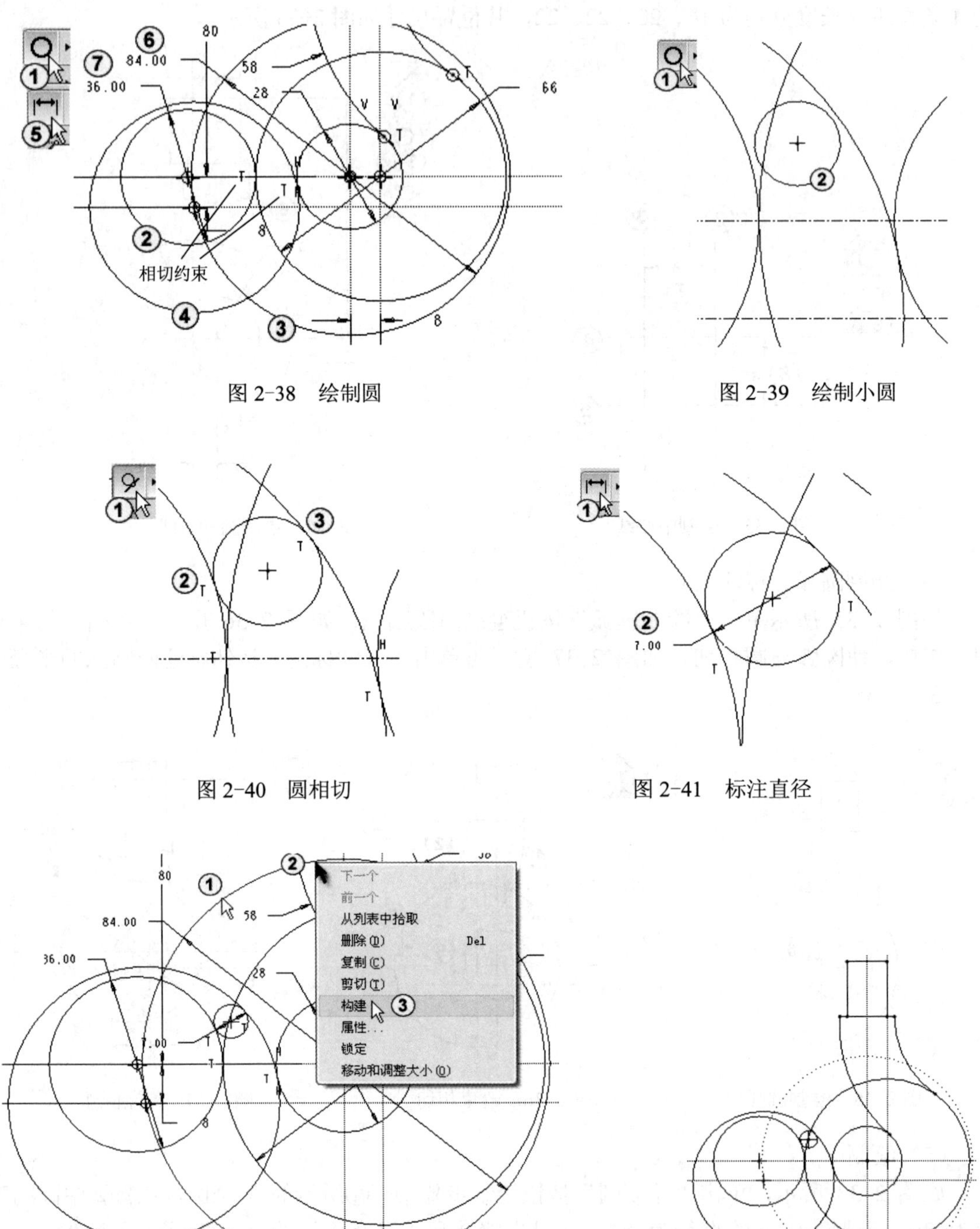

图 2-38　绘制圆

图 2-39　绘制小圆

图 2-40　圆相切

图 2-41　标注直径

图 2-42　转化图元

图 2-43　转化后的效果

（7）删除多余圆弧

如图 2-44 所示，单击“动态删除”按钮选中要删除的线段进行删除。删除过程如图 2-44 中步骤②～④所示，即得到如图 2-45 所示的最终完成效果。

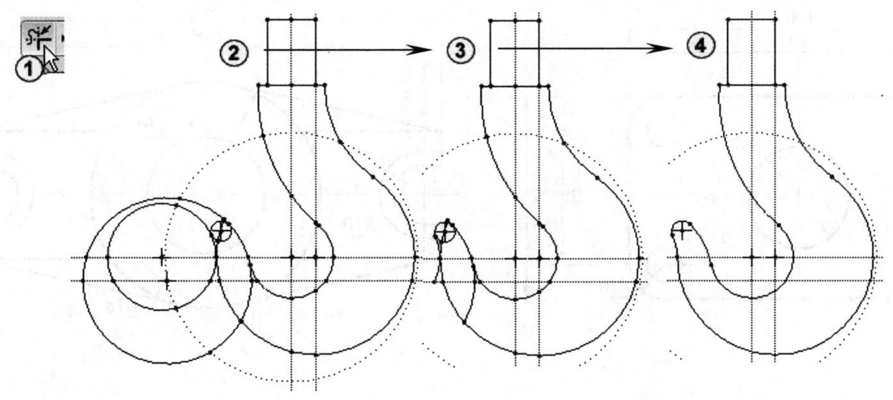

图 2-44　删除多余圆弧

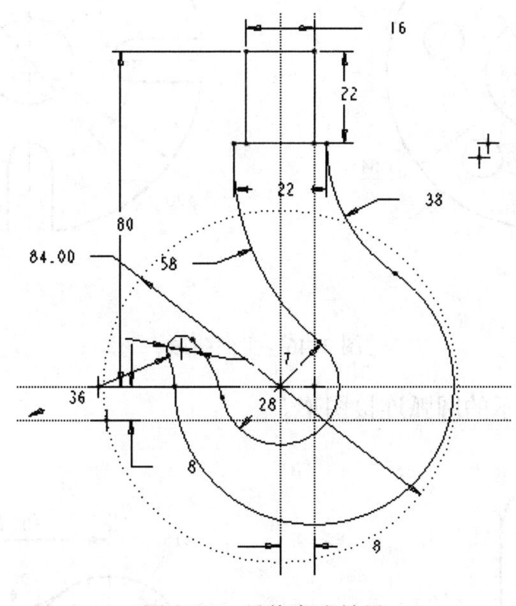

图 2-45　最终完成效果

操作过程见随书光盘 2\视频\2-19 实例三 1.avi、2-19 实例三 2.avi、2-19 实例三 3.avi。

2.7　练习题

1．熟悉草绘命令各工具按钮的功能。

2．圆和圆弧有几种绘制方式？圆锥曲线的绘制步骤是怎样的？如何绘制一条抛物线？

3．如何绘制样条曲线？绘制文字的操作步骤是怎样的？如何实现沿指定的曲线放置文字？如何标注直径尺寸，如何标注角度尺寸？

4．绘制如图 2-46 所示的平面图形。

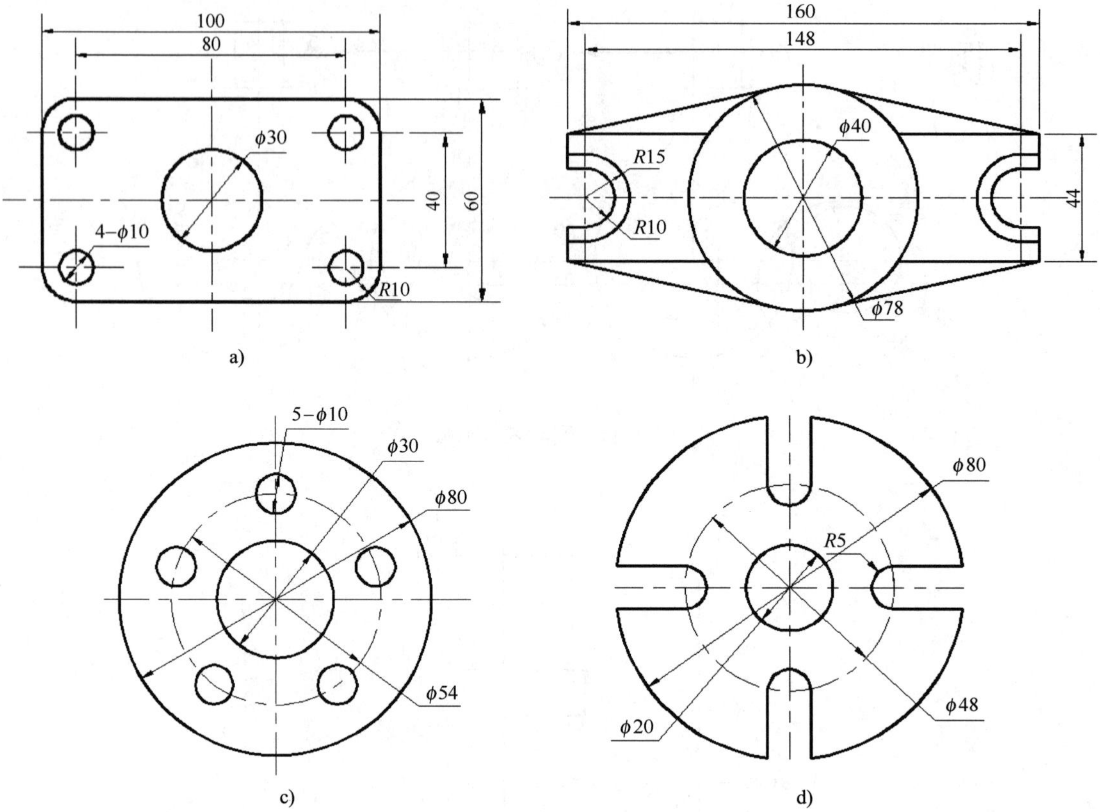

图 2-46　平面图形

5．绘制如图 2-47 所示的圆弧连接图形。

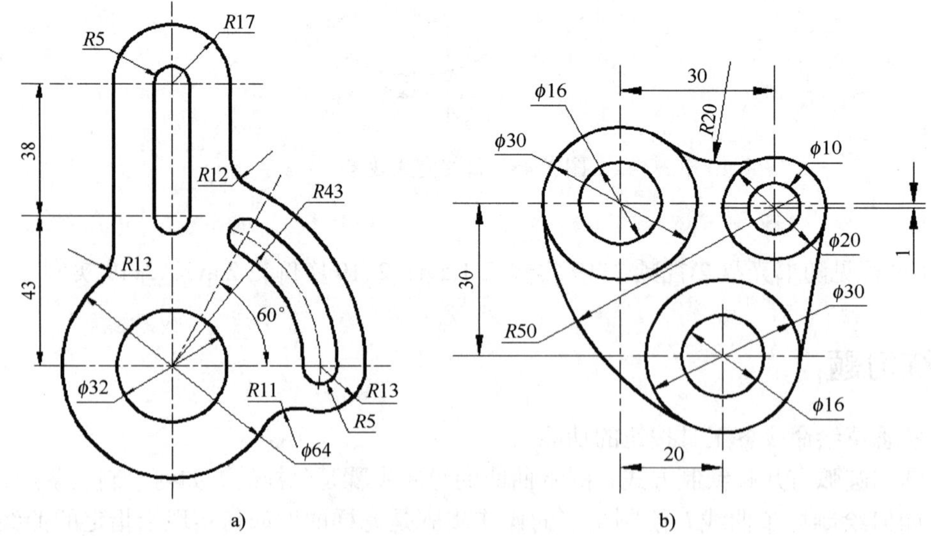

图 2-47　圆弧连接图形

第3章 基　　准

基准特征是零件建模的参照特征，其主要用途是辅助 3D 特征的创建，可作为特征截面绘制的参照面、模型定位的参照面和控制点、装配用参照面等，此外，基准特征（如坐标系）还可用于计算零件的质量属性，提供制造的操作路径等。

基准特征包括基准平面、基准轴、基准点、基准曲线和坐标系等。

3.1 基准平面

3.1.1 基准平面的基础知识

基准平面是零件建模过程中使用频繁的基准特征，它既可用做草绘特征的草绘平面和参照平面，也可用做放置特征的放置平面。另外，基准平面也可作为尺寸标注基准、零件装配基准等。

基准平面理论上是一个无限大的面，但为了便于观察可以设定其大小，以适合于建立的参照特征。基准平面有两个方向面，系统默认的颜色为棕色和黑色。在特征创建过程中，系统允许用户使用“基准特征”工具栏中的▱按钮或单击菜单“插入”→“模型基准”→“平面”命令，进行基准平面的建立。图 3-1 所示为“基准平面”对话框，包括“放置”、“显示”、“属性”3 个面板。根据选取的参照不同，该对话框各面板显示的内容也不相同。下面对该对话框中各选项进行简要介绍。

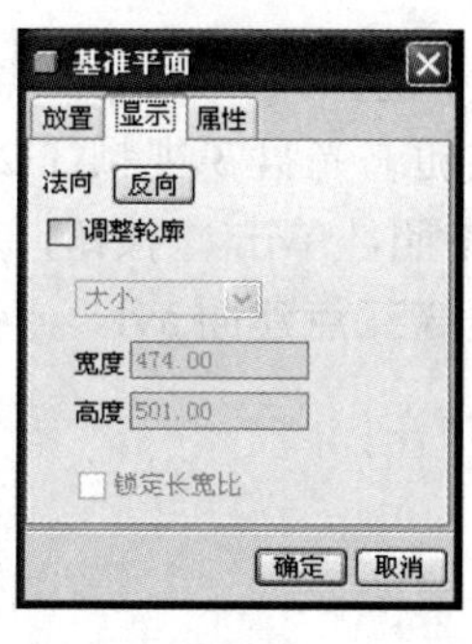

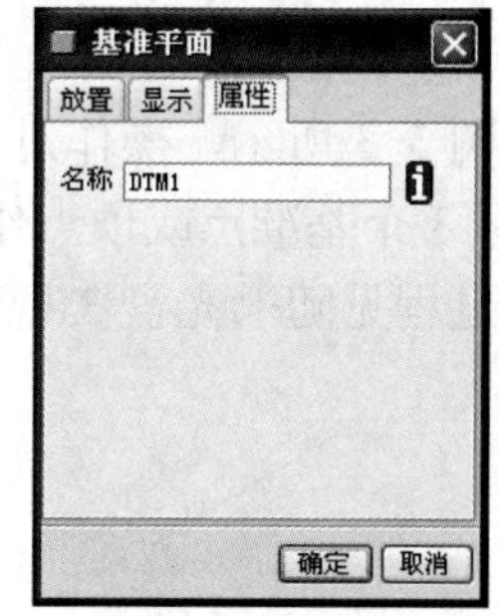

图 3-1 “基准平面”对话框

放置：选择当前存在的平面、曲面、边、点、坐标、轴、顶点等作为参照，在“偏距”栏中输入相应的约束数据，在“参照”栏中根据选择的参照不同，可能显示如下 5 种类型的约束，即穿过、偏移、平行、法向和相切。

显示：该面板包括“反向”按钮（垂直于基准面的相反方向）和“调整轮廓”选项（供用户调节基准面的外部轮廓尺寸）。

属性：该面板显示当前基准特征的信息，也可对基准平面重命名。

3.1.2 创建基准平面的步骤

如图 3-2 所示，建立基准平面的操作步骤如下：单击菜单“ 插入”→“模型基准”→“平面”命令，或单击“基准特征”工具栏中的“基准平面”按钮▱（步骤①）。在图形窗口中为新的基准平面选择参照（步骤②）（若选择多个对象作为参照应按<Ctrl>键），输入偏移的距离（步骤③），得到（步骤④）所示的效果，单击“确定”按钮（步骤⑤），完成基准平面的创建（步骤⑥）。操作过程见随书光盘 3\视频\3-1 创建基准平面.avi。

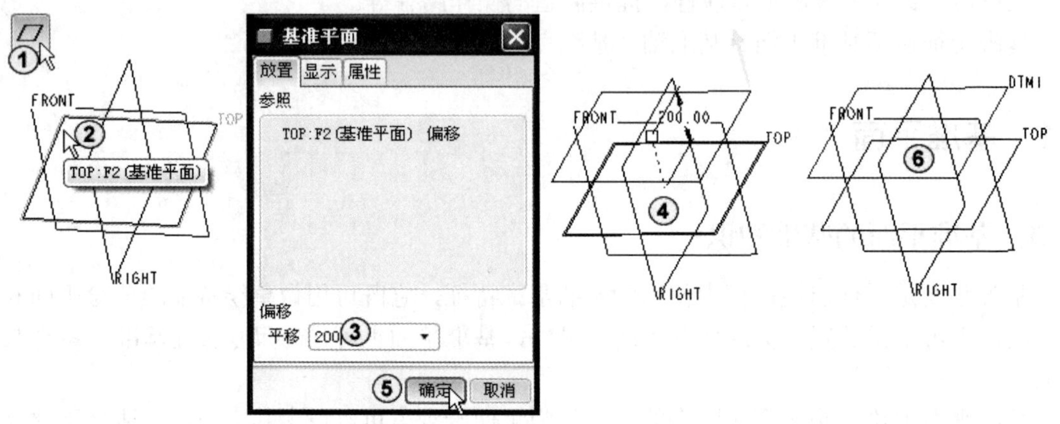

图 3-2 创建基准平面

3.1.3 创建基准面的不同方法

系统允许用户预先选定参照，然后单击▱按钮，即可创建符合条件的基准平面。用户可以建立基准平面的参照组合如下：

1）选择两个共面的边或轴（但不能共线）作为参照，单击▱按钮，产生通过参照的基准平面，如图 3-3 所示，操作过程见随书光盘 3\视频\3-2 两轴建面.avi。

2）选择 3 个基准点或顶点作为参照，单击▱按钮，产生通过 3 点的基准平面，如图 3-4 所示，操作过程见随书光盘 3\视频\3-3 三点建面.avi。

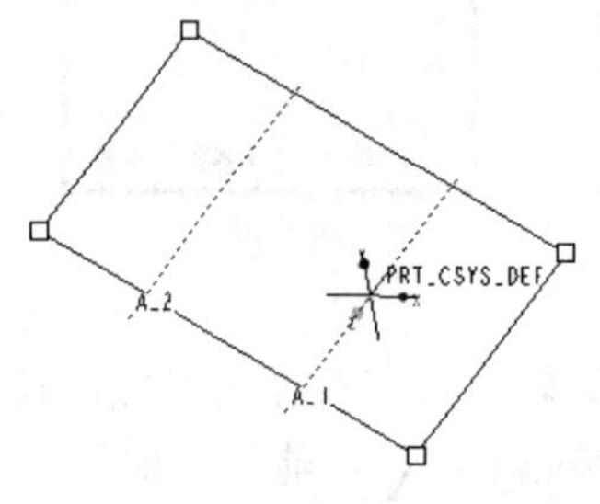

图 3-3 两轴创建基准平面

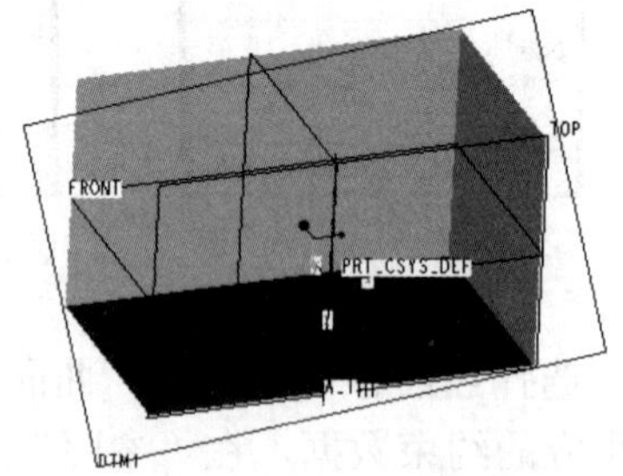

图 3-4 三点创建基准平面

3）选择一个基准平面或平面以及两个基准点或两个顶点，单击▱按钮，产生过这两点，并与参照平面垂直的基准平面，如图 3-5 所示，操作过程见随书光盘 3\视频\3-4 两点一面建面.avi。

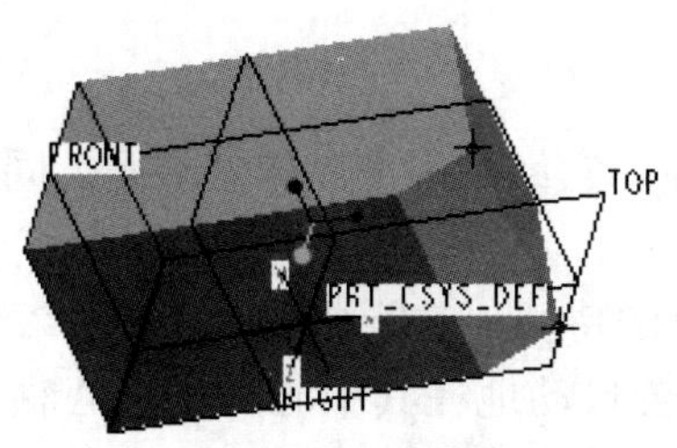

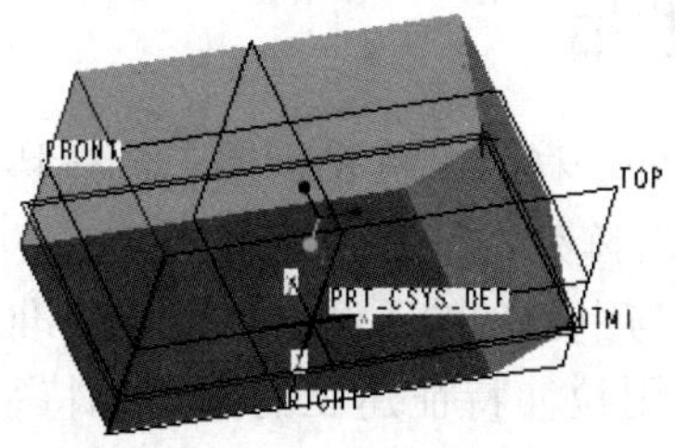

图 3-5　两点加一个平面创建基准平面

4）选择一个基准点和一个基准轴或边（点与边不共线），单击按钮，“基准平面”对话框显示通过参照的约束，单击“确定”按钮即可建立基准平面，如图 3-6 所示，操作过程见随书光盘 3\视频\3-5 一点一轴建面.avi。

5）选择一个基准面或平面和一个基准轴或边，单击按钮，“基准平面”对话框显示通过参照的约束，单击“确定”按钮即可建立基准平面，如图 3-7 所示。操作过程见随书光盘 3\视频\3-6 一面一轴建面.avi。

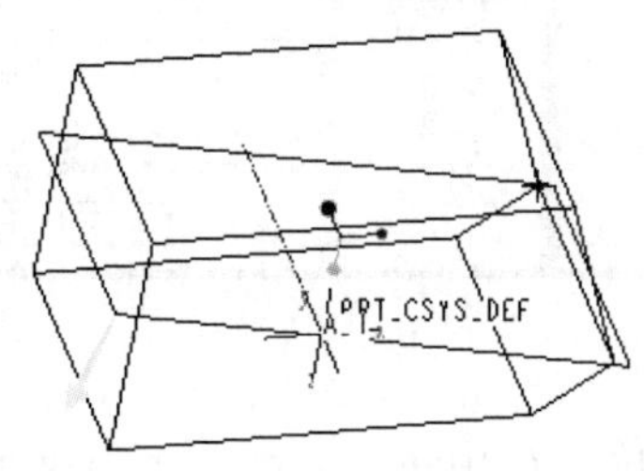

图 3-6　基准轴加一点创建基准平面

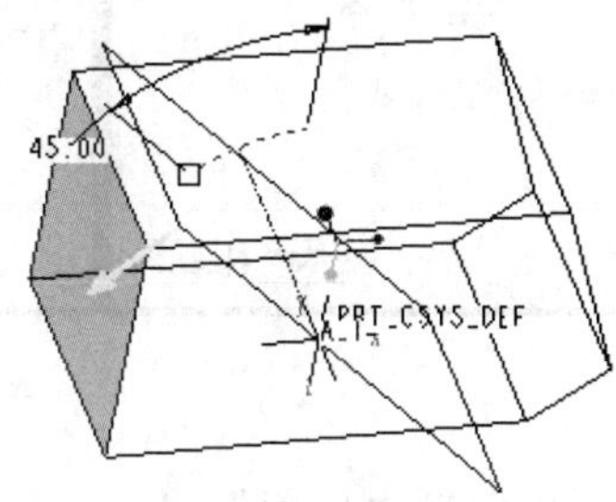

图 3-7　一平面加一基准轴创建基准平面

6）选择一个基准面或平面和一个曲面，单击按钮，“基准平面”对话框显示通过参照的约束，曲面的参照选择“相切”，单击“确定”按钮即可建立基准平面，如图 3-8 所示。操作过程见随书光盘 3\视频\3-7 一面一曲面建面.avi。

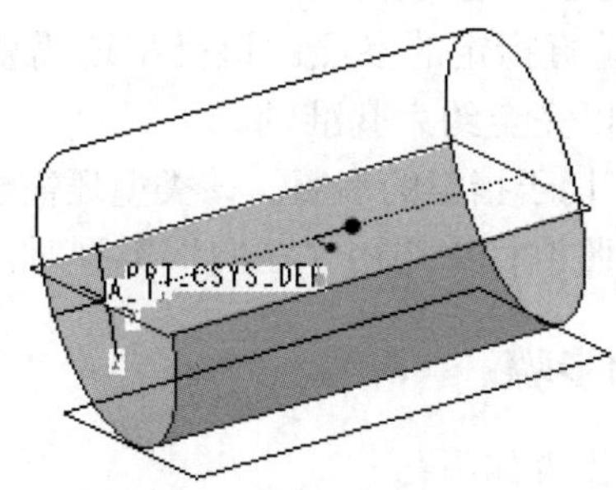

图 3-8　基准面加一曲面创建基准平面

提示：选择模型表面或基准平面时，只需在其附近移动光标，相应的面将高亮显示，同时，光标旁也显示该面的名称，然后单击鼠标左键即可选中高亮显示的平面。

3.2 基准轴

同基准面一样，基准轴常用于创建特征的参照，它经常用于制作基准面、同心放置的参照、创建旋转阵列特征等。

基准轴与中心轴的不同之处在于基准轴是独立的特征，它能被重定义、压缩或删除。

对于利用拉伸特征建立的圆角形特征，系统会自动地在其中心产生中心轴。对于具有“圆弧界面”造型的特征，若要在其圆心位置自动产生基准轴，应在配置文件中进行如下设置：将参数“show_axes_for_extr_arcs”选项的值设置为“Yes”。

单击“基准”工具栏中的“基准轴”工具按钮，显示如图 3-9 所示的“基准轴”对话框。

图 3-9 “基准轴”对话框

该对话框包括“放置”、“显示”和“属性”3 个面板。使用“显示”面板可调整基准轴轮廓的长度，从而使基准轴轮廓与指定尺寸或选定参照相拟合。“属性”面板显示基准轴的名称和信息，也可对基准轴进行重新命名。在“放置”面板中有“参照”和“偏移参照”两个栏目。

参照：在该栏中显示基准轴的放置参照，供用户选择使用的参照有如下 3 种类型。

1）穿过：基准轴通过指定的参照。

2）法向：基准轴垂直指定的参照。该类型还需要在“偏移参照”栏中进一步定义或者添加辅助的点或顶点，以完全约束基准轴。

3）相切：基准轴相切于指定的参照。该类型还需要添加辅助点或顶点以全约束基准轴。

偏移参照：在“参照”栏中选用“法向”类型时，该栏被激活，以选择偏移参照。

3.2.1 创建基准轴的步骤

创建基准轴的操作步骤如下：

单击“基准”工具栏中的按钮，或单击菜单“插入”→“模型基准”→“轴”命令，打开“基准轴”对话框。

在图形窗口中为新基准轴选择至多两个“放置”参照。可选择已有的基准轴、平面、曲面、边、顶点、曲线、基准点，选择的参照显示在“基准轴”对话框的“参照”栏中。

在“参照”栏中选择适当的约束类型。

重复以上步骤，直到完成必要的约束。

单击“确定”按钮，完成基准轴的创建，如图 3-10 所示，操作过程见随书光盘 3\视频\3-8 创建基准轴.avi。

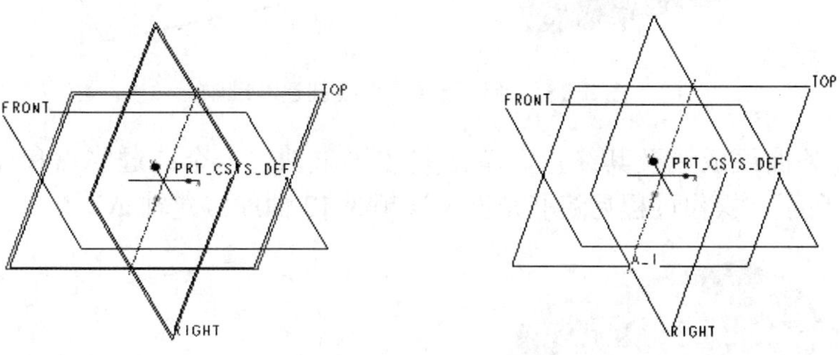

图 3-10　两平面相交的基准轴

3.2.2　创建基准轴的不同方法

此外，系统允许用户预先选定参照，然后单击按钮即可创建符合条件的基准轴。可以建立基准轴的各参照组合如下：

1）选择一条垂直的边或轴，单击按钮，创建一个通过选定边或轴的基准轴，如图 3-11 所示，操作过程见随书光盘 3\视频\3-9 一边建轴.avi。

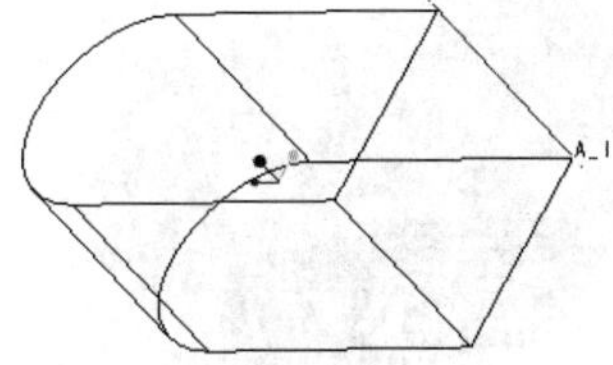

图 3-11　通过边创建基准轴

2）选择两个基准点或点，单击按钮，创建一个通过选定的两个点的基准轴，如图 3-12 所示，操作过程见随书光盘 3\视频\3-10 两点建轴.avi。

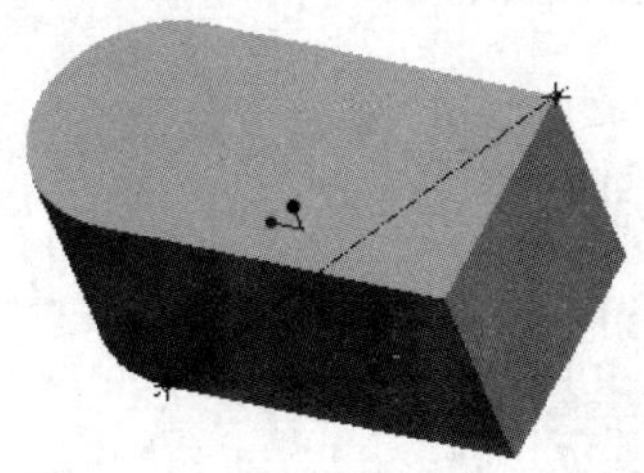
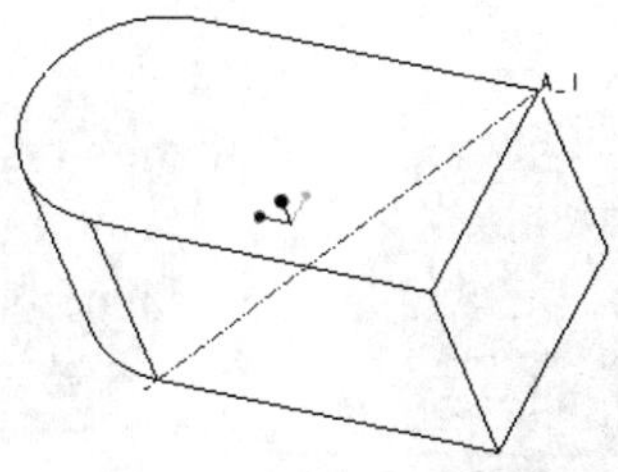

图 3-12　通过两点创建基准轴

3）选择两个非平行的基准面或平面，单击按钮，创建一个通过选定相交线的基准轴，如图 3-13 所示，操作过程见随书光盘 3\视频\3-11 两面建轴.avi。

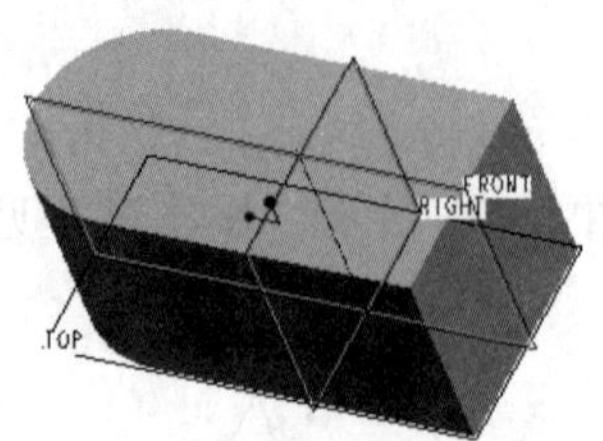

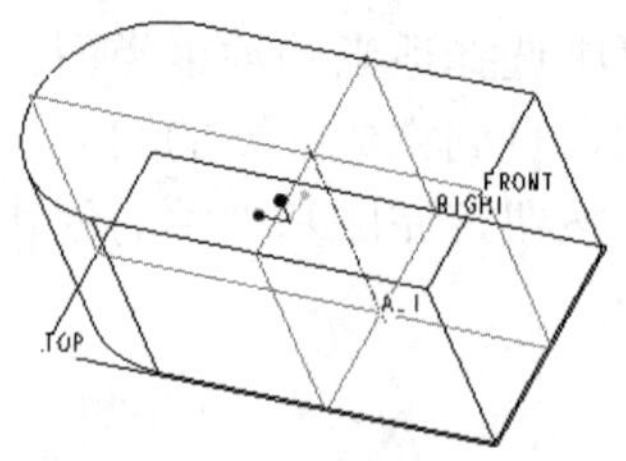

图 3-13　通过两平面交线创建基准轴

4）选择一条曲线或边及其终点，单击 按钮，创建一个通过终点和曲线切点的基准轴，如图 3-14 所示，操作过程见随书光盘 3\视频\3-12 曲线点建轴.avi。

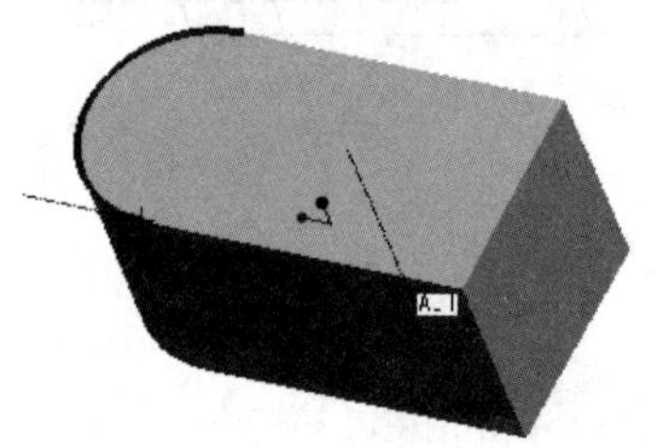

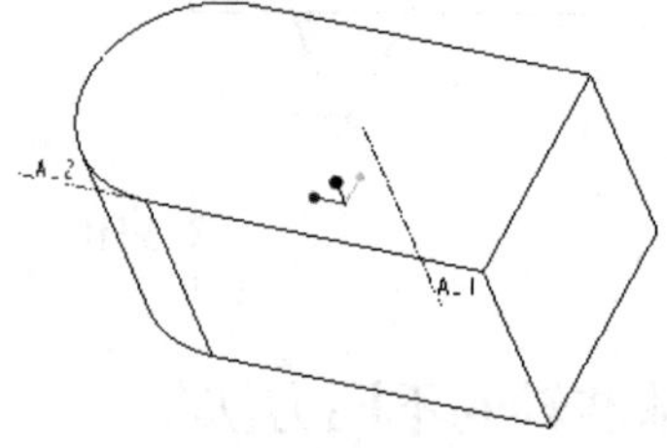

图 3-14　通过曲线及其终点创建基准轴

5）选择一个基准点和一个面，单击 按钮，产生过该点且垂直于该面的基准轴，如图 3-15 所示，操作过程见随书光盘 3\视频\3-13 一点一面建轴.avi。

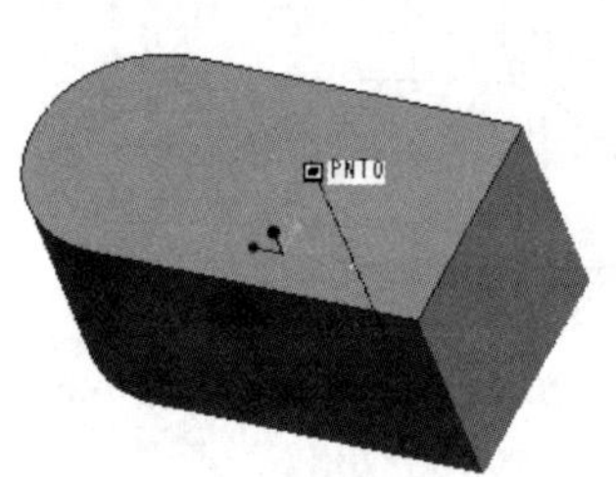

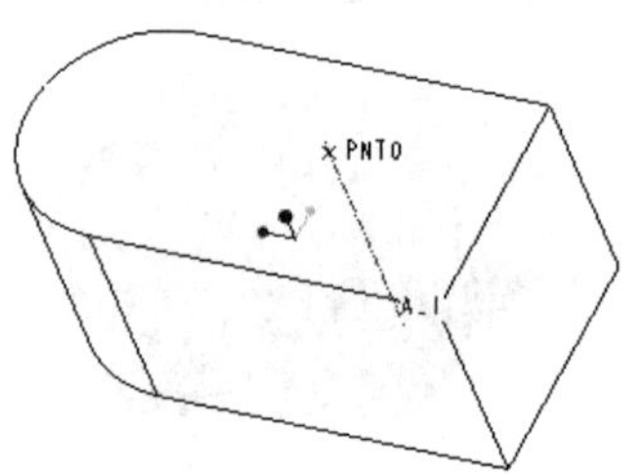

图 3-15　通过基准点和平面创建基准轴

6）选择一个面，单击 按钮，通过拖动手柄标注尺寸，产生垂直于该面的基准轴，如图 3-16 所示，操作过程见随书光盘 3\视频\3-14 一面建轴.avi。

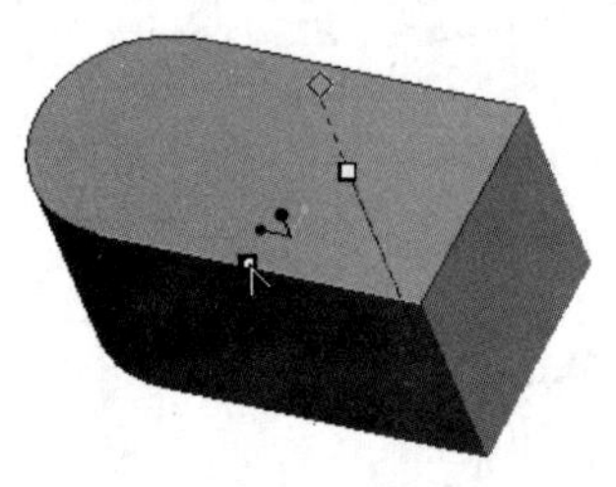
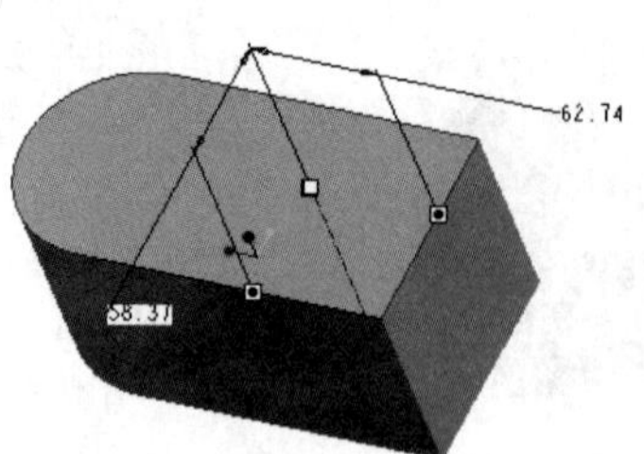

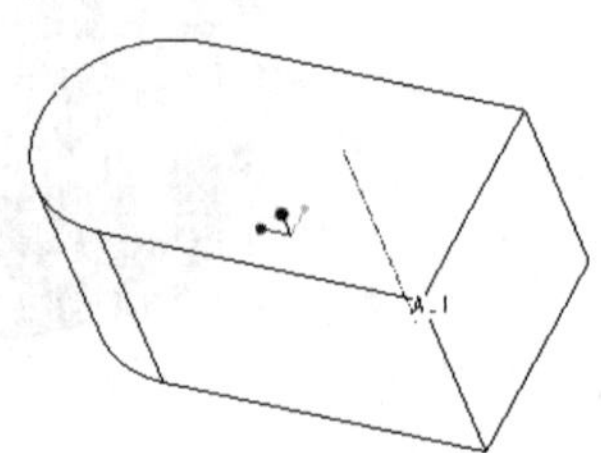

图 3-16　通过平面和标注创建基准轴

7）选择一个柱面，单击 按钮，产生通过柱面回转中心的基准轴，如图 3-17 所示，操作过程见随书光盘 3\视频\3-15 柱面建轴.avi。

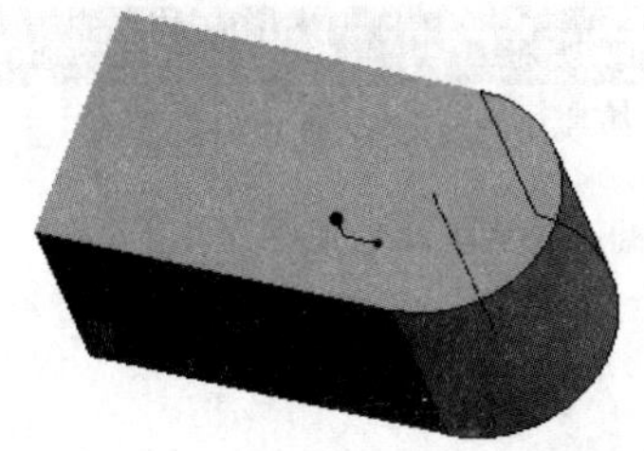

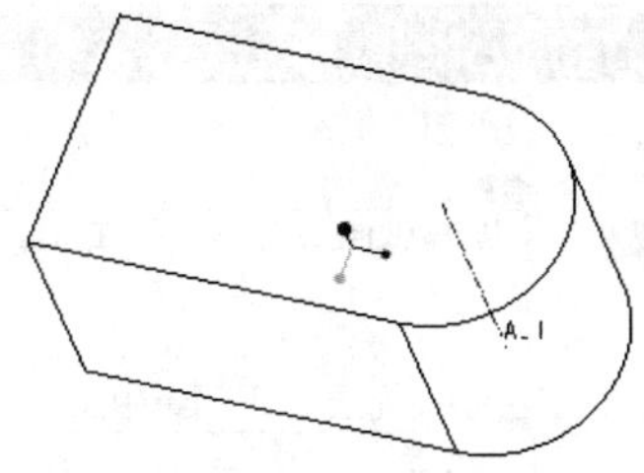

图 3-17　通过柱面创建基准轴

提示：当添加多个参照时，应先按<Ctrl>键，然后依次单击要选择的参照即可。

3.3　基准点

基准点的用途非常广泛，既可用于辅助建立其他基准特征，又可辅助定义特征的位置。Pro/E 5.0 提供 4 种类型的基准点，如图 3-18 所示。

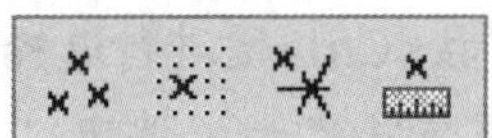

图 3-18　4 种类型的基准点

：从实体、实体交点或从实体偏离创建的基准点。

：在草绘工作界面上创建基准点。

：通过选定的坐标系创建基准点。

：直接在实体或曲面上单击鼠标左键即可创建基准点。该基准点在行为建模中供分析使用。

3.3.1　一般基准点

使用“基准点”工具按钮，可创建位于模型实体或偏离模型实体的基准点。单击“基准特征”工具栏中的按钮，弹出如图 3-19 所示的“基准点”对话框。该对话框包含“放置”（定义基准点的位置）和“属性”（显示特征信息、修改特征名称）两个面板。现将“放置”面板各部分的功能说明如下。

1）参照：在“基准点”对话框左侧的基准点列表中选择一个基准点，该栏列出生成该基准点的放置参照。

2）偏移：显示并可以定义点的偏移尺寸。明确偏移尺寸有两种方法，即明确偏移比率和明确实数（实际长度）。

3）偏移参照：列出标注点到模型尺寸的参照。它有如下两种方式。

- 曲线末端：从选择的曲线或边的端点测量长度，要使用另一个端点作为偏移基点，则单击“下一端点”按钮。
- 参照：从选定的参照测量距离。

单击“基准点”对话框中的“新点”，可继续创建新的基准点。

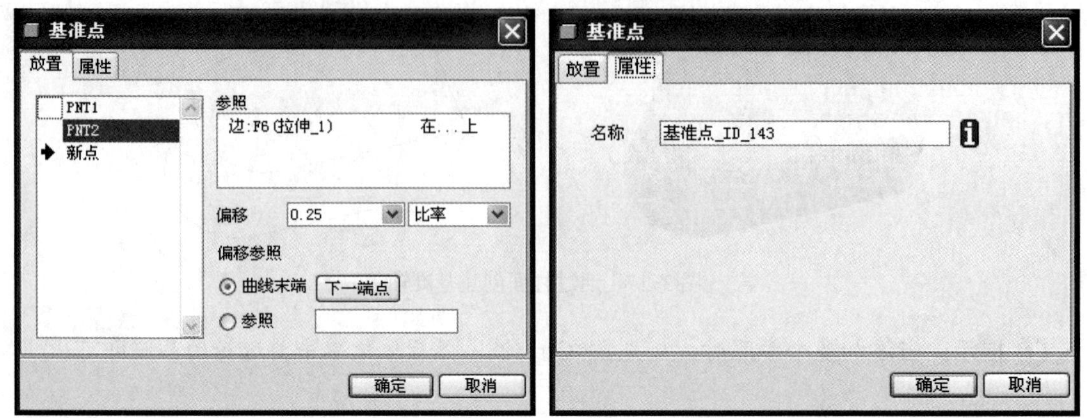

图 3-19 “基准点”对话框

提示：

（1）要添加一个新的基准点，应首先单击“基准点”对话框左栏显示的“新点”，然后选择一个参照（要添加多个参照，需按<Ctrl>键进行选择）。

（2）要移走一个参照可使用如下方法之一：选中“参照”，单击鼠标右键，在弹出的快捷菜单中单击“移除”命令，在图形窗中选择一个新参照替换原来的参照。

3.3.2 创建一般基准点的操作步骤

选择一条边、曲线或基准轴等图素。

单击按钮，一个默认的基准点添加到所指定的实体上，同时打开“基准点”对话框。

通过拖动基准点定位句柄，手动调节基准点位置，或者设定“放置”面板的相应参数定位基准点。

单击“新点”选项，添加更多的基准点，单击“确定”按钮，完成基准点的创建，如图 3-20 所示，操作过程见随书光盘 3\视频\3-16 创建基准点.avi。

提示：为方便捕捉参照对象，建议使用主窗口右下角的过滤器工具，在其下拉列表中选定捕捉对象类型，如图 3-21 所示。

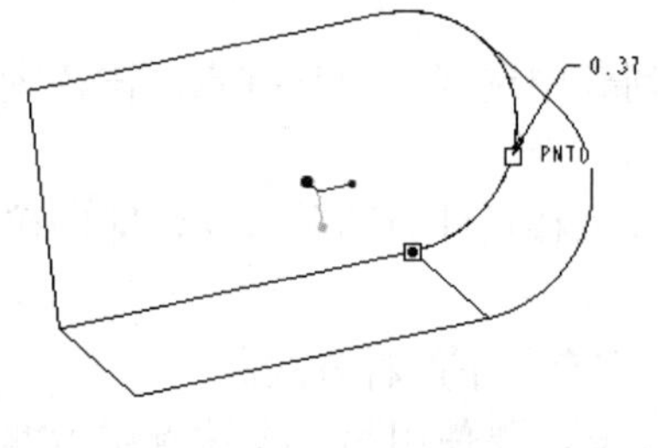

图 3-20 选择过滤器

图 3-21 创建基准点

在选择多个参照对象时，应按<Ctrl>键，然后依次选择。

3.3.3 创建基准点的不同方法

（1）在曲面上创建基准点

先选中基准曲面，再单击“基准点”工具按钮，系统会在曲面上自动放置一个基准点，然后通过拖动标注手柄来确定基准点的位置，最后单击“确定”按钮即可，如图 3-22 所示，操作过程见随书光盘 3\视频\3-17 曲面上的点.avi。

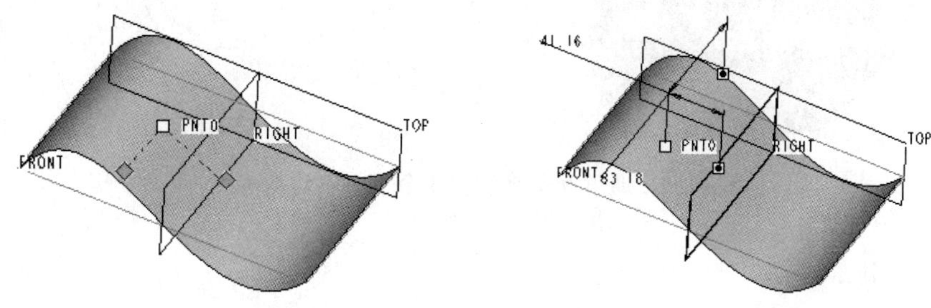

图 3-22 在曲面上创建基准点

（2）在曲线上创建基准点

先选中基准曲线或特征的边线，再单击“基准点”工具按钮，系统会在曲线上自动放置一个基准点，然后通过拖动或在“基准点”对话框中输入数值来确定基准点的位置，最后单击“确定”按钮即可，如图 3-23 所示，操作过程见随书光盘 3\视频\3-18 曲线上的点.avi。

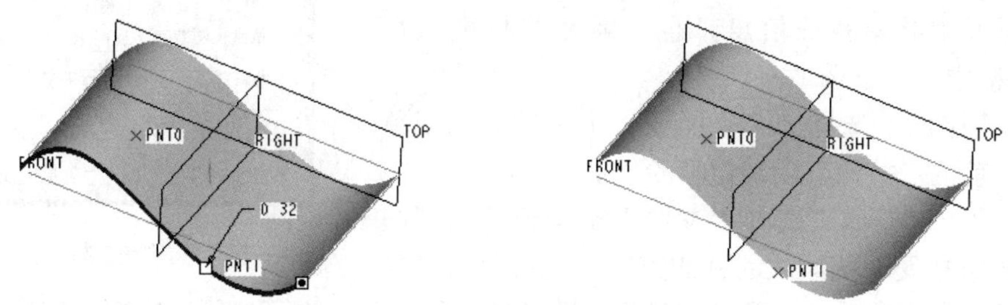

图 3-23 在曲线上创建基准点

（3）在特征的定点上创建基准点

先选中特征的定点，再单击“基准点”工具按钮，系统会自动在特征的定点上放置一个基准点，最后单击“确定”按钮即可，如图 3-24 所示，操作过程见随书光盘 3\视频\3-19 定点上点.avi。

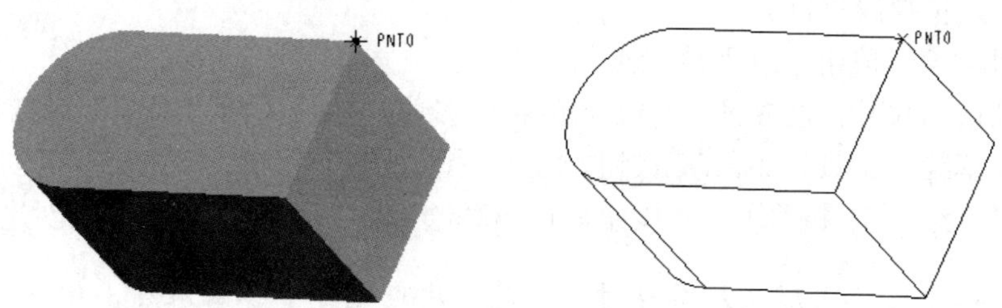

图 3-24 在特征的定点上创建基准点

（4）通过互不平行的 3 个平面创建基准点

先选中 3 个互不平行的平面，再单击“基准点”工具按钮，系统会自动在 3 个平面的交点上放置一个基准点，最后单击“确定”按钮即可，如图 3-25 所示，操作过程见随书光盘 3\视频\3-20 三平面点.avi。

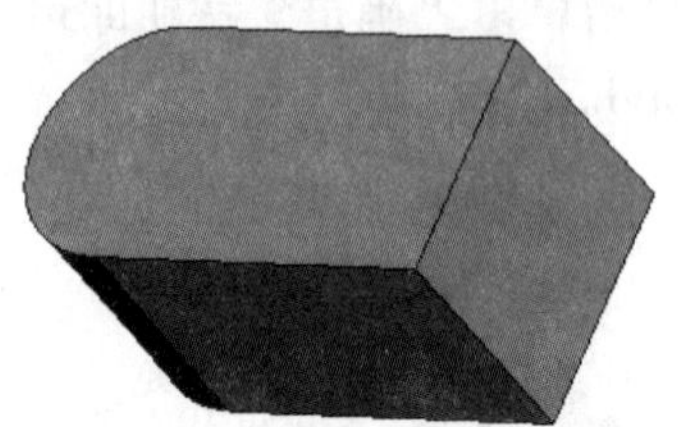

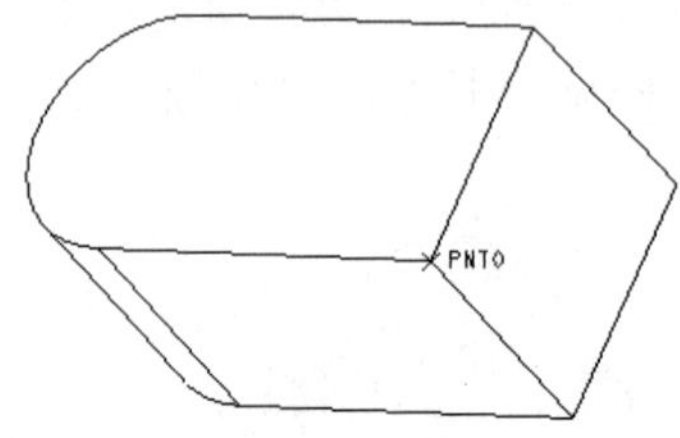

图 3-25　通过互不平行的 3 个平面创建基准点

3.3.4　草绘基准点

在草绘工作界面中创建的基准点称为草绘基准点。使用草绘方式一次可草绘多个基准点，这些基准点位于同一个草绘平面，属于同一个基准点特征。

单击按钮，打开“草绘的基准点”对话框，如图 3-26 所示。

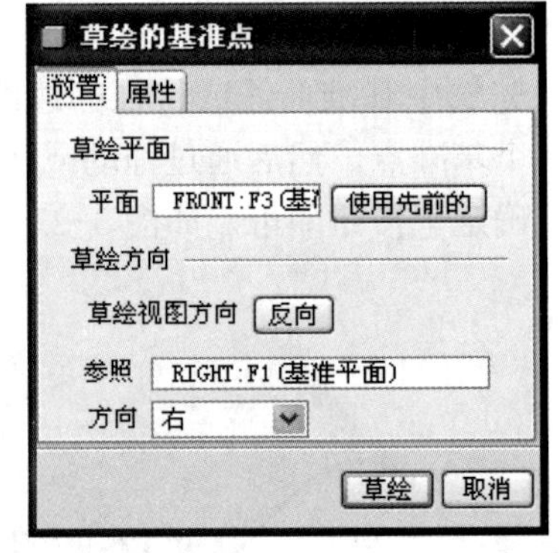

图 3-26　“草绘的基准点”对话框

该对话框包括“放置”和“属性”两个面板。在“属性”面板中显示特征信息，也可重命名特征。在“放置”面板中有如下选项。

1）草绘平面：选择一个平面或一个基准面，或单击“使用先前的”按钮，以确定草绘平面。

2）草绘方向：通过选择“参照”来定位草绘视图方向。它既可接受系统默认的视图方向，也可单击“反向”按钮使视图方向反向；既可接受系统默认的定位参照，也可自行选定新的定位参照。

- 参照：用来确定进入草绘后零件摆放方位的参考。
- 方向：是指参照的方向。通过确定参照的方向来确定零件的方向。
- 草绘：单击该按钮，系统进入草绘工作界面。

创建草绘基准点的步骤如下：

1）单击“基准”工具栏中的按钮，打开“草绘的基准点”对话框。

2）选择并定位草绘平面。

3）单击“草绘”按钮，进入草绘工作界面。

4）接受默认的尺寸标注参照或添加新的标注参照，然后关闭“参照”对话框。

5）单击“草绘”工具栏中的按钮，在绘图区创建一个点。根据需要可创建多个点。

6）单击“草绘”工具栏中的按钮，退出草绘工作界面，完成基准点创建。

提示：以草绘方式建立基准点时，虽然一次可创建多个基准点，但它们同属于一个基准点特征，在模型树中只显示一个特征名称，如图 3-27 所示，操作过程见随书光盘 3\视频\3-21 草绘基准点.avi。

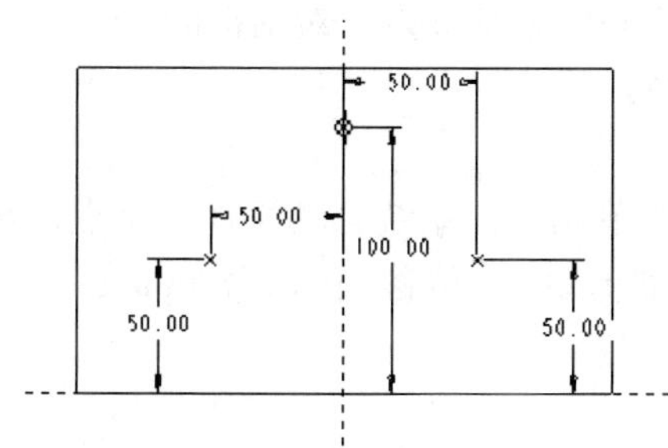

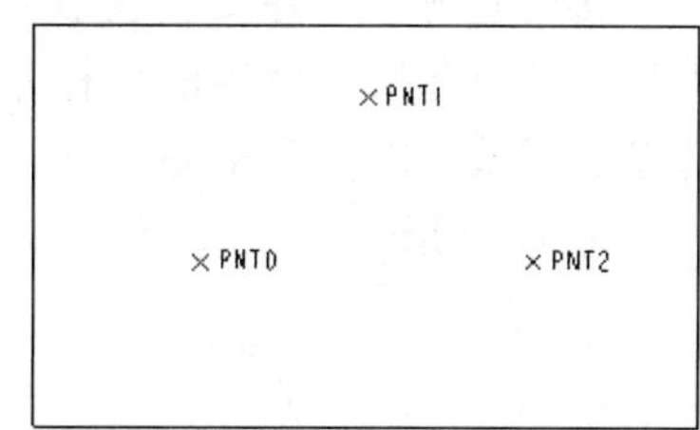

图 3-27　草绘基准点

3.3.5　偏移坐标基准点

Pro/E 5.0 允许用户通过指定点坐标的偏移产生基准点，可用笛卡儿坐标系、球坐标系或柱坐标系来实现基准点的建立。

单击“基准特征”工具栏中的按钮，打开“偏移坐标系基准点”对话框，如图 3-28 所示。

下面介绍该对话框的选项。

1）参照：选定参照坐标系。

2）类型：在下拉列表中选择坐标系的类型。坐标系的类型有“笛卡儿”、“球坐标”和“柱坐标”。

3）导入：通过从文件读取偏移值来添加点。

4）更新值：使用文本编辑器输入坐标，建立基准点。

5）保存：将点的坐标存为一个“.pts”文件。

6）使用非参数矩阵：移走尺寸并将点数据转换为一个参数化、不可修改的数列。

7）确定：完成基准点的创建并退出该对话框，如图 3-29 所示。

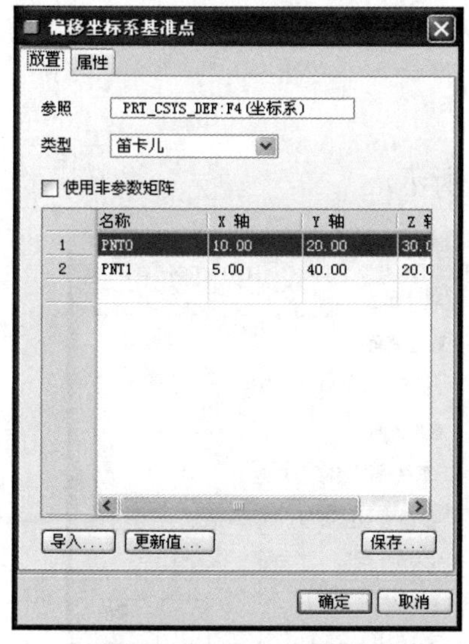

图 3-28　偏移坐标系基准点

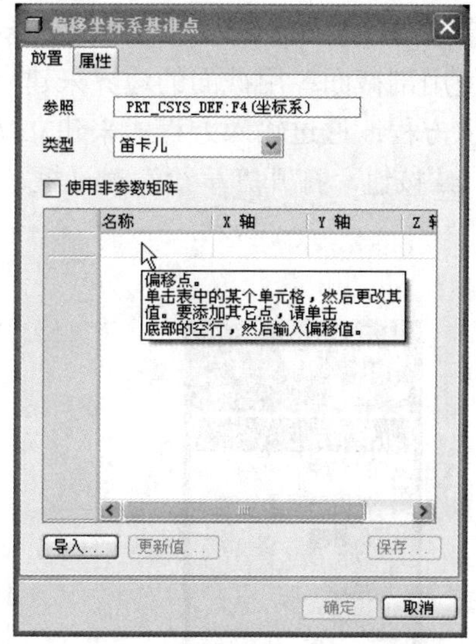

图 3-29　添加基准点

创建偏移坐标基准点的步骤如下：

单击“基准”工具栏中的按钮，打开“偏移坐标系基准点”对话框。

在图形窗口或模型树中选择要放置点的坐标系。

在“类型”列表中选择要使用的坐标系类型。

单击“偏移坐标系基准点”对话框表区域中的单元框，系统自动添加一个点，然后修改坐标值即可，如图 3-30 所示，操作见随书光盘 3\视频\3-22 偏移坐标基准点.avi。

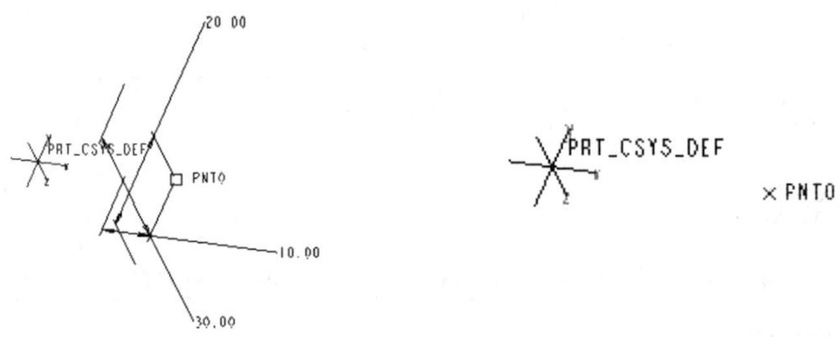

图 3-30　偏移坐标系创建基准点

完成点的添加后，单击“确定”按钮，或单击“保存”按钮，保存添加的点。

3.4　基准曲线

基准曲线除可以作扫描特征的轨迹、建立圆角的参照特征之外，在绘制或修改曲面时也扮演着重要的角色。

在“基准特征”工具栏中单击按钮或按钮，可实现基准曲线的绘制。单击按钮，系统显示如图 3-31 所示的“曲线选项”对话框。

“曲线选项”对话框中的各选项说明如下：

1）经过点：通过数个参照点建立基准曲线。

2）自文件：使用数据文件绘制一条基准曲线。

3）使用剖截面：用截面的边界来建立基准曲线。

4）从方程：通过输入方程式来建立基准曲线

单击按钮，打开“草绘”对话框，如图 3-32 所示。

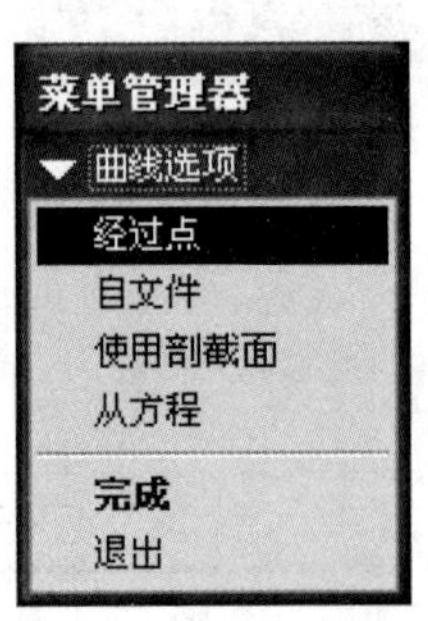

图 3-31　“曲线选项”对话框

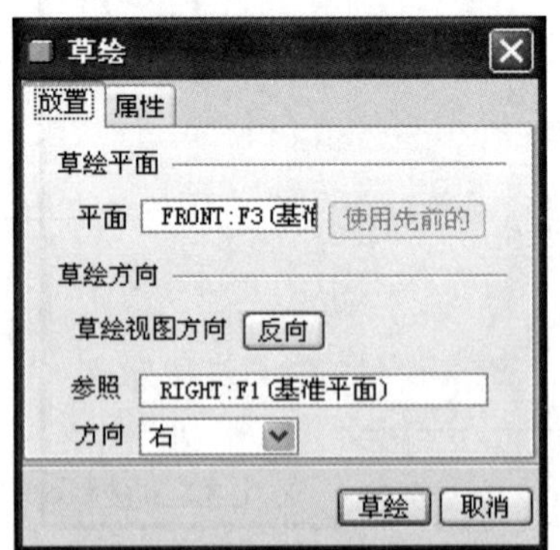

图 3-32　“草绘”对话框

选定草绘平面与视图参照后，单击“草绘”按钮，进入草绘工作界面，然后进行曲线的绘制。

3.4.1 经过点创建基准曲线

如图 3-31 所示选择“经过点”后，再单击“完成”选项，弹出如图 3-33 所示的对话框，以及如图 3-34 所示的“菜单管理器”对话框和如图 3-35 所示的“选取”对话框。此时在图中单击要用来创建基准曲线的点，系统会同时显示一条带箭头的基准曲线，如图 3-36 所示。再单击“曲线：通过点”对话框中的“确定”按钮，最后得到如图 3-37 所示的基准曲线，操作过程见随书光盘 3\视频\3-23 经过点的基准线.avi。

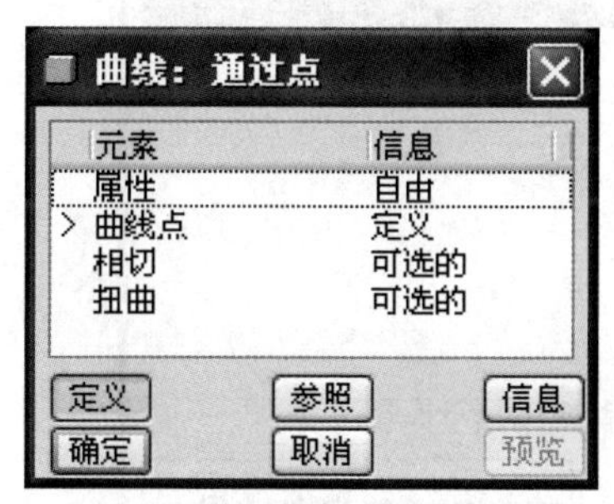

图 3-33 “曲线：通过点”对话框

图 3-34 “菜单管理器”对话框

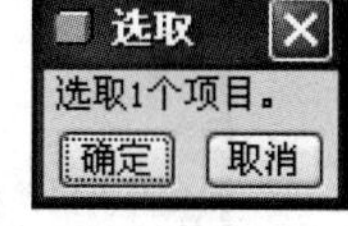

图 3-35 “选取”对话框

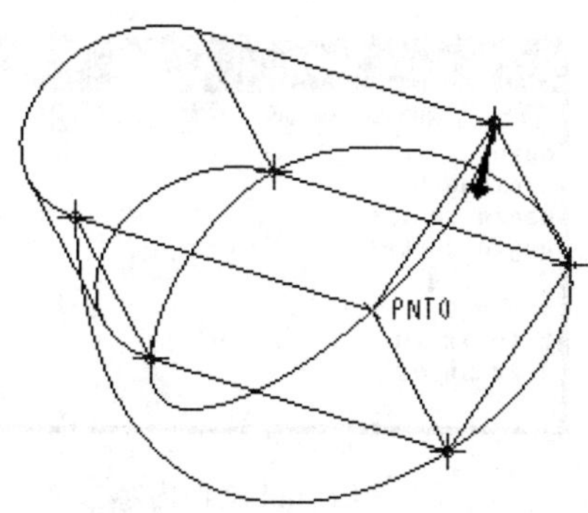

图 3-36 选择顶点创建基准曲线

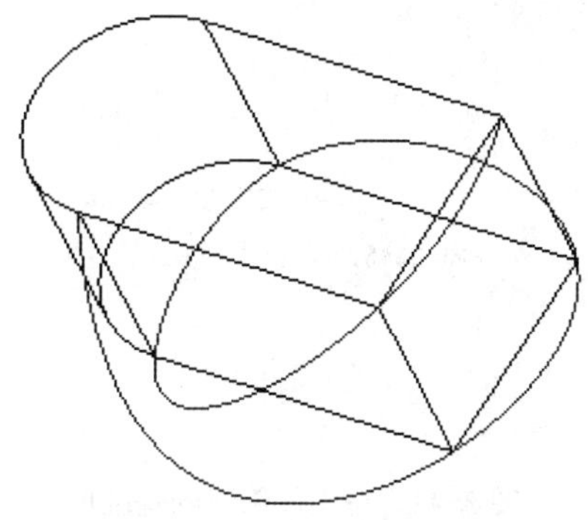

图 3-37 创建基准曲线的效果

3.4.2 自文件创建基准曲线

如图 3-38 所示选择“自文件”选项后，再单击“完成”选项弹出如图 3-39 所示的对话框，以及如图 3-40 的“选取”对话框。此时在工作区域中选择坐标系，系统会弹出如图 3-41 所示的“打开”对话框，选择已经保存好的*.ibl 文件，再单击“打开”按钮，得到如图 3-42 所示的基准曲线。其中*.ibl 文件内容如图 3-43 所示，操作过程见随书光盘 3\视频\3-24 来自文件的基准曲线.avi。

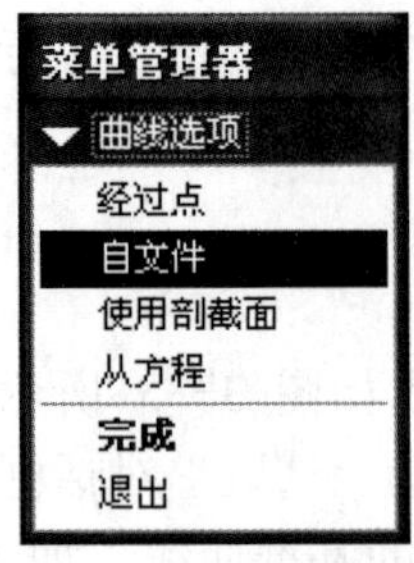

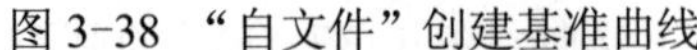

图 3-38 “自文件”创建基准曲线

图 3-39 选取坐标系

图 3-40 “选取”对话框

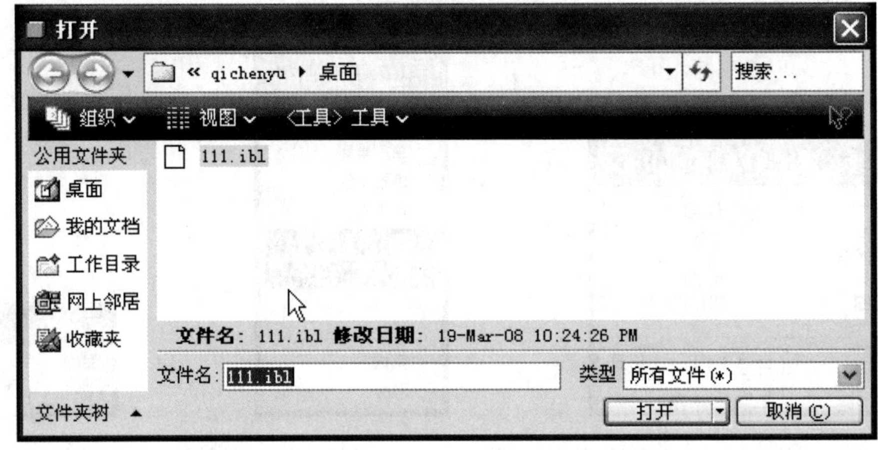

图 3-41 “打开”对话框

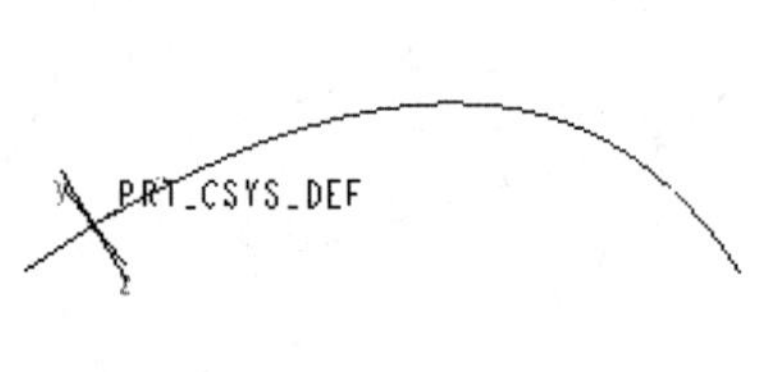

图 3-42 自文件创建的基准曲线

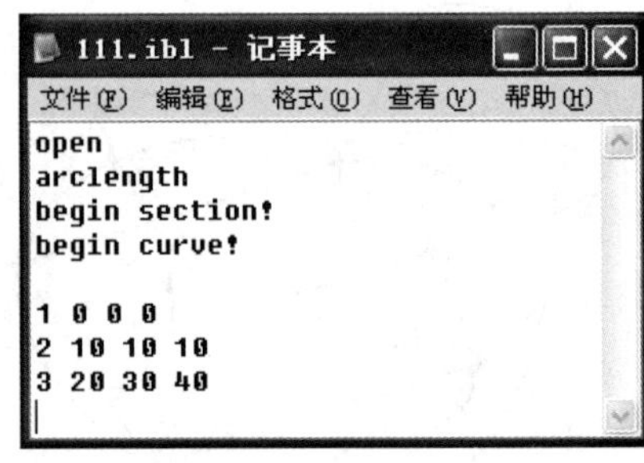

图 3-43 ibl 文件内容

3.4.3 从方程创建基准曲线

如图 3-44 所示选择“从方程”选项后，再单击“完成”选项，弹出如图 3-45 所示的“曲线：从方程”对话框，如图 3-46 所示的“得到坐标系”对话框，以及如图 3-47 所示的“选取”对话框。此时在工作区域中选择坐标系，系统会弹出如图 3-48 所示的“设置坐标类型”对话框，选取坐标系类型后，系统弹出编辑方程的“记事本”文件，在“记事本”中编辑曲线的方程，如图 3-49 所示。编辑完成后保存并关闭记事本，此时在工作区中即可出现与方程相一致的基准曲线，如图 3-50 所示，操作过程见随书光盘 3\视频\3-25 从方程的基准曲线.avi。

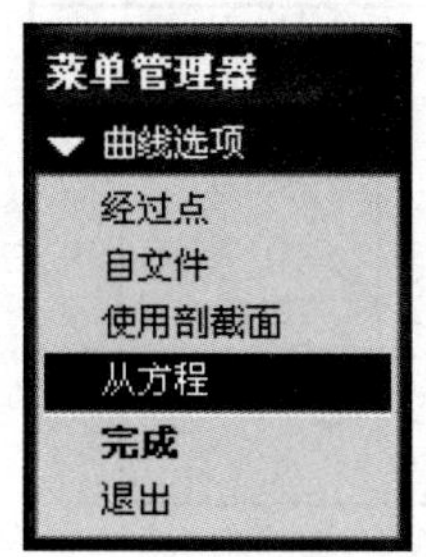

图 3-44 “曲线选项”对话框

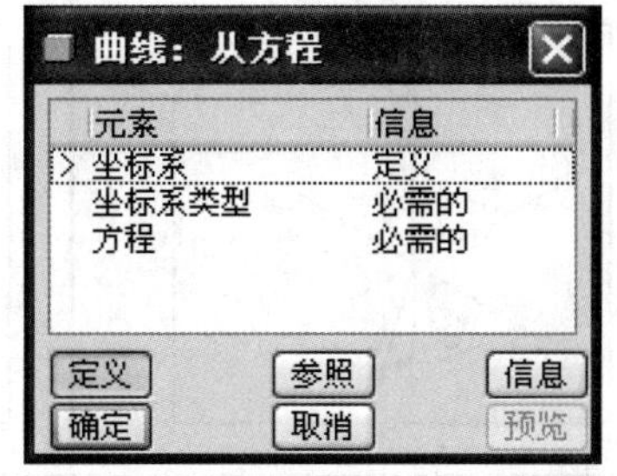

图 3-45 “曲线：从方程”对话框

图 3-46 “得到坐标系”对话框

图 3-47 “选取”对话框

图 3-48 “设置坐标类型”对话框

rel.ptd - 记事本

文件(F) 编辑(E) 格式(O) 查看(V) 帮助(H)

```
/* 为笛卡儿坐标系输入参数方程
/*根据t (将从0变到1) 对x, y和z
/* 例如:对在 x-y平面的一个圆, 中心在原点
/* 半径 = 4, 参数方程将是:
/*          x = 4 * cos ( t * 360 )
/*          y = 4 * sin ( t * 360 )
/*          z = 0
/*------------------------------------------
------------------------
x = 4 * cos ( t * 360 )
y = 4 * sin ( t * 360 )
z = 10*t
```

图 3-49 方程编辑记事本

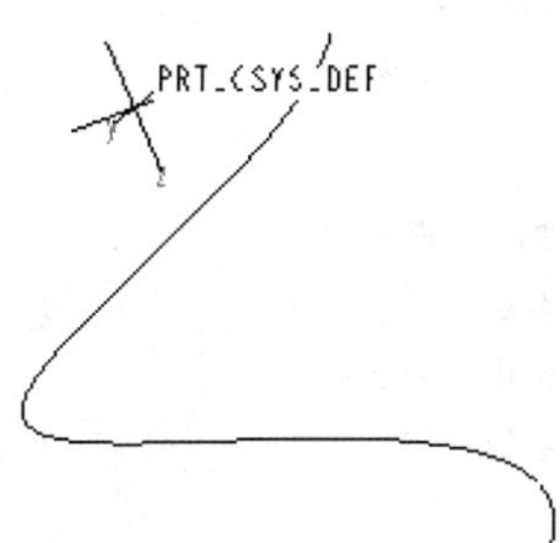

图 3-50 通过方程创建的基准曲线

3.5 基准坐标系

在零件的绘制或组件装配中，坐标系可用来辅助进行下列工作：辅助计算零件的质量、质心、体积等。在零件装配中建立坐标系约束条件。在进行有限元分析时，辅助建立约束条件。使用加工模块时，用于设定程序原点。辅助建立其他基准特征。使用坐标系作为定位参照。

坐标系有如图 3-51 所示的 3 种类型。

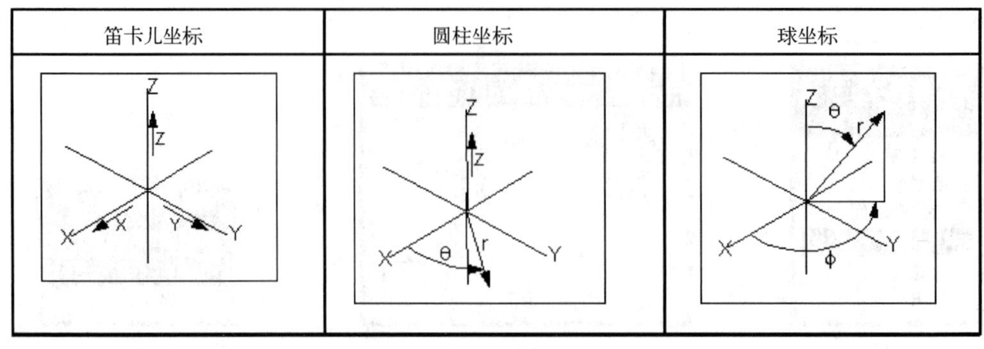

图 3-51　坐标系类型

单击“基准特征”工具栏中的按钮，打开如图 3-52 所示的“坐标系”对话框。该对话框包括“原始”、“定向”、“属性”3 个面板。

下面对“原始”面板的各功能选项说明如下。

- 参照：显示选择的参照坐标系或参照对象。
- 偏移类型：在其下拉列表中选择需要的偏移坐标系方式。选择的坐标系类型不同，显示的坐标参数也有所不同。

单击“定向”按钮，打开如图 3-53 所示的“定向”面板（在“原始”面板中的选项不同，该面板显示的栏目也略有不同）。单击“属性”按钮，打开如图 3-54 所示的“属性”面板。在该面板上可观察当前基准特征的信息，也可对基准特征重命名。

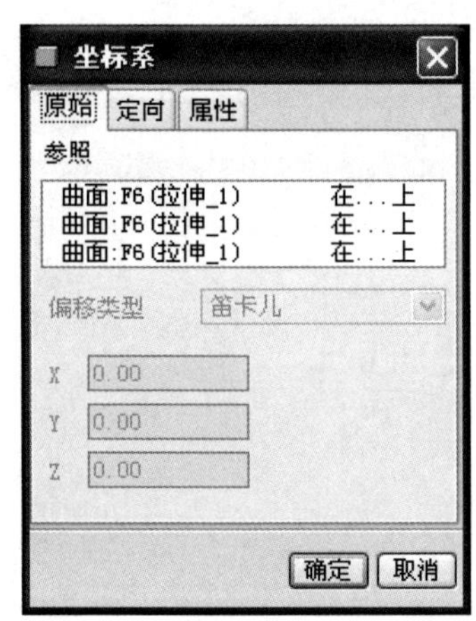

图 3-52 “原始”面板

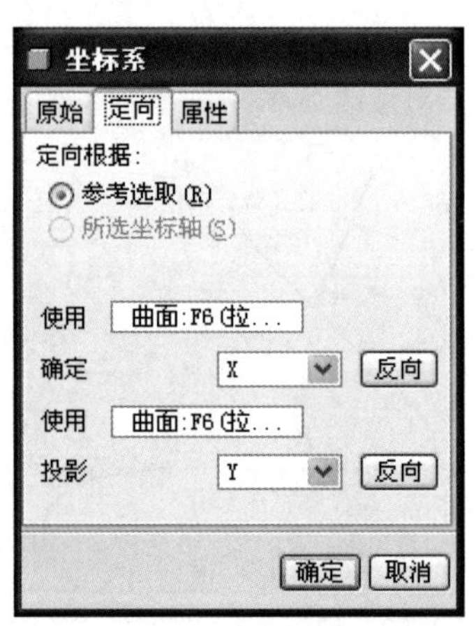

图 3-53 “定向”面板

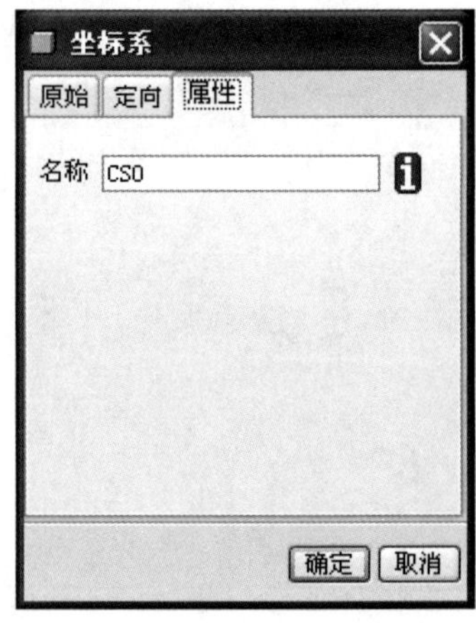

图 3-54 “属性”面板

在“定向”面板上可设定坐标轴的位置，其相应选项说明如下。

- 参考选取：通过选择任意两个坐标轴的方向参照来定位坐标系。如图 3-53 所示，使用选择曲面的法线方向作为 X 轴（单击“反向”按钮可改变 X 轴的正方向），使用另一个选择曲面的法线方向作为 Y 轴，建立的坐标系“CS0”，如图 3-55 所示，操作过程见随书光盘 3\视频\3-26 三面建基准坐标系.avi。
- 所选坐标轴：在“原始”面板的“参照”栏中选择“坐标系”，该项才能被激活。通过设定各坐标轴的转角来定位，如图 3-56 和图 3-57 所示。

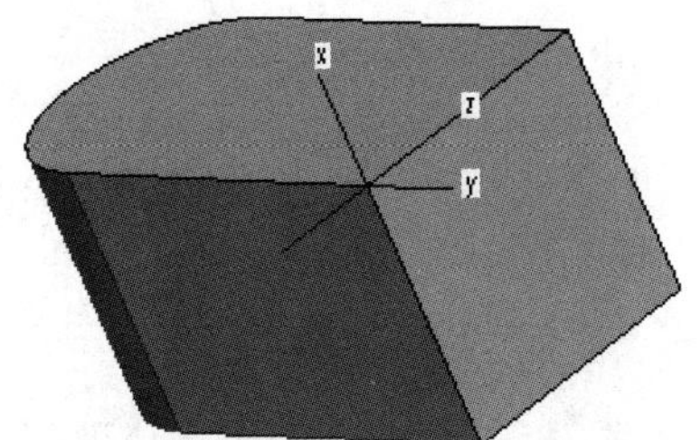

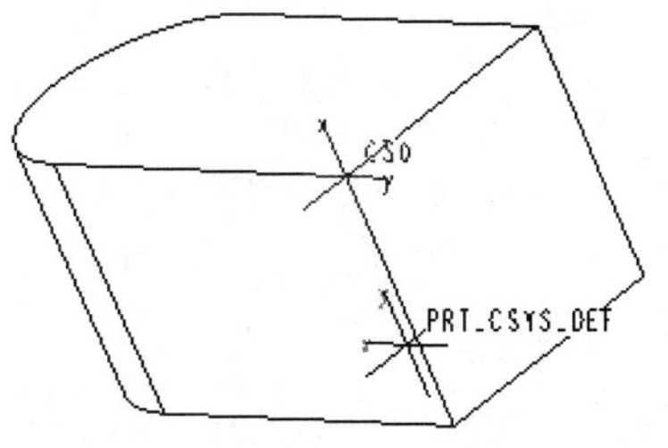

图 3-55　选择 3 个平面创建基准坐标系

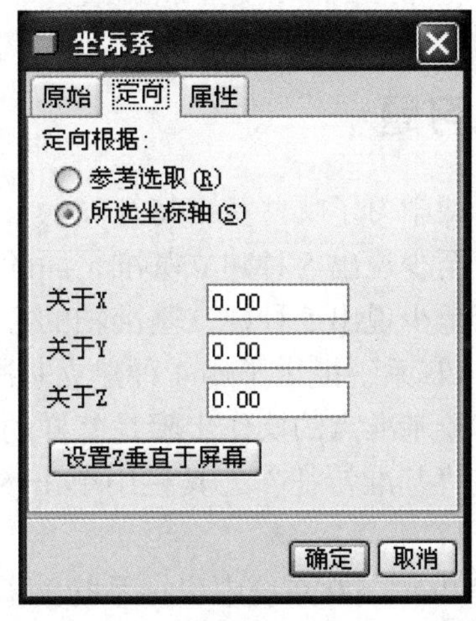

图 3-56　选择坐标系作为参照

图 3-57　定向根据“所选坐标轴”

建立坐标系的操作步骤如下：

单击“基准特征”工具栏中的按钮，打开“坐标系”对话框。在工作区域中选择坐标系的放置参照。选定坐标系的偏移类型并设定偏移值。单击“确定”按钮，创建默认定位的新坐标系；若需设定新坐标系的坐标方向，则单击“定向”按钮，在展开的“定向”面板中设定新坐标系。

提示：如果选择一个顶点作为原始参照，必须利用“定向”面板通过选择坐标轴的参照确定坐标轴的方位。不管用户通过选取坐标系还是选取平面、边、或点作为参照，要完全定位一个新的坐标系，至少应选择两个参照对象。

例如：

单击“基准特征”工具栏中的按钮，打开“坐标系”对话框，如图 3-58 所示。在工作区域中选择坐标系的放置参照为坐标系 CS0，再选定坐标系的类型并设定偏移值，如图 3-59 所示。单击“确定”按钮，得到新的坐标系，如图 3-60 所示。若需设定新坐标系的坐标方向，则单击“定向”按钮，在展开的“定向”面板中设定新坐标系，操作过程见随书光盘 3\视频\3-27 偏移坐标建基准坐标系.avi。

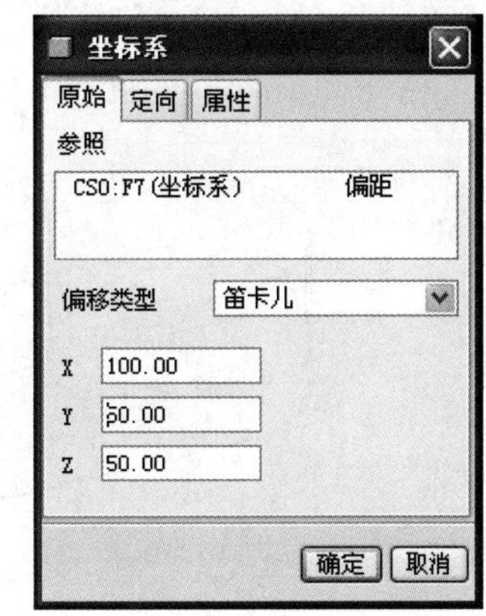

图 3-58　“坐标系”对话框

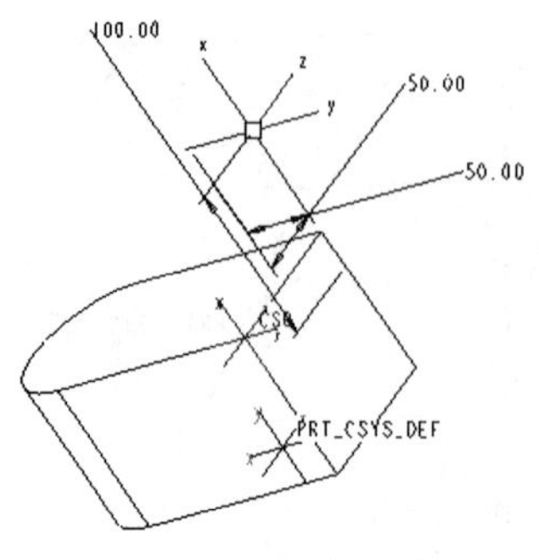

图 3-59　设定坐标偏移量

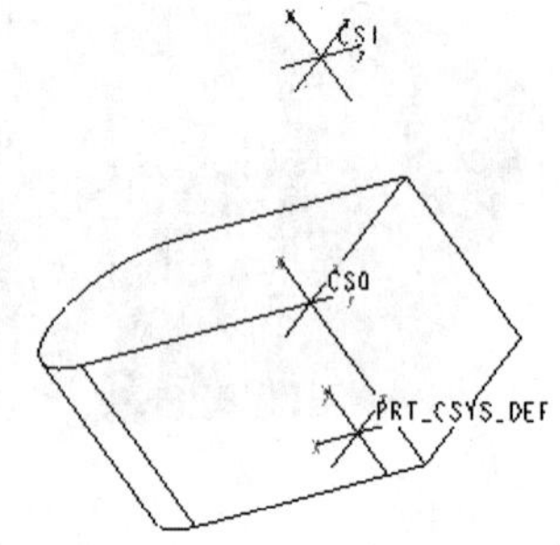

图 3-60　创建的坐标系的效果

3.6　练习题

1．本课学习了哪些基准特征？

2．请至少说出 5 种建立基准平面的方法。

3．请至少说出 5 种建立基准轴的方法。

4．Pro/E 系统提供了哪 4 种建立基准点的模式？每种模式各有何特点？

5．草绘基准点的操作步骤是怎样的？

6．在“基准特征”工具栏中单击按钮或按钮，可实现基准曲线的绘制，这两种方式有何不同？

7．在 Pro/E 5.0 系统中坐标系扮演着重要的角色，它一般用在哪些场合？

8．建立如图 3-61 所示的基准平面。

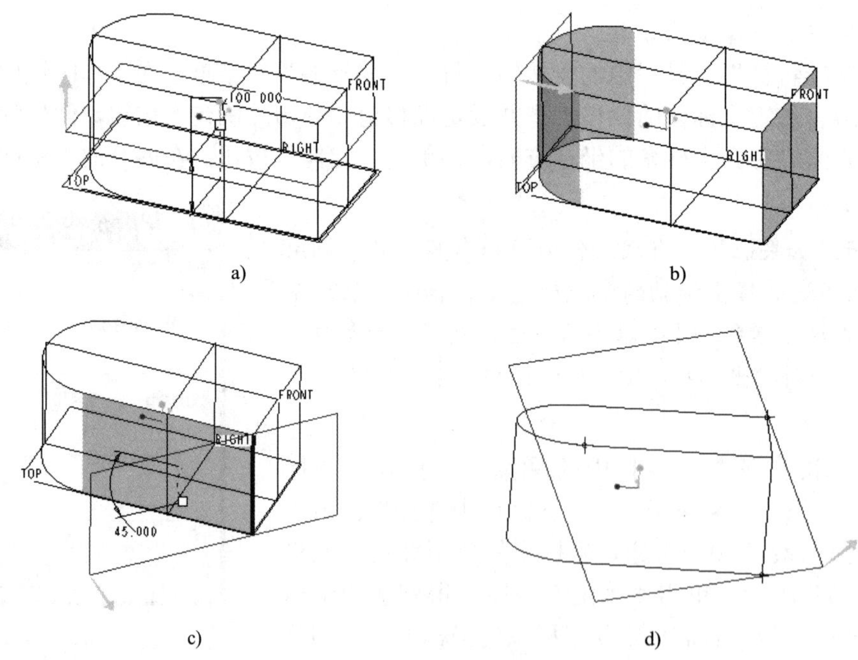

图 3-61　基准平面

a) 平面偏距　b) 相切和平行　c) 穿过和角度　d) 三点平面

9．建立如图 3-62 所示的基准轴。

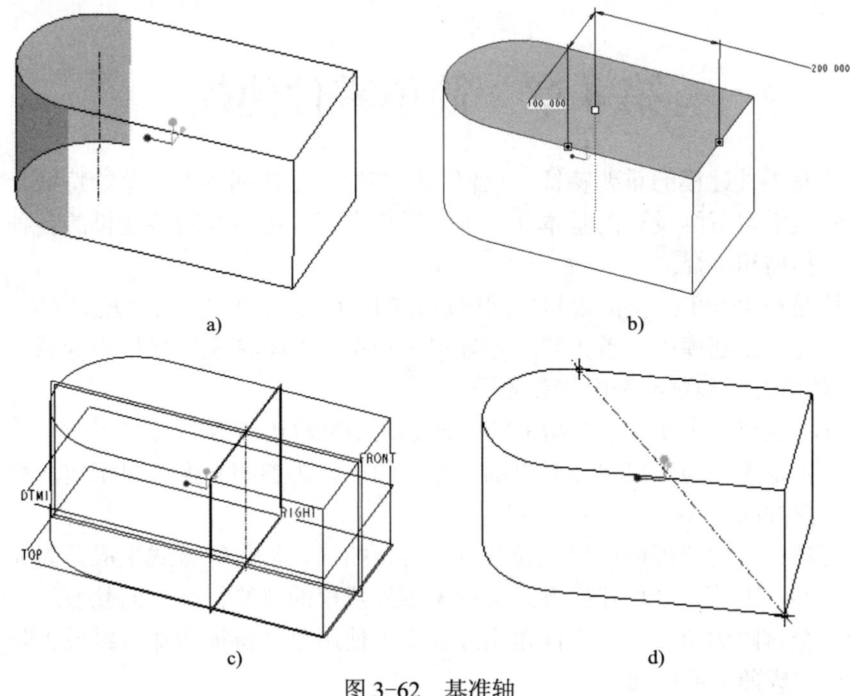

图 3-62　基准轴

a) 基于柱面　b) 线性标注　c) 两平面相交　d) 两点轴线

10．建立如图 3-63 所示的基准点。

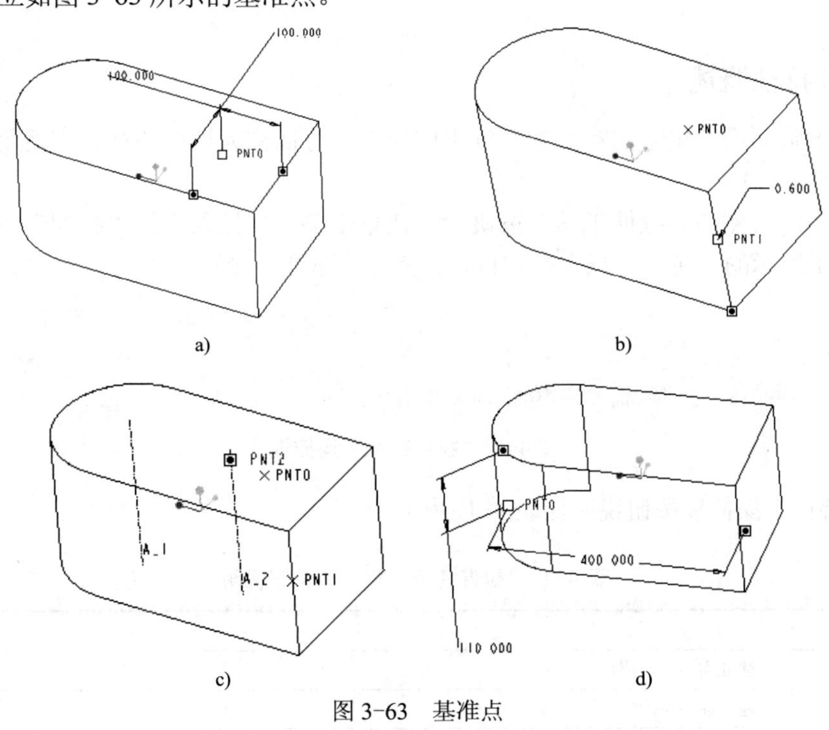

图 3-63　基准点

a) 面上点　b) 边上点　c) 轴与面交点　d) 曲面上点

第4章　简单零件建模

草绘特征是零件建模的重要特征，任何三维零件的创建都离不开草绘特征。熟练掌握草绘特征的创建是学习三维设计的基本功。本章详细介绍利用草绘特征建模的各种方法，包括拉伸、旋转、扫描和混合。

三维建模是在 Pro/E 提供的虚拟空间中进行的，建立的模型具有长度、宽度、高度 3 个方向的尺寸。在三维建模中，首先要选定虚拟工作空间的坐标系（包括坐标原点、坐标轴和基准平面），然后再明确草绘平面与参照平面。

草绘平面：在该面上要绘制模型的特征截面或扫描轨迹线等图元。

参照平面：选定的与草绘平面垂直的一个平面，作为参照平面，以确定草绘平面在进入草绘器时的放置方向。

本章所述特征均由二维截面经过拉伸、旋转、扫描、混合等方式生成。因为特征截面以草图的方式绘制，因此，这种建模方式又称为零件建模的草绘特征。而且所绘制的特征的截面一定要为一个封闭的图形。在零件建模过程中可使用草绘特征增加材料或去除材料，也可以用草绘特征生成薄板或曲面。

4.1　拉伸特征

4.1.1　拉伸特征概述

将绘制的截面沿给定方向和给定深度生成的三维特征称为拉伸特征。它适用于构造等截面的实体特征。

单击绘图区右侧的“拉伸工具”按钮，或单击菜单“插入”→“拉伸”命令，系统将显示如图 4-1 所示的“拉伸特征”操控板，并提示“选取一个草绘”。

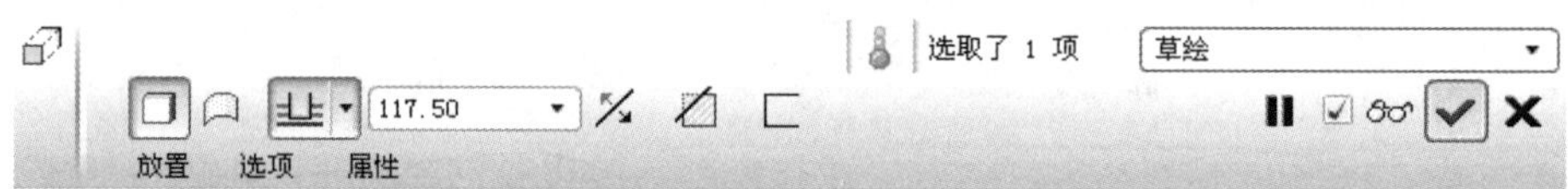

图 4-1　“拉伸特征”操控板

“拉伸特征”操控板按钮说明如表 4-1 所示。

表 4-1　“拉伸特征”操控板按钮说明

按　　钮	说　　明
	建立实体拉伸特征
	建立曲面拉伸特征
	按给定的拉伸值沿一个方向拉伸

（续）

按　钮	说　明
▾	调出其他拉伸深度控制方式
117.50 ▾	输入拉伸深度数值
	按给定的拉伸深度沿指定的草绘平面两侧对称拉伸
	沿指定方向拉伸到下一曲面
	沿指定的方向拉伸并穿过所有特征
	拉伸到与选定的曲面相交
	沿指定的方向拉伸到选定的点、曲线、平面或曲面
	变换特征的拉伸方向
	切换拉伸的增料与减料
	建立薄板拉伸特征
	暂时中止使用当前的特征工具
	预览当前的拉伸特征
	确认当前特征的建立或重定义
	放弃当前特征的建立或重定义

模型预览：预览按钮为☑ôô，单击☑按钮进行模型的几何预览（系统默认的方式，显示特征生成的几何形状与特征尺寸）。单击ôô按钮进行模型的特征预览（特征正确完成的预览，以观察建立的特征；若预览时出错，表明特征的构建有错误）。

放置：如图 4-2 所示，单击“放置”按钮，显示“放置”面板，单击其中的“定义”按钮，打开“草绘”对话框定义草绘平面或重定义拉伸截面。

选项：单击“选项”按钮，显示如图 4-3 所示的面板。面板中的“侧 1”、“侧 2”栏是选择拉伸特征的方式，并显示当前的拉伸尺寸，用户也可直接更改拉伸尺寸。

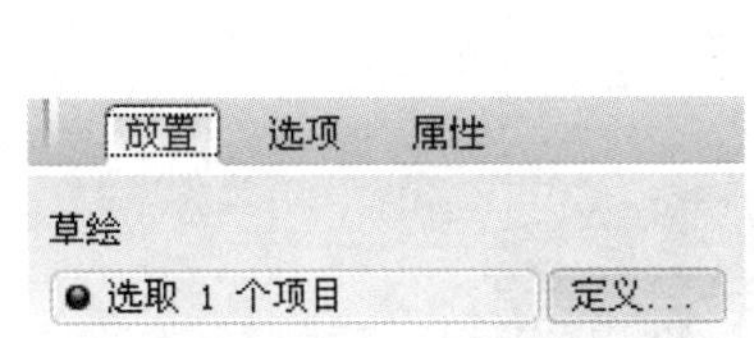

图 4-2 “放置”面板

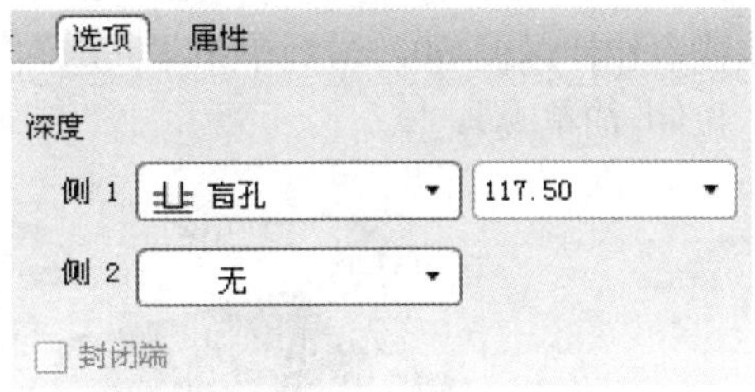

图 4-3 “选项”面板

封闭端：建立曲面拉伸特征时该项被激活，以选择拉伸曲面的端口是封闭的还是开口的。

属性：单击“属性”按钮，打开如图 4-4 所示的面板，显示当前特征的名称，用户可在“名称”栏中修改特征的名称。

图 4-4　属性面板

4.1.2 拉伸特征实例

1）进入零件设计模式，单击菜单“插入”→“拉伸”命令，或直接单击“拉伸工具”按钮，打开“拉伸特征”操控板。

2）单击“放置”面板中的“定义”按钮，系统显示如图 4-5 中步骤④所示的“草绘”对话框。再单击 FRONT 基准平面作为草绘平面。

3）单击“草绘”对话框中的“草绘”按钮，系统进入草绘状态。绘制如图 4-5 中步骤⑨所示的草图。

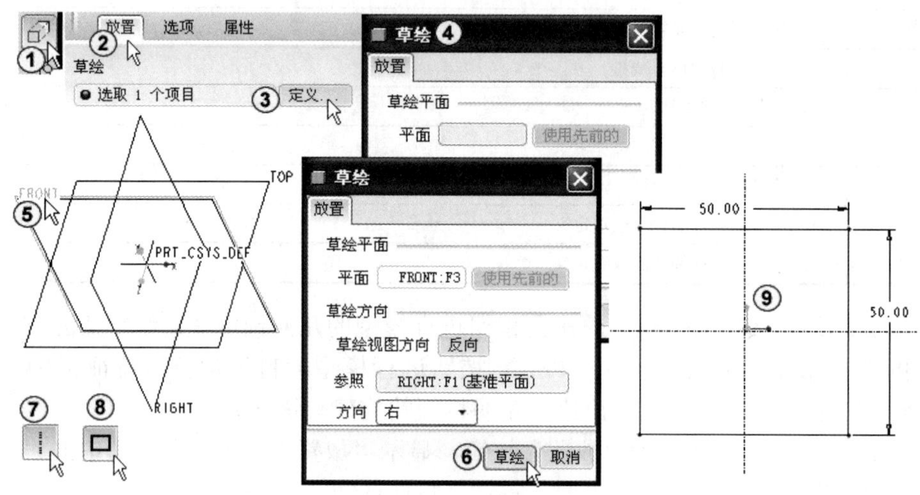

图 4-5 拉伸具体步骤（一）

4）绘制完毕草图后，单击“草绘”工具栏中的“确定”按钮✔，系统回到“拉伸特征”操控板。输入拉伸深度 30，最后单击“完成”按钮，如图 4-6 所示。操作过程见随书光盘 4\视频\4-1-1 拉伸-简单.avi。

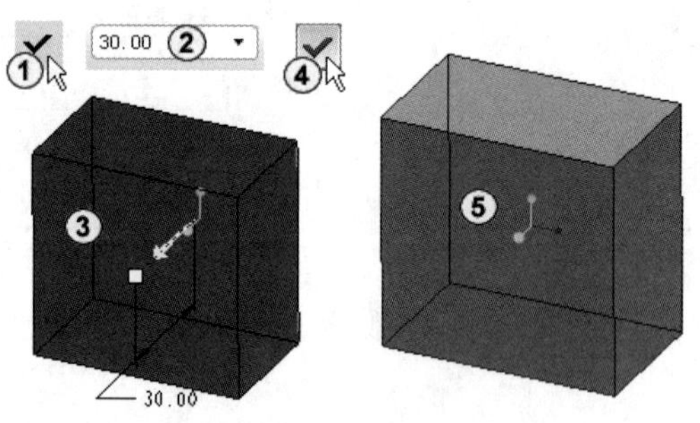

图 4-6 拉伸具体步骤（二）

4.1.3 拉伸特征的其他选项

（1）拉伸特征编辑

1）如图 4-7 所示，用鼠标右键单击模型树上的拉伸特征，在弹出的快捷菜单中单击

“编辑”命令，此时工作区域中的模型上会显示出模型的相关尺寸，双击要修改的尺寸并输入新的尺寸数据（如图 4-7 中③所示），单击鼠标中键或按回车键，此时模型的尺寸已被修改，再单击“再生”按钮（如图 4-7 中⑤所示），即可得到编辑后的模型（如图 4-7 中⑥所示）。

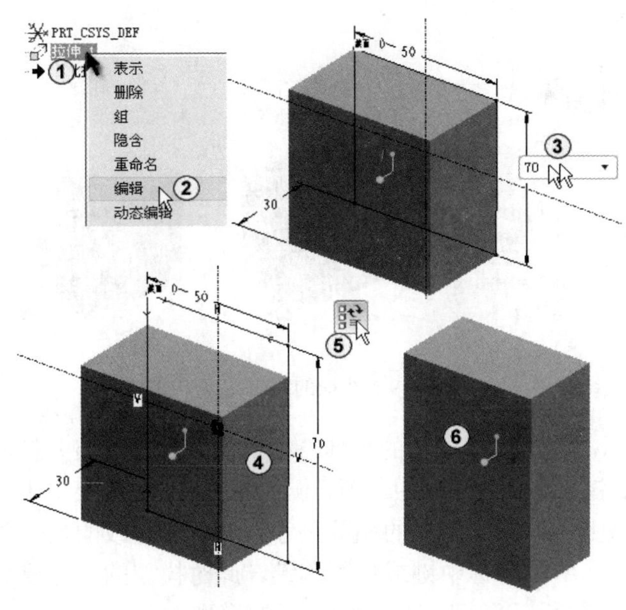

图 4-7　特征的编辑

2）如图 4-8 所示，用鼠标右键单击模型树上的拉伸特征，在弹出的快捷菜单中单击“动态编辑”命令，此时工作区域中的模型上会显示出模型的相关尺寸，拖动拉伸深度按钮可调整拉伸特征的深度（如图 4-8 中③所示）。双击要修改的尺寸并输入新的尺寸数据（如图 4-8 中④所示），单击鼠标中键或按回车键，此时模型即可立即更新无需再单击“再生”按钮。最后在工作区域空白处双击鼠标左键完成“动态编辑”（如图 4-8 中⑥所示）。

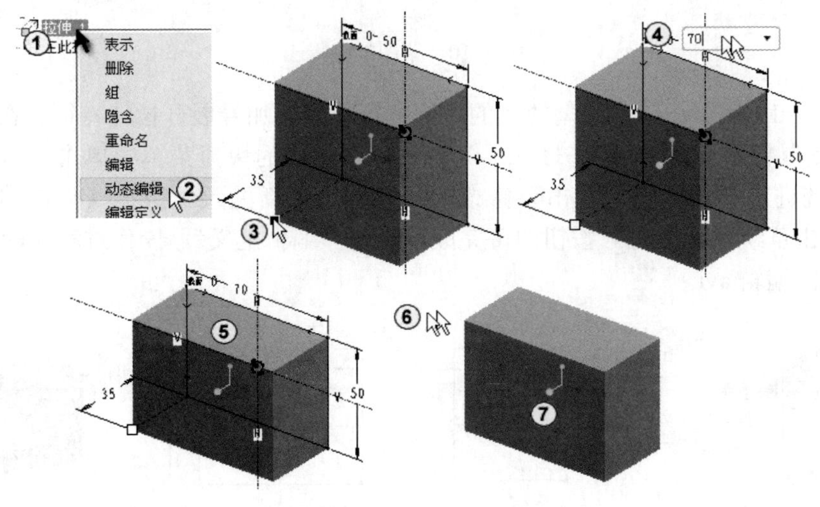

图 4-8　特征的动态编辑

3）如图 4-9 所示，用鼠标右键单击模型树上的拉伸特征，在弹出的快捷菜单中单击“编辑定义”命令，此时工作区域中的模型回到建立模型时的状态，系统会弹出“拉伸”面板（如图 4-9 中③所示）拖动拉伸深度按钮可调整拉伸特征的深度，或双击修改拉伸深度的数值（如图 4-9 中④所示）。最后单击“拉伸”面板上的✔按钮（如图 4-9 中⑤所示）完成“编辑定义”。

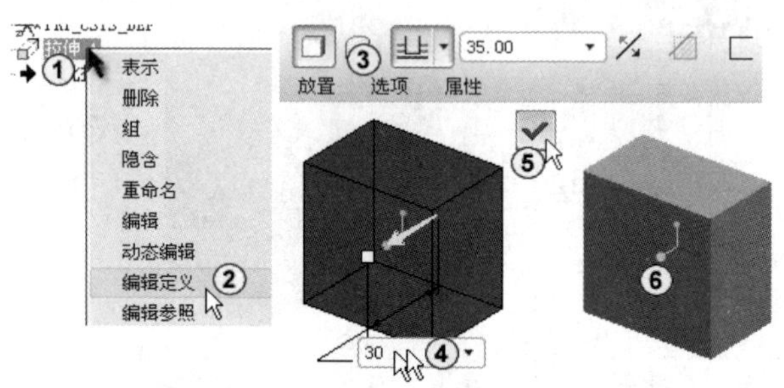

图 4-9　特征的编辑定义

4）如图 4-10 所示，单击模型树上的拉伸特征前面的加号，展开拉伸特征。在拉伸特征中的草绘上单击鼠标右键（如图 4-10 中②所示），在弹出的快捷菜单中单击“编辑”命令，此时工作区域中的模型上会显示出草图的相关尺寸，双击要修改的尺寸并输入新的尺寸数据（如图 4-10 中④所示），单击鼠标中键或按回车键，此时模型的尺寸已被修改，再单击“再生”按钮（如图 4-10 中⑤所示），即可得到编辑后的模型。

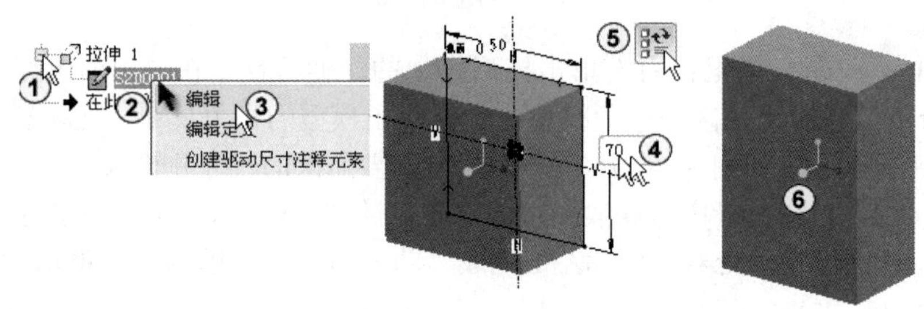

图 4-10　草图的编辑

5）如图 4-11 所示，单击模型树上的拉伸特征前面的加号展开拉伸特征。在拉伸特征中的草绘上单击鼠标右键（如图 4-11 中②所示），在弹出的快捷菜单中单击“编辑定义”命令，此时系统进入草绘环境，双击要修改的尺寸并输入新的尺寸数据（如图 4-11 中⑤所示），最后单击草绘环境中的✔按钮即可完成草绘的“编辑定义”。操作过程见随书光盘 4\视频\4-1-2 拉伸-编辑.avi。

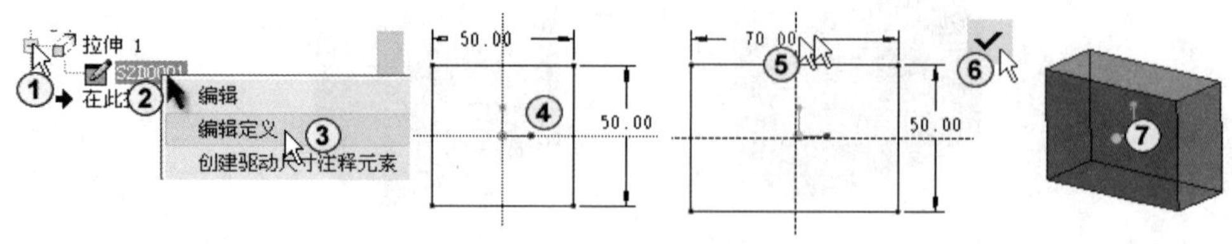

图 4-11　草图的编辑定义

（2）生成拉伸曲面

进入特征的“编辑定义”状态，单击“生成曲面”按钮，预览立即就会随之发生变化如图 4-12 所示，再单击按钮即可看到拉伸曲面的效果。

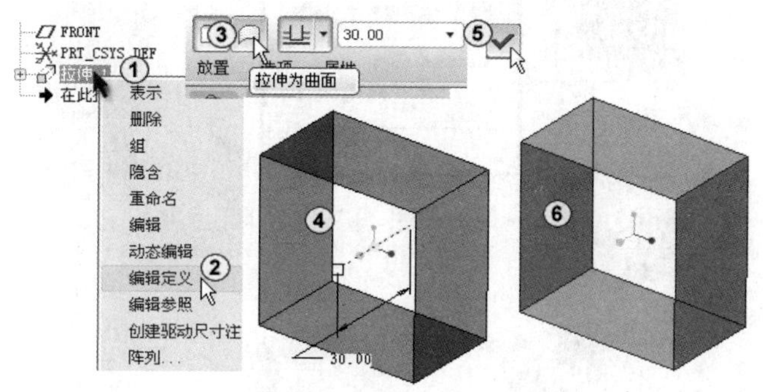

图 4-12　拉伸生成曲面

（3）生成拉伸薄板

进入特征的“编辑定义”状态，单击“生成薄板”按钮（如图 4-13 中③所示），然后在后面的对话框中输入薄板的厚度（如图 4-13 中④所示）。单击“薄板厚度偏移方式”按钮（偏移方式有 3 种：①厚度加在草绘线内部；②厚度加在草绘线外部；③厚度加在草绘线两侧）。单击该按钮厚度偏移方式会在 3 种不同的方式之间循环（如图 4-13 中⑤所示）。最后单击按钮即可看到拉伸薄板的效果。操作过程见随书光盘 4\视频\4-1-3 拉伸-曲面和薄板.avi。

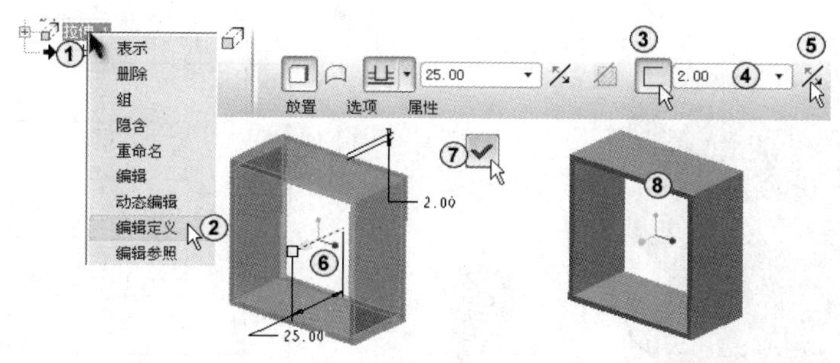

图 4-13　拉伸生成薄板

（4）拉伸切材料

如图 4-14 所示单击“拉伸”按钮（如图 4-14 中①所示），再单击“草绘”按钮（如图 4-14 中②所示），选择已有长方体的表面为草绘平面（如图 4-14 中③所示）单击“草绘”按钮（如图 4-14 中④所示），进入草绘环境后单击绘制圆工具（如图 4-14 中⑤所示）如图绘制一个圆。单击完成“草绘”按钮（如图 4-14 中⑦所示）按钮，再单击“继续”按钮（如图 4-14 中⑧所示），回到拉伸面板状态得到如图 4-14 所示的效果（如图 4-14 中⑨所示）。在“拉伸”面板上单击“切换拉伸方向”按钮（如图 4-14 中⑩所示）再单击“切材料”按钮（如图 4-14 中⑪所示），输入拉伸深度（如图 4-14 中⑫所示），单击“预览”按钮（如图 4-14 中⑬所示），得到步骤⑭的效果。最后单击“完成”按钮（如图 4-14 中⑮所示），得到步骤⑯ 所示的完成切材料的效果。操作过程见随书光盘 4\视频\4-1-4 拉伸-切材料.avi。

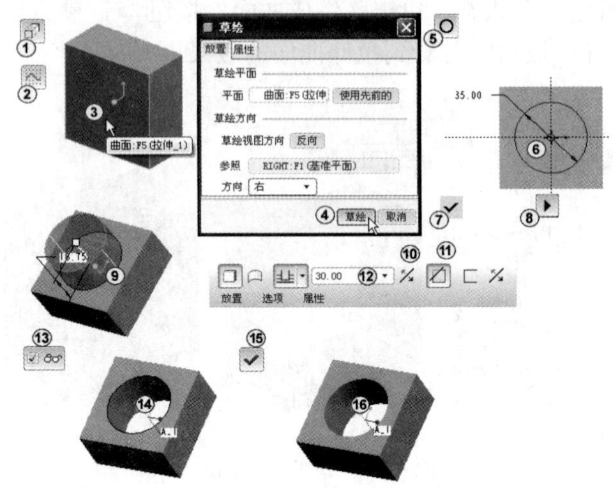

图 4-14　拉伸切材料

（5）不同深度方式的控制

首先用拉伸工具拉伸一个如图 4-15 所示的特征，它的草绘截面如图 4-16 所示，拉伸深度为 200。再用拉伸工具拉伸一个圆柱体，选上拉伸特征的上表面为草绘平面，草绘如图 4-17 所示的截面，然后再应用不同的拉伸深度控制方式进行拉伸。操作过程见随书光盘 4\视频\4-1-5 拉伸-深度控制 1.avi、4-1-6 拉伸-深度控制 2.avi、4-1-7 拉伸-双侧.avi。

图 4-15　拉伸特征效果

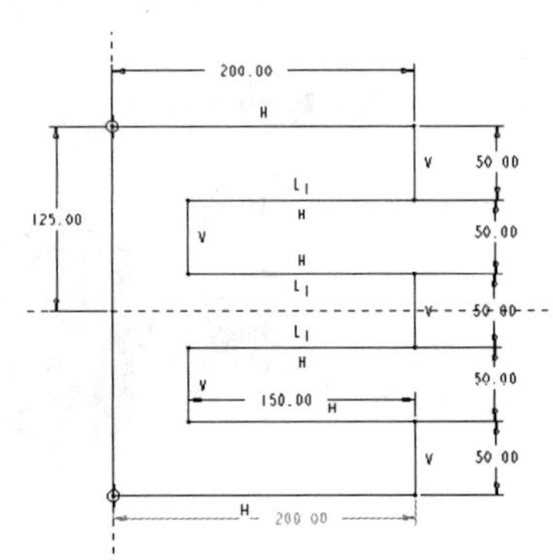

图 4-16　草绘截面（一）

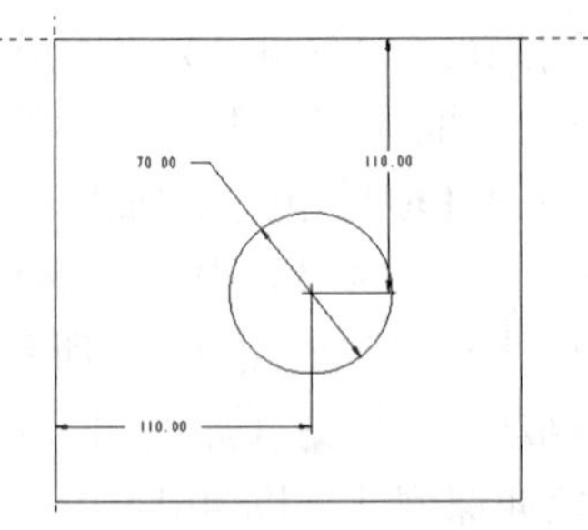

图 4-17　草绘截面（二）

拉伸深度方式按钮说明如表 4-2 所示。

表 4-2 拉伸深度方式

按 钮	名 称	图 形	说 明
	输入深度值	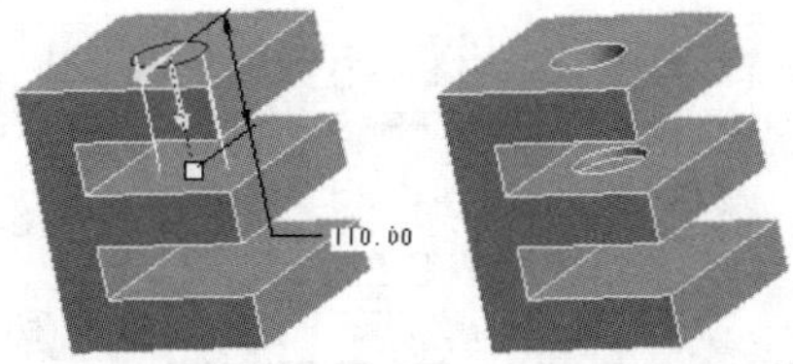	该方式下拉伸的深度靠在面板上的输入框中输入具体的深度值来控制
	对称拉伸	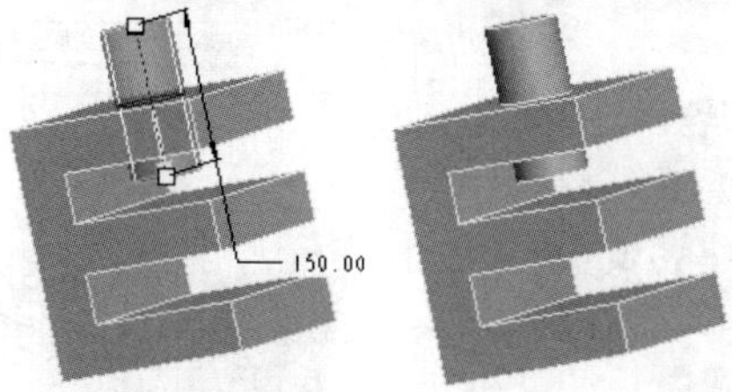	该方式下拉伸的深度靠在面板上的输入框中输入具体的深度值来控制，且整个深度对称的分布在草绘平面两侧
	拉伸至下一曲面	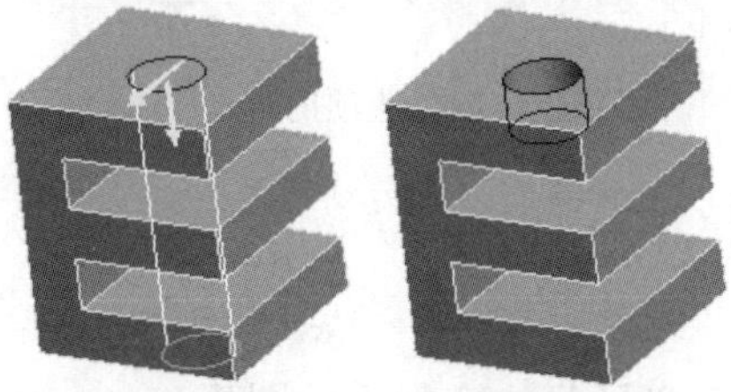	该方式下拉伸的深度靠在拉伸方向上的下一曲面的位置控制，特征自动拉伸到下一曲面处停止
	穿透所有		该方式下拉伸的深度为穿透拉伸方向上的所有曲面
	拉伸至指定曲面	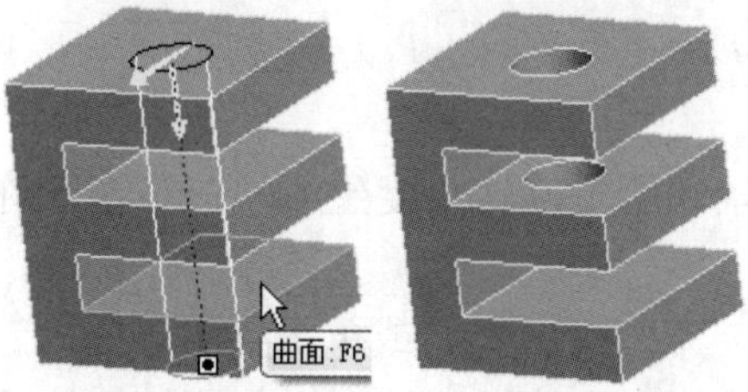	该方式下拉伸的深度靠所选拉伸方向上的曲面的位置控制，特征自动拉伸到该曲面处停止
	拉伸至指定图元	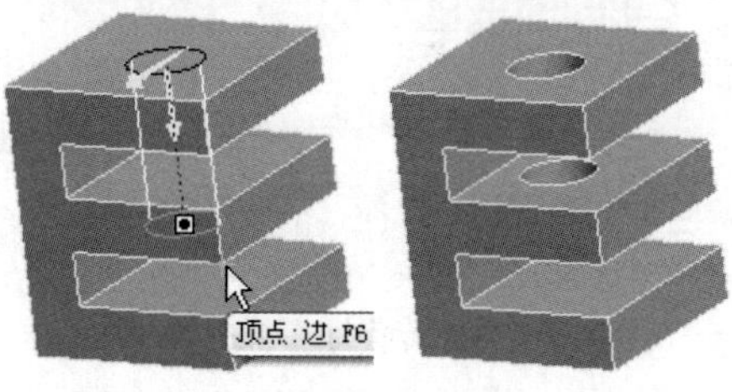	该方式下拉伸的深度靠所选拉伸方向上的图元的位置控制，特征自动拉伸到该图元处停止

（6）选项内容

进入特征的“编辑定义”状态，单击“选项”按钮，弹出“选项”面板，单击第二侧后面的向下的箭头，选择盲孔选项并在后面输入数值 15，如图 4-18 所示，得到的特征效果如图 4-18 中⑦所示。此时可以看到在草绘面的两侧分别进行了拉伸，深度分别为 25mm 和 15mm。

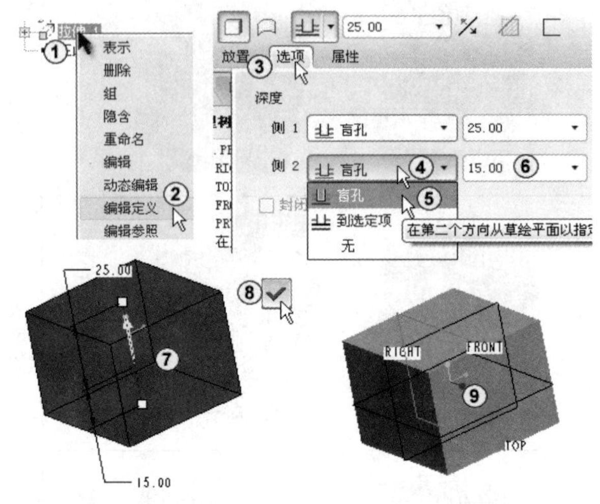

图 4-18　选项内容

4.1.4　拉伸特征的注意事项

拉伸特征的注意事项如下：

1）拉伸时所绘制的草绘截面必须是一个封闭的图形。

2）灵活应用拉伸深度的各种控制方式。

3）在去除材料时还应注意材料的剪切方向，它既可以把截面内部的材料去除，也可以把截面外的材料去除而保留截面内的材料。

4.2　旋转特征

4.2.1　旋转特征概述

将绘制的截面沿给定旋转轴和给定旋转角度生成的三维特征称为旋转特征。它适用于构造有轴线的旋转实体特征。

单击绘图区右侧的“旋转工具”按钮，或单击菜单“插入”→“旋转”命令，系统将显示如图 4-19 所示的“旋转特征”操控板。该面板与“拉伸特征”操控板极为相似，现只将该面板中形似而意不同的功能选项介绍如下：

图 4-19　“旋转特征”操控板

“旋转特征”操控板按钮说明如表 4-3 所示。

表 4-3 “旋转特征”操控板按钮说明

按　钮	说　明
	旋转轴设定
	按指定的旋转角度旋转
	按给定的旋转角度沿草绘平面两侧对称旋转
	沿指定的方向旋转到选定的点、曲线、平面或曲面
360.00	旋转角度输入框，系统默认的角度有 90、180、270、360

4.2.2 旋转特征实例

1）进入零件设计模式，单击菜单“插入”→“旋转”命令，或直接单击“旋转工具”按钮（如图 4-20 中①所示），打开“旋转特征”操控板，如图 4-20 所示。

2）单击“草绘”按钮（如图 4-20 中②所示），选择 FRONT 面为草绘平面（如图 4-20 中③所示），系统显示“草绘”对话框（如图 4-20 中④所示）。该对话框中显示指定的草绘平面、参照平面、视图方向等内容。

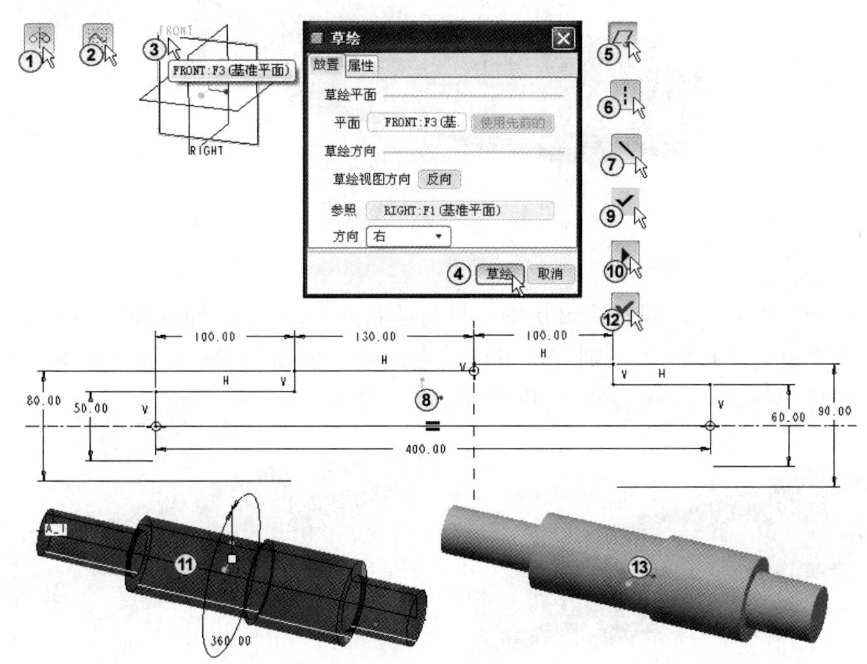

图 4-20　旋转特征示例

3）在绘图区中根据提示选择相应的基准平面或已有零件的表面作为草绘平面，再选择一个与草绘平面垂直的平面作为参考平面（当选择的草绘平面为系统的任一基准面时，参考平面系统会自动添加上而且会确定一个默认的方向），在“草绘”对话框中设定参考平面的方向，该方向将决定进入草绘器时草绘平面的摆放方向。

4）系统进入草绘状态，单击工具栏上的“隐藏基准平面”按钮（如图 4-20 中⑤所示）。

5）在草绘环境中绘制要旋转的截面，首先绘制旋转轴（如图 4-20 中⑥所示），再绘制旋转截面（如图 4-20 中⑦所示）绘制完毕的草绘（如图 4-20 中⑧所示）所示。单击工具栏中的“确定”按钮（如图 4-20 中⑨所示），系统回到“旋转特征”操控板。

6）单击“继续”按钮（如图 4-20 中⑩所示），返回到特征的编辑状态，如果接受默认的旋转角度 360°（如图 4-20 中⑪所示），则单击“确定”按钮（如图 4-20 中⑫所示）完成拉伸特征的创建。最终效果如图 4-20 中⑬所示。操作过程见随书光盘 4\视频\4-2-1 旋转-简单.avi。

7）旋转特征编辑操作过程见随书光盘 4\视频\4-2-2 旋转-编辑.avi。

4.2.3 旋转特征的其他选项

在上述实例中第⑩步单击“继续”按钮后还可以对拉伸进行其他操作。

（1）生成旋转曲面

单击“生成曲面”按钮后在深度选择框中选择 270° ，再单击“预览”按钮即可看到预览曲面的效果，如图 4-21 所示。操作过程见随书光盘 4\视频\4-2-3 旋转-曲面和薄板.avi。旋转切除材料的过程见随书光盘 4\视频\4-2-4 旋转-切材料.avi。

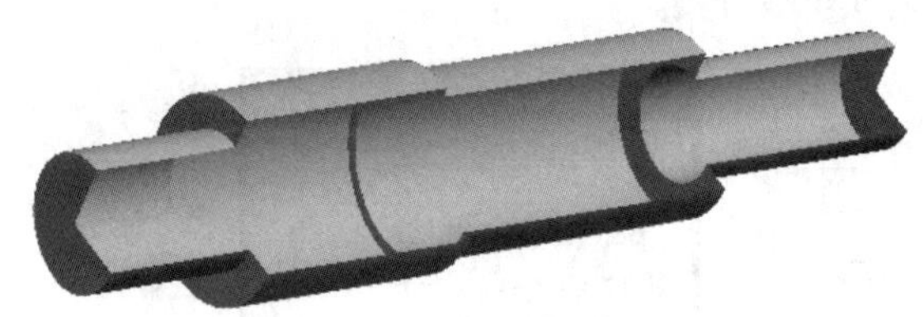

图 4-21 曲面预览效果

（2）控制旋转方向

单击“继续”按钮，回到编辑状态，目前的状态为沿草绘平面逆时针旋转，如图 4-22 所示。若单击“反向”按钮，则旋转方向就会改变，如图 4-23 所示为顺时针旋转。操作过程见随书光盘 4\视频\4-2-5 旋转-角度控制.avi。

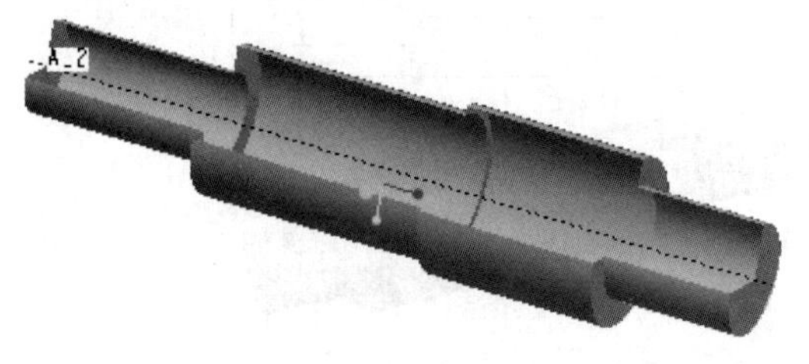

图 4-22 逆时针选择

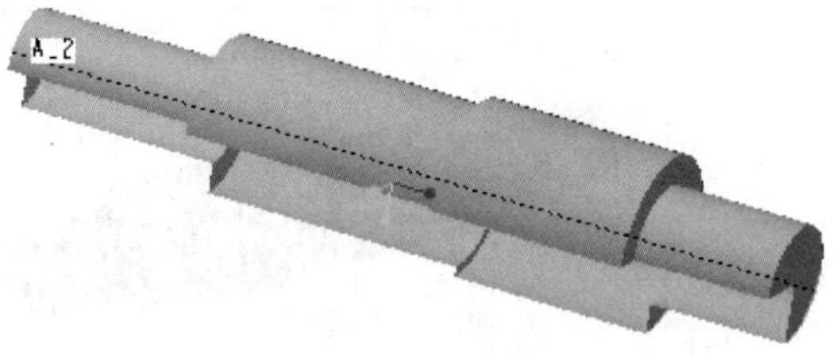

图 4-23 顺时针旋转

（3）拉伸生成薄板

单击“生成实体”按钮后再单击“生成薄板”按钮，操控板上的内容将发生变化，在薄板按钮后面会多出来两项，第一项用来输入薄板的厚度，第二项用来切换薄板生成的方向（在草绘曲线内部还是在草绘曲线外部）。输入薄板厚度为 5，操控板变化及薄板效果如图 4-24 所示。操作过程见随书光盘 4\视频\4-2-3 旋转-曲面和薄板.avi。

（4）选项内容

单击“选项”按钮，弹出“选项”面板，单击第二侧后面向下的箭头，选择“盲孔”选项并在后面输入数值 50，如图 4-25 所示，得到的特征效果如图 4-26 所示。可以看到在此时在草绘面的两侧分别进行了旋转，角度分别为 150° 和 50° 。操作过程见随书光盘 4\视频\4-2-6 旋转-双向.avi。

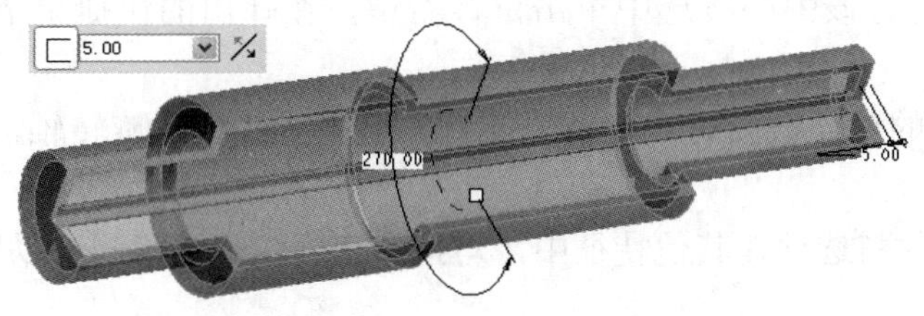

图 4-24　操控板变化及薄板效果图

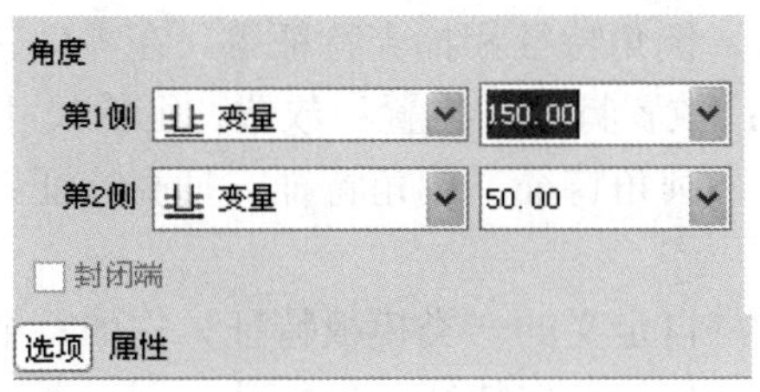

图 4-25　选项面板

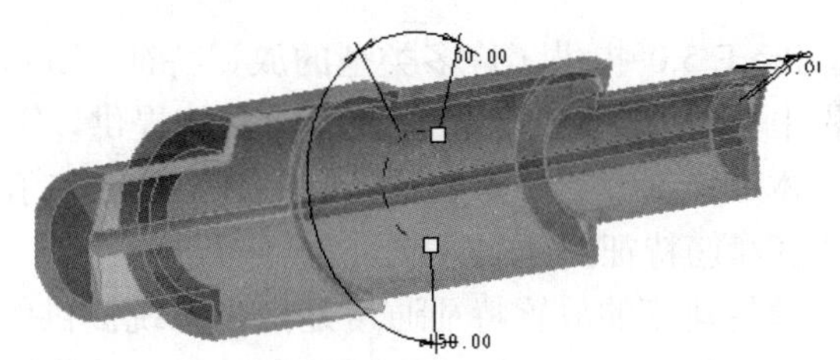

图 4-26　选项控制效果

（5）去除材料与增加材料

在以上例子的旋转特征的基础上，再用旋转特征实现增加和去除材料，草绘如图 4-27 所示的截面，草绘平面使用前，若不单击“去除材料”按钮，则预览效果如图 4-28 所示；若单击“去除材料”按钮，则预览效果如图 4-29 所示。操作过程见随书光盘 4\视频\4-2-4 旋转-切材料.avi。

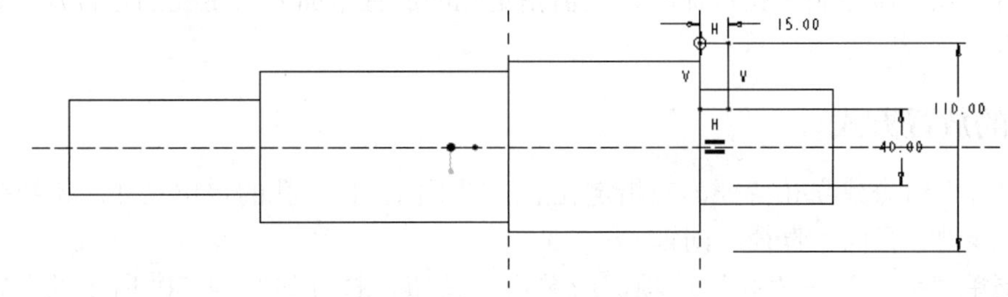

图 4-27　草绘截面效果

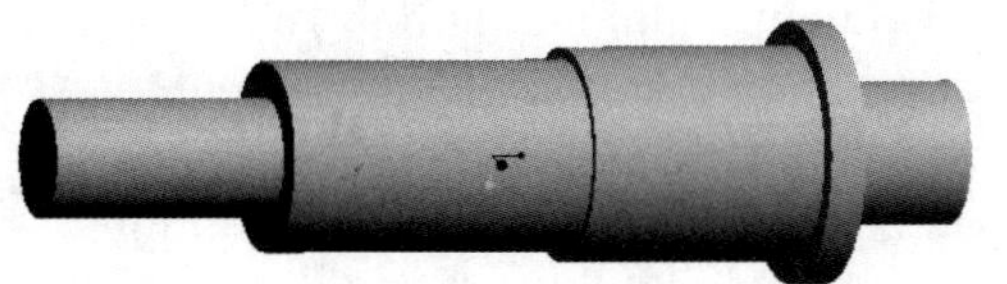

图 4-28　增加材料预览效果

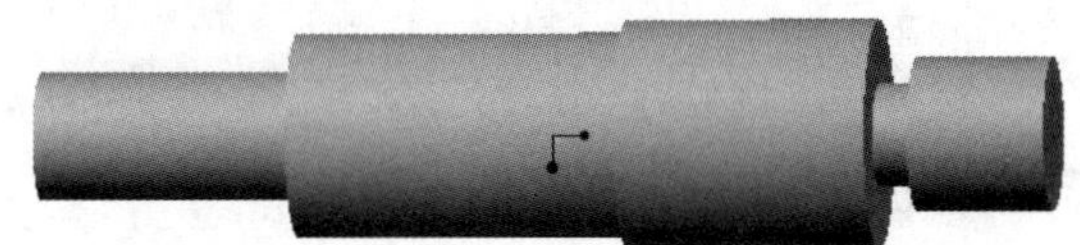

图 4-29　去除材料预览效果

4.2.4　旋转特征的注意事项

1）旋转时所绘制的草绘截面必须是一个封闭的图形，而且草绘的截面必须位于旋转轴的一侧。

2）在草绘时系统会把所绘制的第一条几何中心线默认为旋转轴。若想设置某一条中心线为旋转轴，则可将该中心线选中单击鼠标右键，在弹出的快捷菜单中选择“旋转轴”即可。

3）在绘制旋转的草绘截面时，应首先绘制一条中心线作为旋转轴，这样做有利于提高建模速度。

4）增加和去除材料选项在其他特征中，与拉伸和旋转中的相同，以后不再赘述。

4.3　孔特征

Pro/E 5.0 提供了许多类型的放置特征，如孔特征、倒角特征和抽壳特征等。在零件建模过程中使用放置特征，一般需要给系统提供以下信息：放置特征的位置和放置特征的尺寸。

本节详细介绍如下放置特征的建立方法：孔特征、圆角特征、倒角特征、抽壳特征、拔模特征和筋特征的建立方法。

零件建模的放置特征通常是指由系统提供的或用户自定义的一类模板特征。它的特征几何形状是确定的，由用户通过改变其尺寸，得到不同的相似几何特征，如打孔。用户通过改变孔的直径尺寸，可得到一系列大小不同的孔。

放置特征的位置，如打孔特征。用户需要首先为系统指定在哪一个平面上打孔，然后确定孔在该平面上的定位尺寸。

放置特征的尺寸，如打孔的直径尺寸、圆角特征的半径尺寸、抽壳特征的壁厚尺寸等。

在 Pro/E 5.0 中把孔分为简单孔、草绘孔和标准孔。除使用前面讲述的减料功能制作孔外，还可直接使用“孔”命令，从而更方便、快捷地制作孔特征。

在使用“孔”命令制作孔特征时，只需指定孔的放置平面并给定孔的定位尺寸及孔的直径、深度即可。

4.3.1　孔的放置方式

使用“孔”命令建立孔特征，应指定孔的放置平面并标注孔的定位尺寸。系统提供 4 种标注方法：线性、径向、直径、同轴。

单击菜单“插入”→“孔”选项，或单击按钮，打开如图 4-30 所示的孔特征操控板。该面板中各功能选项的意义说明如下。

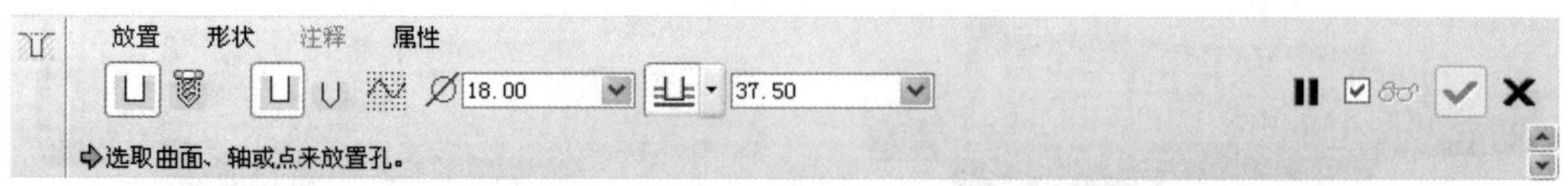

图 4-30　孔特征操控板

单击“放置”按钮，显示如图 4-31 所示的面板。在该面板中进行放置孔特征的操作。

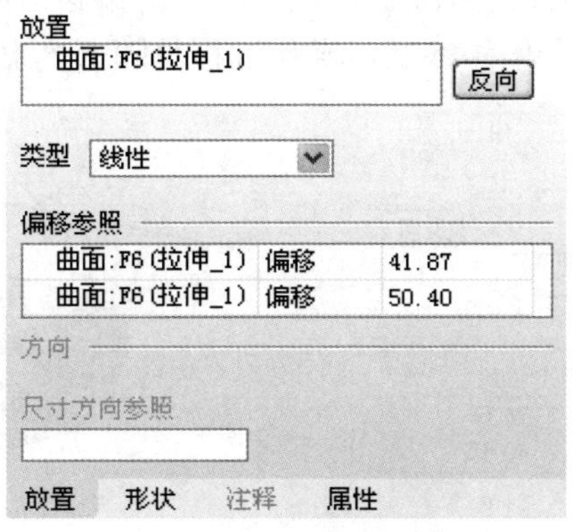

图 4-31 “放置”面板

放置：该栏中定义孔的放置平面信息，如图 4-32 所示。

偏移参照：在该栏定义孔的定位信息，如图 4-33 所示。

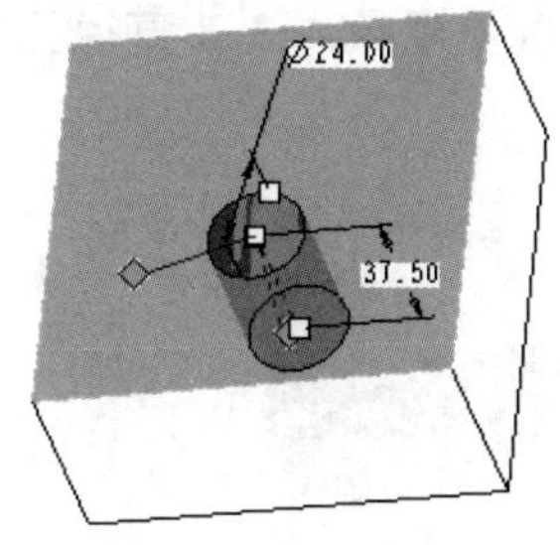

图 4-32 孔的放置平面

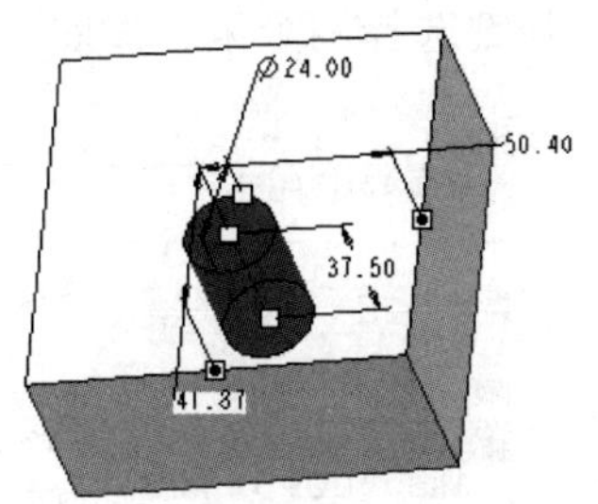

图 4-33 孔的定位参照

反向：用于改变孔放置的方向。

线性：使用两个线性尺寸定位孔，标注孔中心线到实体边或基准面的距离，标注的信息将显示在面板中。线性孔的放置情况如图 4-34 所示。标注时可拖动标注手柄到相应的标注基准上，也可以在“偏移参照”文本框中单击后，再在工作区域中按住<Ctrl>键选择两个偏移参照，操作过程见随书光盘 4\视频\4-3-1 线性孔.avi。

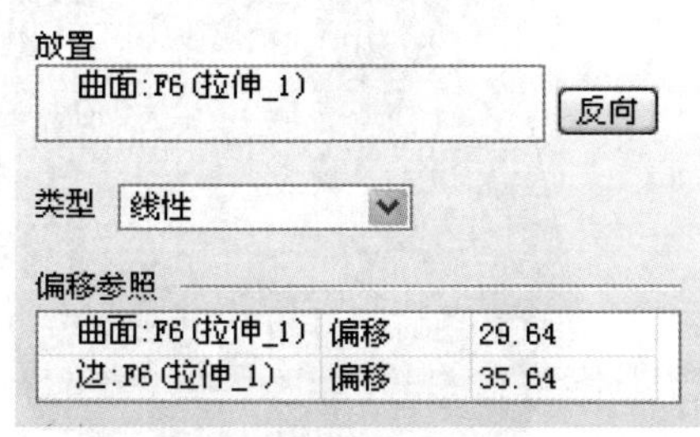

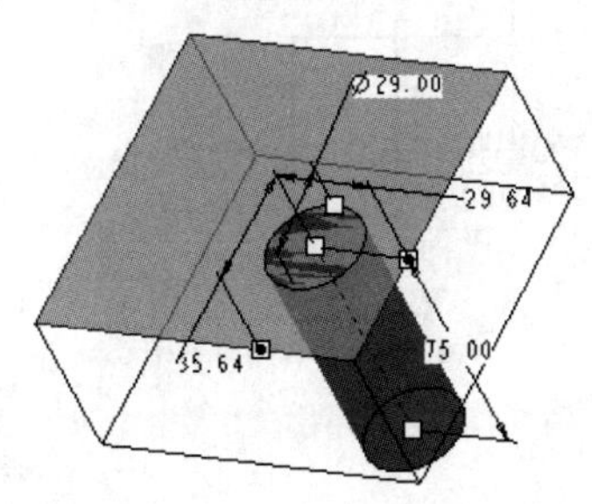

图 4-34 线性孔的放置

径向：使用一个线性尺寸和一个角度尺寸定位孔，以极坐标的方式标注孔的中心线位置。此时应指定参考轴和参考平面，以标注极坐标的半径及角度尺寸，如图 4-35 所示。标注时可拖动标注手柄到相应的标注基准上，也可以在“偏移参照”文本框中单击后，再在工作区域中按住<Ctrl>键选择两个偏移参照，操作过程见随书光盘 4\视频\4-3-2 径向孔.avi。

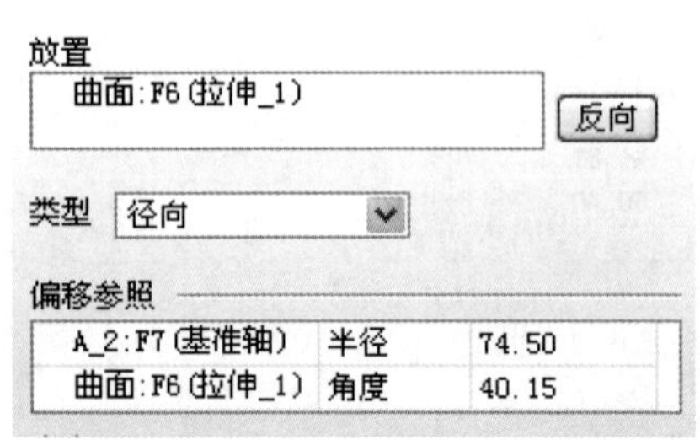

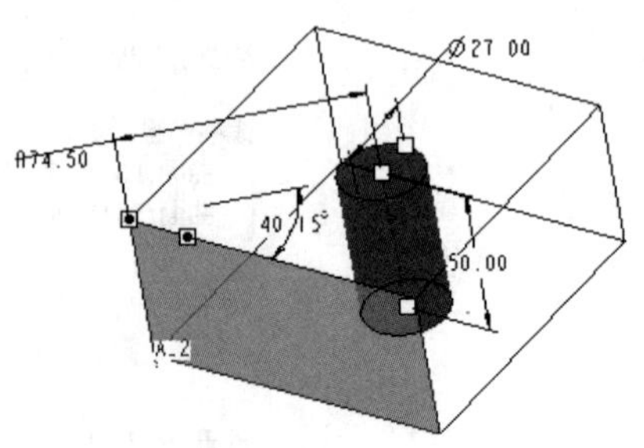

图 4-35　径向孔的放置

直径：使用一个线性尺寸和一个角度尺寸定位孔，以直径的尺寸标注孔的中心线位置，此时应指定参考轴和参考平面，以标注极坐标的直径及角度尺寸，如图 4-36 所示。标注时可拖动标注手柄到相应的标注基准上，也可以在“偏移参照”文本框中单击后，再在工作区域中按住<Ctrl>键选择两个偏移参照，操作过程见随书光盘 4\视频\4-3-3 直径孔.avi。

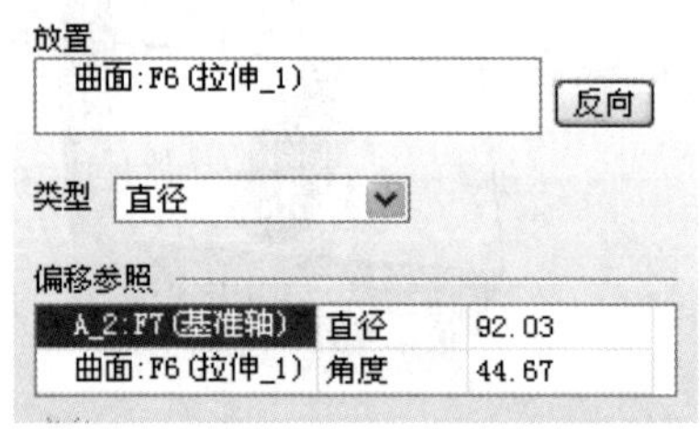

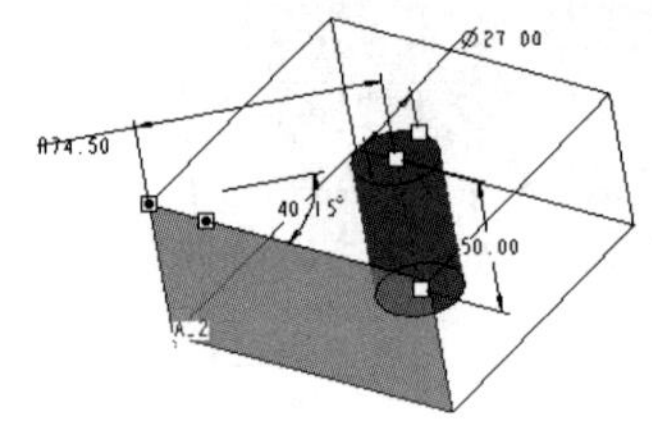

图 4-36　直径孔的放置

形状：单击此按钮，显示如图 4-37 所示的面板。在该面板设置孔的形状及其尺寸，并可对孔的生成方式进行设定，其尺寸也可即时修改，得到如图 4-38 所示的效果，操作过程见随书光盘 4\视频\4-3-4 形状控制.avi。

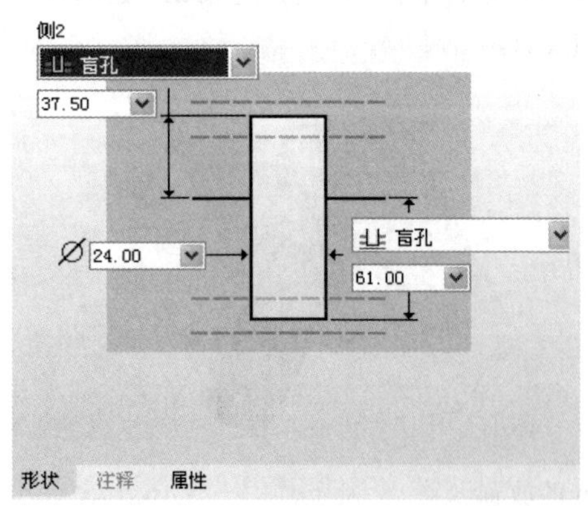

图 4-37　形状控制面板

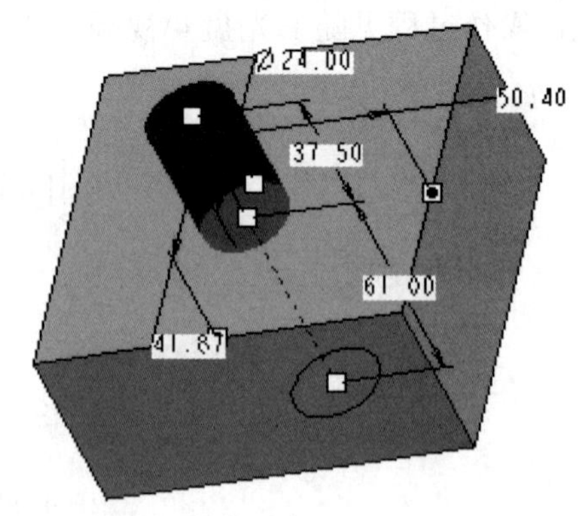

图 4-38　增加第二侧的效果

注释：当生成“标准孔”时，单击该选项，显示该标准孔的信息，如图 4-39 所示。

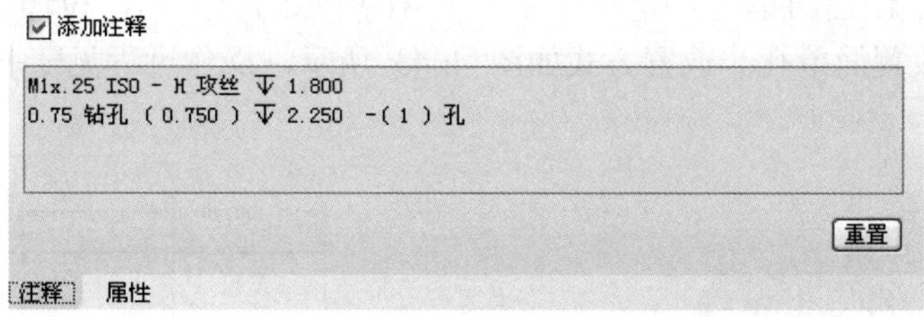

图 4-39 “注释”面板

属性：单击该选项，在打开的面板中显示孔的名称及其相关参数信息，如图 4-40 所示。

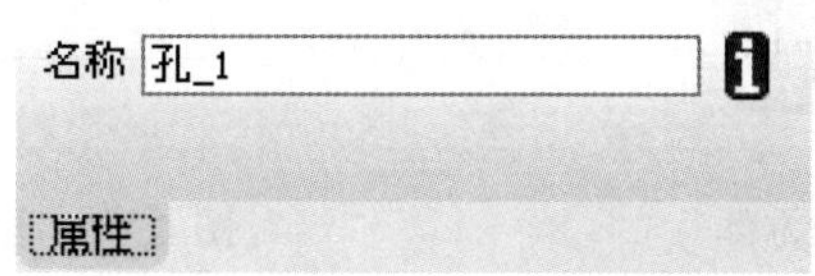

图 4-40 “属性”面板

其他按钮的含义如下。

表示创建简单孔。表示创建标准孔；表示使用预定义矩形作为钻孔轮廓。

表示使用标准孔轮廓作为钻孔轮廓。表示使用草绘定义钻孔轮廓。⌀27.00 表示输入钻孔的直径。

表示以指定的深度值钻孔。表示以指定深度，一半在选定平面的两侧钻孔。

表示钻孔至下一曲面。表示钻孔至与所有曲面相交。表示钻孔至与选定的曲面相交。

表示钻孔至选定的点、曲线、平面、曲面。50.00 表示输入钻孔值深度。

表示暂停当前工具的使用。表示特征预览。表示确定并关闭操控板。

表示取消特征创建或重定义。表示退出暂停模式继续使用该工具。

4.3.2 简单孔

使用“孔”命令，在孔特征操控板中，通过选定放置平面，给定孔的形状尺寸及定位尺寸即可完成孔特征。

创建简单孔的操作步骤如下：

1）单击菜单“插入”→“孔”选项，或单击按钮，系统显示孔特征操控板。

2）选择孔的类型为“简单”。

3）确定孔的放置平面及孔的尺寸定位方式，并相应标注孔的定位尺寸。

4）输入孔的直径，选定深度定义方式，并相应给出孔的深度。

5）单击控制面板中的“预览”按钮观察生成的孔特征，单击控制面板中的按钮，完成孔特征的创建。

提示：创建简单孔只需选定放置平面，给定形状尺寸与定位尺寸即可，而不需要设置草绘面、参考面等，这也是将孔特征归为放置特征的原因。

下面通过实例进行说明。

在长方体模型中创建简单孔。先拉伸如图 4-41 所示的长方体，拉伸的草绘如图 4-42 所示，再在长方体上放置简单孔。放置方式如图 4-43 所示，操作过程见随书光盘 4\视频\4-3-5 简单孔实例.avi。

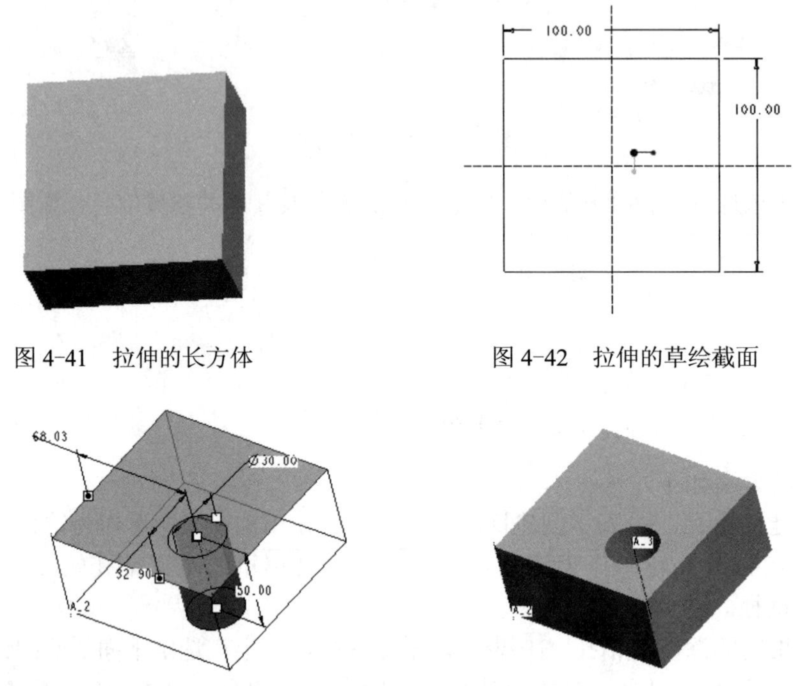

图 4-41　拉伸的长方体

图 4-42　拉伸的草绘截面

图 4-43　孔的放置方式及创建后的效果

4.3.3　标准轮廓孔

所谓标准轮廓孔就是使用标准孔的截面形状完成孔特征的建立，其特征生成原理与简单孔特征类似。选择“标准轮廓”类型即单击 按钮，建立孔使用的特征操控板，如图 4-44 所示。

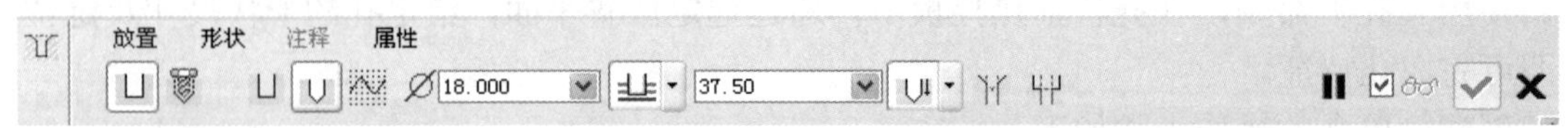

图 4-44　标准轮廓孔的操控板

绘制草绘孔的步骤如下：

1）单击菜单“插入”→“孔”选项，或单击 按钮，系统显示孔特征操控板。

2）选定孔的类型为“标准轮廓孔”。

3）确定孔的放置平面及孔的尺寸定位方式，并相应标注孔的定位尺寸。

4）输入孔的直径，选定深度定义方式，并相应给出孔的深度。

5）单击控制面板中的“预览”按钮 观察生成的孔特征，单击控制面板中的 按钮，完成孔特征的创建。

下面通过实例进行说明。

单击孔操控板的“放置”，选择孔放置的平面，然后再在偏移参照中选择相应的偏移参照，如图 4-45 所示，得到如图 4-46 所示的放置效果，单击“确定”按钮得到如图 4-47 所示的标准轮廓孔，操作过程见随书光盘 4\视频\4-3-6 标注轮廓孔实例.avi。

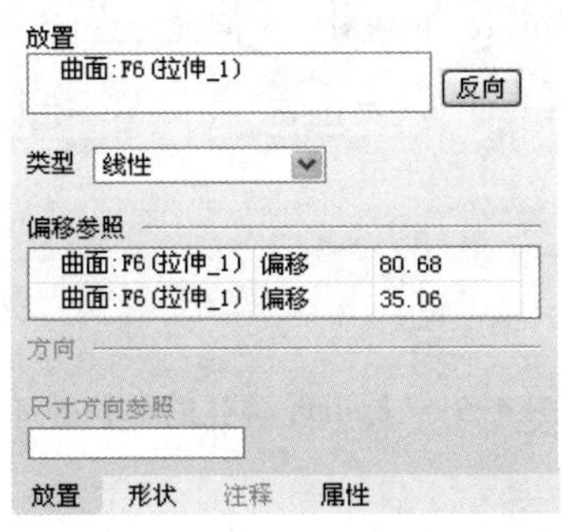

图 4-45　孔的“放置”面板

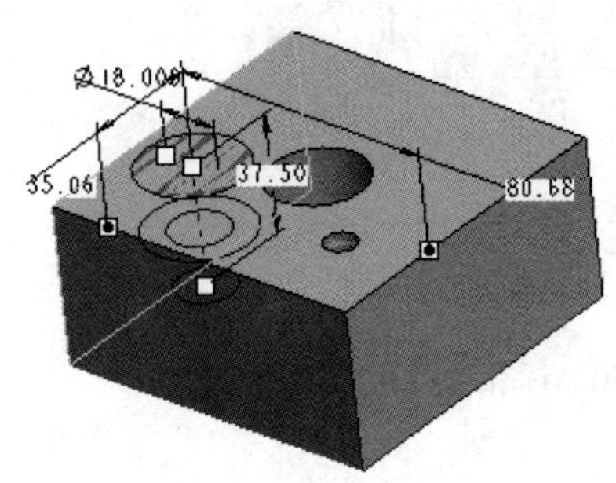

图 4-46　孔的放置效果

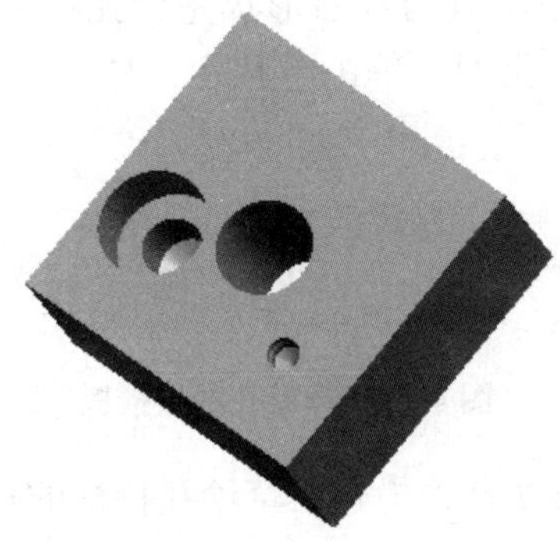

图 4-47　标准轮廓孔效果

在标准轮廓孔的操控面板上有两个控制孔的形状按钮和。系统默认孔的形状，如图 4-48 所示，单击按钮得到如图 4-49 所示的孔的形状。单击按钮得到如图 4-50 所示的效果。同时单击这两个按钮得到如图 4-51 所示的效果。另外，按钮和按钮用来控制孔的两个不同的深度。

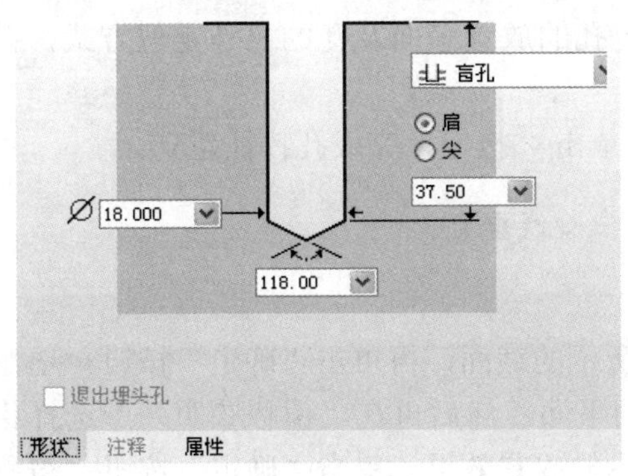

图 4-48　标准轮廓孔的默认形状

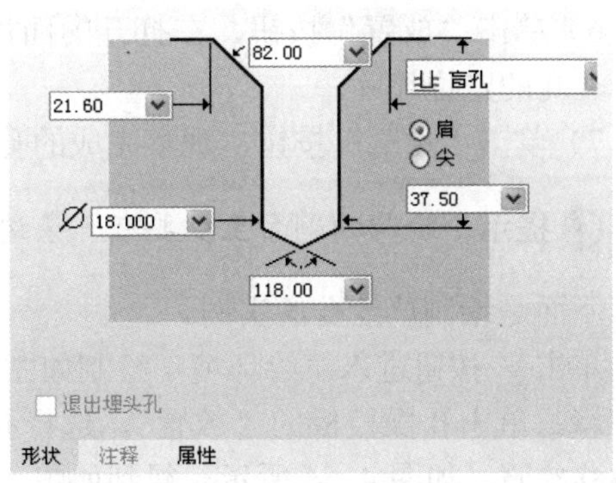

图 4-49　标准轮廓孔的沉头孔形状

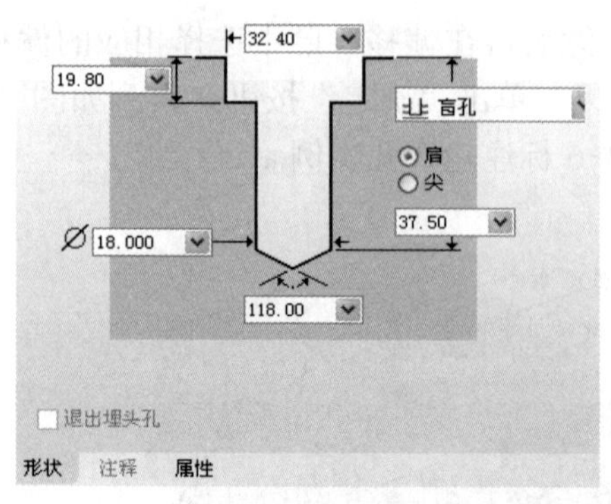

图 4-50　标准轮廓孔的埋头孔形状

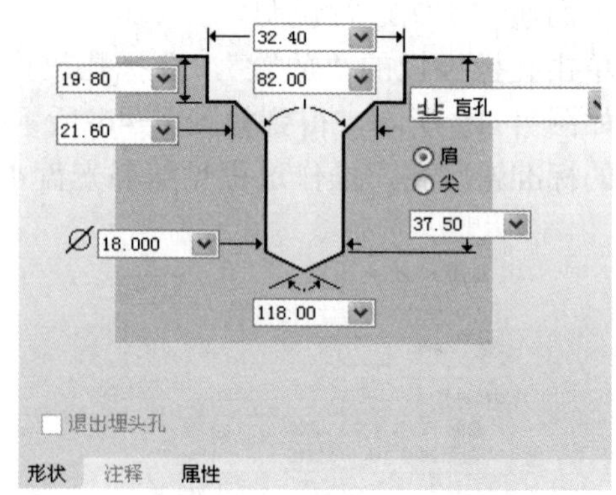

图 4-51　标准轮廓孔的形状叠加

4.3.4　草绘孔

所谓草绘孔就是使用草图中绘制的截面形状完成孔特征的建立，其特征生成原理与旋转减料特征类似。选择“草绘”类型，单击按钮，建立孔使用的特征操控板，如图 4-52 所示。

图 4-52　草绘孔的操控板

：打开一个草绘文件，该文件作为建立草绘孔特征的草绘剖面。

：单击该按钮，直接进入草绘环境，绘制建立草绘孔特征的草绘剖面。

绘制草绘孔的步骤如下：

1）单击菜单“插入”→“孔”命令，或单击按钮，系统显示孔特征操控板。

2）选定孔的类型为“草绘”。

3）单击按钮打开一个草绘文件，或单击按钮进入草绘环境绘制一个剖面。

4）在草绘状态绘制一条旋转中心线和剖面，并标注尺寸。

5）完成以上步骤，系统返回孔特征操控板。

6）单击“放置”按钮，在打开的面板中设定孔的放置平面及孔的尺寸定位方式，并相应标注孔的定位尺寸。

7）单击“预览”按钮，观察完成的孔特征；单击按钮，完成孔特征建立。

提示：绘制的剖面至少要有一条边与旋转中心线垂直。

下面是绘制草绘孔的实例。

单击按钮进入草绘环境，绘制如图 4-53 所示的截面，再单击“确定”按钮退出草绘环境。单击孔操控板的“放置”，选择孔放置的平面，然后再在“偏移参照”中选择相应的偏移参照，如图 4-54 所示，得到如图 4-55 所示的放置效果，单击“确定”按钮得到如图 4-56 所示的草绘孔，操作过程见随书光盘 4\视频\4-3-7 草绘孔实例.avi。

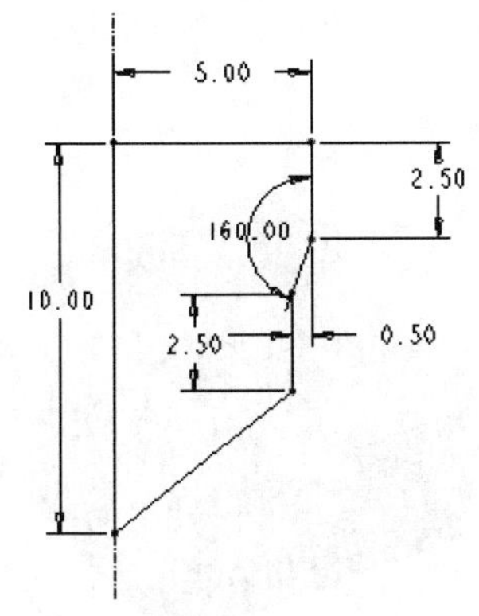

图 4-53　孔的草绘截面

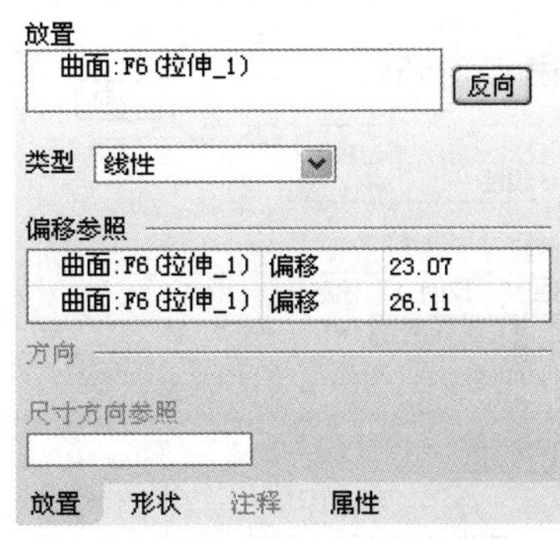

图 4-54　孔的“放置”面板

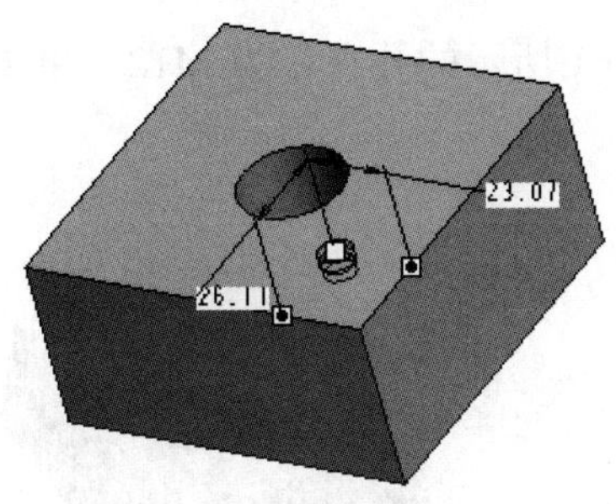

图 4-55　孔的放置效果

图 4-56　草绘孔的效果

4.3.5　标准孔

在 Pro/E 5.0 中的“标准孔”类型有 ISO、UNC、UNF 3 个标准，并允许用户选择孔的形状，如埋头孔、沉孔等。标准孔的操控板如图 4-57 所示。

图 4-57　标准孔的操控面板

绘制标准孔的步骤如下：

1）单击菜单“插入”→“孔”命令，或单击按钮，系统显示孔特征操控板。

2）选定标准孔的类型，系统提供了 3 种标准孔类型，即 ISO、UNC、UNF。

3）确定孔的放置平面及孔的尺寸定位方式，并相应标注孔的定位尺寸。

4）选定标准孔的直径，选定深度定义方式，并相应给出孔的深度。

5）单击控制面板中的“预览”按钮观察生成的孔特征，单击控制面板中的按钮，完成标准孔特征的建立。

下面是绘制标准孔的实例。

单击标准孔操控板的“放置”，选择孔放置的平面，如图 4-58 所示在“偏移参照”中选择相应的偏移参照，得到如图 4-59 所示的放置效果，操作过程见随书光盘 4\视频\4-3-8 标准孔实例.avi。

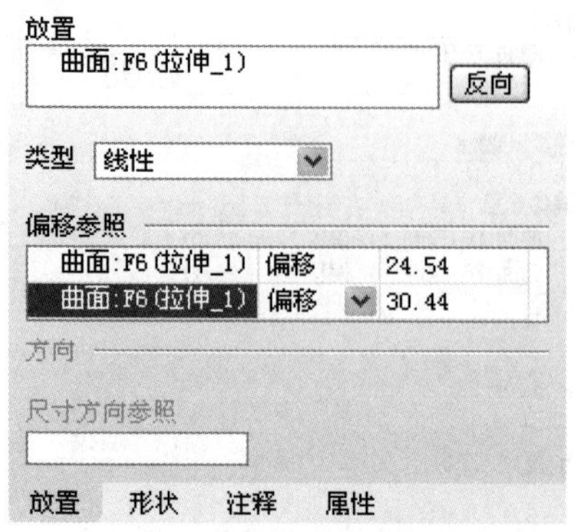

图 4-58 孔的放置面板

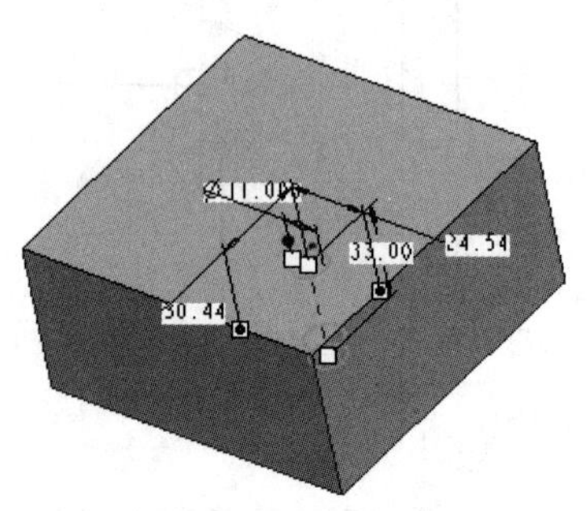

图 4-59 孔的放置效果

选择标准孔的类型如图 4-60 所示，选择如图 4-61 所示的孔直径为 M12，单击工具面板上的“确定”按钮，得到如图 4-62 所示的标准孔。

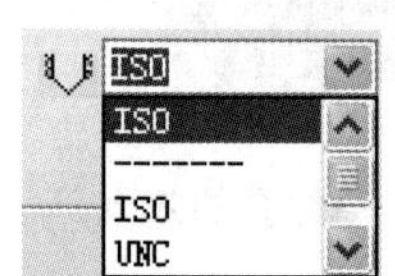

图 4-60 孔的类型选择

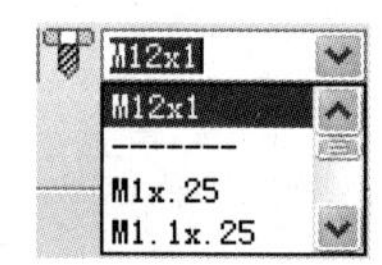

图 4-61 孔的直径选择

图 4-62 孔的直径效果

在标准孔操控面板上有两个控制孔的形状按钮和。系统默认孔的形状如图 4-63 所示，单击按钮得到如图 4-64 所示的孔的形状。

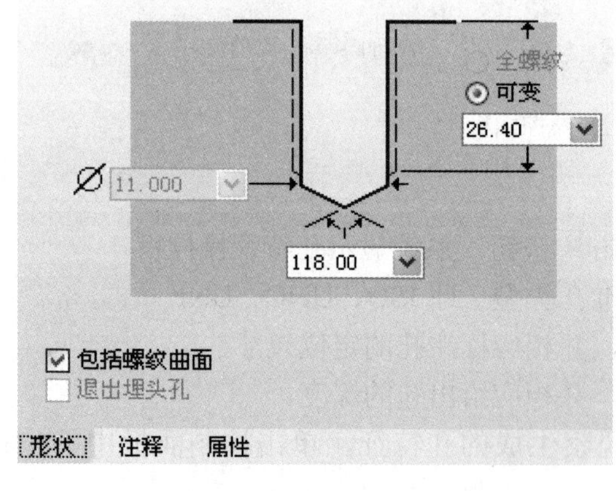

图 4-63 标准孔的默认形状

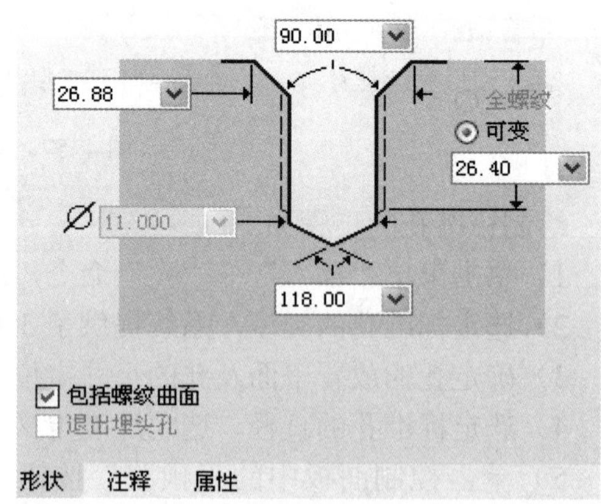

图 4-64 标准孔的沉头孔形状

单击“沉孔”按钮，得到如图 4-65 所示的效果。同时单击两个按钮得到如图 4-66 所示的效果。

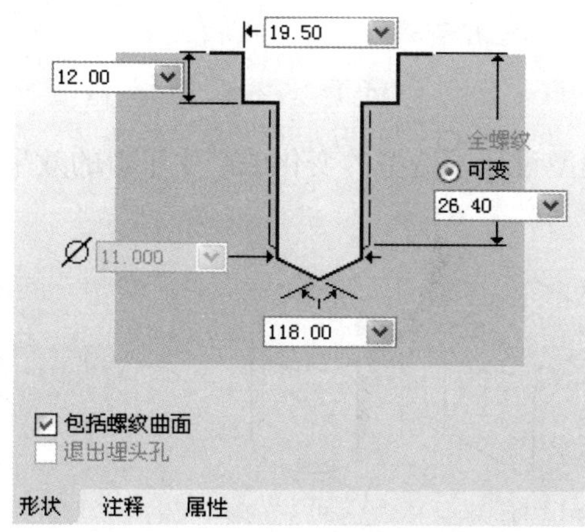

图 4-65　标准轮廓孔的埋头孔形状

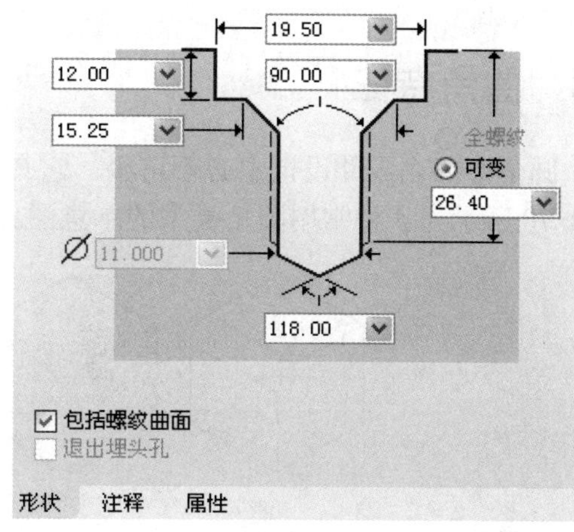

图 4-66　标准轮廓孔的形状叠加

另外，按钮和按钮用来控制孔的两个不同的深度。单击“增加攻丝”按钮得到如图 4-67 所示的效果。单击“创建间隙孔”按钮得到如图 4-68 所示的效果。单击“创建锥孔”按钮得到如图 4-69 所示的效果。

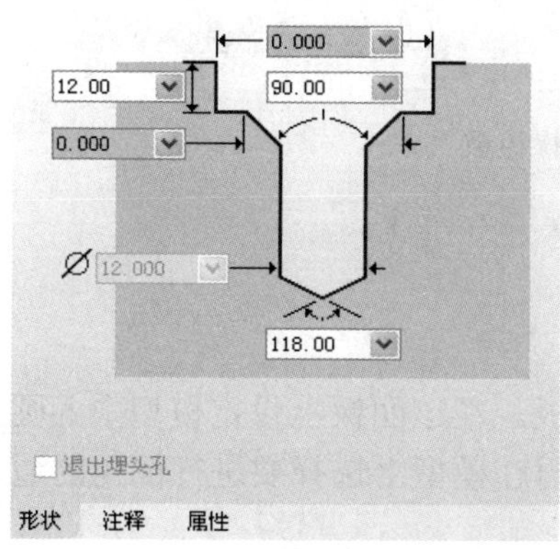

图 4-67　增加攻丝的效果

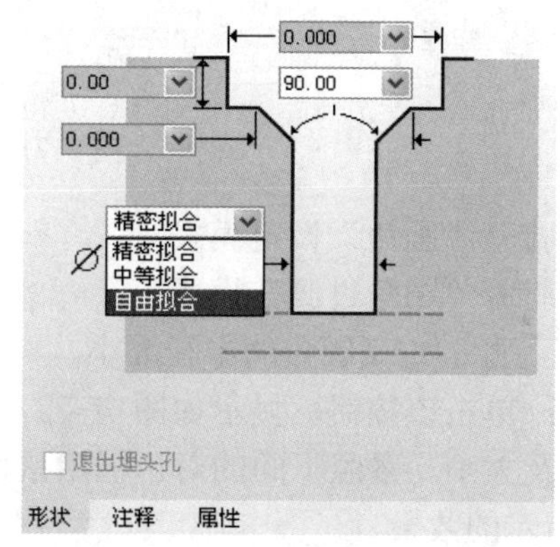

图 4-68　创建间隙孔的效果

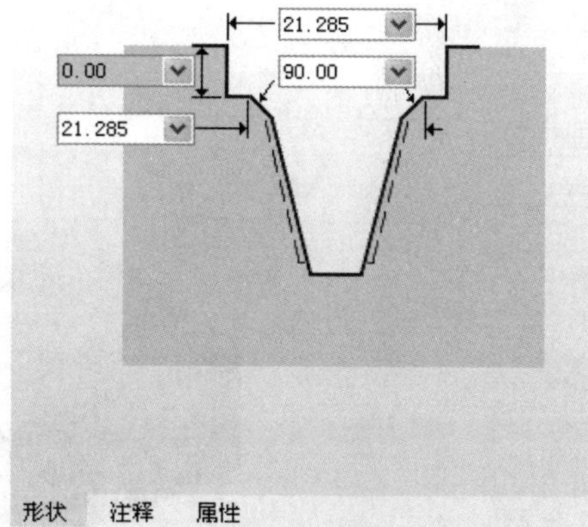

图 4-69　创建锥孔的效果

4.4 圆角特征

圆角特征在零件设计中必不可少，它有助于模型设计中造型的变化或产生平滑的效果。图 4-70 所示为 4 种常用圆角类型的示意图。

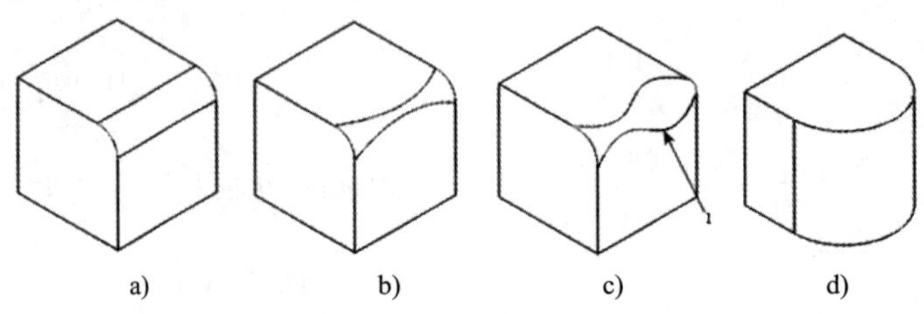

图 4-70　4 种圆角类型

a) 半径为常数的圆角　b) 有多个半径的圆角　c) 由曲线驱动的圆角　d) 全圆角

单击“圆角”工具按钮，或单击菜单“插入”→“倒圆角”命令，显示如图 4-71 所示的圆角特征操控板。现将其各功能选项说明如下：

图 4-71　圆角特征操控板

：打开“圆角”设定模式。

：打开“圆角过渡”模式。

1.80 ：定义圆角的半径大小。

设置：单击该按钮，显示如图 4-72 所示的面板。在该面板上设定模型中各圆角或圆角集的特征及大小。参照下面的对话框用鼠标单击，再在模型上选择要进行倒角的边，得到如图 4-73 所示的效果。

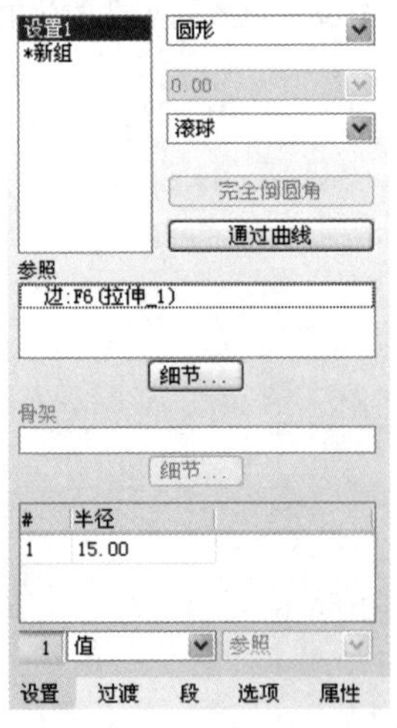

图 4-72　倒圆角设置面板

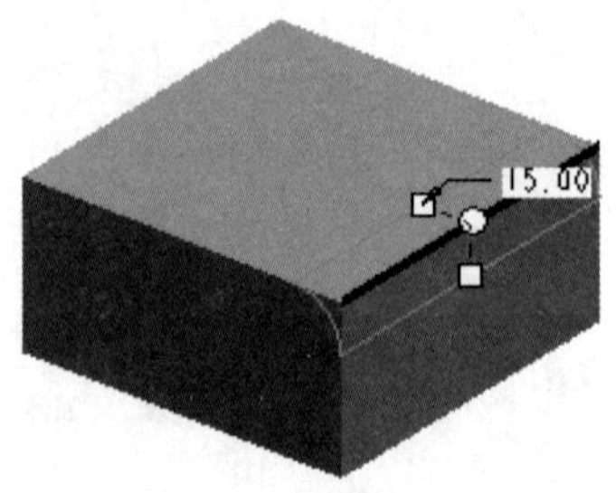

图 4-73　倒圆角的效果

过渡：要使用此面板，必须激活“过渡”模式。该栏中列出了除缺省过渡外的所有用户定义的过渡。

段：在此面板上可查看倒圆角特征的全部倒圆角集，查看当前倒圆角集中的全部倒圆角段，修剪、延伸或排除这些倒圆角段，以及处理放置模糊问题，如图 4-74 所示。

选项：单击该按钮，在弹出的面板中选择创建实体圆角或者曲面圆角，如图 4-75 所示。

属性：单击该按钮，显示当前圆角特征名称及其相关信息，如图 4-76 所示。

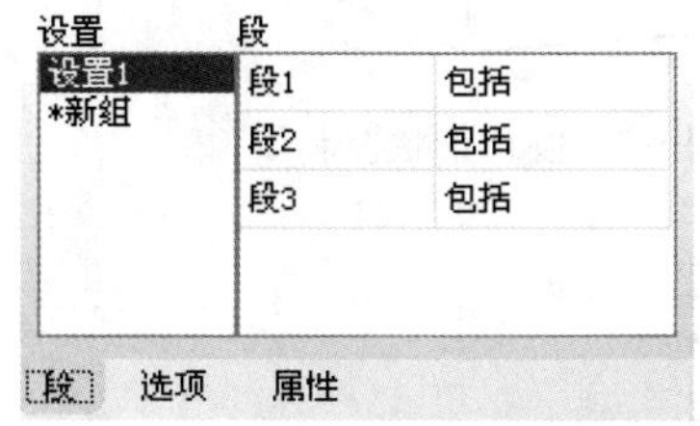

图 4-74　段面板

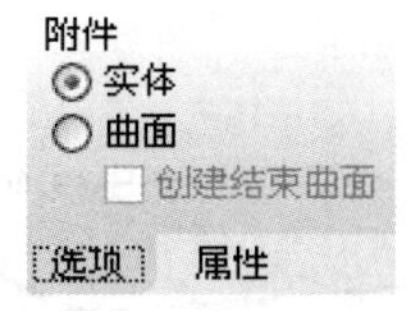

图 4-75 选项面板

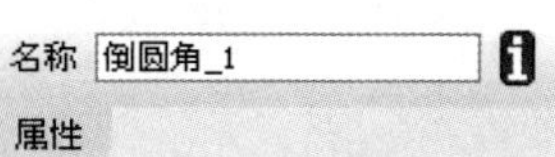

图 4-76　属性面板

建立圆角特征的操作步骤如下：

1）单击菜单“插入”→“倒圆角”命令，或单击按钮，打开圆角特征操控板。

2）单击“设置”按钮，在打开的面板中设定圆角类型、形成圆角的方式、圆角的参照、圆角的半径等。

3）单击“圆角过渡”模式按钮，设置转角的形状，此时需在工作区域的模型上单击拐角处激活过渡模式的下拉菜单，如图 4-77 所示，下拉菜单如图 4-78 所示。用户可以通过不同的形式来控制过渡处的形状。

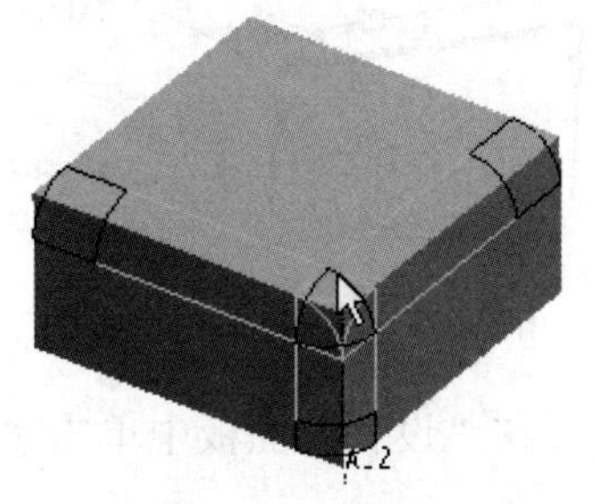

图 4-77　圆角过渡处

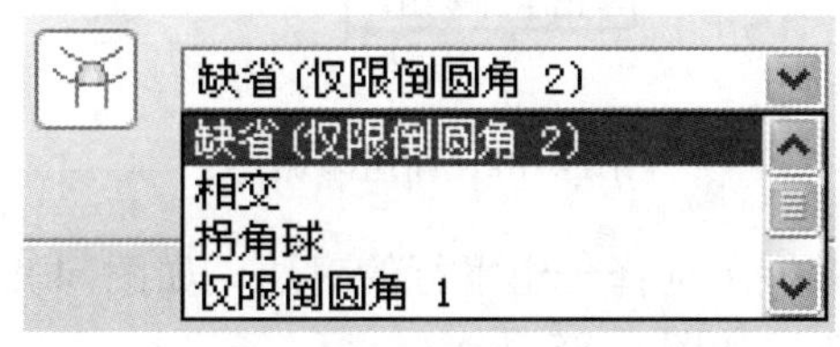

图 4-78　圆角过渡的下拉菜单

4）单击“选项”按钮，选择生成的圆角是实体形式还是曲面形式。

5）单击“预览”按钮，观察生成的圆角，单击按钮，完成圆角特征的建立。

提示：如果想把几条边的圆角放入同一组（集）中，即同时具有一个圆角半径，应按<Ctrl>键，然后单击要加入的边线即可，操作过程见随书光盘 4\视频\4-4-1 创建圆角.avi。

其他倒圆角方式如下：

在设置对话框中单击“圆形”后向下的箭头，打开下拉菜单，包括“圆锥”和“D1*D2 圆锥”选项，如图 4-79 所示。选中“圆锥”后，工作区域中的圆角处多了一个拖动柄，它可以用来控制倒圆角的形状，如图 4-80 所示。选中“D1×D2 圆锥”后，工作区域中圆角处的拖动柄可以分别控制两侧倒圆角的大小，如图 4-81 所示，操作过程见随书光盘 4\视频\

4-4-2 可控半径的方式倒圆角.avi。

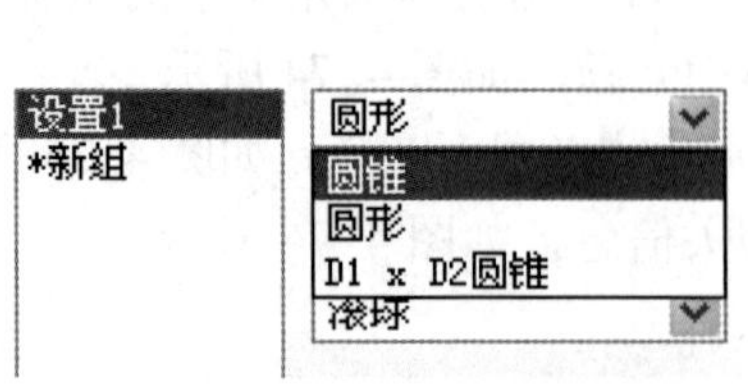

图 4-79　形状选择

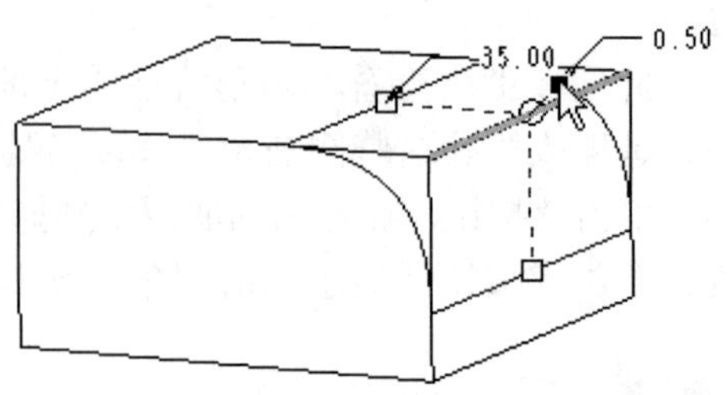

图 4-80　圆角形状控制

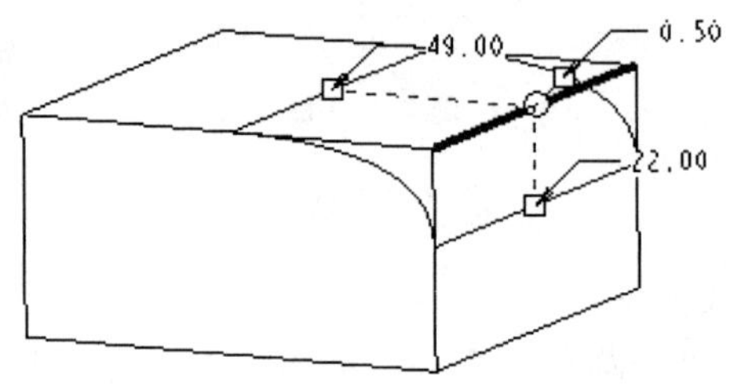

图 4-81　两半径圆角形状控制

在设置面板中单击“新组”，如图 4-82 所示，再在模型上选择要增加倒角的边即可，如图 4-83 所示。

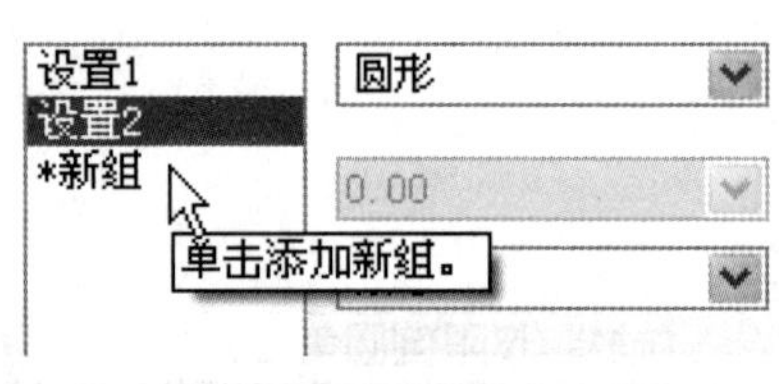

图 4-82　新组添加

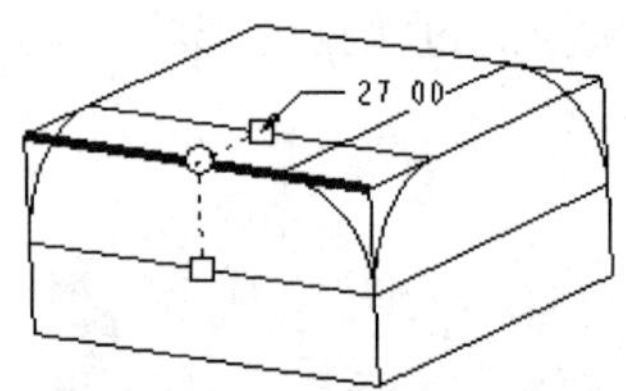

图 4-83　新组增加效果

在模型上选择一组平行的对边，如图 4-84 所示。再在“设置”面板中单击“完全倒圆角”按钮，如图 4-85 所示。

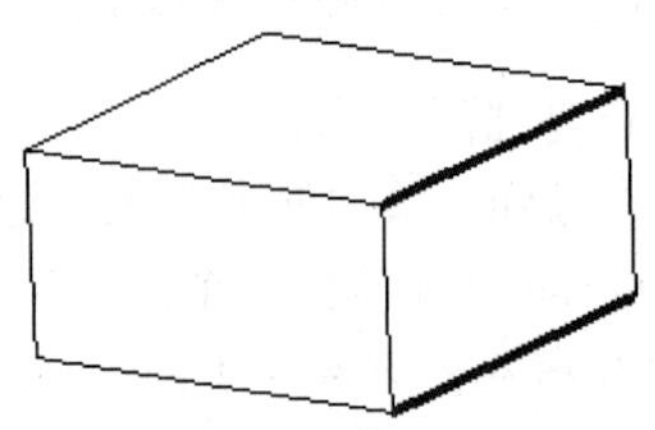

图 4-84　选择平行的两边

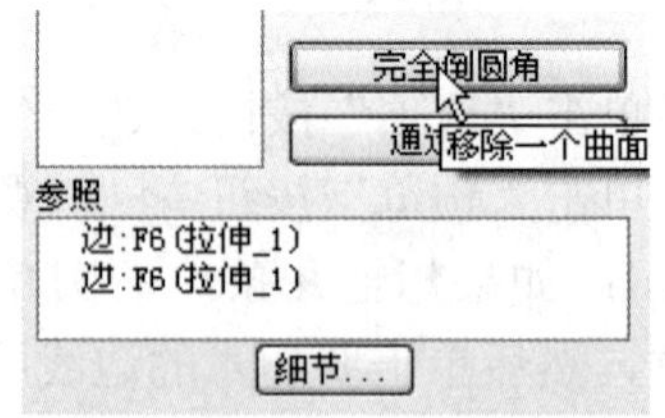

图 4-85　单击完全倒圆角

得到如图 4-86 所示的完全倒圆角效果。单击“预览”按钮得到如图 4-87 所示的完全倒圆角，操作过程见随书光盘 4\视频\4-4-3 完全倒圆角.avi。

在工作区域中的长方体的表面画一条曲线，如图 4-88 所示。单击“倒圆角”工具，再选择曲线附近的边作为要进行倒圆角的边，在设置面板中单击“通过曲线”按钮，如图 4-89 所示，得到如图 4-90 所示的效果，单击“预览”按钮☑෴得到如图 4-91 所示的通过曲线倒圆角，操作过程见随书光盘 4\视频\4-4-4 通过曲线倒圆角.avi。

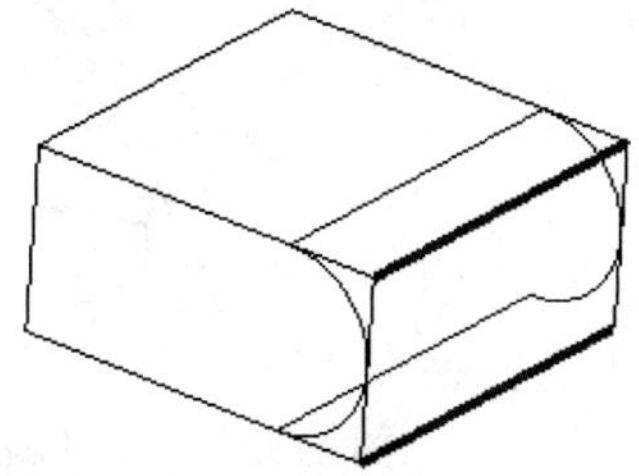

图 4-86　完全倒圆角效果

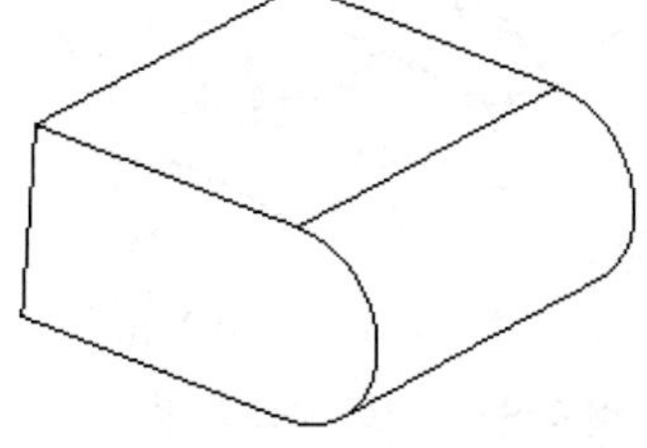

图 4-87　完全倒圆角

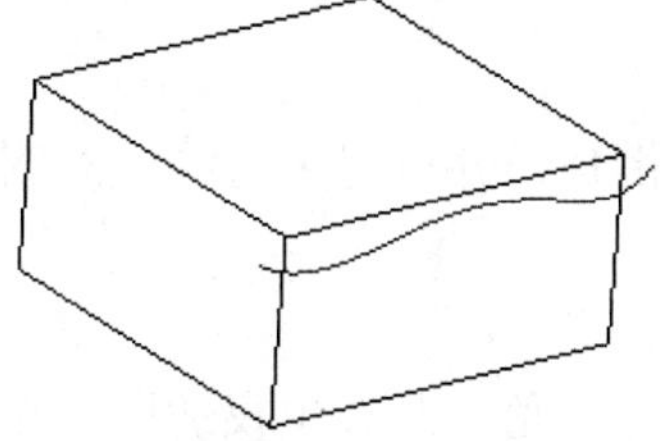

图 4-88　草绘曲线

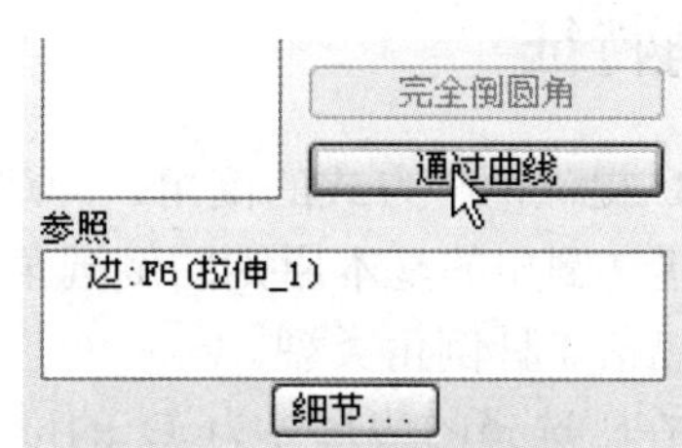

图 4-89　选择通过曲线

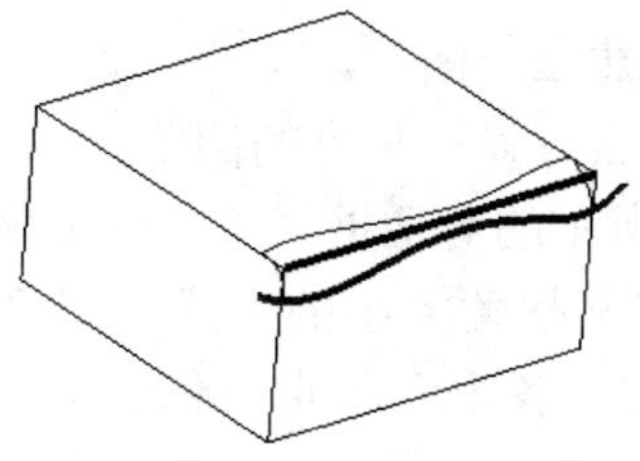

图 4-90　通过曲线倒圆角效果

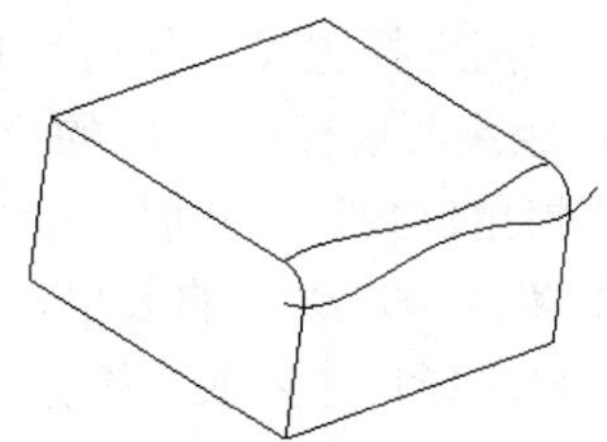

图 4-91　通过曲线倒圆角

倒圆角特征还可以通过添加半径来实现变半径倒圆角，单击“倒圆角”按钮，再选择要进行倒圆角的边，在圆角的控制手柄处单击鼠标右键，再单击添加半径，如图 4-92 所示。用同样的方法再添加半径，如图 4-93 所示。添加半径后得到如图 4-94 所示的效果，单击“预览”按钮☑෴得到如图 4-95 所示的变半径倒圆角，操作过程见随书光盘 4\视频\4-4-5 变半径倒圆角.avi。

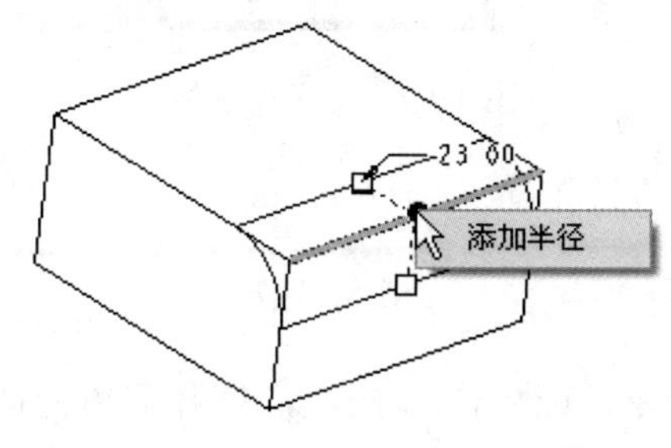

图 4-92　添加半径

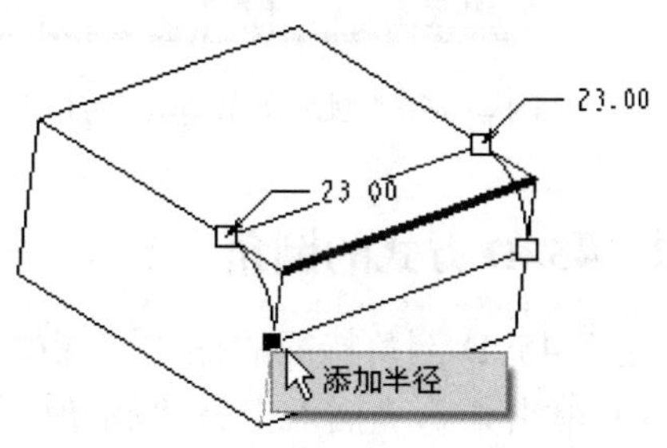

图 4-93　添加半径

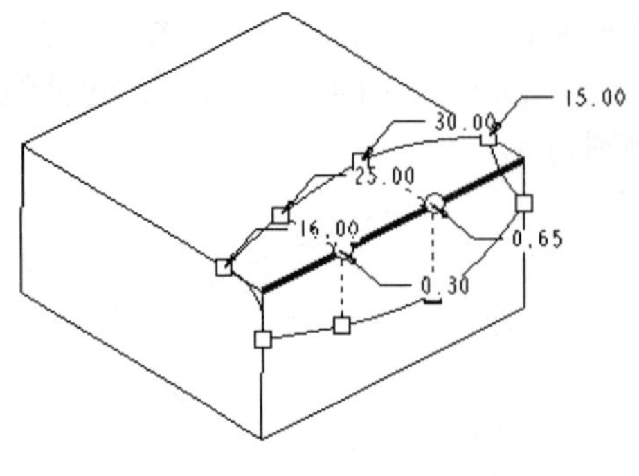

图 4-94　添加半径效果

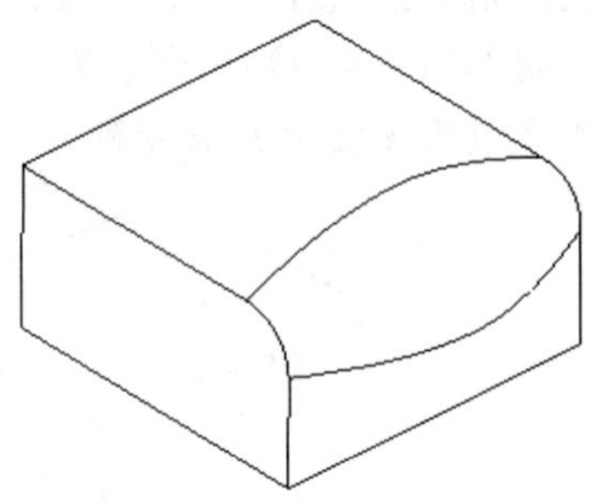

图 4-95　变半径倒圆角

4.5　倒角特征

Pro/E 5.0 提供两种方式的倒角，即边倒角和拐角倒角，并可对多边构成的倒角接头进行过渡设置。建立倒角的基本原则同倒圆角。

边倒角包括 4 种倒角类型。

45×D：在距选择的边尺寸为 D 的位置建立 45° 的倒角，此选项仅适用于在两个垂直平面相交的边上建立倒角。

D×D：距离选择边尺寸都为 D 的位置建立一倒角。

D1×D2：距离选择边尺寸分别为 D1 与 D2 的位置建立一倒角。

角度×D：距离所选择边为 D 的位置，建立一个可自行设置角度的倒角。

当使用“拐角倒角”方式时，会显示如图 4-96 所示的对话框。单击选中模型上的一条边，将弹出如图 4-97 所示的菜单，从中选取一种定义拐角大小的方式，即“选出点”或“输入”，让用户选择尺寸点或直接输入尺寸的方式来定义各个方向的 D 值。

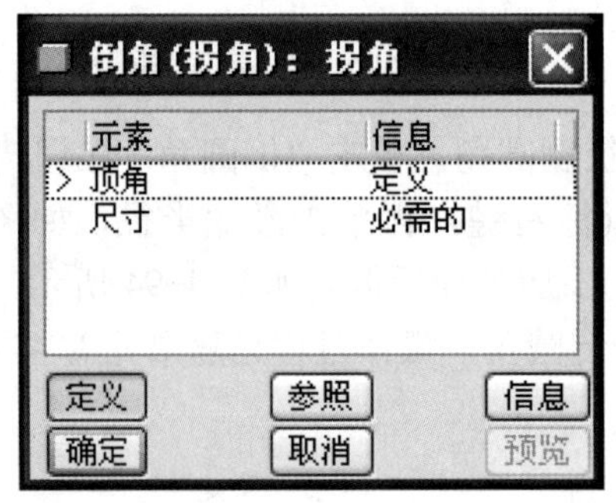

图 4-96 “倒角（拐角）：拐角”对话框

图 4-97　定义尺寸菜单

4.5.1　45×D 方式的倒角

建立 45×D 倒角特征的操作步骤如下：

1）单击菜单“插入”→“倒角”→“边倒角”命令，或单击按钮，打开倒角特征操控板，如图 4-98 所示。在倒角类型中选择 45×D 类型，如图 4-99 所示。

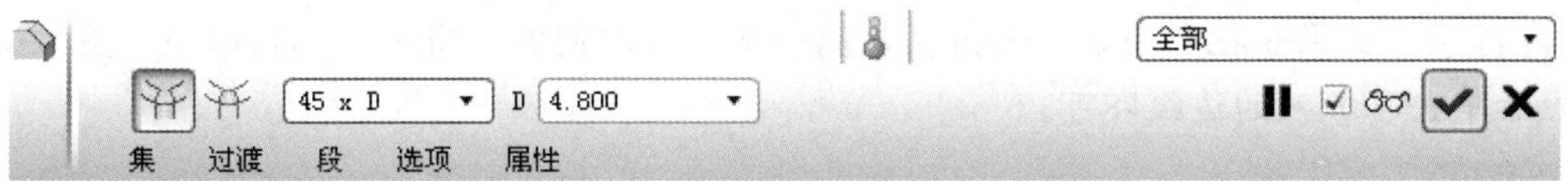

图 4-98　边倒角操控板

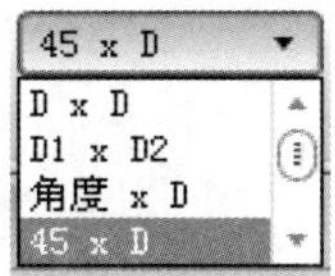

图 4-99　边倒角类型

2）单击“集”按钮，在打开的面板中单击“参照”下的对话框，如图 4-100 所示。然后在模型上选择要进行倒角的边，如图 4-101 所示。

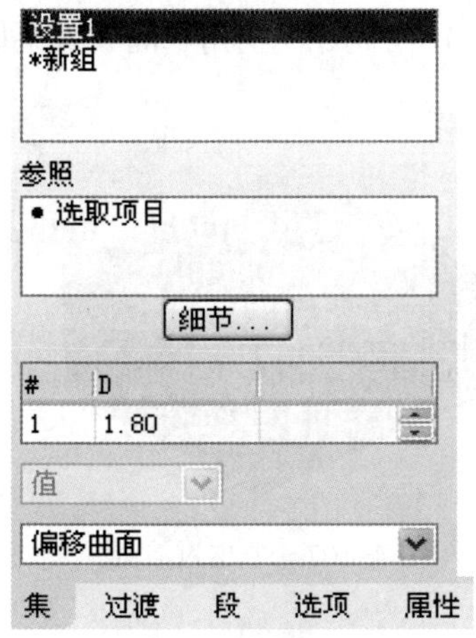

图 4-100　倒角集面板

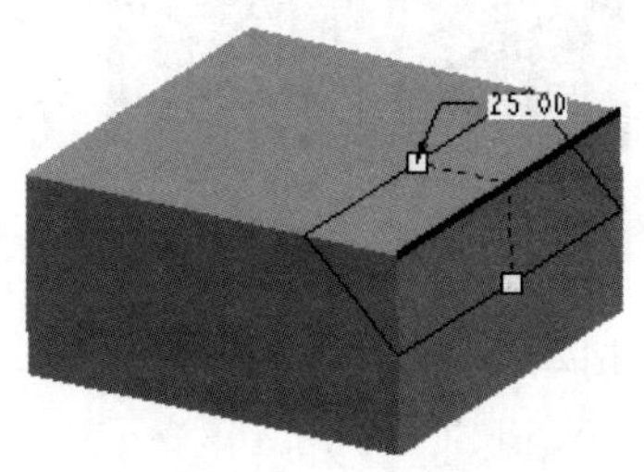

图 4-101　选择倒角边

3）单击“预览”按钮，观察生成的倒角。单击按钮，完成倒角特征的建立，如图 4-102 所示。若要添加其他边进行倒角，则在设置框中单击“新组”，如图 4-103 所示。然后在模型上选取要进行倒角的边即可，如图 4-104 所示。单击“预览”按钮，观察生成的倒角，单击按钮，完成倒角特征的建立，如图 4-105 所示，操作过程见随书光盘 4\视频\4-5-1 创建倒角.avi。

图 4-102　倒角的效果

图 4-103　新增组

提示：如果想把几条边的倒角放入同一集中，即同时具有一个倒角数值，应按<Ctrl>键，然后单击要加入的边线即可。

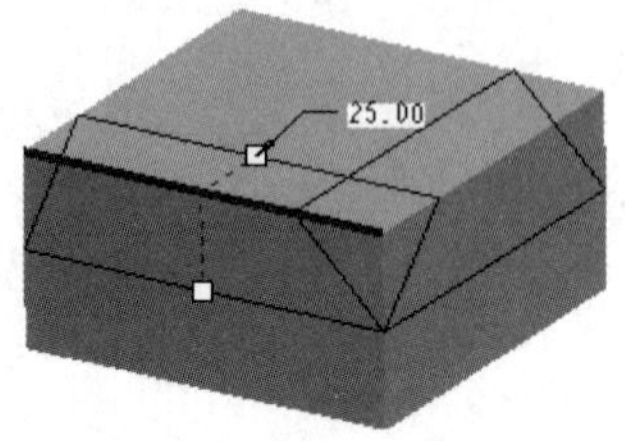

图 4-104　新增组的效果

图 4-105　预览新增组添加的效果

4）按住<Ctrl>键选择 3 条相交的边，如图 4-106 所示。单击“倒角过渡”模式按钮，设置转角的形状，此时需在工作区域的模型上单击拐角处激活过渡模式的下拉菜单，如图 4-107 所示，下拉菜单如图 4-108 所示。用户可以通过不同的形式来控制过渡处的形状。缺省“相交”如图 4-109 所示，“曲面片”效果如图 4-110 所示，“拐角平面”效果如图 4-111 所示。

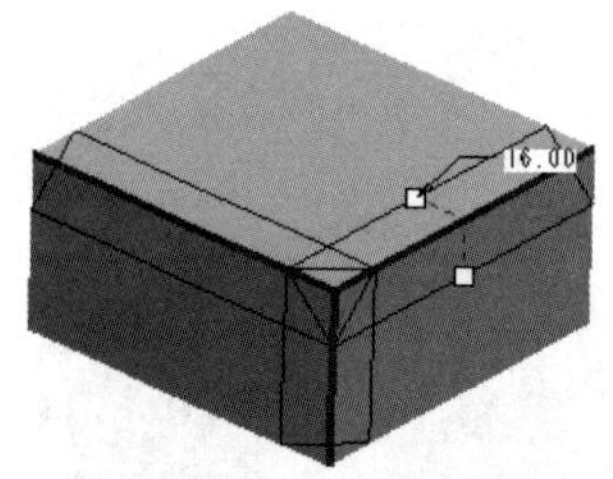

图 4-106　选择 3 条边相交

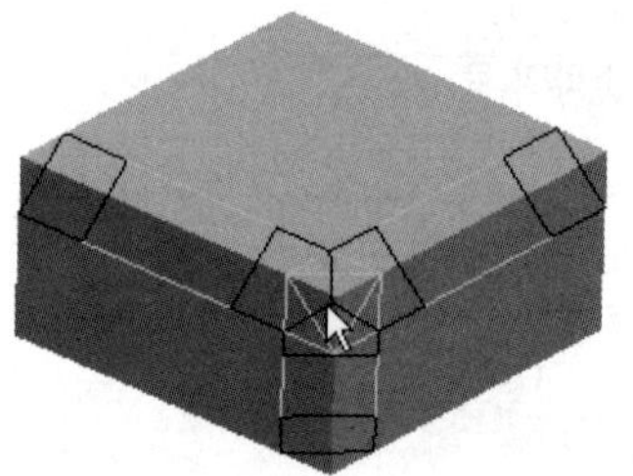

图 4-107　单击过渡处

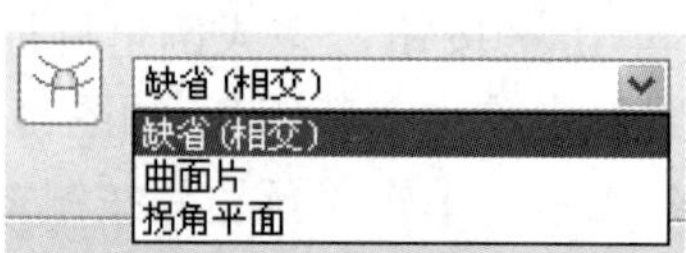

图 4-108　选择过渡类型

图 4-109　“相交”效果

图 4-110　“曲面片”效果

图 4-111　“拐角平面”效果

“过渡”面板如图 4-112 所示，“段”面板如图 4-113 所示，“选项”面板如图 4-114 所示，“属性”面板如图 4-115 所示。

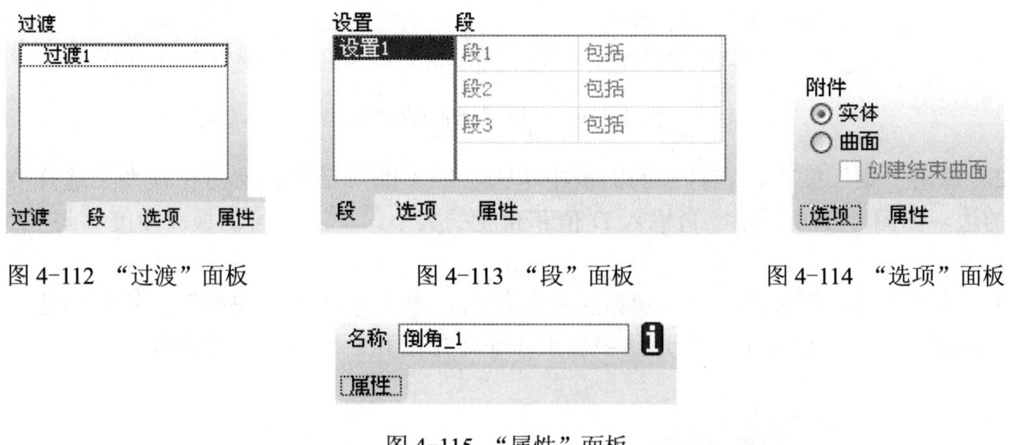

图 4-112 “过渡”面板　　图 4-113 “段”面板　　图 4-114 “选项”面板

图 4-115 “属性”面板

4.5.2 D×D 方式的倒角

建立 D×D 倒角特征的操作步骤如下：

1）单击菜单“插入”→“倒角”→“边倒角”命令，或单击按钮，打开倒角特征操控板，如图 4-116 所示。

图 4-116 D×D 倒角操控板

2）单击“集”按钮，在打开的面板中单击参照下的对话框，然后在模型上选择要进行倒角的边，如图 4-117 所示，再输入 D 值的大小。

3）单击“预览”按钮，观察生成的倒角，单击按钮，完成倒角特征的建立，如图 4-118 所示。

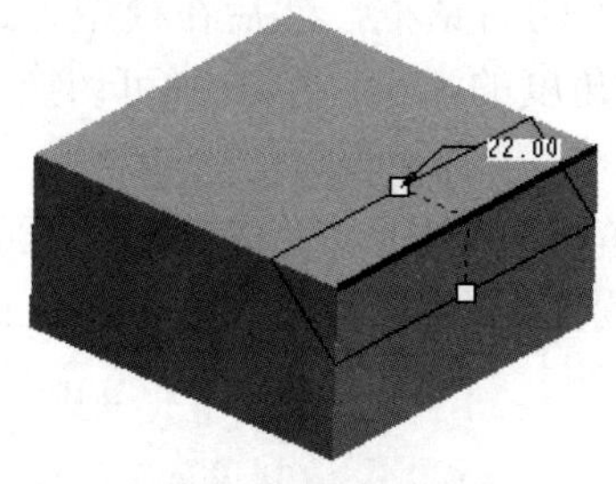

图 4-117 选取倒角边

图 4-118 倒角的效果

4.5.3 角度×D 方式的倒角

建立角度×D 倒角特征的操作步骤如下：

1）单击菜单“插入”→“倒角”→“边倒角”命令，或单击按钮，打开倒角特征操控板，如图 4-119 所示。

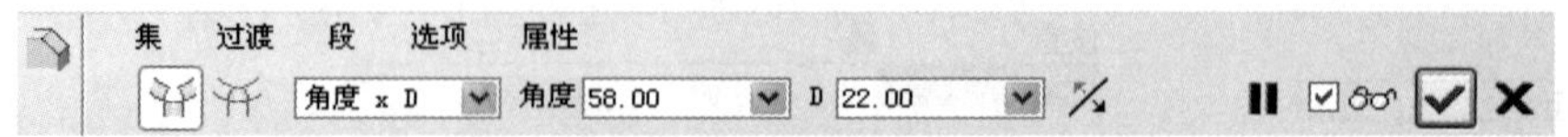

图 4-119 角度×D 倒角操控板

2）单击“集”按钮，在打开的面板中单击参照下的对话框，然后在模型上选择要进行倒角的边，如图 4-120 所示。再输入 D 值和角度的大小，单击可切换“角度”与“D”的标注位置。

3）单击“预览”按钮，观察生成的倒角。单击按钮，完成倒角特征的建立，如图 4-121 所示，操作过程见随书光盘 4\视频\4-5-2 角度和距离方式倒角.avi。

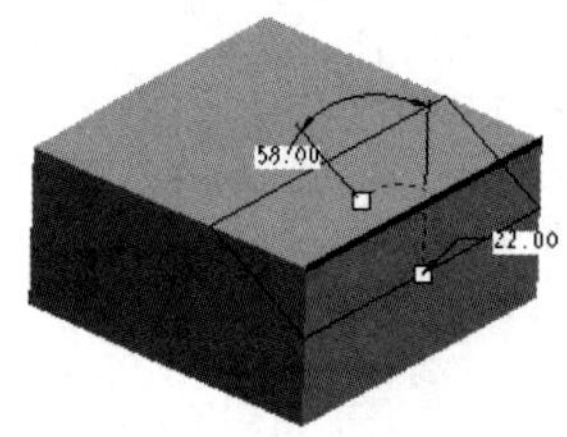

图 4-120 选取倒角边

图 4-121 倒角的效果

4.5.4 D1×D2 方式的倒角

建立角度×D 倒角特征的操作步骤如下：

1）单击菜单“插入”→“倒角”→“边倒角”命令，或单击按钮，打开倒角特征操控板，如图 4-122 所示。

图 4-122 D1×D2 倒角操控板

2）单击“集”按钮，在打开的面板中单击参照下的对话框，然后在模型上选择要进行倒角的边，如图 4-123 所示。再输入 D 值的大小和角度的大小，单击可切换“角度”与“D”的标注位置。

3）单击“预览”按钮，观察生成的倒角，单击按钮，完成倒角特征的建立，如图 4-124 所示，操作过程见随书光盘 4\视频\4-5-3 分别控制两边距离的方式倒角.avi。

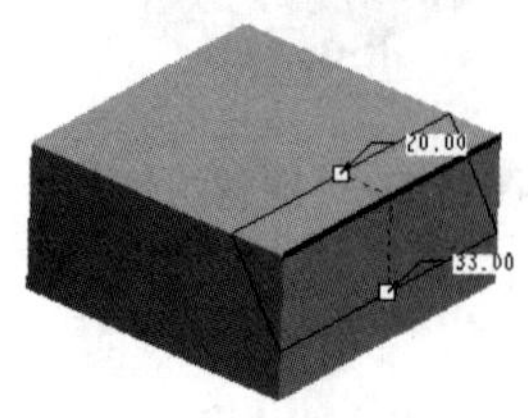

图 4-123 选取倒角边

图 4-124 倒角的效果

4.5.5 拐角倒角

建立拐角倒角特征的操作步骤如下：

1）单击菜单“插入”→“倒角”→“拐角倒角”命令。

2）选择要倒角的边，在菜单中选择“输入”，在消息区中出现输入长度的对话框，输入30，如图 4-125 所示。然后再次单击“输入”，并在消息区输入 20，如图 4-126 所示。再次单击“输入”，并在消息区输入 40，如图 4-127 所示。

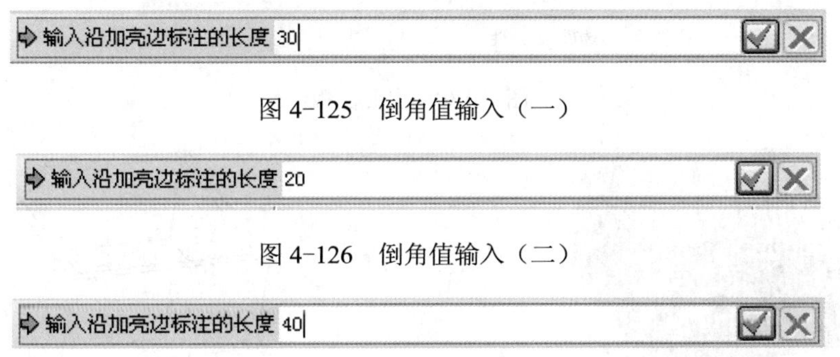

图 4-125 倒角值输入（一）

图 4-126 倒角值输入（二）

图 4-127 倒角值输入（三）

3）单击“预览”按钮，观察生成的倒角，单击“确定”按钮，完成拐角倒角特征的建立，如图 4-128 所示，操作过程见随书光盘 4\视频\4-5-4 拐角倒角.avi。

图 4-128 拐角倒角

4.6 抽壳特征

建立箱体类零件，常常用到抽壳特征。抽壳特征一般放在圆角特征之前进行。单击“抽壳”按钮，系统显示如图 4-129 所示的抽壳特征操控板。单击该特征操控板中的“参照”按钮，指定模型中要移走的面，在面板中设定抽壳厚度即可完成模型的抽壳特征。

图 4-129 抽壳特征操控板

建立抽壳特征的操作步骤如下：

1）单击菜单“插入”→“壳”命令，或单击▣按钮，打开抽壳特征操控板。

2）单击“参照”，如图 4-130 所示。在模型中选择要移除的面，如图 4-131 所示，设定壳体厚度为 5 及去除材料的方向。单击“预览”按钮，得到如图 4-132 所示的效果。

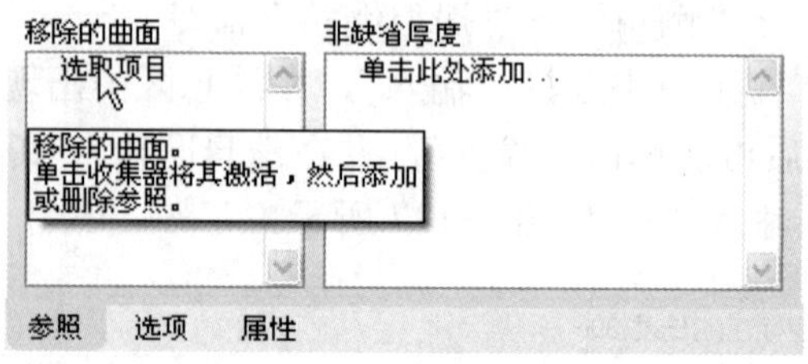

图 4-130　参照面板

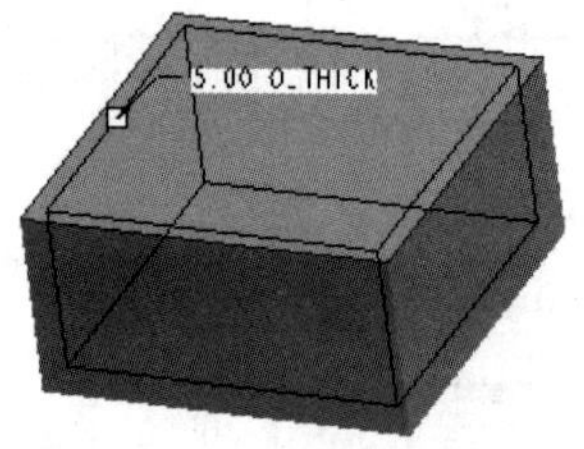

图 4-131　选择要移除的面

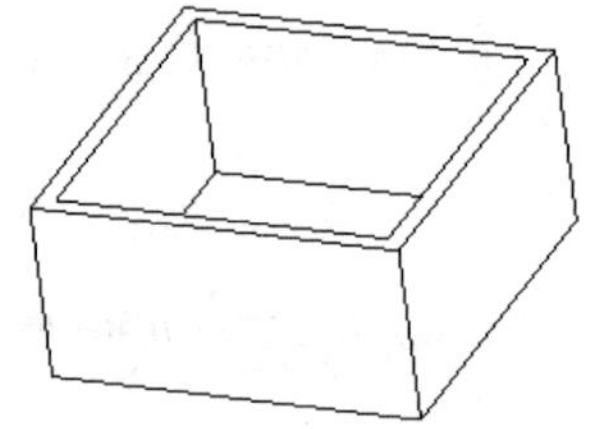

图 4-132　抽壳效果

3）如果要移走多个面，应按<Ctrl>键，然后依次单击要移走的面，如图 4-133 所示。单击“预览”按钮得到如图 4-134 所示的效果。

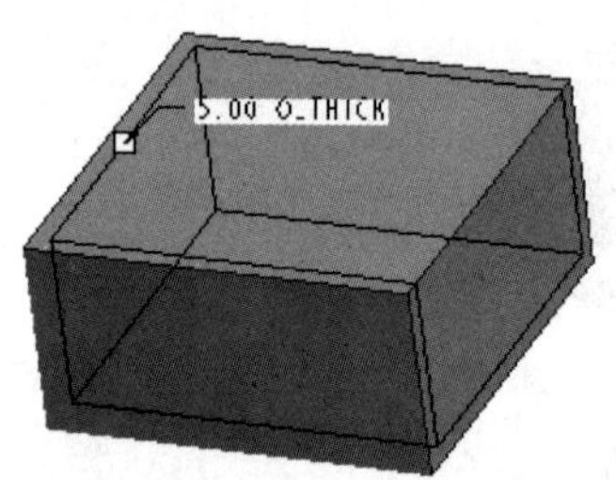

图 4-133　选择多个移除面

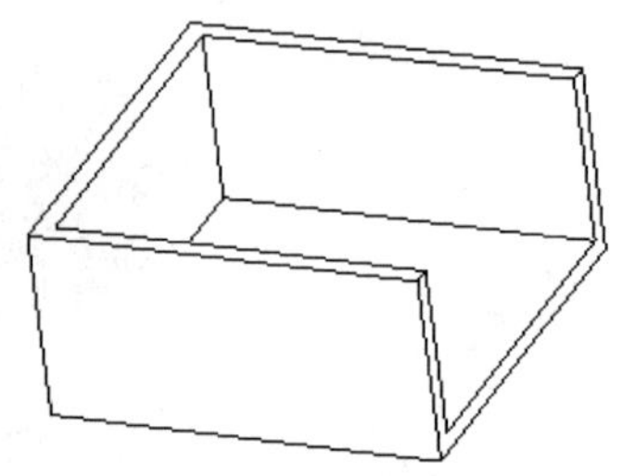

图 4-134　抽壳效果

4）在“非缺省厚度”下单击，再在模型上选择要设定非缺省厚度的面，如图 4-135 所示，效果如图 4-136 所示。单击“预览”按钮，观察抽壳情况，单击✔按钮，完成抽壳特征，如图 4-137 所示。

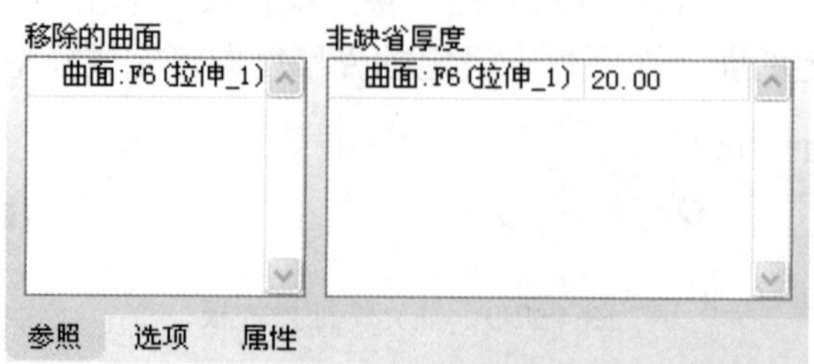

图 4-135　非缺省厚度面板

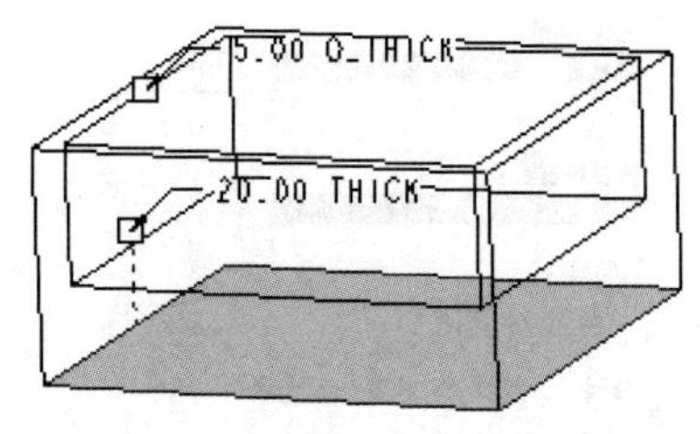

图 4-136　选择要设为非缺省厚度的面

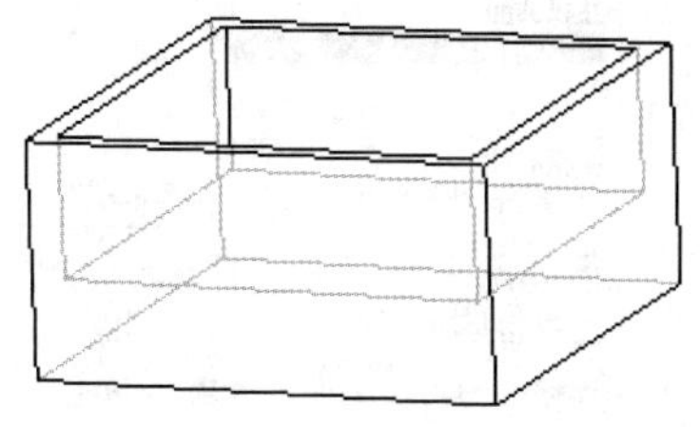

图 4-137　抽壳效果

单击“选项”按钮，弹出选项面板，如图 4-138 所示，可通过设定选项面板中的选项来调整抽壳的效果。单击“属性”按钮，弹出“属性”面板，如图 4-139 所示，操作过程见随书光盘 4\视频\4-6 创建抽壳.avi。

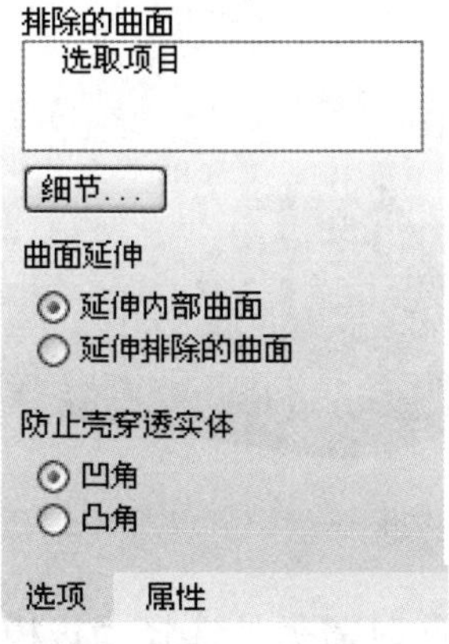

图 4-138　选项面板

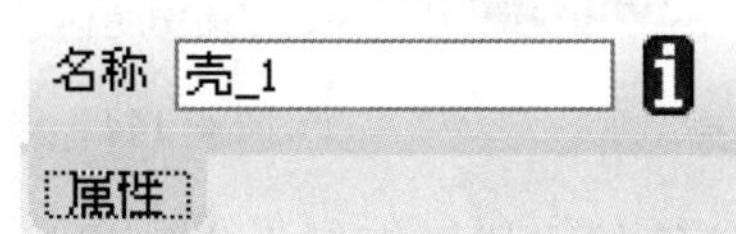

图 4-139　“属性”面板

4.7　拔模特征

对于用模具制造的零件需要为零件创建拔模角度，以便于出模。单击“拔模”按钮，系统显示如图 4-140 所示的拔模特征操控板。单击该特征操控板中的“参照”按钮，指定要拔模的面，然后再选择拔模枢轴和拖动方向，设定拔模角度即可完成模型的抽壳特征。

图 4-140　拔模特征操控板

建立拔模特征的操作步骤如下：

1）单击菜单“插入”→“拔模”命令，或单击按钮，打开拔模特征操控板。

2）单击如图 4-141 所示的“参照”面板，在模型中选择“拔模曲面”，以及“拔模枢轴”和“拖动方向”，如图 4-142 所示。若选择平面为“拔模枢轴”，就不用再选择“拖动方向”了，系统会自动选择“拖动方向”。在操控板中输入拔模角度为 14°，并确定拔模方向，如图 4-143 所示。单击“预览”按钮，得到如图 4-144 所示的拔模效果。

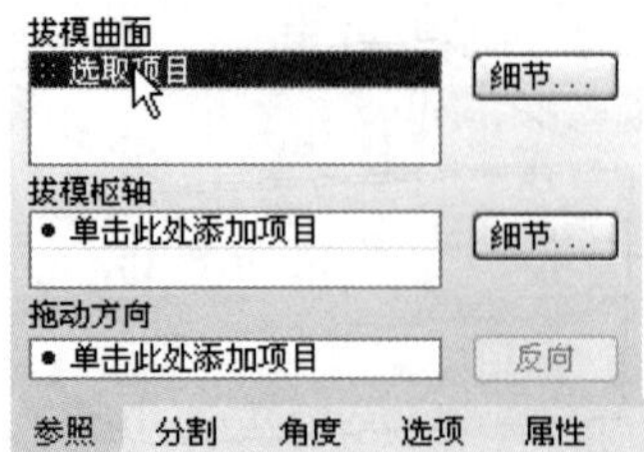

图 4-141 设置“参照”面板（一）

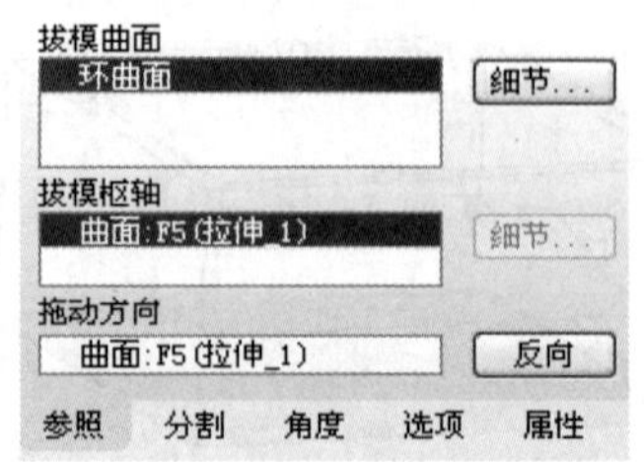

图 4-142 设置“参照”面板（二）

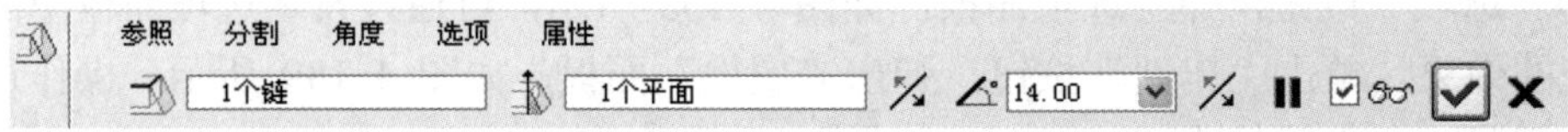

图 4-143 拔模操控板

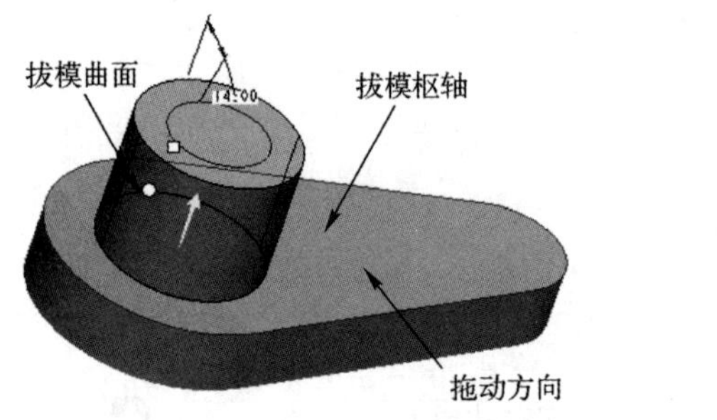

图 4-144 参照设定和拔模效果

3）拔模特征的“拔模枢轴”也可设定为一曲线，此时需另外选择“拔模方向”，如图 4-145 所示。选择参照如图 4-146 所示，单击“预览”按钮，得到如图 4-147 所示的效果。单击✔按钮，完成拔模特征的创建。操作过程见随书光盘 4\视频\4-7-2 曲线枢轴拔模.avi。

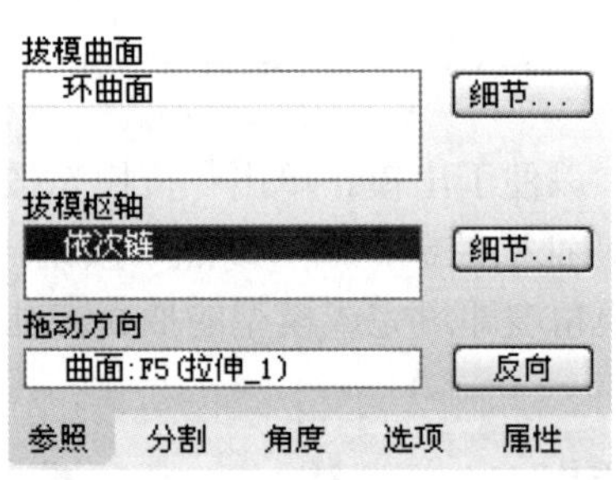

图 4-145 “参照”面板

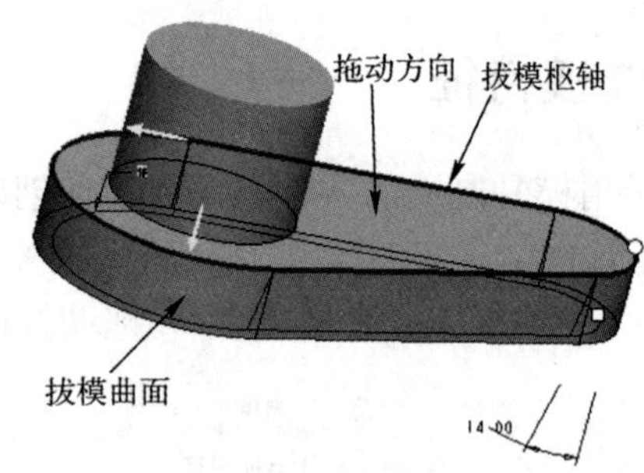

图 4-146 参照设定

图 4-147 拔模效果

4.7.1 拔模的分割选项

不选择拔模分割时的效果如图 4-148 和图 4-149 所示。在拔模的操控面板上单击“分割”，在“分割选项”中选择一种分割方式，如图 4-150 所示。在“分割选项”中选择一种分割方式，如“根据拔模枢轴分割”，再选择一种侧选项“独立拔模侧面”，如图 4-151 所示。然后输入拔模角度为 16° 和 7° ，如图 4-152 所示。操作过程见随书光盘 4\视频\4-7-3 拔模的分割.avi。

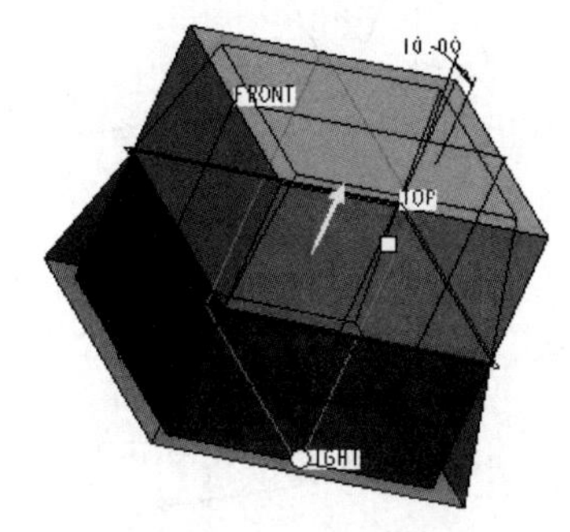

图 4-148　参照设定

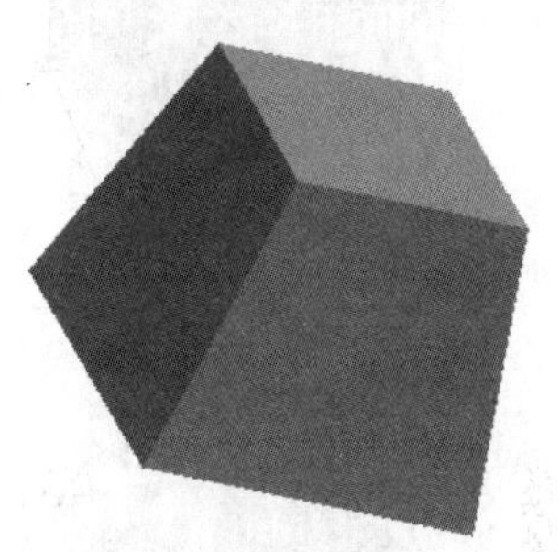

图 4-149　拔模效果

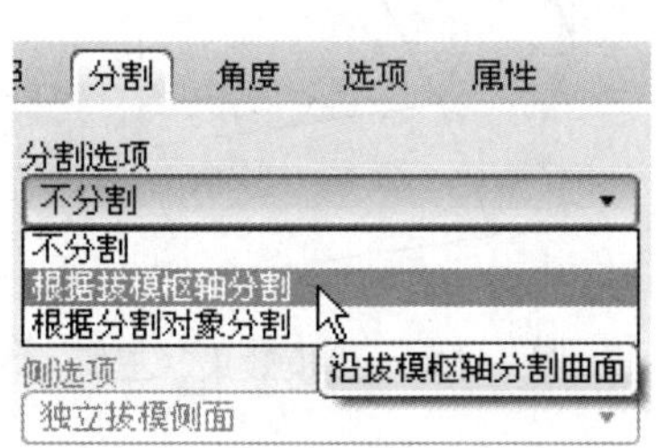

图 4-150　分割选项

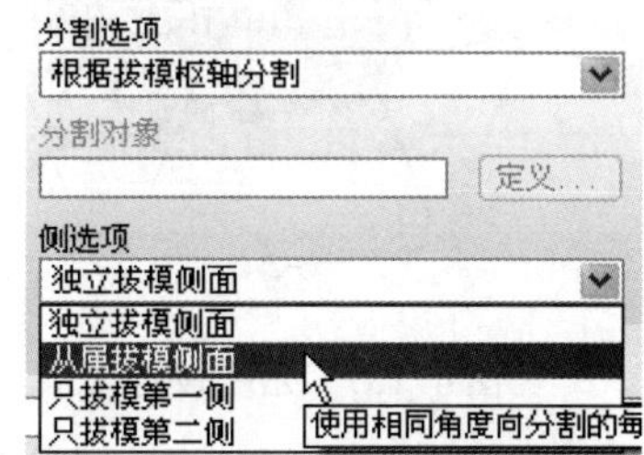

图 4-151　独立拔模侧面

图 4-152　输入拔模角度

得到如图 4-153 所示的效果，单击“预览”按钮后得到如图 4-154 所示的效果。

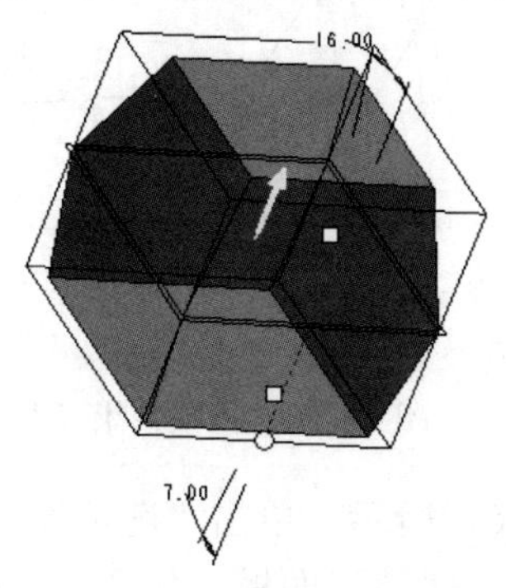

图 4-153　角度设定（一）

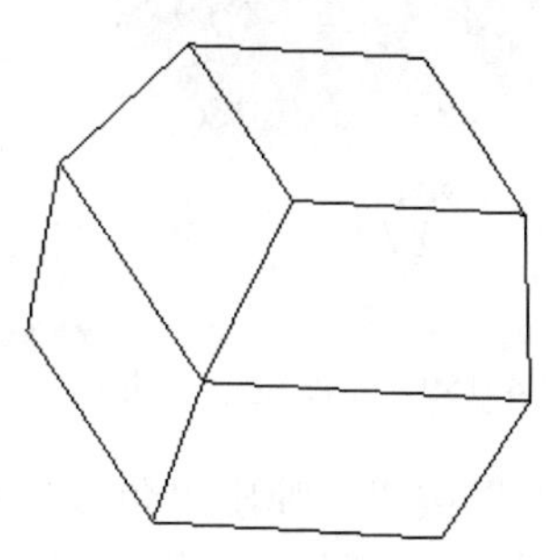

图 4-154　拔模效果（一）

若选择“从属拔模侧面”，得到如图 4-155 所示的效果，单击“预览”按钮后得到如图 4-156 所示的效果。若选择“只拔模第一侧”，得到如图 4-157 所示的效果，单击“预览”按钮后得到如图 4-158 所示的效果。

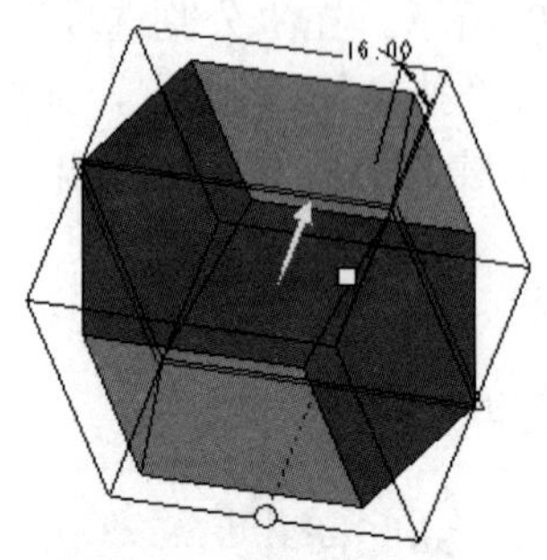

图 4-155　角度设定（二）

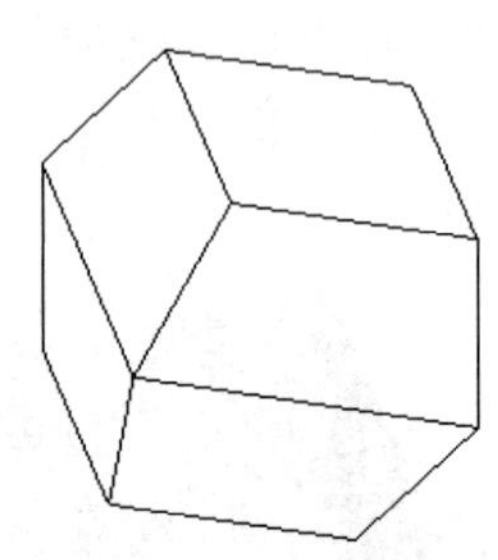
图 4-156　拔模效果（二）

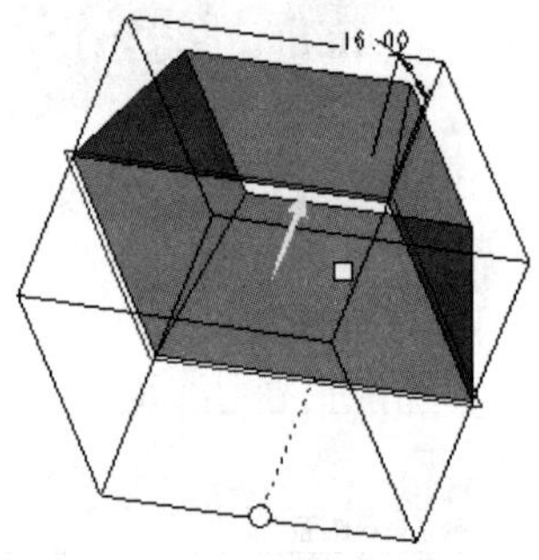

图 4-157　角度设定（三）

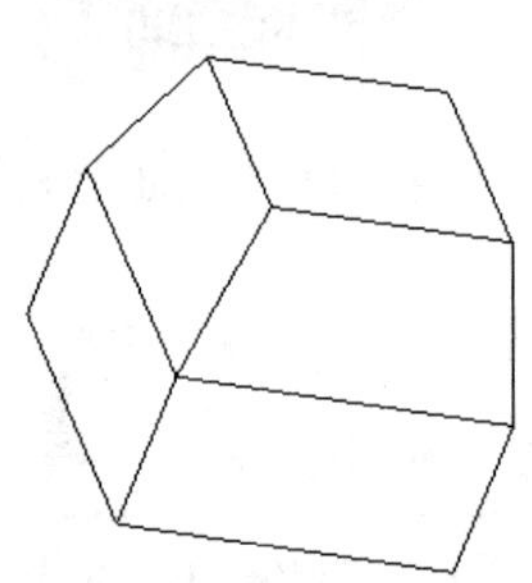
图 4-158　拔模效果（三）

若选择“只拔模第二侧”，得到如图 4-159 所示的效果，单击“预览”按钮后得到如图 4-160 所示的效果。

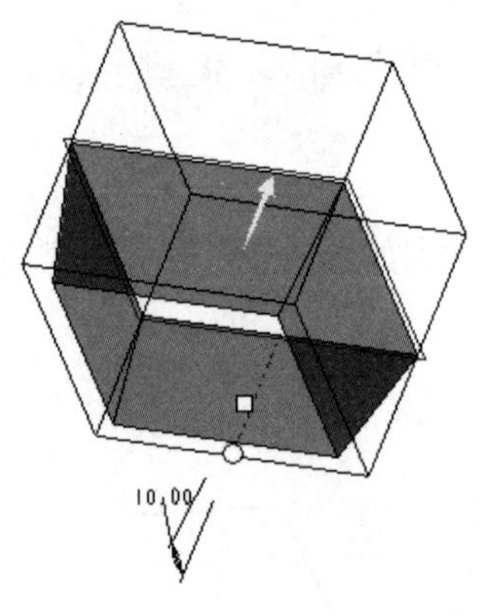

图 4-159　角度设定（四）

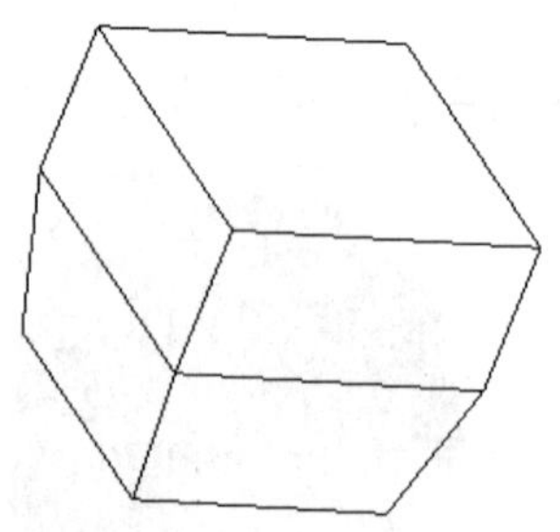
图 4-160　拔模效果（四）

单击“角度”按钮，弹出“角度”面板，如图 4-161 所示。单击“选项”按钮弹出“选项”面板，如图 4-162 所示。单击“属性”按钮，弹出“属性”面板，如图 4-163 所示。

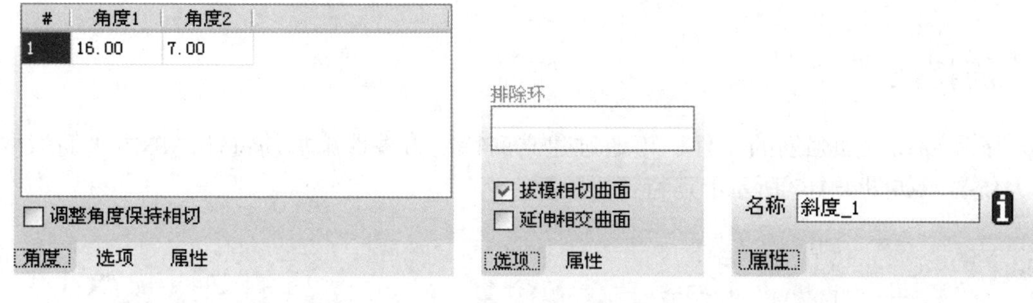

图 4-161 “角度”面板　　图 4-162 “选项”面板　　图 4-163 “属性”面板

4.7.2 变角度拔模

通过以上所讲的方法选定“拔模曲面”以及“拔模枢轴”。当模型上出现角度的拖动手柄时，在角度位置柄的圆圈上单击鼠标右键，在弹出的快捷菜单中会出现“添加角度”。单击“添加角度”就会多出来一个角度，如图 4-164 所示。调整角度的大小，如图 4-165 所示。最后单击“预览”按钮，得到如图 4-166 所示的变角度拔模效果。操作过程见随书光盘 4\视频\4-7-4 变角度拔模.avi。

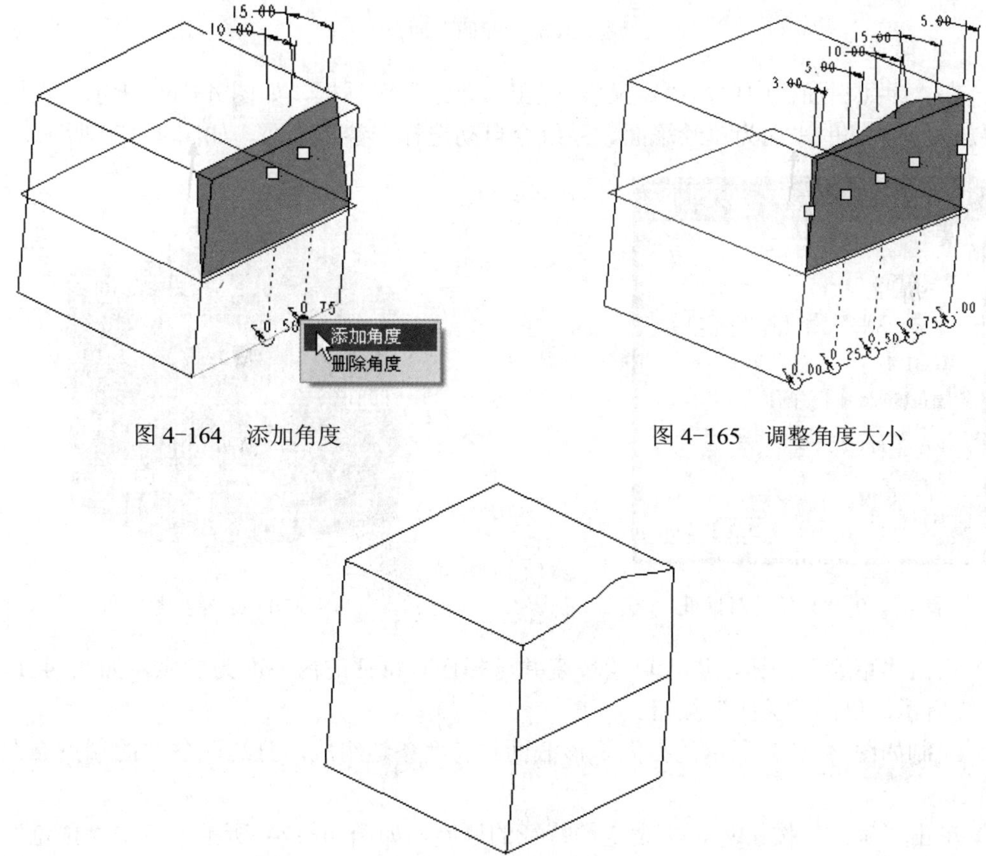

图 4-164 添加角度　　图 4-165 调整角度大小

图 4-166 变角度拔模效果

4.8 筋特征

对于需要设置加强筋的零件，可通过建立筋特征为零件添加筋特征。单击“筋”按钮，系统显示如图 4-167 所示的筋特征操控板。

图 4-167 筋特征操控板

建立筋特征的操作步骤如下：

1）单击菜单“插入”→“筋”命令，或单击按钮，打开筋特征操控板。

2）单击该特征操控板中的“参照”按钮，再单击“参照”面板中的“定义”按钮，如图 4-168 所示。

图 4-168 “参照”面板

3）在“参照”面板中单击“定义”，弹出“草绘”对话框，如图 4-169 所示。在模型上选择要放置筋特征的平面为草绘平面，系统会自动选择一参考平面，如图 4-170 所示。

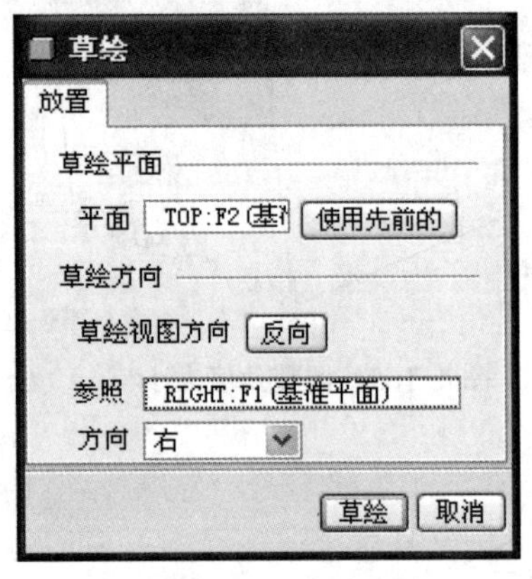

图 4-169 “草绘”对话框

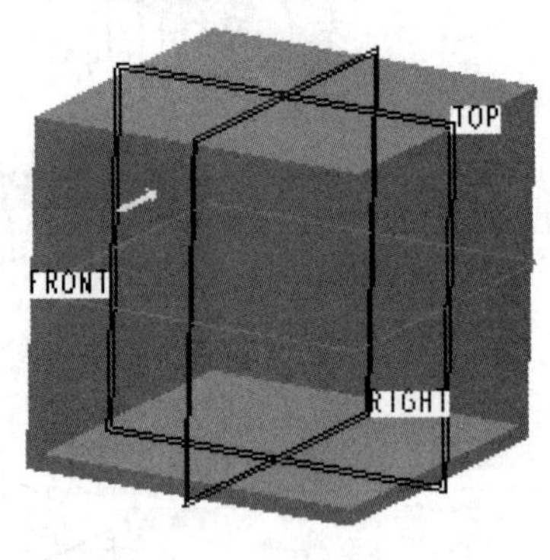

图 4-170 选择参考平面

4）单击“草绘”按钮，进入草绘环境并选择已有特征的内表面为参照，如图 4-171 和图 4-172 所示，单击“关闭”按钮。

5）绘制如图 4-173 所示的截面。该截面只有两条边组成，且这两条边的端点靠在已选的参照上。

6）单击“确定”按钮，再设定筋特征的厚度，如图 4-174 所示。单击“预览”按钮，得到如图 4-175 所示的筋特征效果。

7）筋特征截面还可以绘制成其他形状，但该截面不能封闭，必须有一处开口，如图 4-176

所示。单击“确定”按钮✓再设定筋特征的厚度，如图 4-177 所示。再单击“预览”按钮☑👓，得到如图 4-178 所示的筋特征效果。操作过程见随书光盘 4\视频\4-8 创建加强筋.avi。

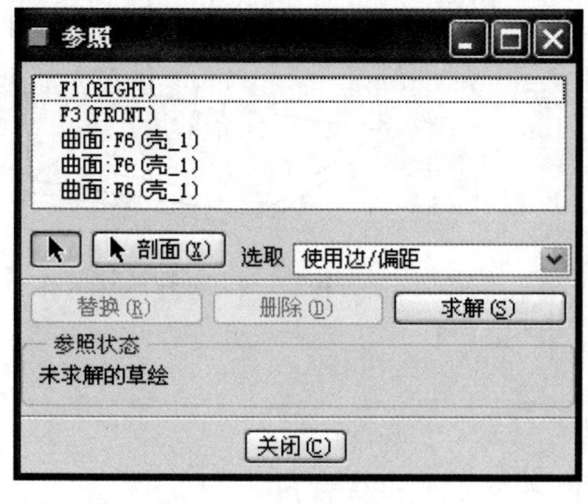

图 4-171 “参照”面板

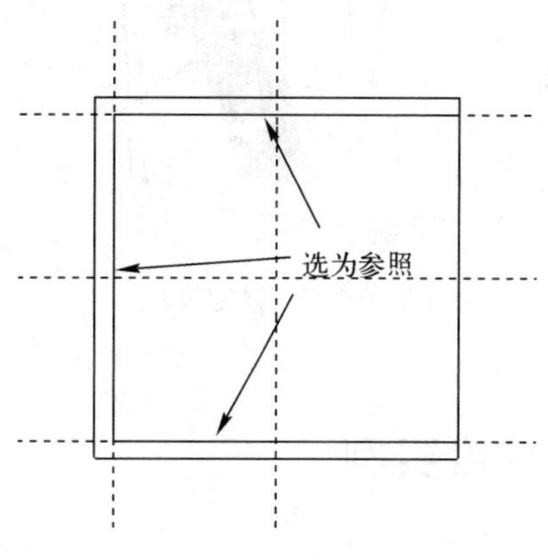

图 4-172 选为参照

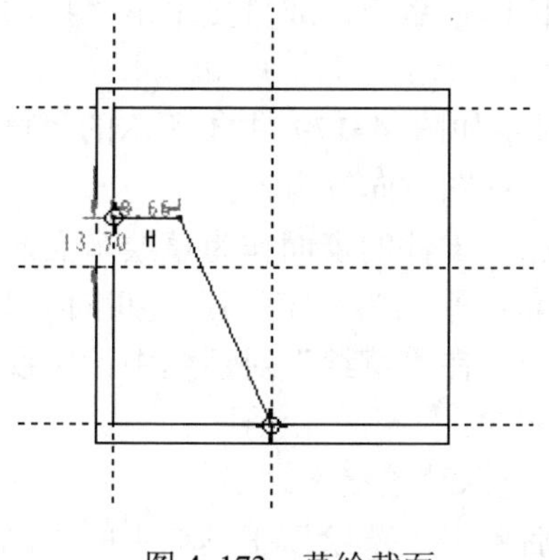

图 4-173 草绘截面

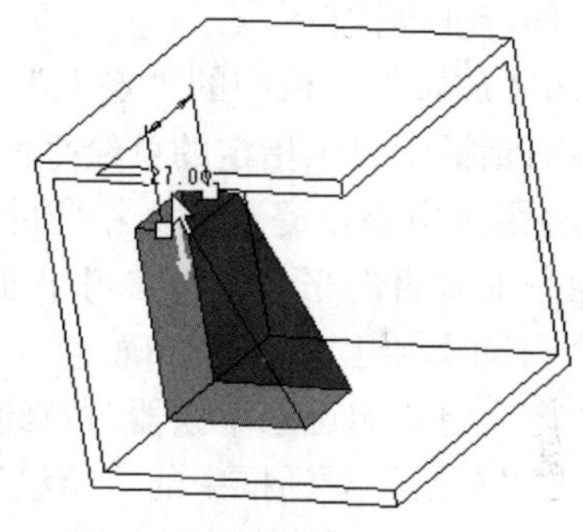

图 4-174 设定筋特征厚度

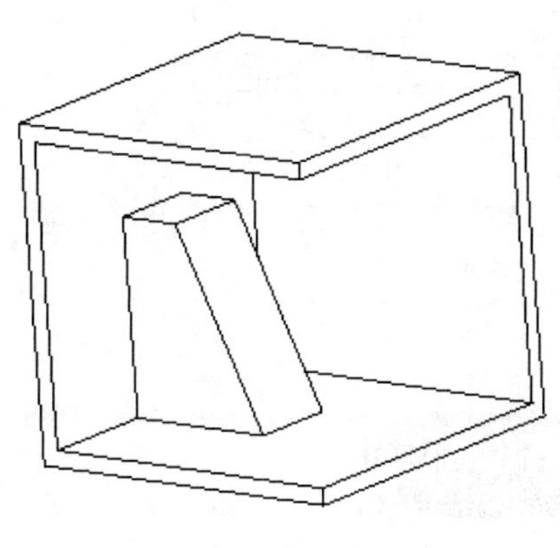

图 4-175 筋特征效果

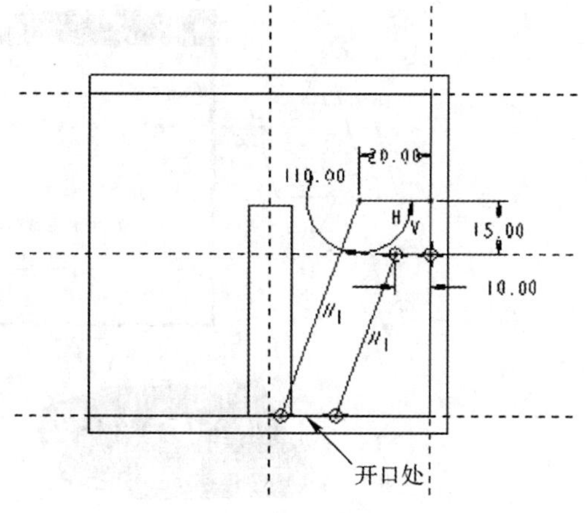

图 4-176 草绘截面

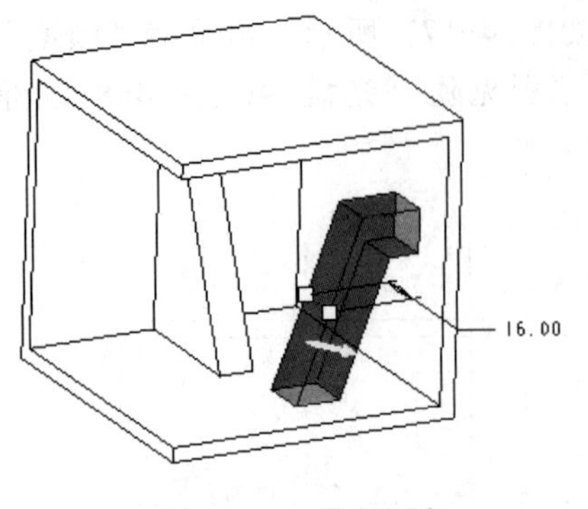

图 4-177　设定厚度

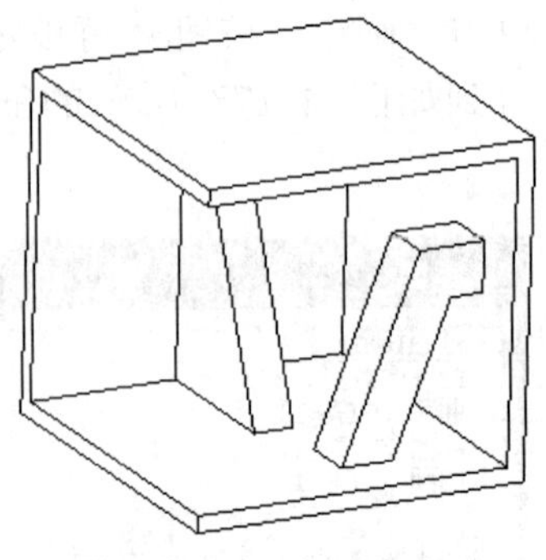

图 4-178　筋特征效果

4.9　综合实例

4.9.1　支架类零件

1）进入零件设计模式，单击菜单“插入”→“拉伸”命令，或直接单击“拉伸”按钮，打开拉伸特征操控板。

2）单击“放置”面板中的“定义”按钮，系统显示如图 4-179 中④所示的“草绘”对话框。在该对话框中显示指定的草绘平面、参照平面、视图方向等内容。

3）在绘图区中根据提示选择相应的基准平面或已有零件的表面作为草绘平面，再选择一个与草绘平面垂直的平面作为参考平面（当选择的草绘平面为系统的任一基准面时，参考平面系统会自动添加上，而且会确定一个默认的方向）。在“草绘”对话框中设定参考平面的方向，该方向将决定进入草绘器时草绘平面的摆放方向。

4）单击“草绘”对话框中的“草绘”按钮，系统进入草绘状态。

5）在草绘环境中绘制要拉伸的截面，绘制完毕后单击“草绘”工具栏中的“确定”按钮，系统回到拉伸特征操控板。所绘草图如图 4-179 中⑥所示。

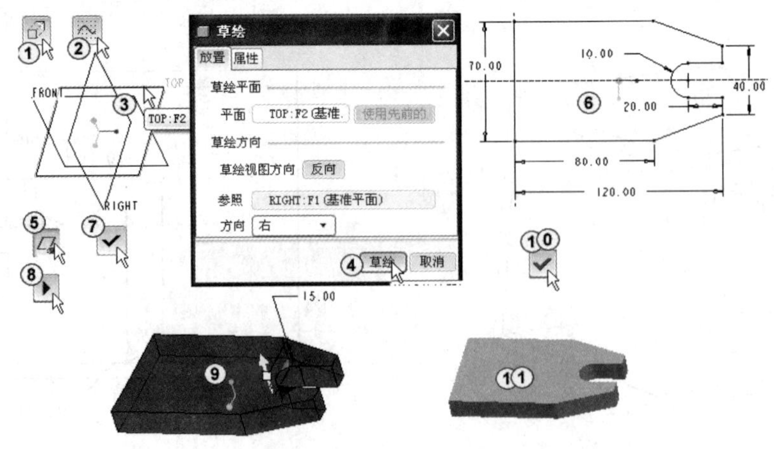

图 4-179　零件建模步骤（一）

6）单击▶按钮进入拉伸状态，输入拉伸深度为 15，得到如图 4-179 中⑨所示的效果。

7）单击“确定”按钮✓完成拉伸，再次单击“拉伸”按钮，再单击“草绘”按钮，选择上一拉伸特征的一个表面为草绘平面，如图 4-180 中③所示。单击 草绘 按钮进入草绘环境。

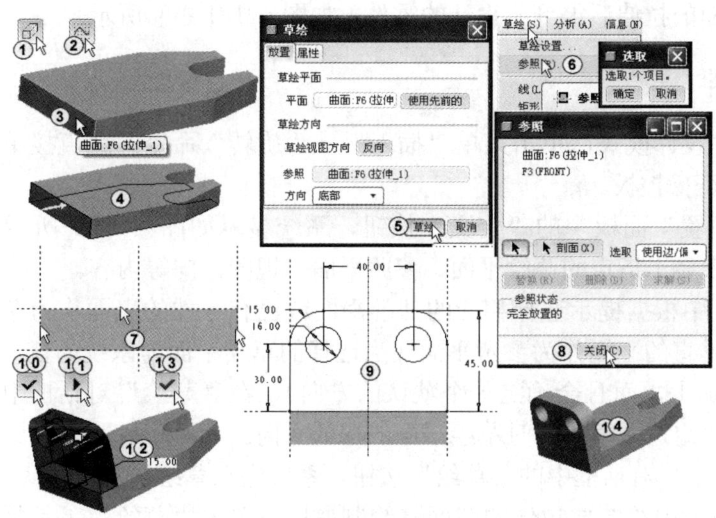

图 4-180　零件建模步骤（二）

8）如图 4-180 中④所示把相应的面选为参照。

9）在草绘环境中绘制如图 4-180 中⑨所示的草绘图。

10）草绘完成后，进入拉伸状态，设定拉伸深度为 15，如图 4-180 中⑫所示。

11）再次用“拉伸”工具进行拉伸，选择穿过零件中心的 FRONT 面为草绘平面，如图 4-181 中③所示。操作过程见随书光盘 4\视频\4-9-1 实例一支架类.avi。

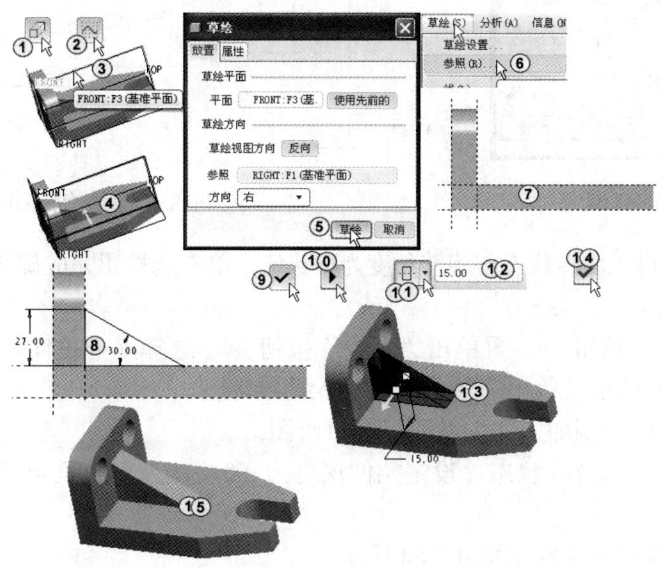

图 4-181　零件建模步骤（三）

12）进入草绘环境后选取参照如图 4-181 中⑦所示。

13）在草绘环境中绘制如图 4-181 中⑧所示的草绘图。

14）草绘完成后返回到拉伸环境中，选择深度控制方式为双向拉伸，设定深度为 15，如图 4-181 中⑬所示。

15）完成上面的拉伸后得到所设计的零件，如图 4-181 中⑮所示。

4.9.2 轴类零件

1）进入零件设计模式，单击菜单“插入”→“旋转”命令，或直接单击“旋转”按钮，打开拉伸特征操控板。

2）单击“放置”面板中的“定义”按钮，系统显示如图 4-182 所示的“草绘”对话框。在该对话框中显示指定的草绘平面、参照平面、视图方向等内容。

3）在绘图区中根据提示选择相应的基准平面或已有零件的表面作为草绘平面，再选择一个与草绘平面垂直的平面作为参考平面（当选择的草绘平面为系统的任一基准面时参考平面系统会自动添加上，而且会确定一个默认的方向），在“草绘”对话框中设定参考平面的方向，该方向将决定进入草绘器时草绘平面的摆放方向。

4）单击“草绘”对话框中的“草绘”按钮，系统进入草绘状态。

5）在草绘环境中绘制要拉伸的截面，绘制完毕后单击“草绘”工具栏中的“确定”按钮，系统回到拉伸特征操控板。所绘草图如图 4-183 所示。

图 4-182 “草绘”对话框

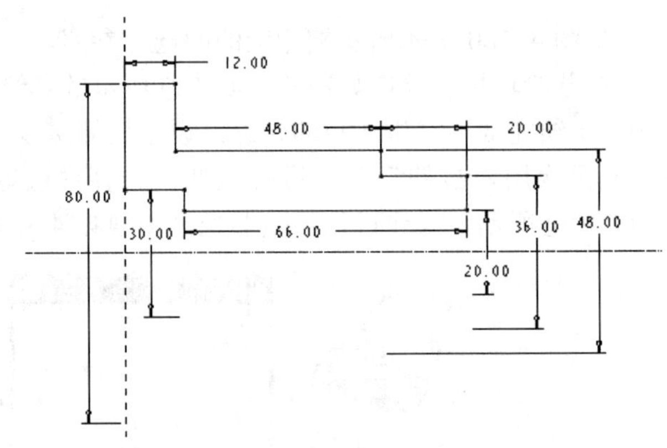

图 4-183 草绘旋转截面

6）单击按钮进入旋转状态，旋转角度为默认值。单击按钮完成旋转，得到如图 4-184 所示的效果。

7）单击“拉伸”按钮，再单击“草绘”按钮，选择上一拉伸特征的一个表面为草绘平面，如图 4-185 所示。单击 草绘 按钮进入草绘环境。

8）在草绘环境中绘制如图 4-186 所示的草绘图。

9）草绘完成后进入拉伸状态，设定拉伸深度为 50，并为双向拉伸切材料，如图 4-187 所示。

10）单击选取拉伸特征，如图 4-188 所示。

11）单击选择“镜像”按钮，再选择镜像平面，如图 4-189 所示。

图 4-184　旋转效果

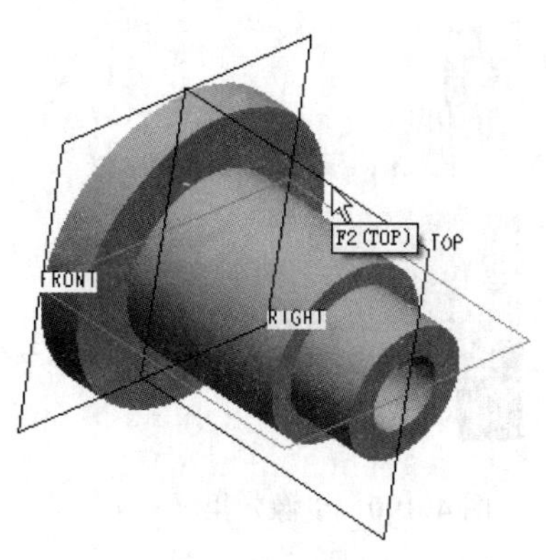

图 4-185　选取拉伸草绘面

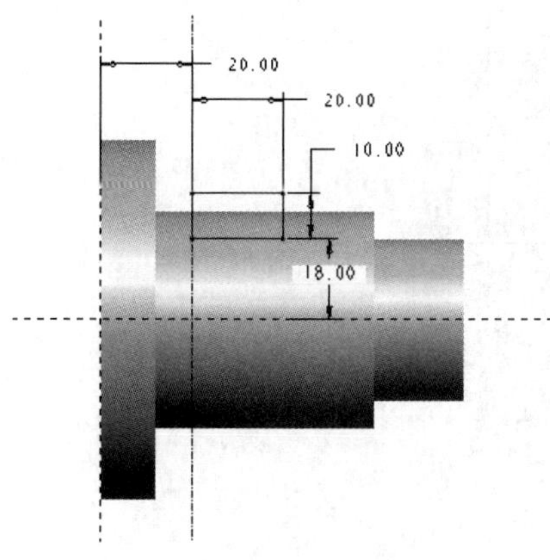

图 4-186　草绘截面

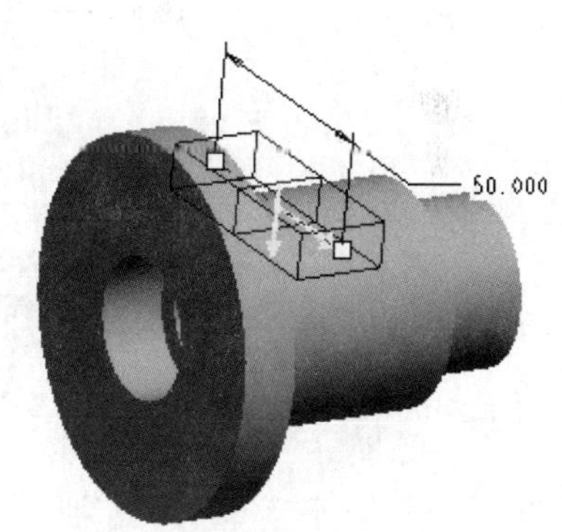

图 4-187　设定拉伸深度

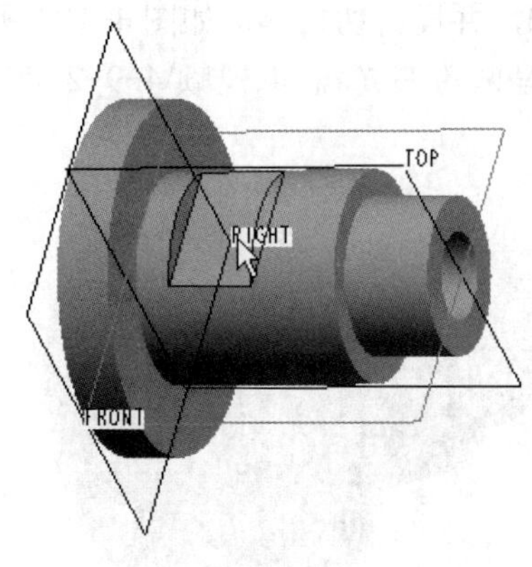

图 4-188　选取拉伸特征

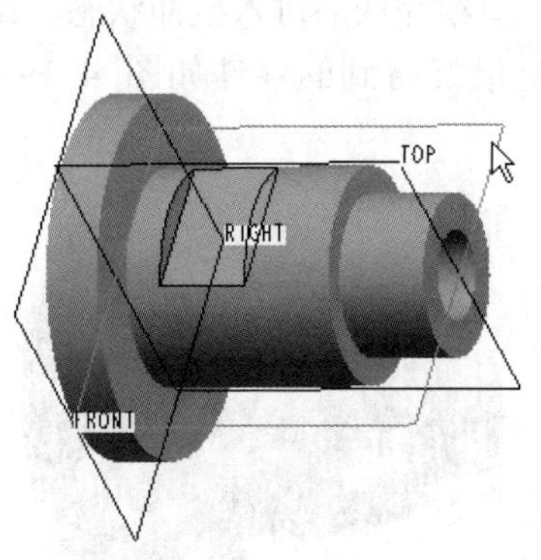

图 4-189　选取镜像平面

12）单击✔按钮完成镜像，得到如图 4-190 所示的效果。

13）单击“拉伸”按钮，再单击“草绘”按钮，选择上一拉伸特征的一个表面为草绘平面，如图 4-191 所示。单击 草绘 按钮进入草绘环境。

14）在草绘环境中绘制如图 4-192 所示的草绘图。

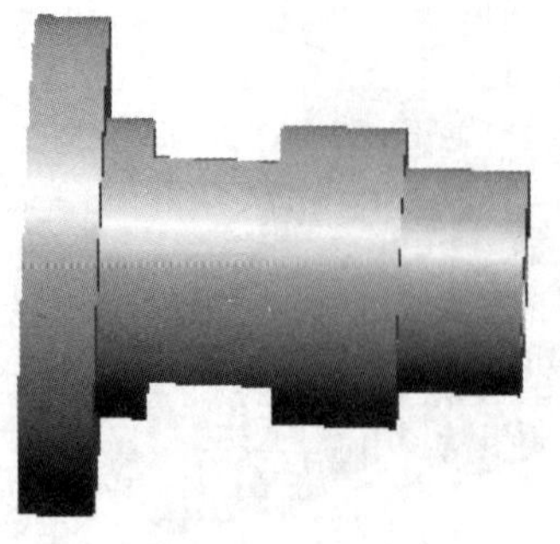

图 4-190　镜像效果（一）

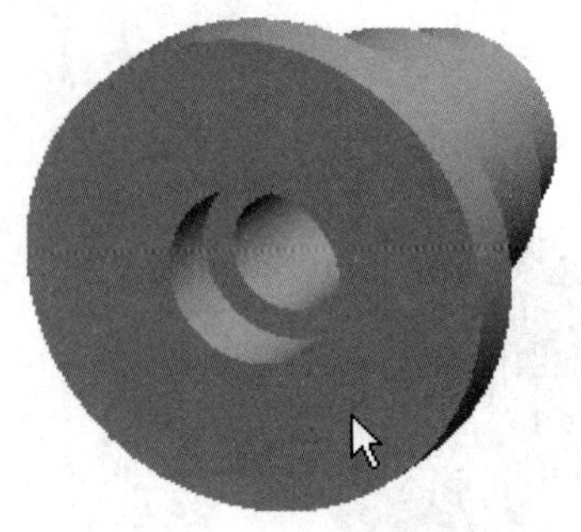

图 4-191　选取草绘平面（一）

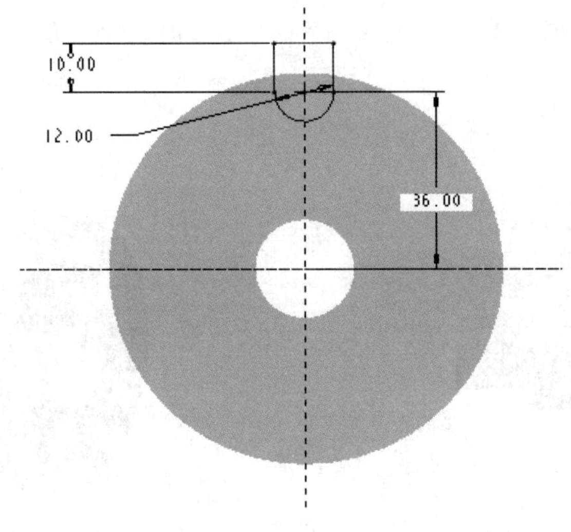

图 4-192　选取草绘平面（二）

15）草绘完成后进入拉伸状态，设定拉伸深度为 20，并设为切材料，如图 4-193 所示。

16）最终得到的零件如图 4-194 所示。操作过程见随书光盘 4\视频\4-9-2 实例二轴类.avi。

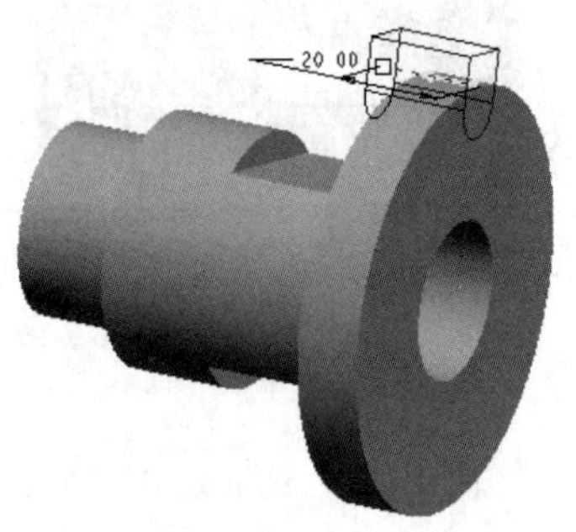

图 4-193　设定拉伸深度

图 4-194　镜像效果（二）

4.9.3　盘类零件

1）进入零件设计模式，单击菜单“插入”→“旋转”命令，或直接单击“旋转”按钮，打开拉伸特征操控板。

2）单击“放置”面板中的“定义”按钮，系统显示如图 4-195 所示的“草绘”对话框。在该对话框中显示指定的草绘平面、参照平面、视图方向等内容。

3）在绘图区中根据提示选择相应的基准平面或已有零件的表面作为草绘平面，再选择一个与草绘平面垂直的平面作为参考平面（当选择的草绘平面为系统的任一基准面时，参考平面系统会自动添加上，而且会确定一个默认的方向），在“草绘”对话框中设定参考平面的方向，该方向将决定进入草绘器时草绘平面的摆放方向。

4）单击“草绘”对话框中的“草绘”按钮，系统进入草绘状态。

5）在草绘环境中绘制要拉伸的截面，绘制完毕后单击“草绘”工具栏中的“确定”按钮✓。系统回到拉伸特征操控板。所绘草图如图 4-196 所示。

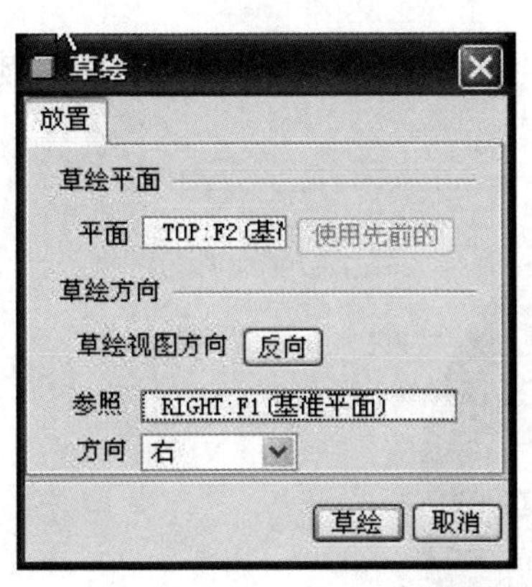

图 4-195 “草绘”对话框

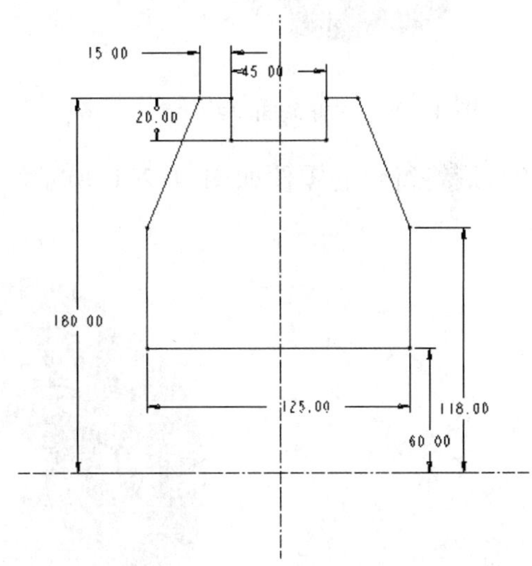

图 4-196 旋转截面草绘

6）单击▶按钮进入旋转状态，旋转角度为默认值，单击✓按钮完成旋转，得到如图 4-197 所示的效果。

7）单击“拉伸”按钮，再单击“草绘”按钮，选择上一拉伸特征的一个表面为草绘平面，如图 4-198 所示。单击 草绘 按钮进入草绘环境。

图 4-197 镜像效果

图 4-198 选取草绘平面

8）在草绘环境中绘制如图 4-199 所示的草绘图。

9）草绘完成后进入拉伸状态，设定拉伸深度为 150 并为切材料，如图 4-200 所示。

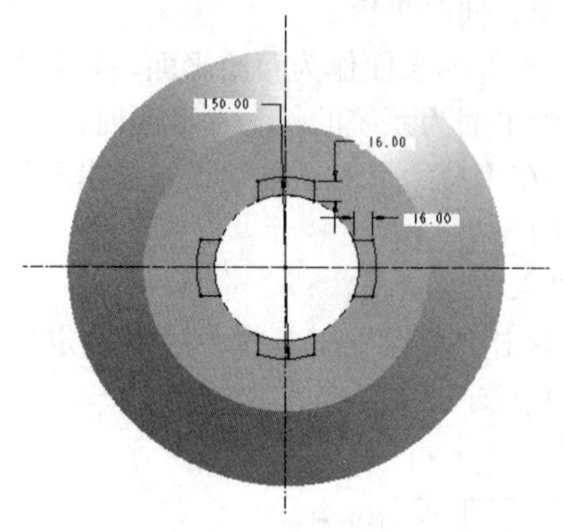

图 4-199　拉伸截面草绘

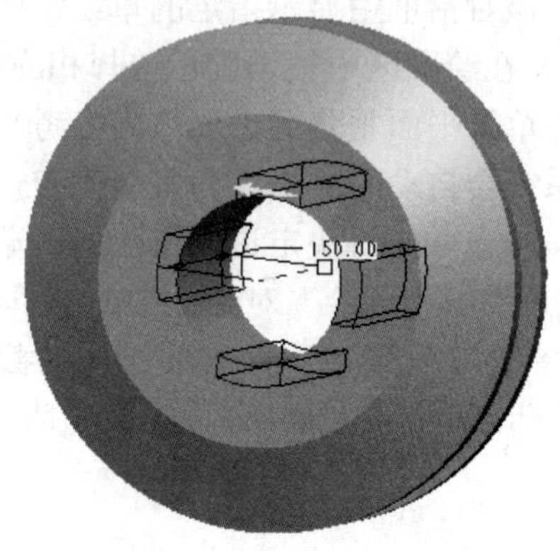

图 4-200　拉伸深度设定

10）最终得到的零件如图 4-201 所示。操作过程见随书光盘 4\视频\4-9-3 实例三盘类.avi。

图 4-201　最终零件效果

4.10　练习题

1．在 Pro/E 5.0 中可以建立哪几种类型的孔？各有何特点？

2．孔的定位方式有哪几种？如何具体操作？

3．请说出几种常见的圆角类型，并简述其具体实现步骤。

4．“边倒角”与“拐角倒角”有何不同？如何建立这两种类型的倒角？

5．简述建立抽壳特征的操作步骤。

6．在抽壳特征中如何移走多个面？如何设定壳体不同面的厚度？

7．草绘平面与参照平面在设计过程中扮演什么角色？

8．简述拉伸特征的概念与操作步骤。

9．在书中经常提到“增加材料”与“去除材料”两个词，你是如何理解的？

10．简述旋转特征的概念与操作步骤，它与拉伸特征有何不同？

11．简述扫描特征的概念与操作步骤。

12．简述混合特征的概念，它包括哪3种混合特征？试比较这3种混合特征的异同？

13．在混合特征建立过程中，如何切换到不同的特征截面？如何保证各特征截面的“边数”相同？

14．为什么在建立旋转混合特征与一般混合特征时都要建立相对坐标系？

15．简述筋特征的概念与操作步骤？如何变更筋特征的生成方向？

16．根据二维图建立三维图，如图4-202所示。

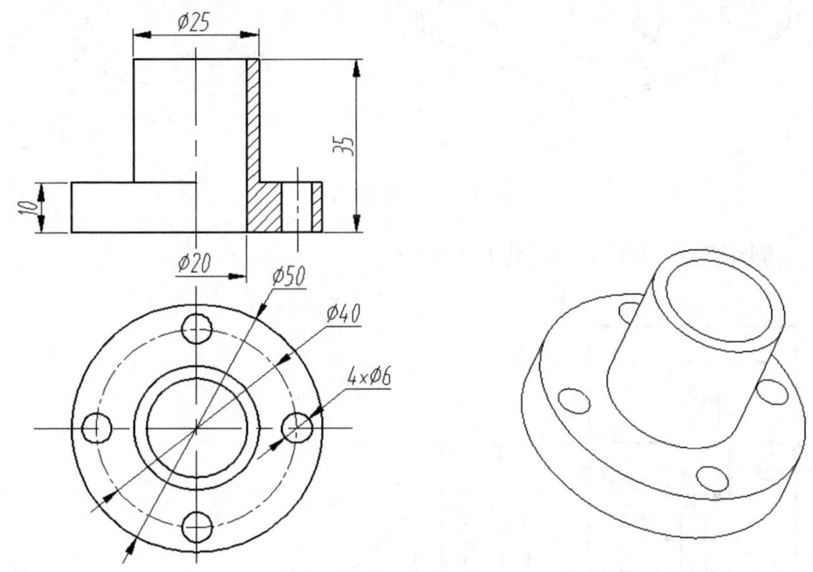

图4-202　组合体

17．根据轴的二维图建立轴的三维图，如图4-203所示。

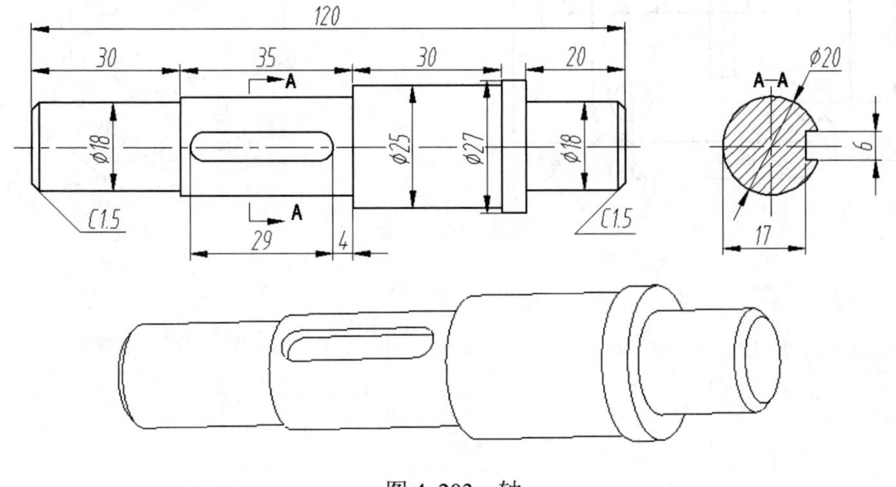

图4-203　轴

18．根据二维图建立三维图，如图 4-204 所示。

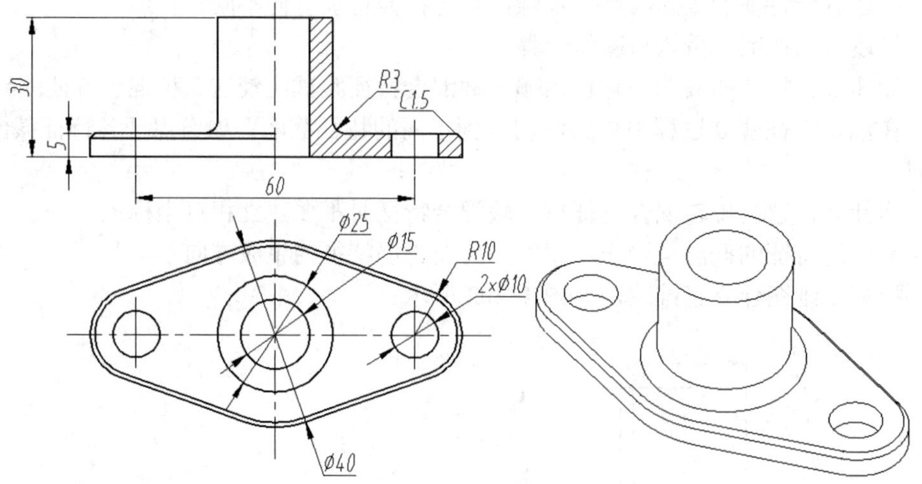

图 4-204　组合体

19．根据二维图建立三维图，如图 4-205 所示。

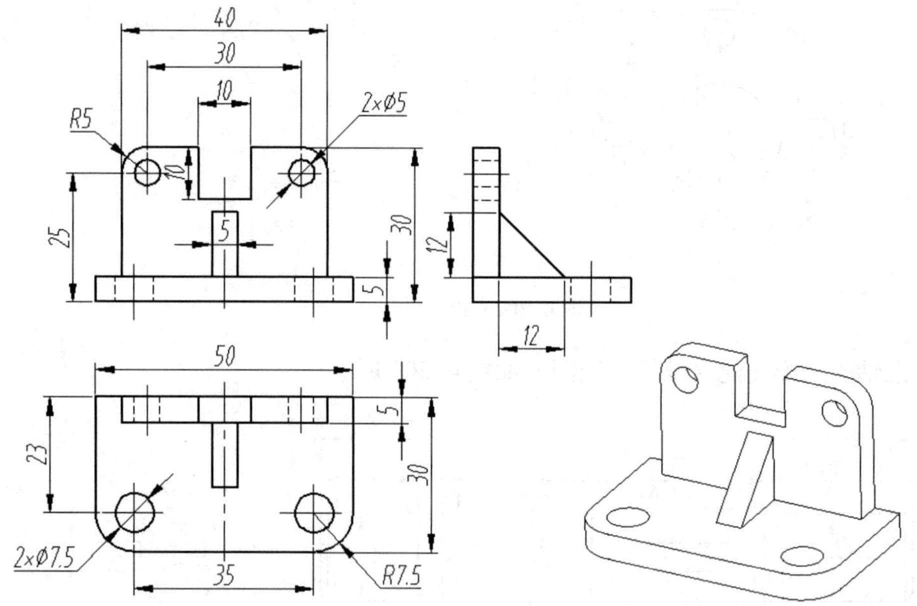

图 4-205　支架

第5章　扫　　描

扫描是将截面随轨迹运动生成实体的一种建模方法。在 Pro/E5.0 中扫描的命令比较丰富，有“扫描”、“扫描混合”、“螺旋扫描”和“变截面扫描”。它们的使用方法和适用场合各有不同，但有一点是相同的，那就是必须都有扫描轨迹线和扫描截面。

5.1　扫描

“扫描”命令可将选中的轨迹线赋予截面，使截面沿轨迹形成实体特征。在“扫描”命令中有“伸出项”、“薄板伸出项”、“切口”、“薄板切口”、“曲面”、“曲面修剪”和“薄曲面修剪”7个扫描类型，用户可根据设计需要选择不同的扫描类型进行建模。

5.1.1　伸出项

“伸出项”扫描是将截面沿轨迹线扫掠形成实体特征。

创建“伸出项”扫描的操作步骤如下。

1）定义扫描轨迹。用户可以选择已有的曲线或模型边作为扫描轨迹，也可以草绘一个扫描轨迹线。轨迹线可以是闭合的，也可以是开放的。

2）定义扫描属性：可以选择“添加内表面”和“不添加内表面”选项。

- 添加内表面：截面轮廓在环形的轨迹线内形成封闭。
- 不添加内表面：截面轮廓在环形轨迹线内不形成封闭。

3）定义截面：绘制出扫描截面，如果选择“不添加内表面”选项，截面轮廓必须是闭合的；如果选择了“添加内表面”选项，截面轮廓可以是开放的。

4）单击确定按钮。

下面是创建伸出项扫描实例。

1）选择扫描类型，选择绘制轨迹草图平面。单击菜单“插入”→“扫描”→“伸出项”命令，如图 5-1 中①所示。系统弹出“菜单管理器”，其中有“草绘轨迹”和“选取轨迹”两项选择。单击“草绘轨迹”，系统弹出设置草绘平面菜单管理器，见图 5-1 中③，采用默认设置，移动鼠标选择“前视平面”为绘制草图平面，见图 5-1 中④，系统弹出平面方向菜单管理器，单击“确定”命令，如图 5-1 中⑤所示。

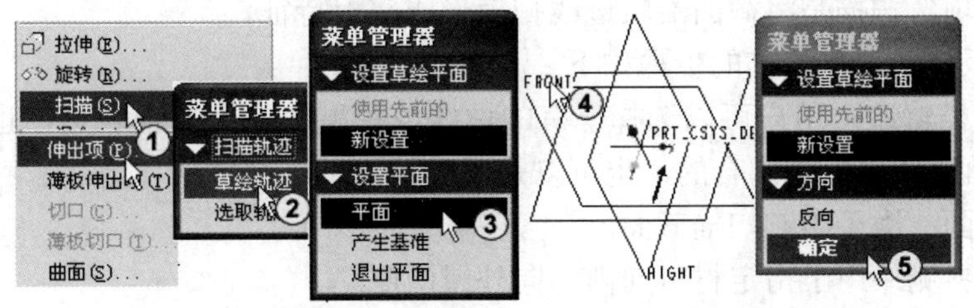

图 5-1　选择扫描类型，绘制轨迹线草图平面

2）绘制扫描轨迹草图，设置扫描属性。在参照方向菜单管理器中单击“缺省”命令，系统进入草图绘制界面。用“圆”工具○绘制一个直径为 300mm 的圆，圆心落在原点上，如图 5-2 中②所示。用“直线”工具╲绘制一个五角星，五角星的 5 个角点分别与圆重合，用“约束”工具将 5 条边作“相等”约束（如图 5-2 中③所示）。用“圆表”工具将 5 个外角倒 R8，5 个内角倒 R20，如图 5-2 中④所示。单击“确定”按钮✔退出草图绘制（如图 5-2 中⑤）。系统弹出“属性”菜单管理器，选择“无内表面”命令，单击“完成”命令，如图 5-2 中⑥所示。

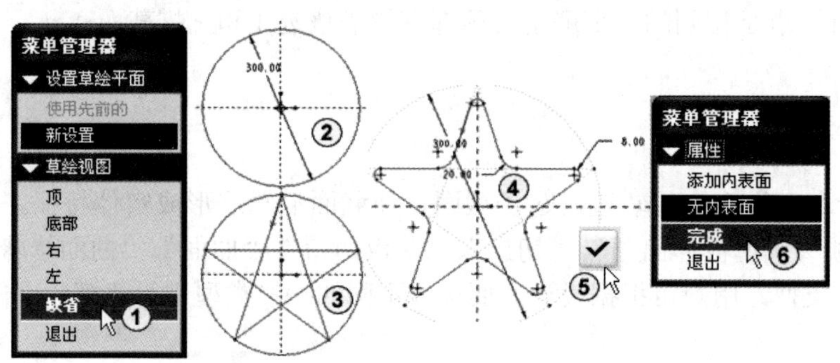

图 5-2　绘制轨迹草图，定义属性

3）绘制扫描截面，单击“确定”按钮。定义属性后，系统进入绘制扫描截面草图界面。用“圆”工具○绘制一个半径为 8mm 的圆，圆心落在轨迹线的起点上。单击“确定”按钮✔退出草图绘制。在“伸出项：扫描”对话框中单击“确定”按钮确定完成扫描操作。结果如图 5-3 中④所示。

操作过程见随书光盘 5\视频\5-1 伸出项.avi。

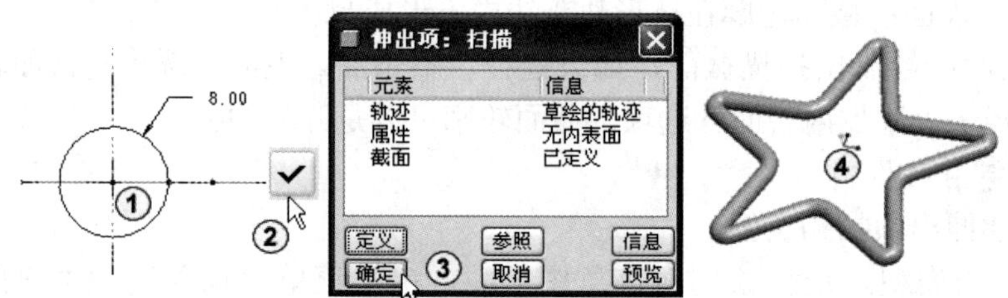

图 5-3　绘制扫描截面

5.1.2　薄板伸出项

“薄板伸出项”扫描是将截面沿轨迹线扫掠形成薄板特征。

创建“薄板伸出项”扫描的步骤如下。

1）定义扫描轨迹：用户可以选择已有的曲线或模型边作为扫描轨迹，也可以草绘一个扫描轨迹线。轨迹线可以是闭合的，也可以是开放的。

2）定义截面：用于绘制扫描截面。

3）定义材料侧：用于指定材料向内、向外或两侧。

4）定义材料厚度：用于输入材料厚度值。

5）单击“确定”按钮[确定]。

下面是创建薄板伸出项扫描的实例。

1）选择扫描类型，选择绘制扫描轨迹草图平面。单击菜单“插入”→“扫描”→“薄板伸出项”命令，如图 5-4 中①所示。系统弹出“扫描轨迹”菜单管理器，在菜单管理器有“草绘轨迹”和“选取轨迹”两项选择，单击“草绘轨迹”命令，系统弹出“设置草绘平面”菜单管理器，采用默认设置，移动鼠标选择“前视平面”为绘制草图平面，系统弹出“平面方向”菜单管理器，单击“确定”命令，如图 5-4 中⑤所示。

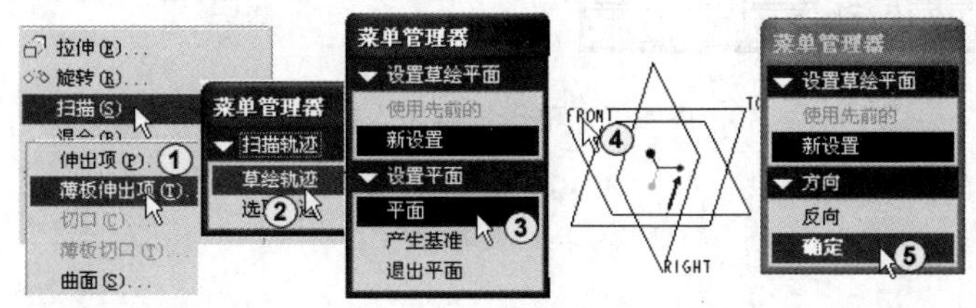

图 5-4　选择扫描类型，选择绘制扫描轨迹草图平面

2）绘制扫描轨迹草图，绘制扫描截面草图。在参照“方向”菜单管理器中单击“缺省”命令，系统进入草图绘制界面。用“直线”工具绘制 11 条相隔 30mm，高为 230mm 的垂线，然后用“三点弧”工具绘制 10 个连接两条竖线的半圆弧，如图 5-5 中②所示。单击“确定”按钮退出草图绘制。系统进入绘制扫描截面草图界面，用“圆”工具绘制一个直径为 10mm 的圆，圆心落在轨迹线起点上，单击“确定”按钮退出草图绘制，如图 5-5 中⑤所示。

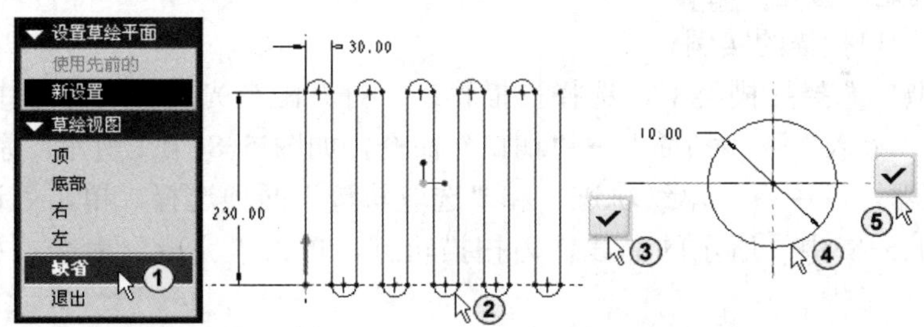

图 5-5　绘制扫描轨迹草图，绘制扫描截面草图

3）定义加厚方向，输入薄板厚度。绘制扫描截面草图后，系统弹出“薄板选项”菜单管理器，要求确定加厚方向，单击“确定”命令，系统弹出“消息输入窗口”，输入 2，然后单击“确定”按钮，如图 5-6 中④所示。

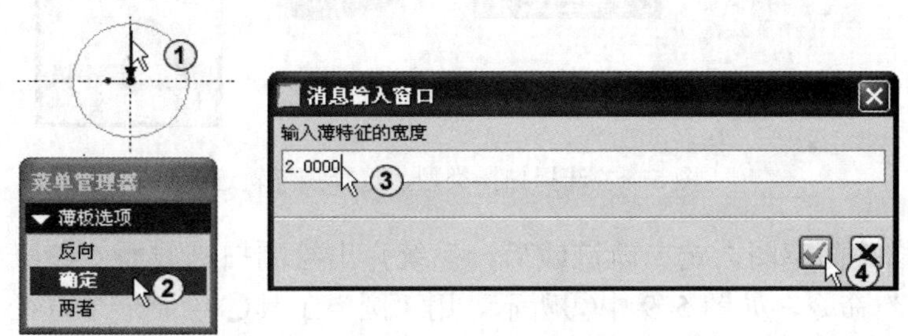

图 5-6　定义加厚方向，输入厚度值

4）定义厚度后，在“伸出项：扫描薄板”对话框中单击“确定”按钮[确定]完成扫描操作，结果如图 5-7 中②所示，操作过程见随书光盘 5\视频\5-2 薄板伸出项.avi。

图 5-7　单击“确定”按钮

5.1.3　切口

“切口”扫描是将截面沿轨迹线扫掠形成切除实体特征。切口扫描必须在有实体的情况下使用。

创建“切口”扫描的步骤如下。

1）定义扫描轨迹：用户可以选择已有的曲线或模型边作为扫描轨迹，也可以草绘一个扫描轨迹线。轨迹线可以是闭合的，也可以是开放的。

2）定义截面：用于绘制出扫描截面。

3）定义材料侧：用于定义材料向内或向外切除。

4）单击“确定”按钮[确定]。

下面是创建切口扫描的实例。

1）打开模型，选择扫描类型，选择扫描轨迹。打开配套光盘对应章节中的“5-3.prt”文件。单击菜单“插入”→“扫描”→“切口”命令，如图 5-8 中①所示，系统弹出“扫描轨迹”菜单管理器，其中有“草绘轨迹”和“选取轨迹”两项选择。单击“选取轨迹”，移动鼠标选择如图 5-8 中③所示的曲线作为扫描轨迹，单击“完成”命令，如图 5-8 中④所示。

图 5-8　选择扫描类型，选择扫描轨迹

2）绘制扫描截面草图。定义轨迹线后，系统弹出绘制扫描截面“参照方向”菜单管理器，单击“确定”命令，如图 5-9 中②所示。用“圆”工具○绘制一个直径为 10mm 的圆，圆心落在轨迹线起点上，单击“确定”按钮✔退出草图绘制，如图 5-9 中④所示。

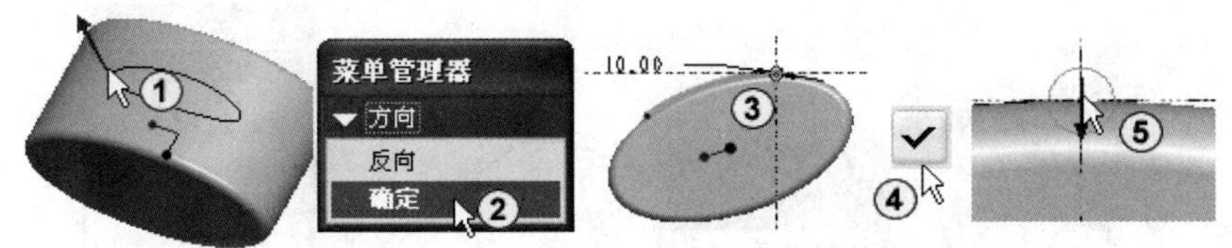

图 5-9　绘制扫描截面，确定切除材料方向

3）定义切除材料方向。定义扫描截面后，系统弹出“切除材料方向”菜单管理器，接受默认的“向内”，单击“确定”命令，如图 5-10 中①所示。定义切除材料方向之后，在“切剪：扫描”对话框中单击确定按钮完成扫描操作，效果如图 5-10 中③所示，操作过程见随书光盘 5\视频\5-3 切口.avi。

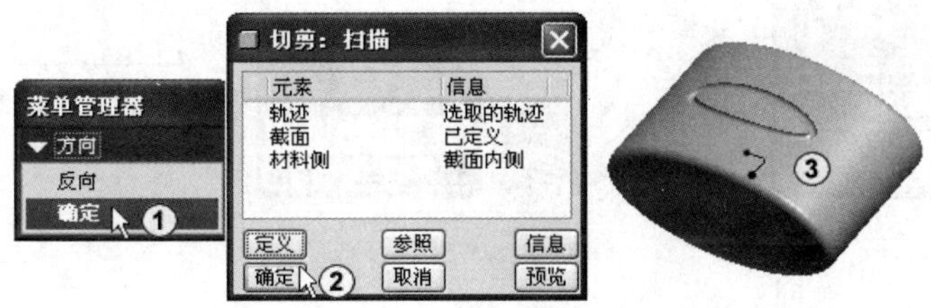

图 5-10　定义切除材料方向

5.1.4　薄板切口

“薄板切口”扫描是将截面沿轨迹线扫掠形成薄板切除实体特征。薄板切口扫描必须在有实体的情况下使用。

创建“薄板切口”扫描的步骤如下。

1）定义扫描轨迹：用户可以选择已有的曲线或模型边作为扫描轨迹，也可以草绘一个扫描轨迹线。轨迹线可以是闭合的，也可以是开放的。

2）定义截面：用于绘制出扫描截面。

3）定义材料侧：用于定义材料 1 侧、2 侧或两者。

4）定义薄板厚度：用于输入厚度值。

5）单击“确定”按钮确定。

下面是创建薄板切口扫描的实例。

1）打开模型，选择扫描类型，选择扫描轨迹。打开配套光盘对应章节中的“5-4.prt”文件。单击菜单“插入”→“扫描”→“薄板切口”命令，如图 5-11 中①所示，系统弹出“扫描轨迹”菜单管理器，其中有“草绘轨迹”和“选取轨迹”两项选择，单击“选取轨迹”，移动鼠标选择如图 5-11 中③所示的曲线作为扫描轨迹，单击“完成”命令，如图 5-11 中④所示。

2）绘制扫描截面草图。定义轨迹线后，系统弹出绘制扫描截面“参照方向”菜单管理器，单击“确定”命令，如图 5-12 中③所示，用“直线”工具＼绘制两条竖线和一条水平线，竖线的起点落在轨迹线的起点上，如图 5-12 中④所示，单击“确定”按钮✔退出草图绘制，如图 5-12 中⑤所示。

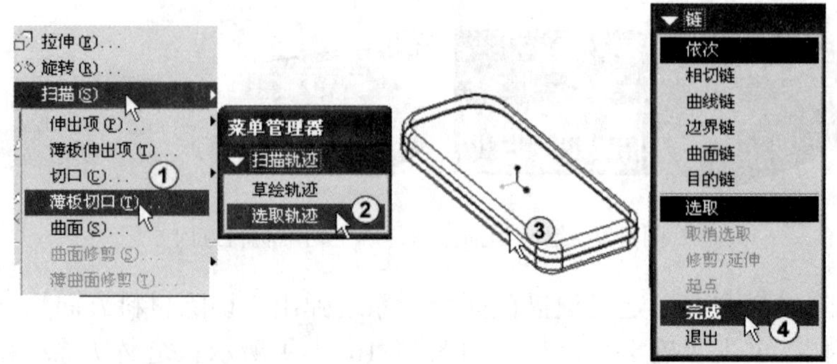

图 5-11　选择扫描类型，选择扫描轨迹

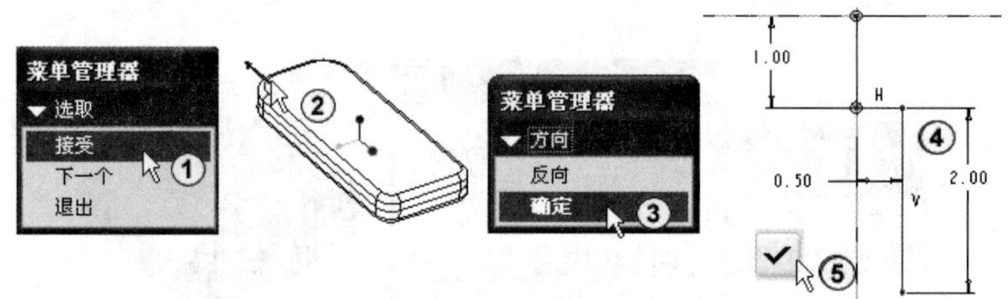

图 5-12　绘制扫描截面草图

3）定义材料方向，输入材料厚度。定义扫描截面后，系统弹出材料方向菜单管理器，接受默认的方向，单击“确定”命令，如图 5-13 中②所示。定义材料方向后，系统弹出“消息输入窗口”，输入材料厚度为 0.1，单击“确定”按钮✔，如图 5-13 中④所示。

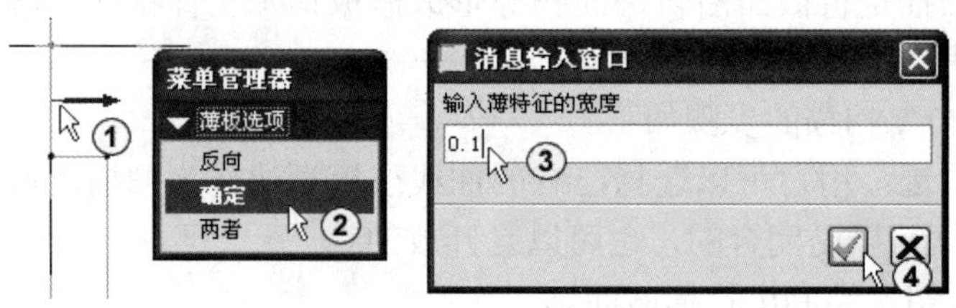

图 5-13　定义材料方向，输入材料厚度

4）单击“确定”按钮。输入材料厚度值后，在“切剪：扫描，薄板”对话框中单击“确定”按钮[确定]完成扫描操作，效果如图 5-14 中②所示，操作过程见随书光盘 5\视频\5-4 薄板切口.avi。

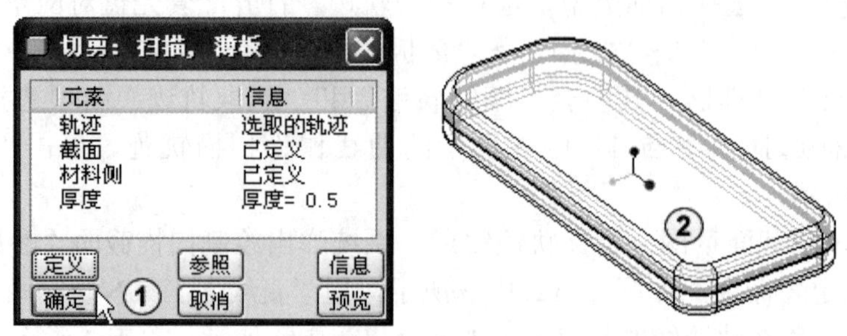

图 5-14　单击“确定”按钮

5.1.5 曲面

“曲面”扫描是将截面沿轨迹线扫掠形成曲面特征。

创建“曲面”扫描的步骤如下。

1）定义扫描轨迹：用户可以选择已有的曲线或模型边作为扫描轨迹，也可以草绘一个扫描轨迹线。轨迹线可以是闭合的，也可以是开放的。

2）定义扫描属性：用户可以选择“开放端”和“封闭端”选项。

3）定义截面：用于绘制出扫描截面。

4）单击“确定”按钮确定。

下面是创建曲面扫描的实例。

1）选择扫描类型，选择绘制扫描轨迹草图平面。单击菜单“插入”→“扫描”→“曲面”命令，如图 5-15 中①所示，系统弹出“扫描轨迹”菜单管理器，其中有“草绘轨迹”和“选取轨迹”两项选择。单击“草绘轨迹”，系统弹出“设置草绘平面”菜单管理器，采用默认设置，移动鼠标选择“前视平面”为绘制草图平面，系统弹出平面“方向”菜单管理器，单击“确定”命令，如图 5-15 中⑤所示。

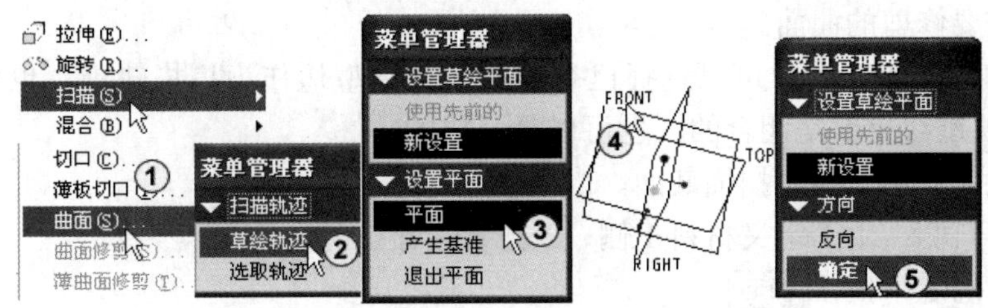

图 5-15　选择扫描类型，选择绘制扫描轨迹草图平面

2）绘制扫描轨迹草图，设置扫描属性。在“参照方向”菜单管理器中单击“缺省”命令，系统进入草图绘制界面。用“样条”工具绘制如图 5-16 中②所示的草图。单击“确定”按钮退出草图绘制。系统弹出“属性”菜单管理器，选择“开放端”，单击“完成”命令，如图 5-16 中④所示。

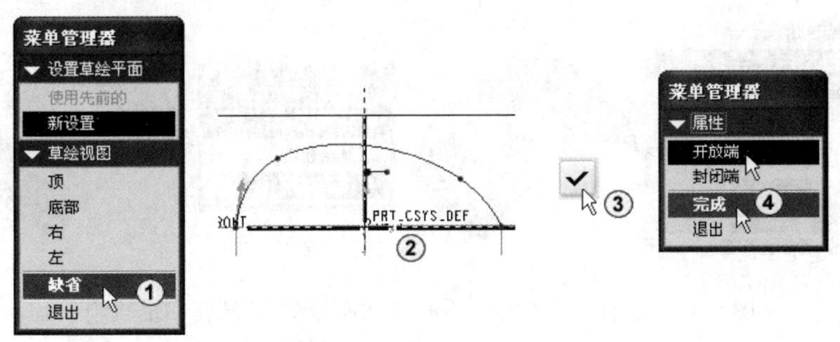

图 5-16　绘制轨迹草图，定义扫描属性

3）绘制扫描截面，单击“确定”按钮。定义属性后，系统进入绘制扫描截面草图界面。用“三点弧”工具绘制一个半径为 300mm 的圆弧，如图 5-17 中①所示。单击“完成”按钮退出草图绘制。在“曲面：扫描”对话框中单击“确定”按钮确定完成扫描操

作，效果如图 5-17 中④所示，操作过程见随书光盘 5\视频\5-5 曲面.avi。

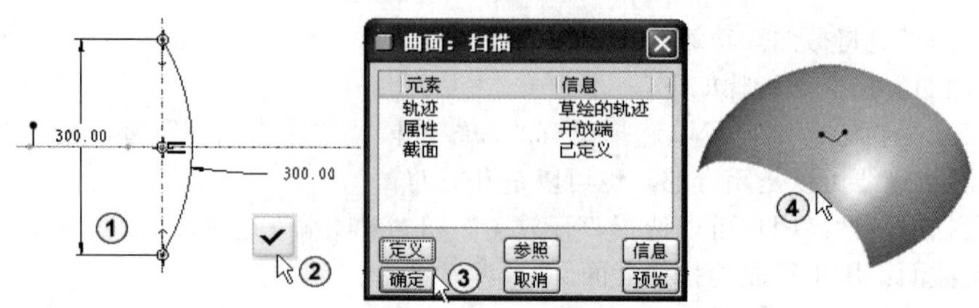

图 5-17　绘制扫描截面

5.1.6　曲面修剪

“曲面修剪”扫描是将截面沿轨迹线扫掠形成的曲面去修剪已存在的曲面。“曲面修剪”扫描必须在已有曲面实体的情况下使用。

创建“曲面修剪”扫描的步骤如下。

1）选择需要修剪的曲面。

2）定义扫描轨迹：用户可以选择已有的曲线或模型边作为扫描轨迹，也可以草绘一个扫描轨迹线。轨迹线可以是闭合的，也可以是开放的。

3）定义截面：用于绘制扫描截面。

4）定义材料侧：用于定义材料 1 侧、2 侧或两者。

5）单击“确定”按钮 确定 。

下面是创建曲面修剪扫描的实例。

1）打开模型，选择扫描类型，选择扫描轨迹。打开配套光盘对应章节中的“5-6.prt”文件。单击菜单“插入”→“扫描”→“曲面修剪”命令，如图 5-18 中①所示。这时系统要求选择要修剪的曲面，移动鼠标选择如图 5-18 中②所指的曲面，系统弹出“扫描轨迹”菜单管理器，其中有“草绘轨迹”和“选取轨迹”两项选择。单击“选取轨迹”，移动鼠标选择如图 5-18 中④所示的曲线作为扫描轨迹。

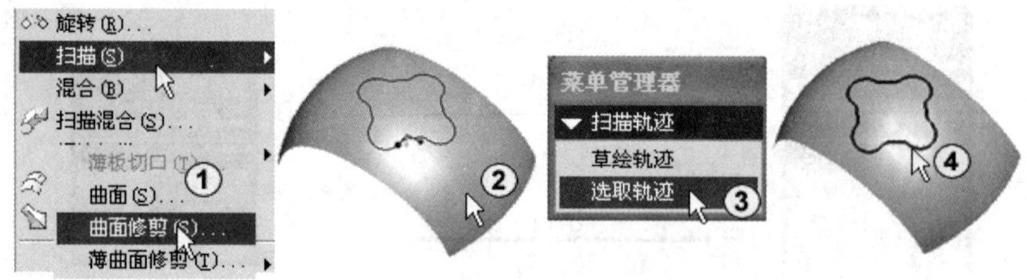

图 5-18　选择扫描类型，选择“曲面修剪”，选择扫描轨迹

2）绘制扫描截面草图。定义轨迹线后，系统弹出绘制扫描截面“参照方向”菜单管理器，单击“确定”命令，如图 5-19 中③所示，用“圆”工具○绘制一个半径为 10mm 的圆，圆心落在轨迹线的起点上，如图 5-19 中④所示，单击“确定”按钮✔退出草图绘制，如图 5-19 中⑤所示。

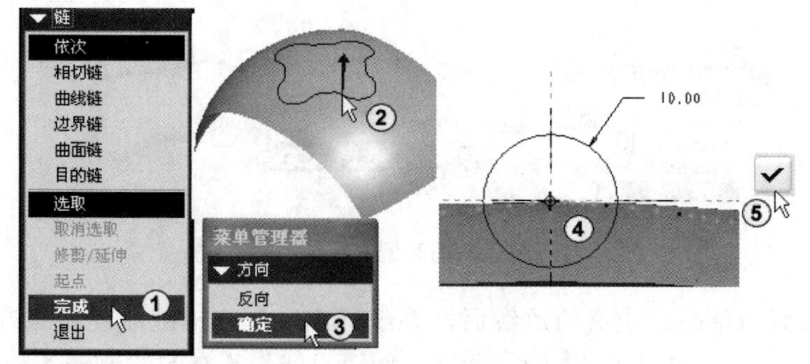

图 5-19　绘制扫描截面

3）定义材料方向，单击“确定”按钮。定义扫描截面后，系统弹出“材料侧”菜单管理器，选择“侧 2”，单击“完成”命令，如图 5-20 中②所示。定义材料方向后，在“曲面裁剪：扫描”对话框中单击“确定”按钮确定完成扫描操作，效果如图 5-20 中④所示，操作过程见随书光盘 5\视频\5-6 曲面修剪.avi。

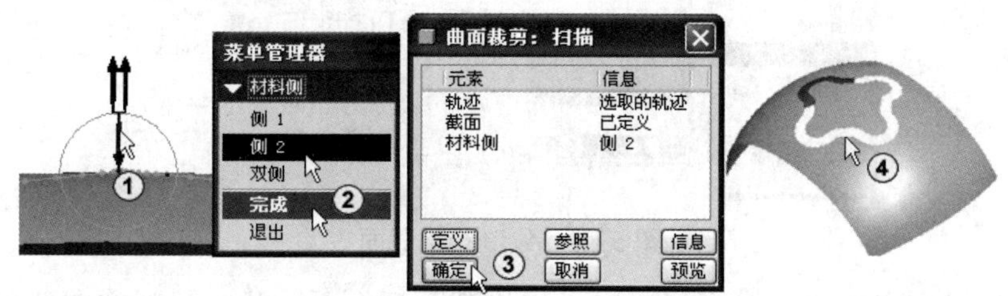

图 5-20　定义材料侧，单击“确定”按钮

5.1.7　薄曲面修剪

“薄曲面修剪”扫描是将截面沿轨迹线扫掠形成的曲面加厚去修剪已存在的曲面。“薄曲面修剪”扫描必须在已有曲面实体的情况下使用。

创建“薄曲面修剪”扫描的步骤如下。

1）选择需要修剪的曲面。

2）定义扫描轨迹：用户可以选择已有的曲线或模型边作为扫描轨迹，也可以草绘一个扫描轨迹线。轨迹线可以是闭合的，也可以是开放的。

3）定义截面：用于绘制出扫描截面。

4）定义材料侧：用于定义材料反向或两者。

5）定义厚度：用于输入厚度值。

6）单击“确定”按钮确定。

下面是创建薄曲面修剪扫描的实例。

1）打开模型，选择扫描类型，选择扫描轨迹。打开配套光盘对应章节中的“5-7.prt”文件。单击菜单“插入”→“扫描”→“薄曲面修剪”命令，如图 5-21 中①所示。这时系统要求选择要修剪的曲面，移动鼠标选择如图 5-21 中②所指的曲面，系统弹出“扫描轨迹”菜单管理器，在其中单击“选取轨迹”，移动鼠标选择如图 5-21 中④所示的曲线作为扫描轨迹。

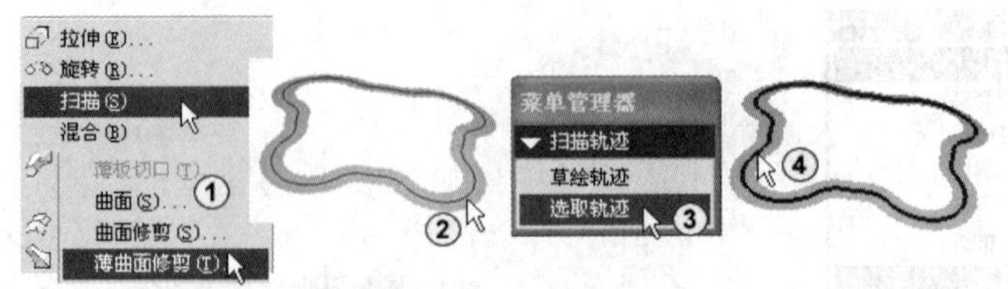

图 5-21　选择扫描类型，选择扫描轨迹

2）绘制扫描截面草图。定义轨迹线后，系统弹出绘制扫描截面“参照方向”菜单管理器，单击“确定”命令，如图 5-22 中③所示，用“直线”工具╲绘制一条长为 10mm 的竖线，竖线的上端点落在轨迹起点上，如图 5-22 中④所示，单击“确定”按钮✔退出草图绘制，如图 5-22 中⑤所示。

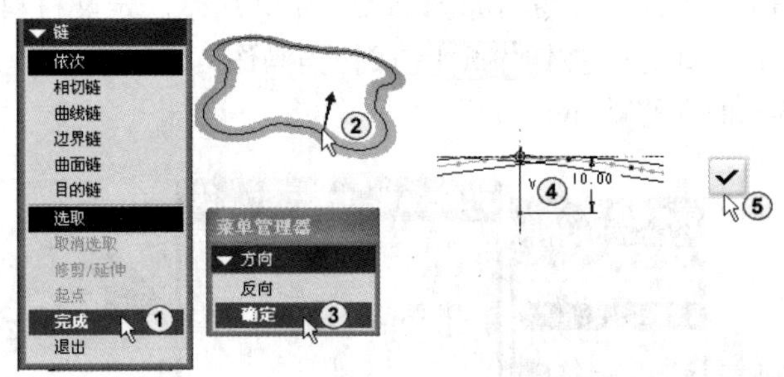

图 5-22　绘制扫描截面

3）定义材料方向，输入厚度值。定义扫描截面后，系统弹出材料方向菜单管理器，接受默认的方向，单击“确定”命令，如图 5-23 中②所示。定义材料方向后，系统弹出“消息输入窗口”，输入 2，单击“确定”按钮✔，如图 5-23 中④所示。

图 5-23　定义材料侧，输入厚度值

4）单击“确定”按钮。定义厚度后，在“曲面裁剪：扫描，薄板”对话框中单击“确定”按钮确定完成扫描操作，效果如图 5-24 中②所示，操作过程见随书光盘 5\视频\5-7 薄曲面修剪.avi。

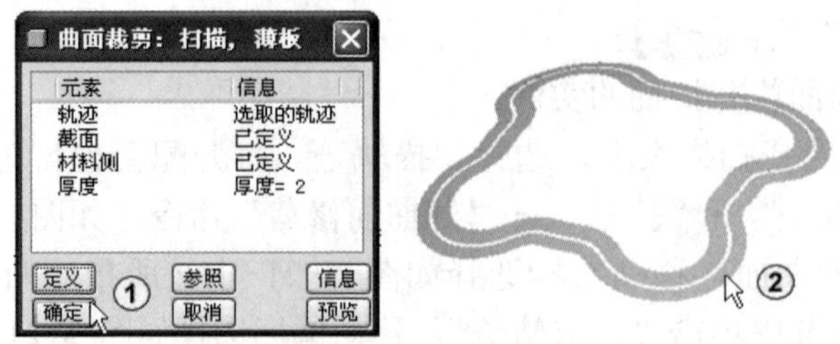

图 5-24　单击“确定”按钮

5.2 扫描混合

扫描混合是将多个剖面沿一条轨迹线连接起来生成实体特征。扫描混合特征综合了扫描和混合两种特征。

扫描混合对各个截面的控制点有一定的要求，即各剖面的控制点要相等，如不相等可用打断线段的方法来实现。扫描轨迹可以是草图曲线、投影线或模型边线，但只能是一条轨迹线。

创建扫描混合的步骤如下：

1）绘制扫描轨迹草图，如果选用模型边，这一步可省略。

2）绘制扫描截面，也可以在“扫描混合”对话框的“截面”扩展框中，选择“草绘截面”进行扫描截面绘制。

3）单击“扫描混合”命令，系统弹出“扫描混合”对话框。

4）选择扫描轨迹。

5）单击“截面”选项，在“截面”扩展框中选择“所选截面”，然后选择第一截面。

6）单击“插入”按钮，选择第二截面，如果还有截面再单击“插入”按钮。

7）移动各截面的起点箭头，使所有起点都在相同的对应点上。

8）单击“确定”按钮✔。

下面是创建扫描混合的实例。

1）绘制扫描轨迹草图。从“特征”工具栏中选择“草绘”按钮，系统弹出“草绘”对话框，要求选择草绘平面和草绘方向参照，移动鼠标选择前视基准面，系统自动在“参照”文本框中输入右视基准面作为草绘视图参照方向，采用系统默认的方向，单击“草绘”按钮[草绘]进入草图绘制界面。用“直线”工具和“圆形”工具绘制如图 5-25 中④所示的草图，单击“确定”按钮✔退出草图绘制。

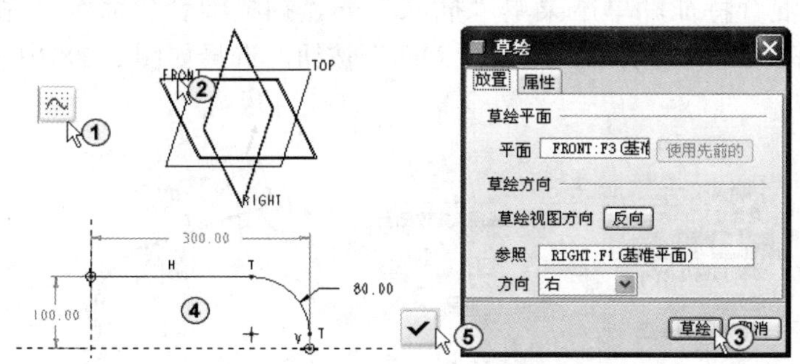

图 5-25 绘制扫描轨迹草图

2）绘制截面草图。从“特征”工具栏中选择“草绘”按钮，系统弹出“草绘”对话框，要求选择草绘平面和草绘方向参照，移动鼠标选择右视基准面，系统自动在“参照”文本框中输入上视基准面作为草绘视图参照方向，采用系统默认的方向，单击“草绘”按钮[草绘]进入草图绘制界面。用“圆”工具绘制一个圆，用“中心线”工具绘制两条交叉线，再用“分割”工具将圆分割 4 段圆弧，如图 5-26 中④所示，单击“确定”按钮✔退出草图绘制。

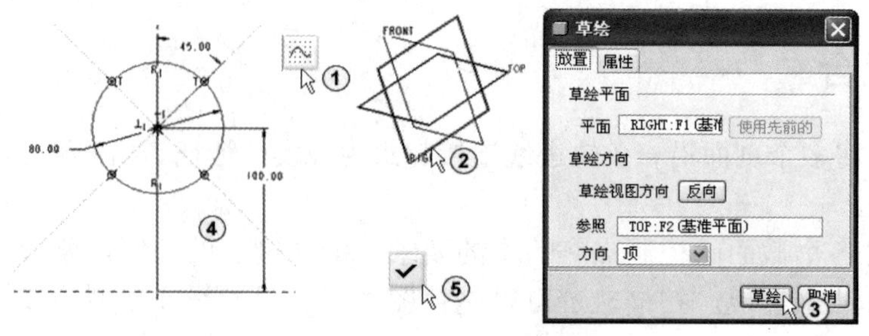

图 5-26　绘制扫描第一截面

3）绘制截面草图。从“特征”工具栏中选择“草绘”按钮，系统弹出“草绘”对话框，要求选择草绘平面和草绘方向参照，移动鼠标选择上视基准面，系统自动在“参照”文本框中输入右视基准面作为草绘视图参照方向，采用系统默认的方向，单击“草绘”按钮 草绘 进入草图绘制界面。用“矩形”工具绘制一个矩形，如图 5-27 中④所示，单击“确定”按钮退出草图绘制。

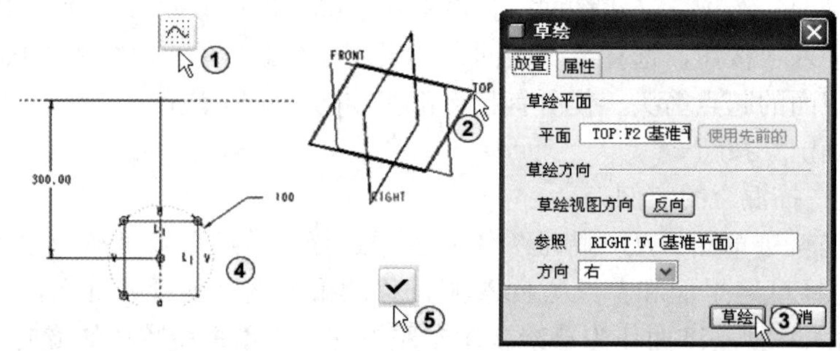

图 5-27　绘制扫描第二截面

4）创建扫描混合特征。单击菜单“插入”→“扫描混合”命令，系统弹出“扫描混合”对话框，如图 5-28 中②所示，单击“截面”按钮，选择如图 5-28 中③所示的曲线作为扫描轨迹。

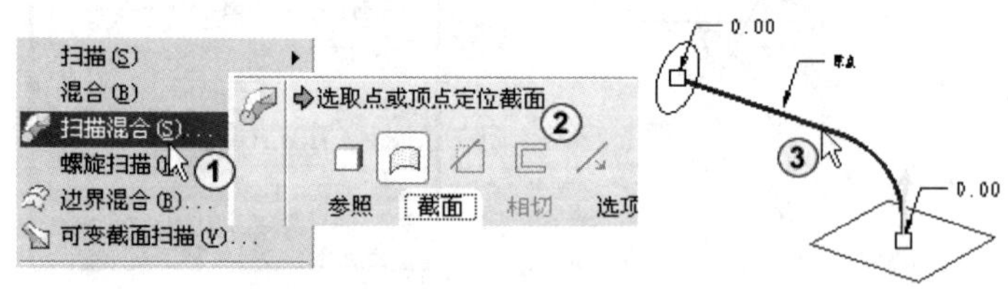

图 5-28　绘制扫描混合，选择轨迹

5）选择扫描截面。单击“扫描混合”对话框中的“截面”选项，系统弹出“截面”扩展框，选择“所选截面”选项，选择矩形作为第一截面，如图 5-29 中③所示。单击“插入”按钮，系统接受第二个截面输入，如图 5-29 中⑤所示。

6）选择第二个扫描截面，调整截面起始点位置，单击“确定”按钮。选择如图 5-30 中①所示的圆作为第二个截面，然后调整起始点位置，使起始点位置与矩形起始点位置相对应。单击“确定”按钮✔，完成扫描混合操作，效果如图 5-30 中③所示，操作过程见随书光盘 5\视频\5-8 扫描混合.avi。

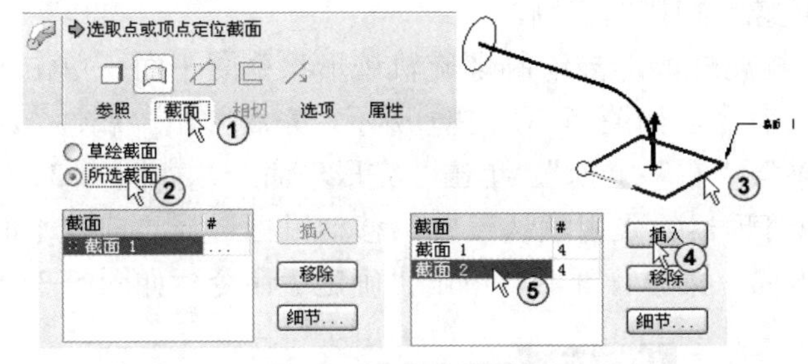

图 5-29 选择第一截面

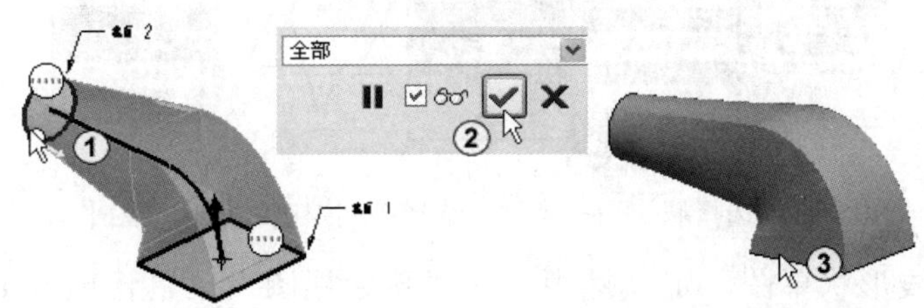

图 5-30 选择第二个截面，单击“确定”按钮

5.3 螺旋扫描

螺旋扫描是将截面沿螺旋轨迹扫描形成实体特征。在“螺旋扫描”命令中有“伸出项”、“薄板伸出项”、“切口”、“薄板切口”、“曲面”、“曲面修剪”和“薄曲面修剪”7 个扫描类型。用户可根据设计需要选择不同的扫描类型进行建模。

5.3.1 伸出项

“伸出项”螺旋扫描是将截面沿螺旋轨迹线扫描形成实体特征。

创建“伸出项”螺旋扫描的步骤如下。

1）定义螺旋属性。螺旋属性有“常数”、“可变的”、“穿过轴”、“垂直于轨迹”、“右手定则”和“左手定则”选项。

- 常数：表示螺距固定不变。
- 可变的：表示螺距可变的由开始值和结束值来确定。
- 穿过轴：表示扫描截面位于穿过旋转轴的平面内。
- 垂直于轨迹：表示确定截面方向，使之垂直于轨迹。
- 右手定则：表示螺旋线以右手定则旋转。
- 左手定则：表示螺旋线以左手定则旋转。

2）定义螺旋扫描轨迹：用于绘制螺旋线形状草图和旋转轴。

3）定义节距：用于输入螺旋线螺距值。

4）定义截面：用于绘制出扫描截面。

5）单击“确定”按钮确定。

下面是创建伸出项螺旋扫描的实例。

1）定义螺旋线扫描属性，选择绘制螺旋轨迹形状草图平面。单击菜单“插入”→“螺旋扫描”→“伸出项”命令，如图 5-31 中①所示，系统弹出“属性”菜单管理器，在其中选择“常数”、“穿过轴”、“右手定则”，单击“完成”命令，如图 5-31 中②所示。系统弹出“设置草绘平面”菜单管理器，采用默认设置，移动鼠标选择“前视平面”作为绘制草图平面，系统弹出平面“方向”菜单管理器，单击“确定”命令，如图 5-31 中⑤所示。

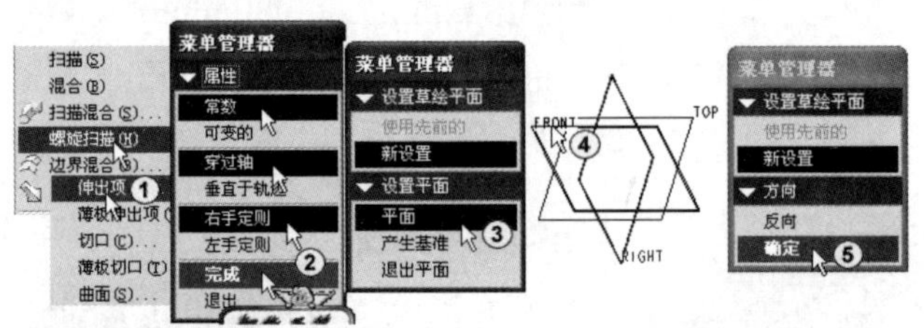

图 5-31 选择螺旋扫描类型，选择绘制螺旋线形状草图平面

2）绘制螺旋线形状草图，定义螺距。在“草绘视图”菜单管理器中单击“缺省”命令，系统进入草图绘制界面。用“样条”工具绘制一条曲线，用“轴”工具绘制一条竖轴，如图 5-32 中②所示，单击“确定”按钮退出草图绘制。系统弹出“消息输入窗口”，在“输入节距值”文本框中输入 30，单击“确定”按钮，如图 5-32 中⑤所示。

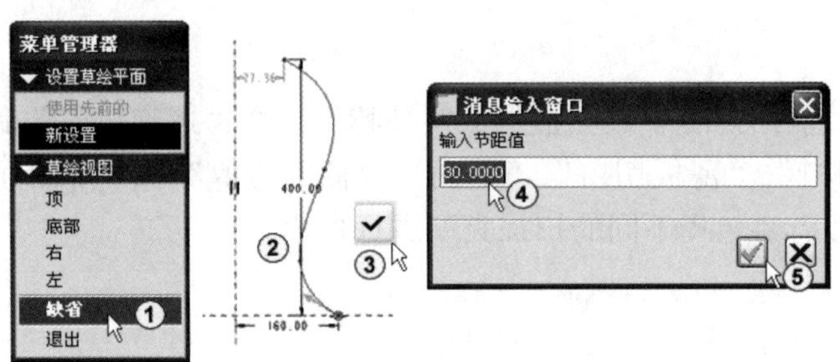

图 5-32 绘制螺旋线形状草图，输入螺距

3）绘制扫描截面草图，单击“确定”按钮。定义螺距后，系统进入截面草图绘制界面，用“圆”工具绘制一个直径为 20mm 的圆，圆心落在扫描轨迹的起点上，如图 5-33 中①所示，单击“确定”按钮退出草图绘制。在“伸出项：螺旋扫描”对话框中单击“确定”按钮确定完成螺旋扫描，效果如图 5-33 中④所示，操作过程见随书光盘 5\视频\5-9 螺旋扫描-伸出项.avi。

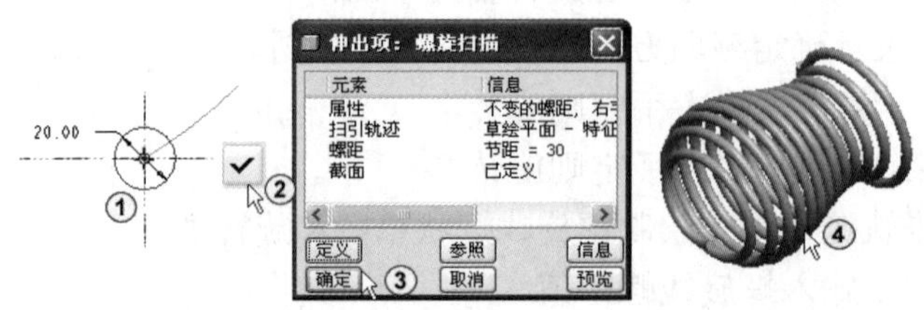

图 5-33 绘制扫描截面，单击“确定”按钮

5.3.2 薄板伸出项

“薄板伸出项”螺旋扫描是将截面沿螺旋轨迹线扫掠形成薄板特征。

创建“薄板伸出项”螺旋扫描的步骤如下。

1）定义螺旋属性：螺旋属性有“常数”、“可变的”、“穿过轴”、“垂直于轨迹”、“右手定则”和“左手定则”选项。

2）定义螺旋扫描轨迹：用于绘制螺旋线形状草图和旋转轴。

3）定义节距：用于输入螺旋线螺距值。

4）定义截面：用于绘制出扫描截面。

5）定义材料侧：用于设定反向或两者。

6）定义薄板厚度：用于输入厚度值。

7）单击“确定”按钮 确定 。

下面是创建薄板伸出项螺旋扫描的实例。

1）定义螺旋扫描属性，选择绘制螺旋轨迹形状草图平面。单击菜单“插入”→“螺旋扫描”→“薄板伸出项”命令，如图 5-34 中①所示，系统弹出“属性”菜单管理器，在其中选择“常数”、“穿过轴”、“右手定则”，单击“完成”命令，如图 5-34 中②所示。系统弹出“设置草绘平面”菜单管理器，采用默认设置，移动鼠标选择“前视平面”作为绘制草图平面，系统弹出平面“方向”菜单管理器，单击“确定”命令，如图 5-34 中⑤所示。

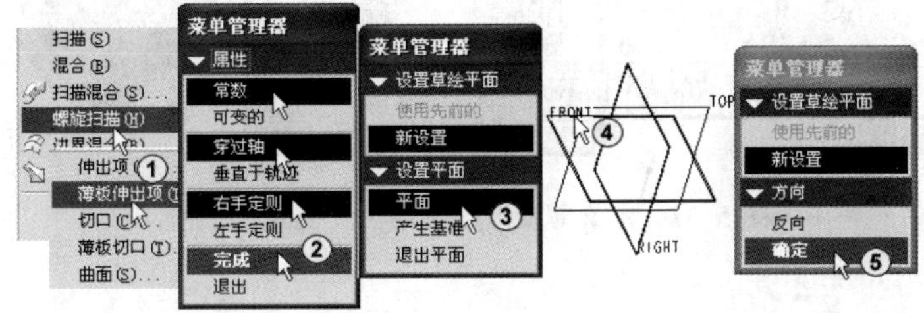

图 5-34　选择螺旋扫描类型，选择绘制螺旋线形状草图平面

2）绘制螺旋形状草图，定义螺距。在“草绘视图”菜单管理器中单击“缺省”选项，系统进入草图绘制界面。用“直线”工具＼绘制一条竖线，用“轴”工具┆绘制一条竖轴，如图 5-35 中②所示，单击“确定”按钮✔退出草图绘制。系统弹出“消息输入窗口”，在“输入节距值”文本框中输入 30，单击“确定”按钮✔，如图 5-35 中⑤所示。

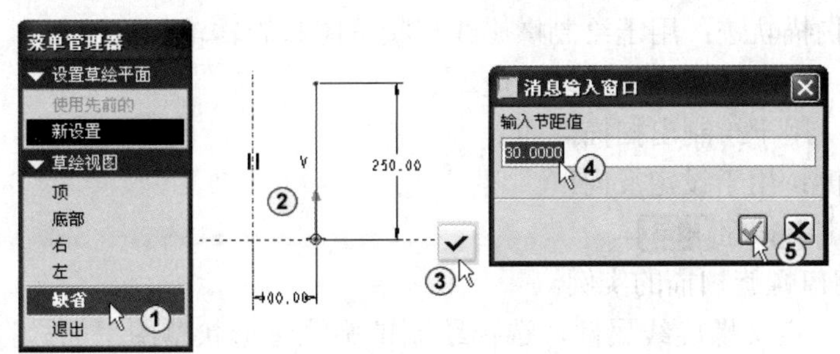

图 5-35　绘制螺旋形状草图，定义螺距

3）绘制扫描截面草图，定义材料侧。定义螺距后系统进入截面草图绘制界面，用“圆”工具绘制一个直径为 25mm 的圆，圆心落在扫描轨迹的起点上，如图 5-36 中①所示，单击“确定”按钮退出草图绘制。系统弹出“薄板选项”菜单管理器，要求确定加厚方向，接受默认设置，单击“确定”命令，如图 5-36 中④所示。

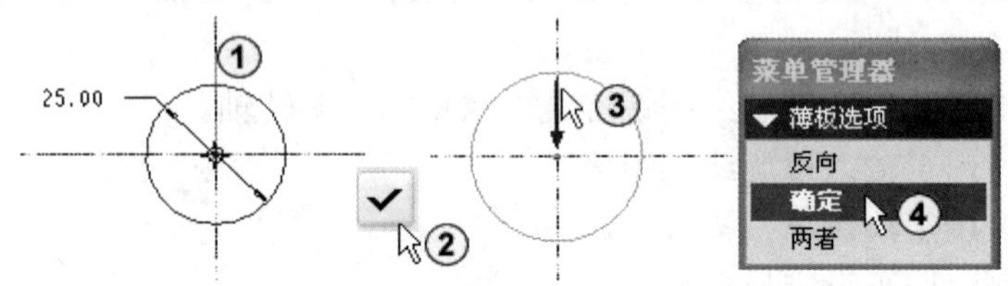

图 5-36　绘制扫描截面，定义材料侧

4）定义薄板厚度，单击“确定”按钮。定义材料侧后，系统弹出“厚度”文本框，输入 3，然后单击“确定”按钮，如图 5-37 中①所示。在“伸出项：螺旋扫描，薄板”对话框中单击“确定”按钮确定完成螺旋扫描，效果如图 5-37 中④所示，操作过程见随书光盘 5\视频\5-10 螺旋扫描-薄板伸出项.avi。

图 5-37　定义薄板厚度，单击“确定”按钮

5.3.3　切口

“切口”螺旋扫描是将截面沿轨迹线扫描形成切除实体特征。切口螺旋扫描必须在已有实体的情况下使用。

创建“切口”螺旋扫描的步骤如下。

1）定义螺旋属性：螺旋属性有“常数”、“可变的”、“穿过轴”、“垂直于轨迹”、“右手定则”和“左手定则”选项。

2）定义螺旋扫描轨迹：用于绘制螺旋线形状草图和旋转轴。

3）定义节距：用于输入螺旋线螺距值。

4）定义截面：用于绘制出扫描截面。

5）定义材料侧：用于设定反向。

6）单击“确定”按钮确定。

下面是创建切口螺旋扫描的实例。

1）打开模型，定义螺旋线属性，选择绘制螺旋轨迹形状草图平面。打开配套光盘对应章节中的“5-10.prt”文件。单击菜单“插入”→“螺旋扫描”→“切口”命令，如图 5-38 中①所示，系统弹出“属性”菜单管理器，在其中选择“常数”、“穿过轴”、“右手定则”，单击“完成”命令，如图 5-38 中②所示。系统弹出“设置草绘平面”菜单管理器，采用默认设置，移动鼠标选择“前视平面”作为绘制草图平面，系统弹出平面“方向”菜单管理器，单击“确定”命令，如图 5-38 中⑤所示。

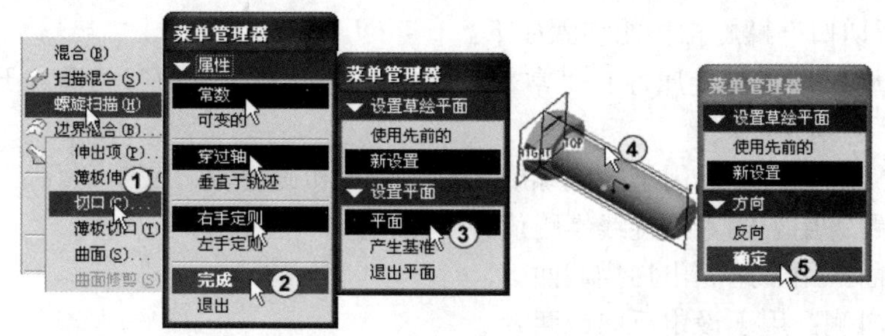

图 5-38　选择螺旋扫描类型，选择绘制螺旋线形状草图平面

2）绘制螺旋形状草图，定义螺距。在“草绘视图”菜单管理器中单击“缺省”命令，系统进入草图绘制界面。用“直线”工具＼绘制一条水平线，用“轴”工具┆绘制一条水平轴，如图 5-39 中②所示，单击“确定”按钮✔退出草图绘制。系统弹出“消息输入窗口”，输入 1.5，单击“确定”按钮✔，如图 5-39 中⑤所示。

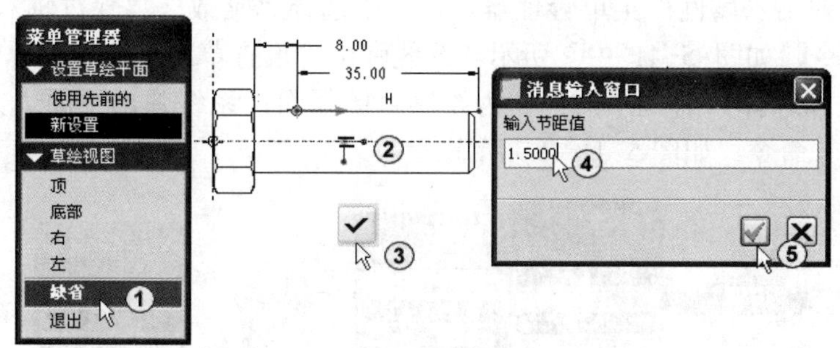

图 5-39　绘制螺旋形状草图，定义螺距

3）绘制扫描截面草图，定义材料侧，单击“确定”按钮。定义螺距后系统进入截面草图绘制界面，用“直线”工具＼绘制一个三角形，如图 5-40 中①所示，单击“确定”按钮✔退出草图绘制。系统弹出“方向”菜单管理器，要求确定切除材料方向，接受默认设置，单击“确定”命令，如图 5-40 中④所示，单击“确定”按钮。定义材料侧后，在“切剪：螺旋扫描”对话框中单击“确定”按钮 确定 完成螺旋扫描 ，效果如图 5-40 中⑥所示，操作过程见随书光盘 5\视频\5-11 螺旋扫描-切口.avi。

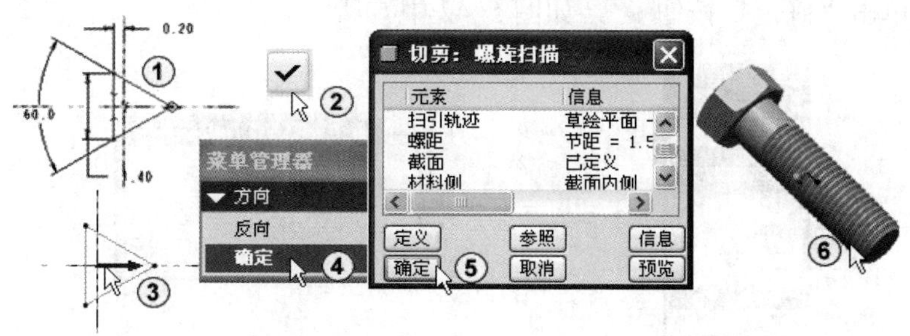

图 5-40　绘制扫描截面，单击“确定”按钮

5.3.4 薄板切口

“薄板切口”螺旋扫描是将截面沿轨迹线扫描形成薄板切除实体特征。薄板切口螺旋扫描必须在已有实体的情况下使用。

创建“薄板切口”螺旋扫描的步骤如下。

1）定义螺旋属性：螺旋属性有“常数”、“可变的”、“穿过轴”、“垂直于轨迹”、“右手定则”和“左手定则”选项。

2）定义螺旋扫描轨迹：用于绘制螺旋线形状草图和旋转轴。

3）定义节距：用于输入螺旋线螺距值。

4）定义截面：用于绘制出扫描截面。

5）定义材料侧：用于设定反向或两者。

6）定义厚度：用于输入厚度值。

7）单击“确定”按钮 确定 。

下面是创建薄板切口螺旋扫描的实例。

1）打开模型，定义螺旋属性，选择绘制螺旋轨迹形状草图平面。打开配套光盘对应章节中的“5-11.prt”文件。单击菜单“插入”→“螺旋扫描”→“薄板切口”命令，如图 5-41 中①所示，系统弹出“属性”菜单管理器，在其中选择“常数”、“穿过轴”、“右手定则”，单击“完成”命令，如图 5-41 中②所示。系统弹出“设置草绘平面”菜单管理器，采用默认设置，移动鼠标选择“前视平面”作为绘制草图平面，系统弹出平面“方向”菜单管理器，单击“确定”命令，如图 5-41 中⑤所示。

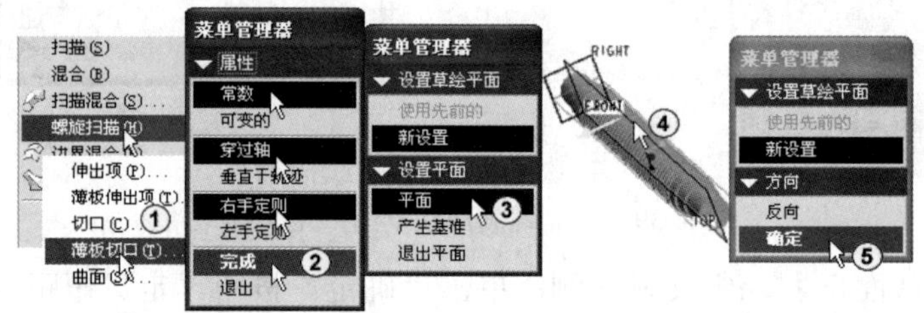

图 5-41 选择螺旋扫描类型，选择绘制螺旋线形状草图平面

2）绘制螺旋形状草图，定义螺距。在“草绘视图”菜单管理器中单击“缺省”命令，系统进入草图绘制界面。用“直线”工具╲绘制一条水平线，用“轴”工具┆绘制一条水平轴，如图 5-42 中②所示，单击“确定”按钮✔退出草图绘制。系统弹出“消息输入窗口”，输入 8，单击“确定”按钮✔，如图 5-42 中⑤所示。

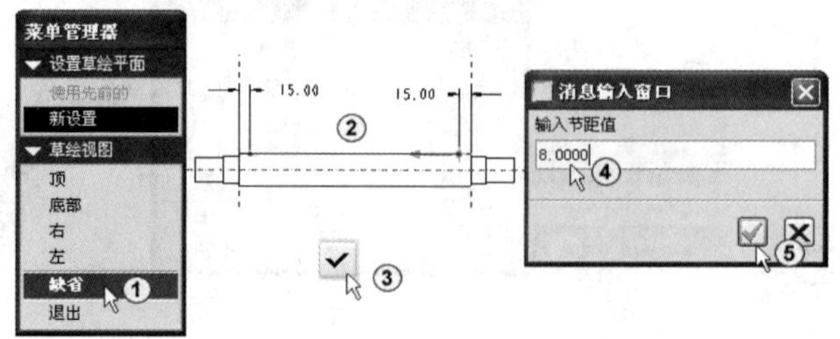

图 5-42 绘制螺纹形状草图，定义螺距

3）绘制扫描截面草图，定义材料侧，定义厚度。定义螺距后系统进入截面草图绘制界面，用“直线”工具╲绘制一条水平线，水平线的端点落在扫描轨迹的起点上，如图 5-43 中①所示，单击“确定”✔按钮退出草图绘制。系统弹出“薄板选项”菜单管理器，要求确定加厚方向，接受默认设置，单击“确定”命令，如图 5-43 中④所示。定义材料侧后系统弹出“消息输入窗口”，输入厚度为 4，单击“确定”按钮✔，如图 5-43 中⑥所示。

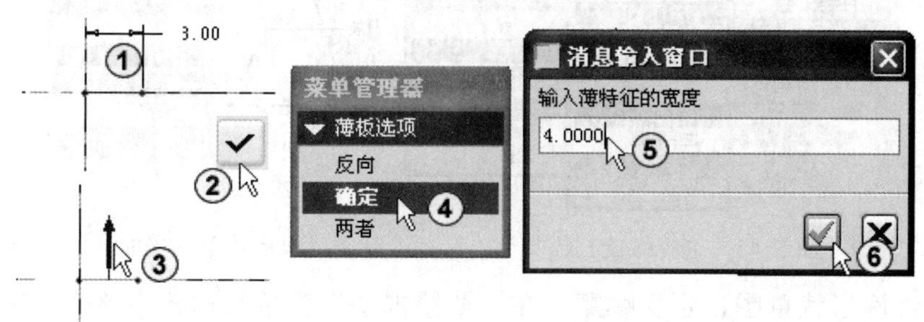

图 5-43　绘制扫描截面，定义材料侧，定义厚度

4）单击“确定”按钮。定义厚度后，在“切剪：螺旋扫描薄板”对话框中单击“确定”按钮 确定 完成螺旋扫描，效果如图 5-44 中②所示，操作过程见随书光盘 5\视频\5-12 螺旋扫描-薄板切口.avi。

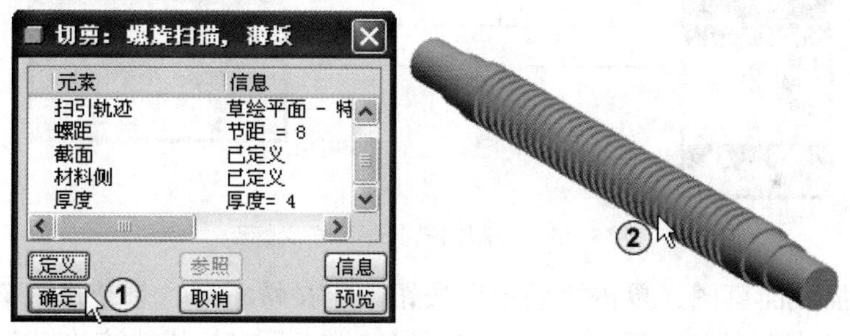

图 5-44　单击“确定”按钮

5.3.5　曲面

“曲面”螺旋扫描是将截面沿轨迹线扫掠形成曲面特征。

创建“曲面”螺旋扫描的步骤如下。

1）定义螺旋属性：螺旋属性有“常数”、“可变的”、“穿过轴”、“垂直于轨迹”、“右手定则”和“左手定则”选项。

2）定义螺旋扫描轨迹：用于绘制螺旋线形状草图和旋转轴。

3）定义节距：用于输入螺旋线螺距值。

4）定义截面：用于绘制出扫描截面。

5）单击“确定”按钮 确定 。

下面是创建曲面螺旋扫描的实例。

1）定义螺旋线属性，选择绘制螺旋轨迹形状草图平面。单击菜单“插入”→“螺旋扫描”→“曲面”命令，如图 5-45 中①所示，系统弹出“属性”菜单管理器，在其中选择

“常数”、“穿过轴”、“右手定则”，单击“完成”命令，如图 5-45 中②所示。系统弹出“设置草绘平面”菜单管理器，采用默认设置，移动鼠标选择“前视平面”作为绘制草图平面，系统弹出平面“方向”菜单管理器，单击“确定”命令，如图 5-45 中⑤所示。

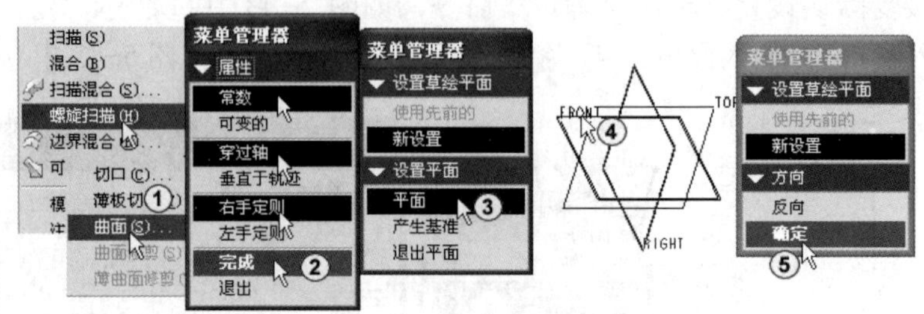

图 5-45　选择螺旋扫描类型，选择绘制螺旋线形状草图平面

2）绘制螺旋形状草图，定义螺距。在“草绘视图”菜单管理器中单击“缺省”命令，系统进入草图绘制界面。用“直线”工具＼绘制一条竖线，用“轴”工具┆绘制一条竖轴，如图 5-46 中②所示，单击“确定”按钮✔退出草图绘制。系统弹出“消息输入窗口”输入 2，单击“确定”按钮✔，如图 5-46 中⑤所示。

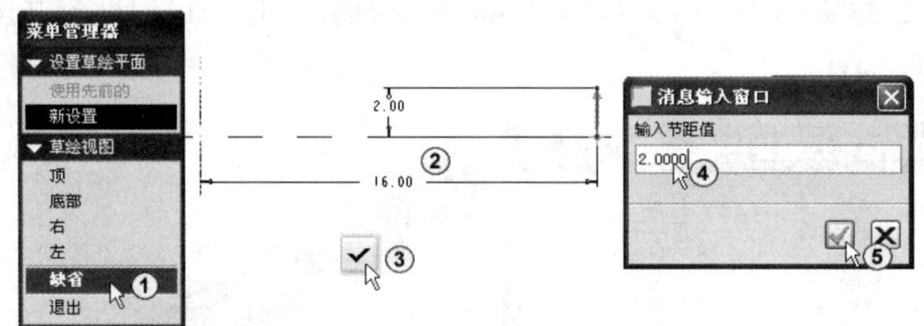

图 5-46　绘制扫描截面，定义螺距

3）绘制扫描截面草图，单击“确定”按钮。定义螺距后，系统进入截面草图绘制界面，用“直线”工具＼绘制一条水平线，水平线的端点落在扫描轨迹的起点上，如图 5-47 中①所示，单击“确定”按钮✔退出草图绘制。定义扫描截面后，在“曲面：螺旋扫描”对话框中单击“确定”按钮[确定]完成螺旋扫描，效果如图 5-47 中④所示，操作过程见随书光盘 5\视频\5-13 螺旋扫描-曲面.avi。

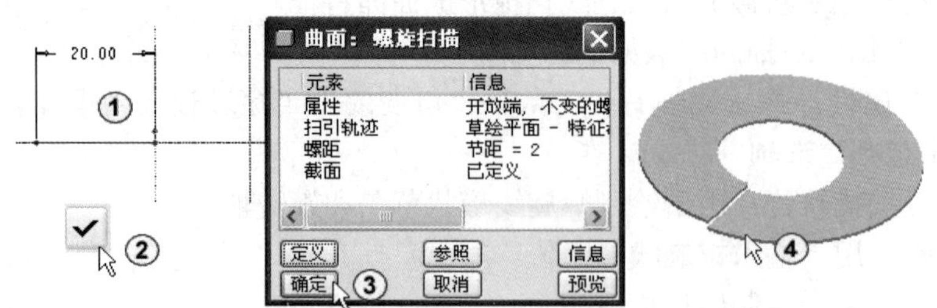

图 5-47　绘制扫描截面，单击“确定”按钮

5.3.6　曲面修剪

“曲面修剪”螺旋扫描是将截面沿轨迹线扫掠形成的曲面去修剪已存在的曲面。曲面修

剪扫描必须在已有曲面实体的情况下使用。

创建“曲面修剪”螺旋扫描的步骤如下。

1）选择要修剪的曲面。

2）定义螺旋属性：螺旋属性有“常数”、“可变的”、“穿过轴”、“垂直于轨迹”、“右手定则”和“左手定则”选项。

3）定义螺旋扫描轨迹：用于绘制螺旋线形状草图和旋转轴。

4）定义节距：用于输入螺旋线螺距值。

5）定义截面：用于绘制出扫描截面。

6）定义材料侧：用于设定侧 1、侧 2、双侧。

7）单击“确定”按钮 确定 。

下面是创建曲面修剪螺旋扫描的实例。

1）打开模型，定义螺旋线属性，选择绘制螺旋轨迹形状草图平面。打开配套光盘对应章节中的“5-14.prt”文件。单击菜单“插入”→“螺旋扫描”→“曲面修剪”命令，如图 5-48 中①所示。这时系统要求选择要修剪的曲面，移动鼠标选择如图 5-48 中②所示的曲面。系统弹出“属性”菜单管理器，在菜单管理器中选择“常数”、“穿过轴”、“右手定则”，单击“完成”命令如图 5-48 中③所示。系统弹出“设置草绘平面”菜单管理器，采用默认设置，移动鼠标选择“平面”作为绘制草图平面，系统弹出平面“方向”菜单管理器，单击“确定”命令，如图 5-48 中⑥所示。

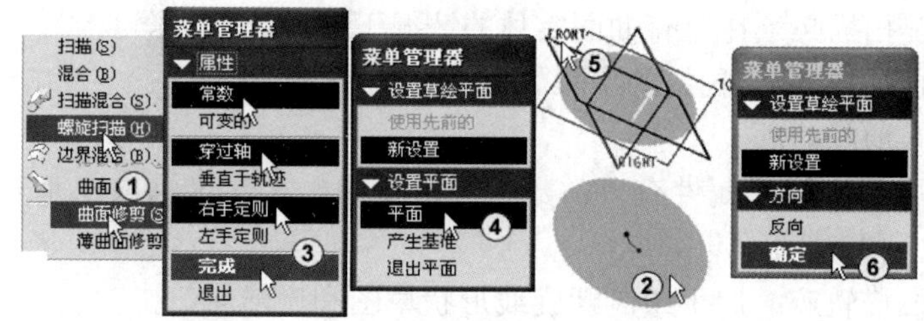

图 5-48 选择螺旋扫描类型，选择绘制螺旋线形状草图平面

2）绘制螺旋形状草图，定义螺距。在“草绘视图”菜单管理器单击“缺省”命令，系统进入草图绘制界面。用“三点弧”工具绘制一条圆弧，用“轴”工具绘制一条水平轴，如图 5-49 中②所示，单击“确定”按钮退出草图绘制。系统弹出“消息输入窗口”对话框，输入 20，单击“确定”按钮，如图 5-49 中⑤所示。

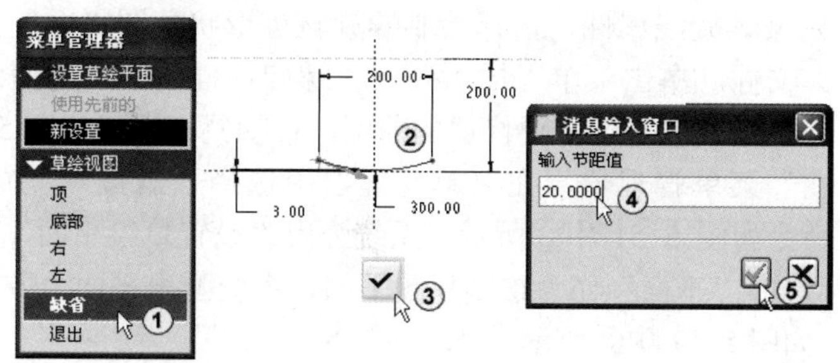

图 5-49 绘制螺旋线形状草图，定义螺距

3）绘制扫描截面草图，定义材料侧，单击“确定”按钮。定义螺距后系统进入截面草图绘制界面，用“圆”工具绘制一个圆，圆心落在轨迹线的起点上，如图 5-50 中①所示，单击“完成”按钮退出草图绘制。系统弹出“材料侧”菜单管理器，选择侧 2，单击“完成”命令，如图 5-50 中④所示。定义材料侧后，在“曲面裁剪：螺旋扫描”对话框中单击“确定”按钮确定完成螺旋扫描，效果如图 5-50 中⑥所示，操作过程见随书光盘 5\视频\5-14 螺旋扫描-曲面修剪.avi。

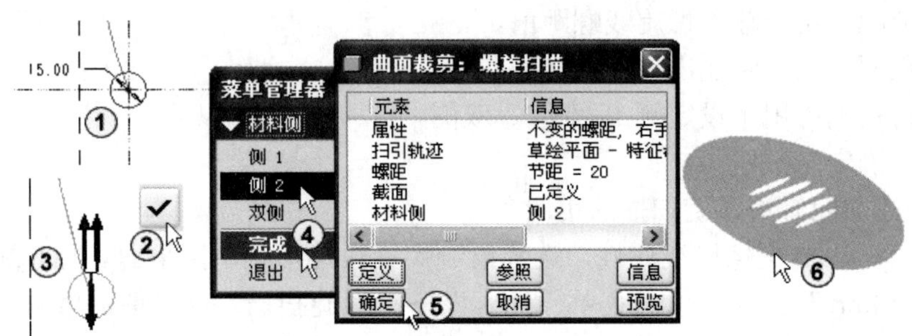

图 5-50　绘制扫描截面，定义材料侧，单击“确定”按钮

5.3.7　薄曲面修剪

“薄曲面修剪”螺旋扫描是将截面沿轨迹线扫掠形成的曲面加厚去修剪已存在的曲面。“薄曲面修剪”螺旋扫描必须在已有曲面实体的情况下使用。

创建“薄曲面修剪”螺旋扫描的步骤如下。

1）选择需要修剪的曲面。

2）定义螺旋属性：螺旋属性有“常数”、“可变的”、“穿过轴”、“垂直于轨迹”、“右手定则”和“左手定则”选项。

3）定义螺旋扫描轨迹：用于绘制螺旋线形状草图和旋转轴。

4）定义节距：用于输入螺旋线螺距值。

5）定义截面：用于绘制出扫描截面。

6）定义材料侧：用于设定反向或两者。

7）定义厚度：用于输入厚度值。

8）单击“确定”按钮确定。

下面是创建薄曲面修剪螺旋扫描的实例。

1）打开模型，定义螺旋线属性，选择绘制螺旋轨迹形状草图平面。打开配套光盘对应章节中的“5-15.prt”文件。单击菜单“插入”→“螺旋扫描”→“薄曲面修剪”命令，如图 5-51 中①所示。这时系统要求选择要修剪的曲面，移动鼠标选择如图 5-51 中②所示的曲面。系统弹出“属性”菜单管理器，在菜单管理器中选择“常数”、“穿过轴”、“右手定则”，单击“完成”命令如图 5-51 中③所示。系统弹出“设置草绘平面”菜单管理器，采用默认设置，移动鼠标选择“平面”作为绘制草图平面，系统弹出平面“方向”菜单管理器，单击“确定”命令，如图 5-51 中⑥所示。

2）绘制螺旋形状草图，定义螺距。在“草绘视图”菜单管理器中单击“缺省”命令，系统进入草图绘制界面。用“直线”工具绘制一条水平线，用“轴”工具绘制一条水平轴，如图 5-52 中②所示，单击“完成”按钮退出草图绘制。系统弹出“消息输入窗口”，输入 30，单击“确定”按钮，如图 5-52 中⑤所示。

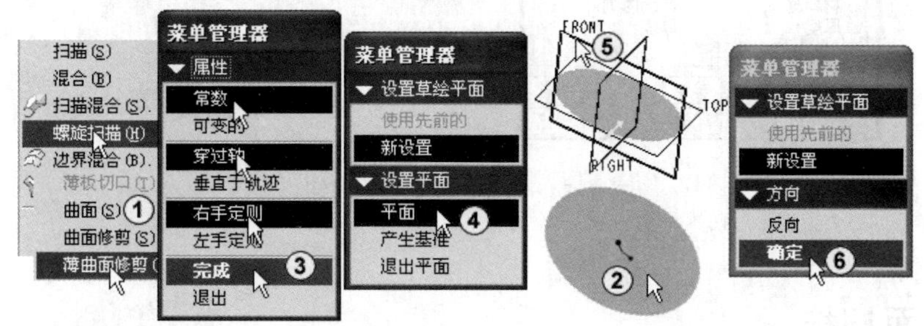

图 5-51　选择螺旋扫描类型，选择绘制螺旋线形状草图平面

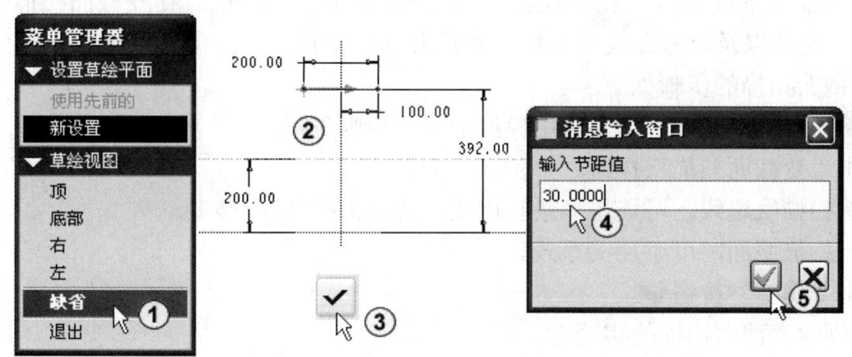

图 5-52　绘制螺旋线形状草图，定义螺距

3）绘制扫描截面草图，定义材料侧，定义厚度。定义螺距后，系统进入截面草图绘制界面，用“圆”工具绘制一个直径为 25mm 的圆，圆心落在轨迹线的起点上，如图 5-53 中①所示，单击“确定”按钮退出草图绘制。系统弹出“薄板选项”菜单管理器，接受默认方向，单击“确定”按钮，如图 5-53 中④所示。定义材料侧后，系统弹出“消息输入窗口”，输入 2，单击“确定”按钮，如图 5-53 中⑤所示。

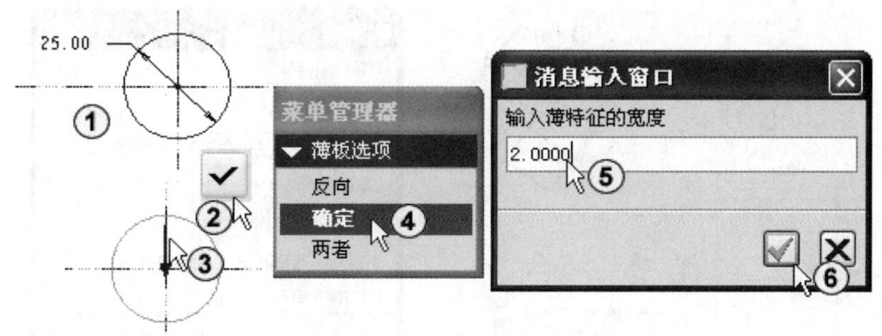

图 5-53　定义材料侧，定义厚度

4）定义厚度后，在“曲面裁剪：螺旋扫描，薄板”对话框中单击“确定”按钮确定完成螺旋扫描，效果如图 5-54 中②所示，操作过程见随书光盘 5\视频\5-15 螺旋扫描-薄曲面修剪.avi。

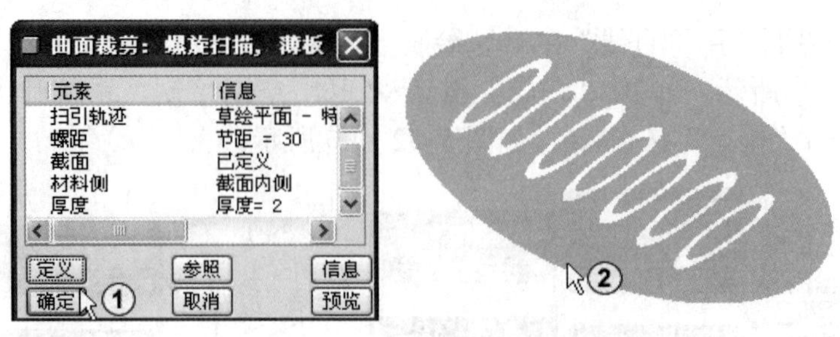

图 5-54　单击“确定”按钮

5.4　变截面扫描

变截面扫描是将截面沿一条或多条轨迹扫描生成的实体特征。在变截面扫描中可通过对截面的方向、旋转以及对截面尺寸添加关系式来进行控制。

创建变截面扫描的步骤如下。

1）绘制扫描轨迹草图，如果选用模型边这一步则省略。

2）单击“变截面扫描”按钮。

3）选择扫描轨迹线，可选择多条轨迹线，选择需按住<Ctrl>键。

4）绘制扫描截面，可添加关系式。

5）单击“确定”按钮✔。

下面是创建变截面扫描的实例。

1）选择草绘平面，绘制变截面扫描轨迹草图，退出草图绘制。从“特征”工具栏中选择“草绘”按钮，系统弹出“草绘”对话框，要求选择草绘平面和草绘方向，移动鼠标选择上视基准面，系统自动在“参照”文本框中输入右视基准面作为草绘视图参照方向，采用系统默认的方向，单击“草绘”按钮草绘进入草图绘制界面，如图 5-55 中③所示。用“圆”工具分别绘制出一个直径为 200mm 和一个直径为 500mm 的同心圆，圆心落在原点上，如图 5-55 中④所示。单击“完成”按钮✔退出草图绘制。

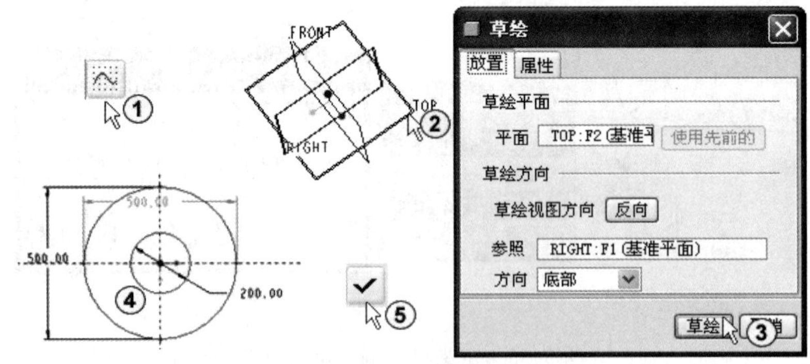

图 5-55　绘制变截面扫描轨迹线草图

2）创建变截面扫描，选择变截面扫描轨迹线，绘制扫描截面草图，添加关系式。单击“特征”工具栏中的“可变截面扫描”按钮，系统弹出“可变截面扫描”对话框。移动鼠标选择如图 5-56 中②所示的两个圆作为扫描轨迹线，选择时要按住<Ctrl>键。选择“扫描为曲面”按钮，单击“创建或编辑扫描剖面”按钮如图 5-56 中④所示。系统进入扫描剖面绘制界面。用“直线”工具、“三点弧”工具、“圆形”工具和“创建尺寸”工具绘制如图 5-56 所示的草图。然后将尺寸 160 添加关系式。单击菜单“工具”→“关系”命令，如图 5-56 中⑥所示。

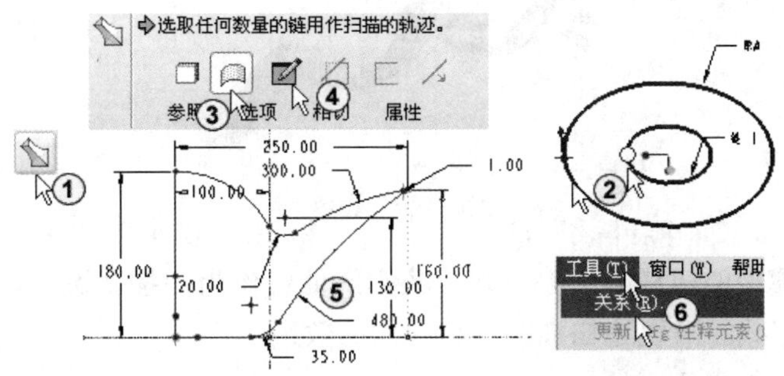

图 5-56　创建变截面扫描，选择扫描轨迹，绘制扫描截面

3）输入关系式，退出草图绘制。系统弹出“关系”对话框，在对话框的输入框中单击，光标在输入框中闪动，移动鼠标单击尺寸 160，然后再输入“=160+60*sin(trajpar*360*8)”，如图 5-57 中①所示。单击“确定”按钮确定完成关系式创建，再单击“完成”按钮退出草图绘制。

图 5-57　添加关系式

4）定义扫描截面后，系统显示变截面扫描预览效果，确定无误后再单击“确定”按钮完成变截面扫描操作，结果如图 5-58 中②所示，操作过程见随书光盘 5\视频\5-16 变截面扫描.avi。

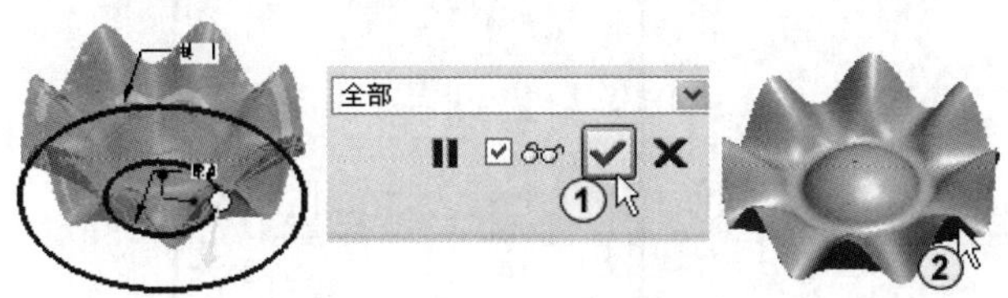

图 5-58　单击“确定”按钮

5.5　应用实例

本章介绍绞线、垃圾桶和钉螺 3 个模型的创建方法。绞线和垃圾桶两个模型的主要知识

点是关系式在变截面扫描中的应用，钉螺模型的主要知识点是变节距螺旋扫描的应用。

5.5.1 绞线

如图 5-59 所示的绞线模型，由变截面扫描创建而成。

图 5-59 绞线

建模思路：此模型的建模要点是创建一条空间曲线作为扫描轨迹，然后在扫描截面草图中添加关系式，达到截面沿轨迹扫描时旋转 3 周的效果。

创建绞线的步骤如表 5-1 所示。

表 5-1 绞线建模的步骤

步 骤	说 明	模 型	步 骤	说 明	模 型
1	创建曲面拉伸		4	创建变截面扫描	
2	创建曲面拉伸		5	创建变截面扫描	
3	创建曲面相交				

下面介绍绞线的具体创建方法。

1）新建文件。选择菜单“文件”→“新建”命令，在弹出的“新建”对话框中选择类型为“零件”，子类型为“实体”，在“名称”文本框中输入“xuqxd”，勾选“使用缺省模板”选项，单击“确定”按钮确定，如图 5-60 所示。

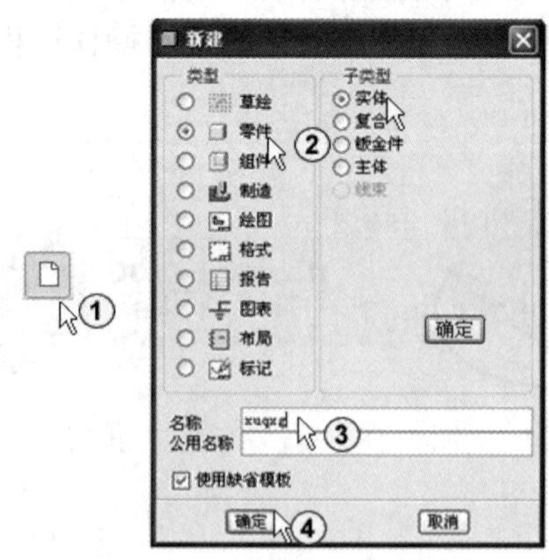

图 5-60 “新建”对话框

2）创建曲面拉伸，选择草绘平面。在“特征”工具栏中选择“拉伸”，系统弹出

“拉伸”对话框，在对话框中选择“拉伸为曲面”按钮，再单击“位置”按钮位置，系统弹出“草绘”对话框，在其中单击“定义”按钮定义...，系统弹出“草绘”对话框，要求选择草绘平面以及方向。移动鼠标选择前视平面如图 5-61 中④所示，在“参照”文本框中自动输入右视平面作为参照，单击“草绘”按钮草绘，系统进入草图绘制界面，如图 5-61 中⑤所示。

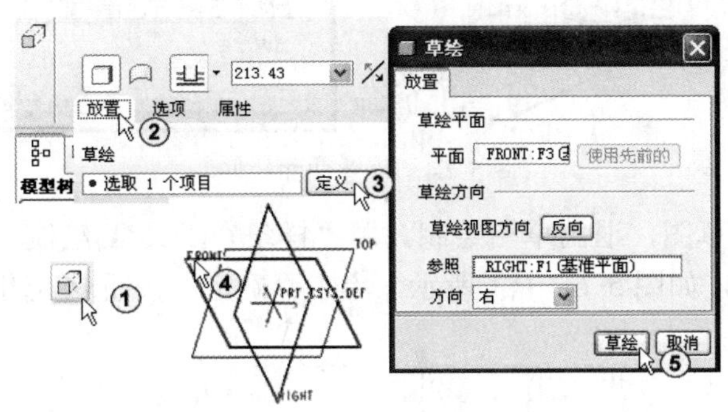

图 5-61　创建曲面拉伸

3）绘制拉伸截面草图，退出草图绘制。用“样条”工具绘制一条曲线，用“创建尺寸”工具标注尺寸，如图 5-62 中①所示，单击“完成”按钮退出草图绘制。

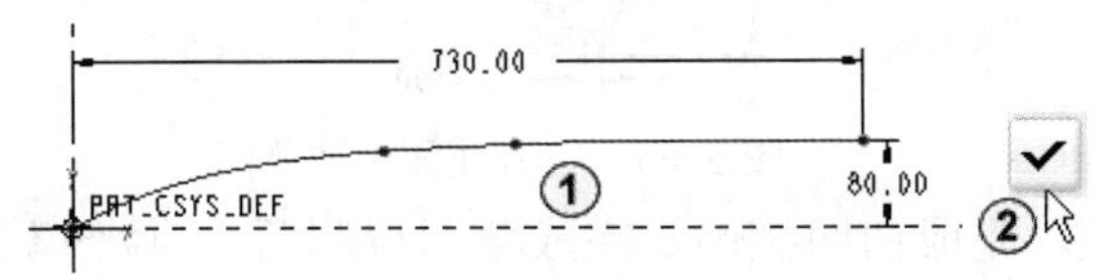

图 5-62　绘制拉伸截面草图

4）设置拉伸参数，完成曲面拉伸。完成草图绘制后，“拉伸”对话框处于激活状态，选择拉伸方式为“在各方向上以指定深度值的一半拉伸草图平面的两侧”，输入深度值为 200，单击“确定”按钮完成移除材料拉伸操作，效果如图 5-63 中⑤所示。

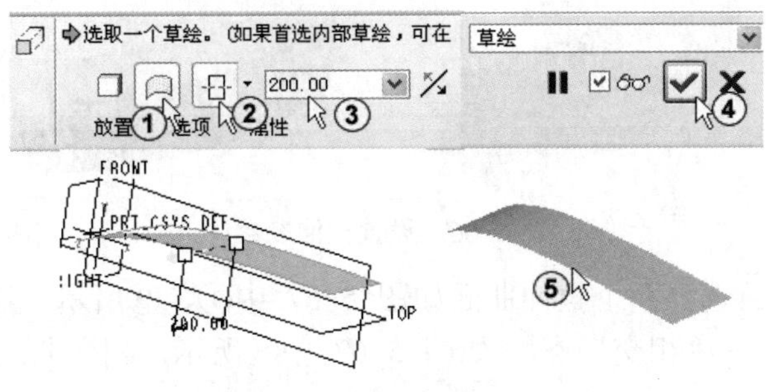

图 5-63　设置拉伸参数

5）创建曲面拉伸，选择草绘平面。在“特征”工具栏中选择“拉伸”，系统弹出“拉伸”对话框，选择“拉伸为曲面”按钮，再单击“位置”按钮位置，系统弹出“草绘”对话框，在其中单击“定义”按钮定义...，系统弹出“草绘”对话框，要求选择草绘平面以及方向。移动鼠标选择上视平面如图 5-64 中④所示，在“参照”文本框中自动输入右视平面作为参照，单击“草绘”按钮草绘，系统进入草图绘制界面，如图 5-64 中⑤所示。

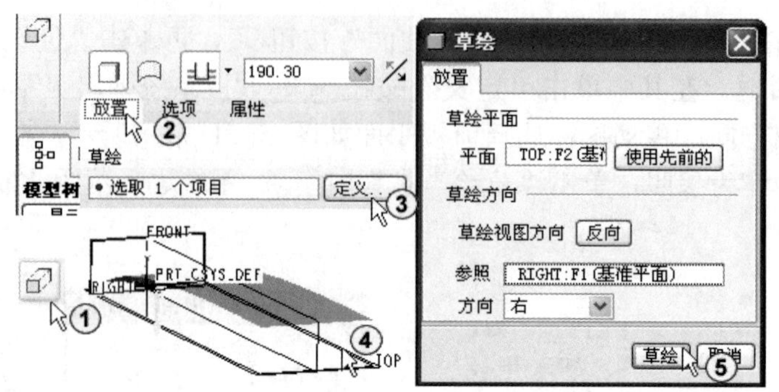

图 5-64 创建曲面拉伸

6）绘制拉伸截面草图，退出草图绘制。用“样条”工具绘制一条曲线，用“创建尺寸”工具标注尺寸，如图 5-65 中①所示，单击“确定”按钮退出草图绘制。

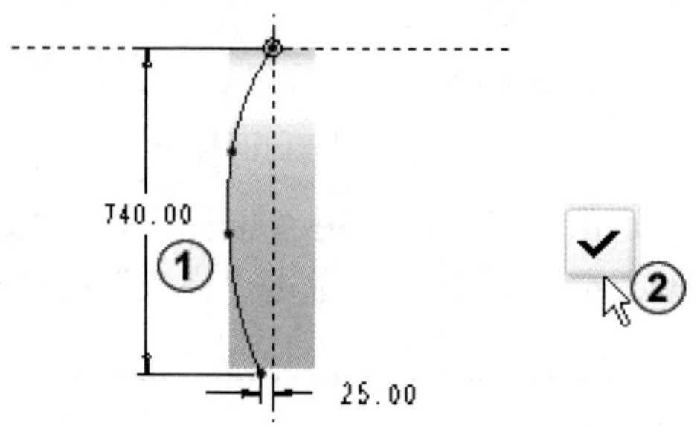

图 5-65 绘制曲面拉伸草图

7）设置拉伸参数，完成曲面拉伸。完成草图绘制后，“拉伸”对话框处于激活状态，选择拉伸方式为“在各方向上以指定深度值的一半拉伸草图平面的两侧”，输入深度值为 200，单击“应用并保存”按钮完成移除材料拉伸操作，效果如图 5-66 中⑤所示。

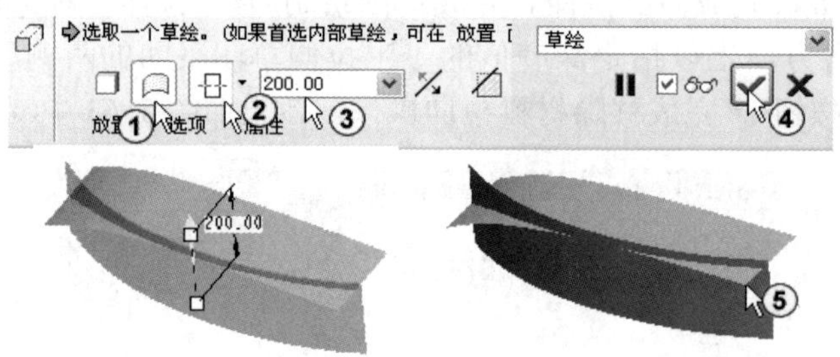

图 5-66 设置拉伸参数

8）创建相交曲线。选择两个拉伸曲面如图 5-67 中①、②所示，选择时按住<Ctrl>键，然后单击菜单“编辑”→“相交”，如图 5-67 中②所示，相交曲线产生如图 5-67 中③所示。

图 5-67 创建相交曲面

9）创建变截面扫描，选择变截面扫描轨迹线，进入扫描剖面绘制界面。单击“特征”工具栏中的“可变截面扫描”按钮，系统弹出“可变截面扫描”对话框，移动鼠标选择相交曲线作为扫描轨迹线，如图 5-68 中③所示。选择“扫描为曲面”按钮，单击“创建或编辑扫描剖面”按钮，如图 5-68 中④所示，系统进入扫描剖面绘制界面。

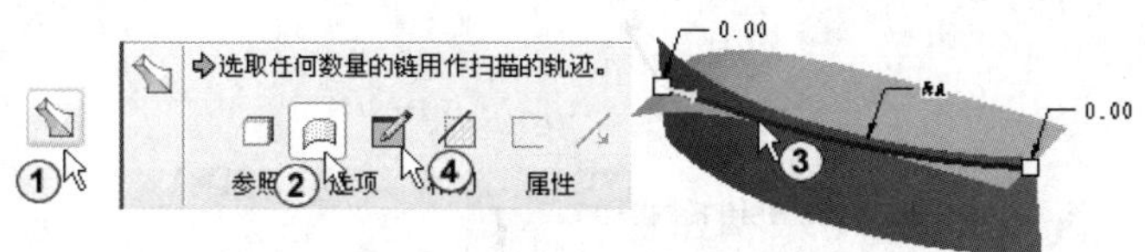

图 5-68　创建变截面扫描，选择轨迹线

10）绘制扫描截面草图，添加关系式。用“直线”工具绘制一条直线，直线的起点与扫描轨迹线起点重合，用“创建尺寸”工具标注角度尺寸，如图 5-69 中①所示，将这个角度尺寸建立关系式。单击菜单 “工具”→“关系”命令，如图 5-69 中②所示。

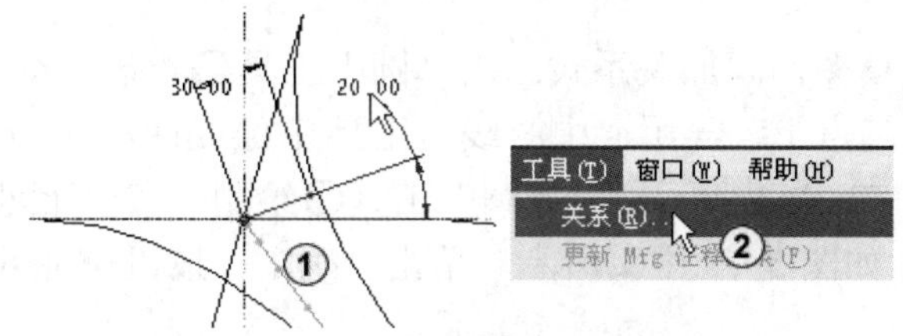

图 5-69　绘制扫描截面，添加关系式

11）输入关系式，退出草图绘制。系统弹出“关系”对话框，在对话框的输入框中单击，光标在输入框中闪动，移动鼠标单击角度尺寸 20，然后输入“＝trajpar*360*3”，如图 5-70 中①所示。单击“确定”按钮确定完成关系式创建，再单击“确定”按钮退出草图绘制。

图 5-70　输入关系式

12）添加关系式后的角度尺寸由关系式来驱动，如图 5-71 中①所示。单击“确定”按钮，完成变截面扫描操作，结果如图 5-71 中③所示。

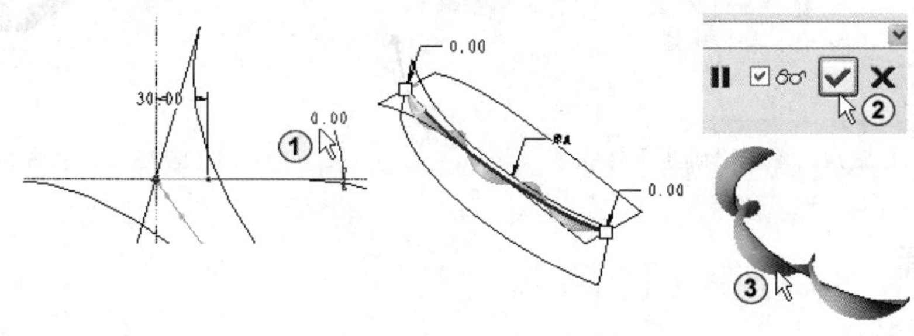

图 5-71　单击确定按钮

13）创建变截面扫描，选择变截面扫描轨迹线，进入扫描剖面绘制界面。单击“特征”工具栏中的“可变截面扫描”按钮，系统弹出“可变截面扫描”对话框，移动鼠标选择变截面扫描生成的曲面边线作为扫描轨迹线，如图 5-72 中③所示。选择“扫描为曲面”图标，单击“创建或编辑扫描剖面”按钮，如图 5-72 中④所示，系统进入扫描剖面绘制界面。

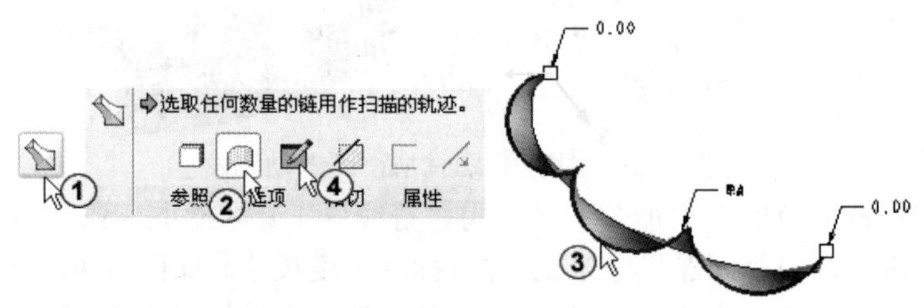

图 5-72　创建变截面扫描，选择轨迹线

14）绘制扫描截面草图，添加关系式。用“圆”工具绘制一个半径为 20mm 的圆，圆心落在扫描轨迹线的起点上，再用“中心线”工具绘制两条成 60° 夹角的轴线，将圆置换成构造线，如图 5-73 中①所示。用“圆”工具绘制 7 个等径小圆，用“创建尺寸”工具标注小圆的尺寸如图 5-73 中②所示。单击“确定”按钮退出草图绘制。

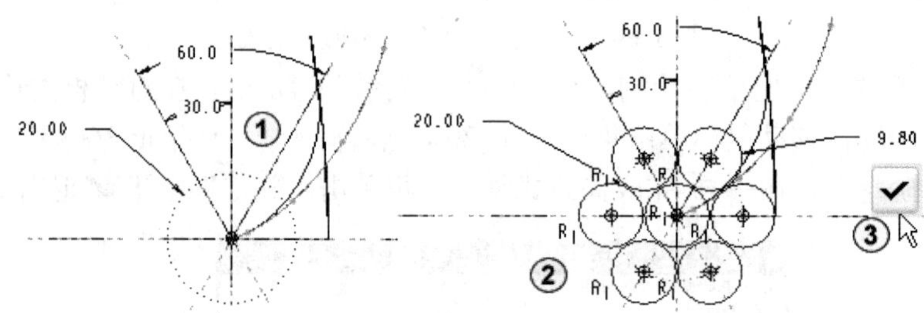

图 5-73　绘制扫描截面

15）退出扫描截面草图绘制后，系统显示扫描结果预览，预览无误后单击“确定”按钮，完成变截面扫描操作，结果如图 5-74 中③所示。

上色后的绞线模型，如图 5-75 所示。操作过程见随书光盘 5\视频\5-17 绞线 avi。

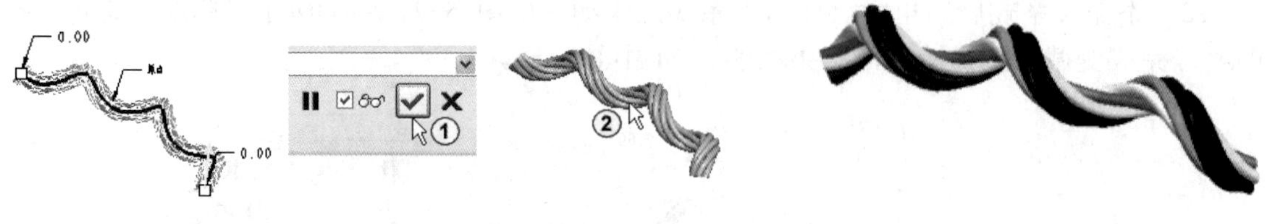

图 5-74　单击“确定”按钮　　　　图 5-75　上色后的绞线模型

5.5.2　垃圾桶

如图 5-76 所示的垃圾桶是日常生活中常用的物品，它由变截面扫描加上关系式创建而成。

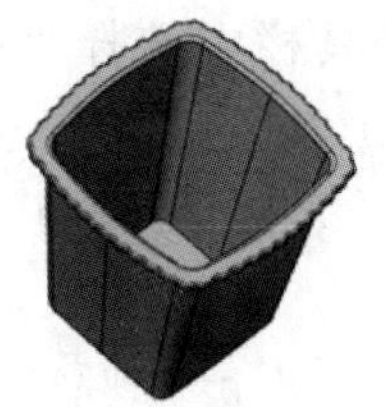
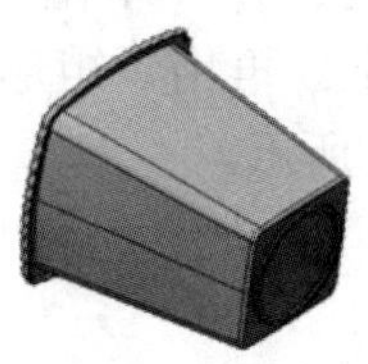

图 5-76　垃圾桶

创建垃圾桶模型的步骤如表 5-2 所示。

表 5-2　垃圾桶建模步骤

步　骤	说　明	模　型	步　骤	说　明	模　型
1	创建扫描轨迹线		2	创建变截面扫描	

下面介绍垃圾桶的具体创建方法。

1）新建文件。单击菜单“文件”→“新建”命令，在弹出的“新建”对话框中选择类型为“零件”，子类型为“实体”，在“名称”文本框中输入“fufesce”，勾选“使用缺省模板”选项，单击“确定”按钮，如图 5-77 所示。

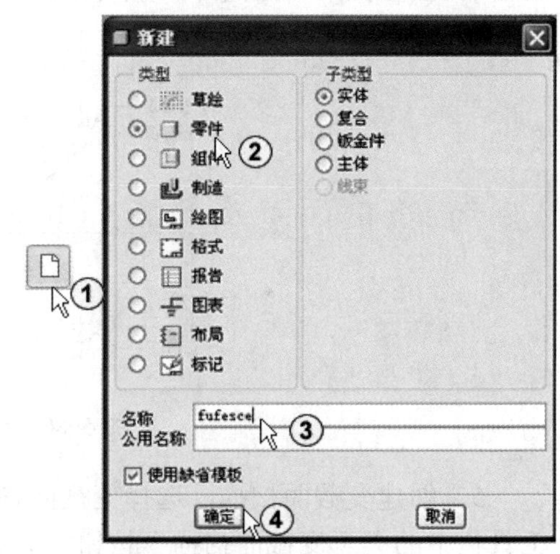

图 5-77　“新建”对话框

2）选择草绘平面，绘制变截面扫描轨迹。在“特征”工具栏中选择“草绘”按钮，系统弹出“草绘”对话框，要求选择草绘平面和草绘方向，移动鼠标选择前视基准面，系统自动在“参照”文本框中输入右视基准面作为草绘视图参照方向，采用系统默认的方向，单击“草绘”按钮进入草图绘制界面，如图 5-78 中③所示。

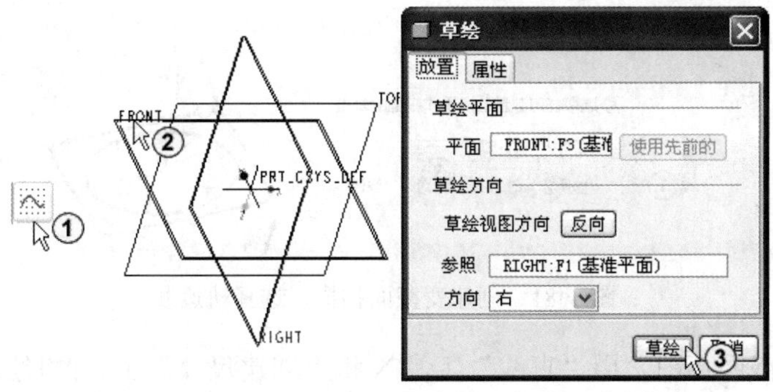

图 5-78　选择绘制草图平面

3）绘制变截面扫描轨迹。在“草图”工具栏中选择“圆”工具○绘制一个直径为50mm 的圆，圆心落在原点上。再用“矩形”工具□绘制一个矩形，用“创建尺寸”工具⟷标注尺寸，如图 5-79 中②所示。

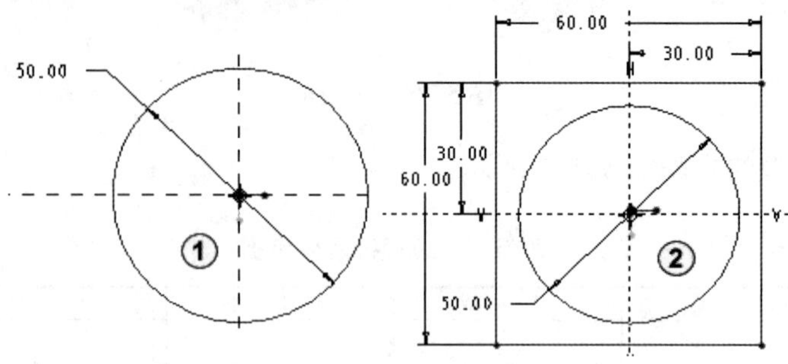

图 5-79　绘制轨迹线草图

4）绘制圆形，退出草图绘制。在“草图”工具栏中选择“圆形”工具将矩形的 4 个角分别倒 R5 圆角，如图 5-80 中①所示。单击“确定”按钮✔退出草图绘制。

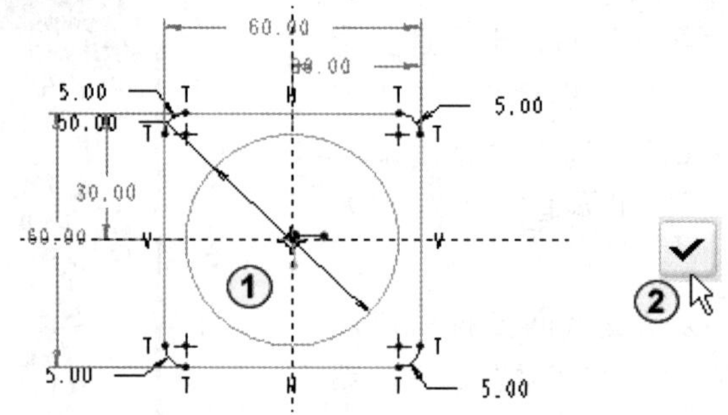

图 5-80　绘制圆形，退出草图绘制

5）创建变截面扫描，选择变截面扫描轨迹线，进入扫描剖面绘制界面。单击“特征”工具栏中的“可变截面扫描”按钮，系统弹出“可变截面扫描”对话框，移动鼠标选择如图 5-81 中④所示的圆和矩形作为扫描轨迹线，选择时要按住〈Ctrl〉键。选择“扫描为曲面”图标，单击“创建或编辑扫描剖面”按钮，如图 5-81 中③所示。系统进入扫描剖面绘制界面。

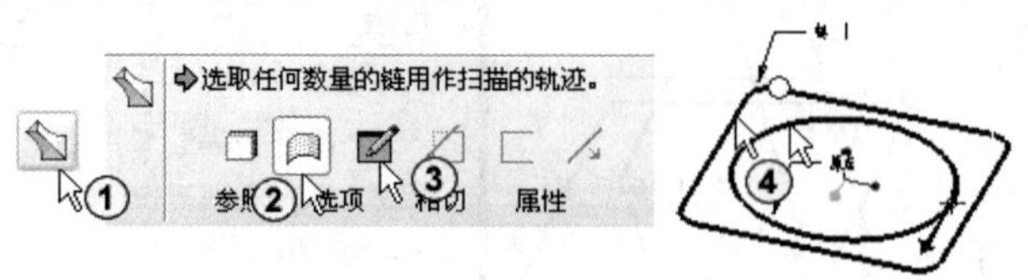

图 5-81　创建变截面扫描，选择轨迹线

6）绘制扫描截面草图。用“直线”工具╲和“创建尺寸”工具⟷绘制如图 5-82 所示的草图。

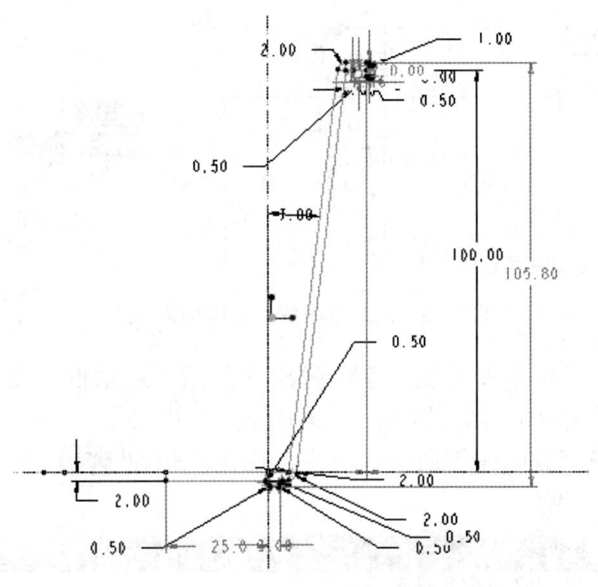

图 5-82　绘制扫描截面草图

图 5-83 是底部草图。

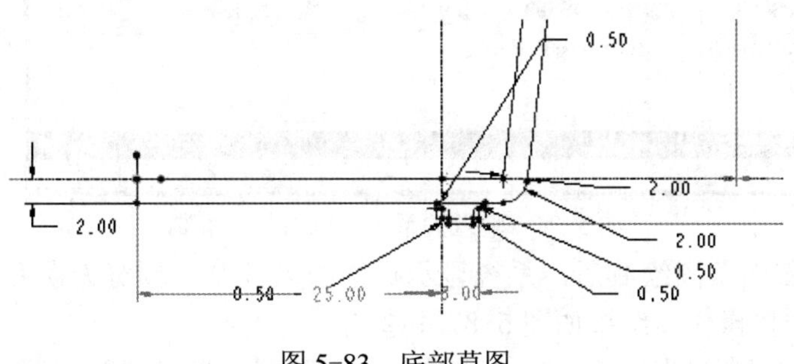

图 5-83　底部草图

图 5-84 是底部放大图，图 5-84 中①所指的点与圆轨迹重合，图 5-84 中②所指的点与矩形轨迹重合。

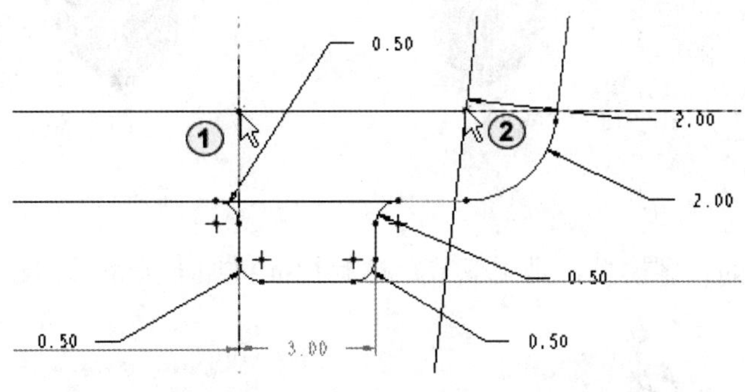

图 5-84　底部草图放大

7）添加关系式。图 5-85 中①是沿口草图放大图，草图中箭头所指的尺寸 5 添加关系式。单击菜单“工具”→“关系”命令，如图 5-85 中②所示。

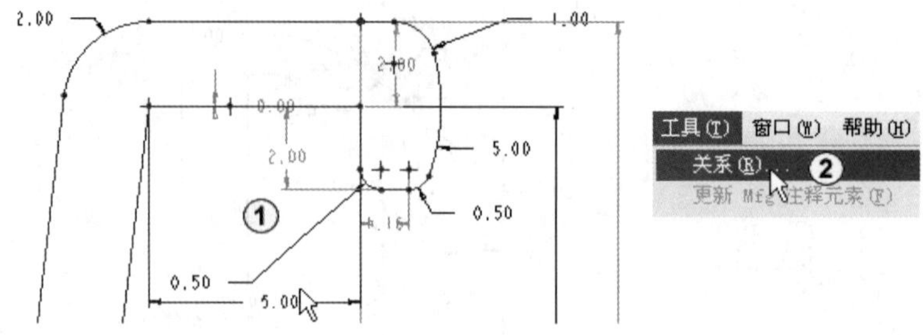

图 5-85　沿口草图放大，添加关系式

8）输入关系式，退出草图绘制。系统弹出“关系”对话框，在对话框的输入框中单击，光标在输入框中闪动，移动鼠标单击尺寸 5，然后再输入“=5+0.5*sin trajpar*360*48)”，如图 5-86 中①所示。单击“确定”按钮确定完成关系式创建，再单击“确定”按钮✔退出草图绘制。

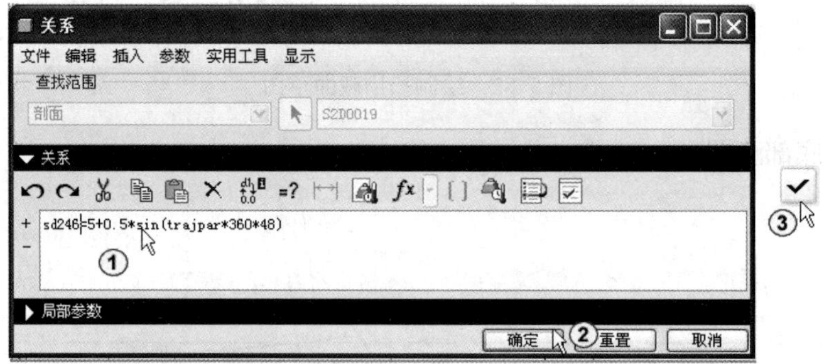

图 5-86　输入关系式，退出草图绘制

9）退出扫描截面草图绘制后，系统显示扫描结果预览，预览无误后单击“确定”按钮✔，完成变截面扫描操作，结果如图 5-87 中②所示。

上色后垃圾桶模型如图 5-88 所示。操作过程见随书光盘 5\视频\5-18 垃圾桶.avi。

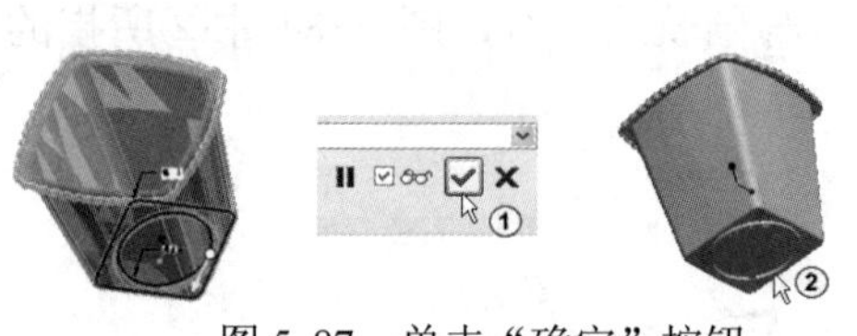

图 5-87　单击“确定”按钮

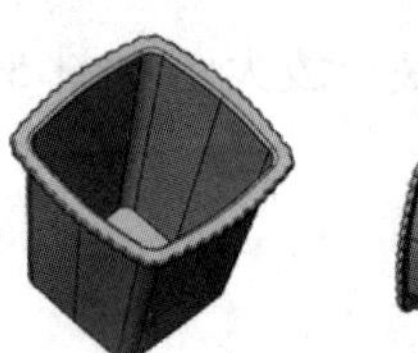

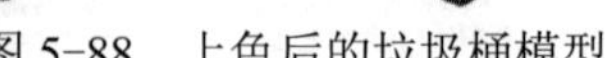

图 5-88　上色后的垃圾桶模型

5.5.3　钉螺

如图 5-89 所示的钉螺模型，是用变节距螺旋扫描再加上关系式创建而成的。

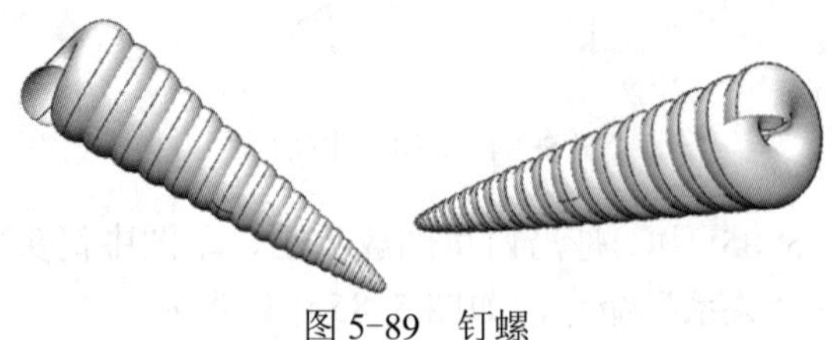

图 5-89　钉螺

创建钉螺模型的步骤如表 5-3 所示。

表 5-3　创建钉螺模型的步骤

步　骤	说　明	模　型	步　骤	说　明	模　型
1	定义螺旋扫描属性		4	创建扫描截面	
2	绘制螺旋线形状草图		5	添加关系式	
3	定义变距数值		6	扫描结果	

下面介绍钉螺的具体创建方法。

1）新建文件。单击菜单“文件”→“新建”命令，在弹出的“新建”对话框中选择类型为“零件”，子类型为“实体”，在“名称”文本框中输入“qsjlx”，勾选“使用缺省模板”选项，单击“确定”按钮确定，如图 5-90 所示。

2）定义螺旋线属性，选择绘制螺旋轨迹形状草图平面。单击菜单“插入”→“螺旋扫描”→“曲面”命令，如图 5-91 中②所示。系统弹出“属性”菜单管理器，在其中选择“开放端”、“可变的”、“穿过轴”、“右手定则”，单击“完成”命令，如图 5-91 中②所示。系统弹出“设置草绘平面”菜单管理器，采用默认设置，移动鼠标选择“上视平面”作为绘制草图平面，系统弹出平面“方向”菜单管理器，单击“确定”命令，如图 5-91 中⑤所示。

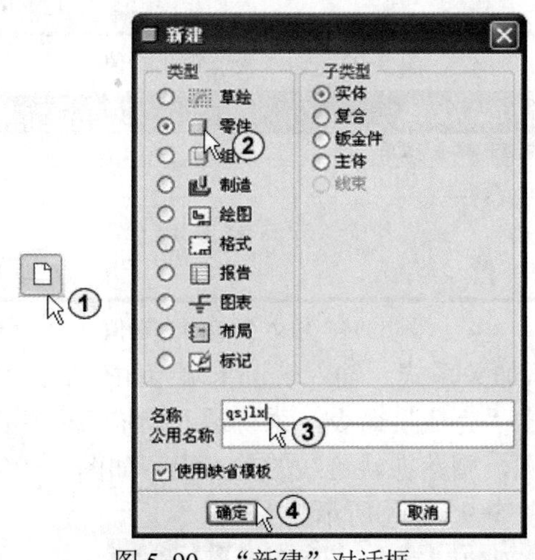

图 5-90　“新建”对话框

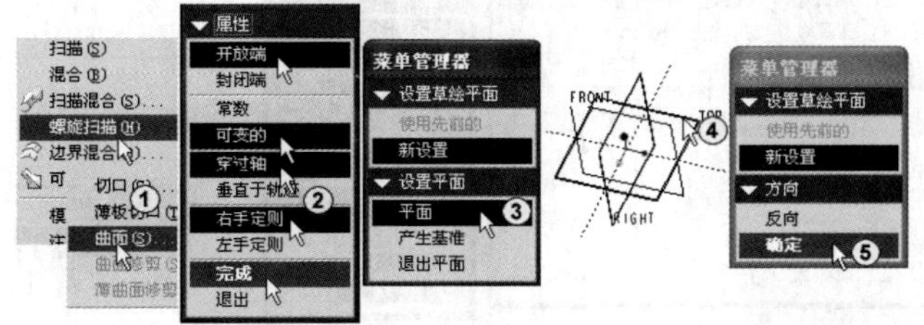

图 5-91　选择螺旋扫描类型，定义扫描属性，选择绘制草图平面

3）绘制螺旋形状草图。在“草绘视图”菜单管理器中单击“缺省”命令，系统进入草图绘制界面。用“直线”工具╲绘制一条斜线，如图 5-92 中②所示，用“轴”工具┆绘制一条竖轴，如图 5-92 中③所示，单击“完成”按钮✔退出草图绘制。

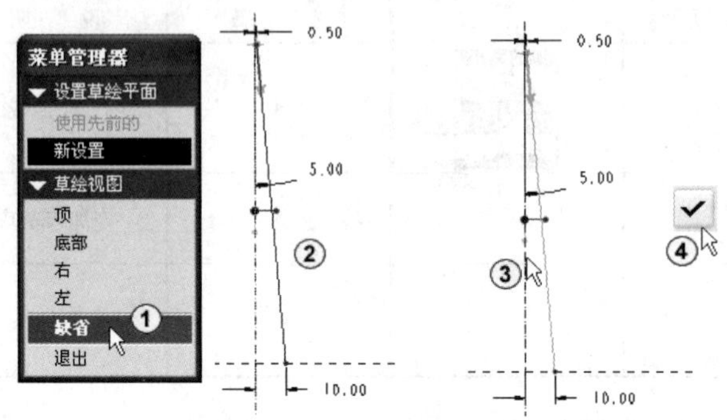

图 5-92　绘制螺旋形状草图

4）定义轨变线起始节距。定义螺旋形状草图后，系统弹出“消息输入窗口”，在输入框中输入 0.5，如图 5-93 中①所示，单击“确定”按钮✔。

5）定义轨变线末端节距。定义轨迹线起始节距后，系统弹出“消息输入窗口”，在输入框中输入 10，如图 5-94 中①所示，单击“确定”按钮✔。

图 5-93　输入变节距起始值

图 5-94　输入变节距末端值

6）绘制扫描截面，添加关系式。输入轨迹末端节距值后，系统弹出变节距曲线图形，如图 5-95 中①所示，单击“完成”命令，系统进入扫描截面草图绘制界面。用“圆”工具绘制一个直径为 5mm 的圆，圆落在轨迹线的起点上，如图 5-95 中③所示。单击菜单“工具”→“关系”命令，如图 5-95 中④所示。

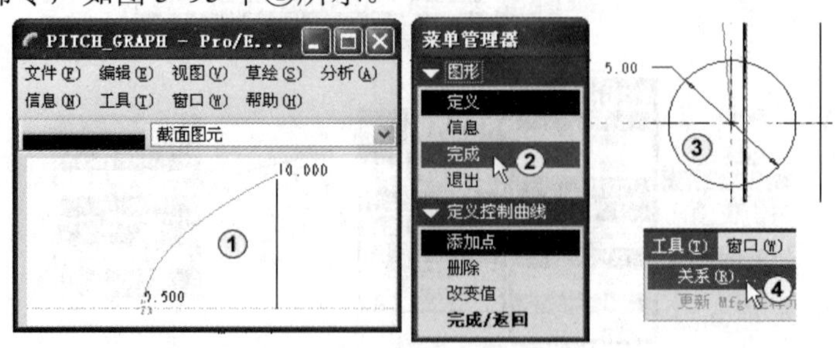

图 5-95　确定变节距数值

7）输入关系式，退出草图绘制。系统弹出“关系”对话框，在对话框的输入框中单击，光标在输入框中闪动，移动鼠标单击直径尺寸 5，然后再输入“=1+5*abs(trajpar*1.5)”，如图 5-96 中①所示。单击“确定”按钮确定完成关系式创建，再单击“完成”按钮✔退出草图绘制。

图 5-96　输入关系式，退出草图绘制

8）退出扫描截面草图绘制后，在“曲面：螺旋扫描”对话框中单击“确定”按钮确定完成变节距螺旋扫描操作，结果如图 5-97 中②所示。

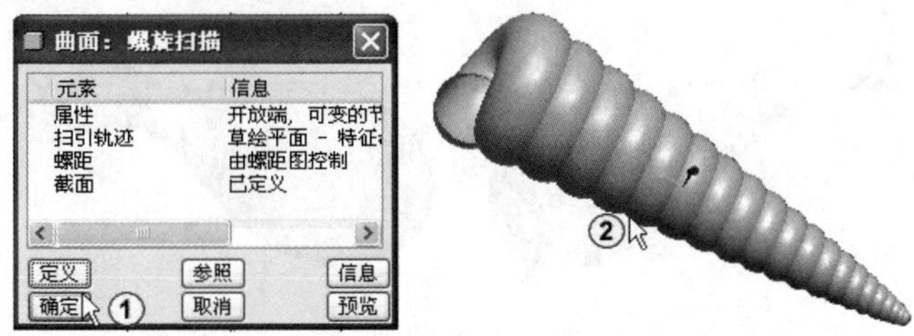

图 5-97　单击“确定”按钮

上色后的钉螺模型如图 5-98 所示。操作过程见随书光盘 5\视频\5-19 钉螺.avi。

图 5-98　上色后的钉螺模型

5.6　练习题

本章要求实现电热丝和花瓶两个练习模型。这两个模型的创建方法使用了螺旋扫描和变截面扫描等特征，同时还使用了关系式。

5.6.1　电热丝

制作如图 5-99 所示的电热丝模型。电热丝模型是以螺旋扫描和变截面扫描为主要特征，在变截面扫描的截面尺寸上加上关系式创建而成。本练习题的知识点是螺旋扫描和关系式在变截面扫描中的应用。

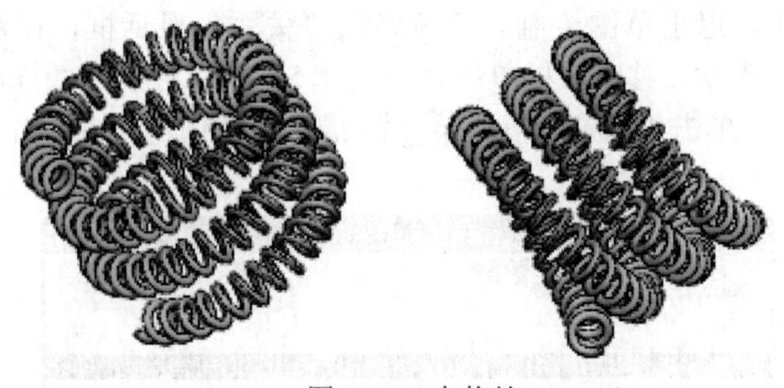

图 5-99　电热丝

5.6.2　花瓶

制作如图 5-100 所示的花瓶模型。花瓶模型是以变截面扫描为主要特征，在变截面扫描的截面尺寸上加上关系式创建而成。本练习题的知识点是关系式在变截面扫描中的应用。

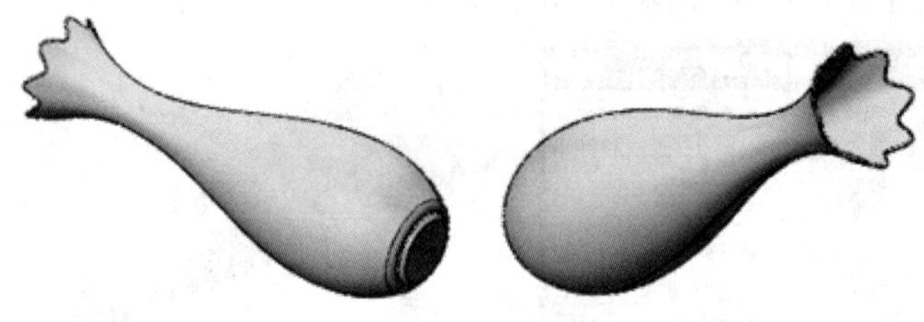

图 5-100　花瓶

第6章 混 合 特 征

6.1 混合特征

混合特征是将多个截面混合成一个实体的建模方法。混合特征的建模方式有 3 种：平行混合、旋转混合和一般混合。旋转混合和一般混合又称为非平行混合，非平行混合有以下两个特点。

1）截面可以是非平行的，也可以是平行。当截面之间角度设为 0 时，即可创建平行混合特征。

2）可以通过 IGES 文件输入的方法来创建截面。

6.1.1 平行混合特征

平行混合特征是将所有平行的截面混合成一个实体。

创建平行混合特征的步骤如下。

1）单击“混合特征”菜单，选择混合类型，选择混合方式为“平行”。

2）定义混合属性：选择混合形状为“直”或“光滑”。

3）选择草图绘制平面，进入草绘界面。

4）绘制第一截面，单击菜单“草绘”→“特征工具”→“切换截面”命令。

5）绘制第二截面，调整起点位置和方向，单击“确定”按钮✔。

6）定义深度：输入深度值。

7）单击“确定”按钮 确定 。

下面是创建平行混合特征的实例。

1）选择混合类型，选择混合方式，定义混合属性。单击菜单“插入”→“混合”→“伸出项”命令，如图 6-1 中①所示，系统弹出“混合选项”菜单管理器，在其中选择“平行”、“规则截面”和“草绘截面”，单击“完成”命令，如图 6-1 中②所示。系统弹出“属性”菜单管理器，选择“光滑”命令，单击“完成”命令，如图 6-1 中③所示。系统弹出“设置草绘平面”菜单管理器，采用默认设置。

2）选择草图绘制平面，绘制第一混合截面。移动鼠标选择“上视平面”作为草图绘制平面，在“设置草绘平面”菜单管理器中单击“确定”命令，在参照“方向”菜单管理器中单击“缺省”命令，系统进入草图绘制界面。用“圆”工具○绘制一个直径为 200mm 的圆，圆心落在原点上；用“中心线”工具┆绘制夹角为 90° 的两条交叉线，交叉点落在圆心上；用“分割”工具将圆分割成 4 段圆弧，如图 6-2 中④所示。

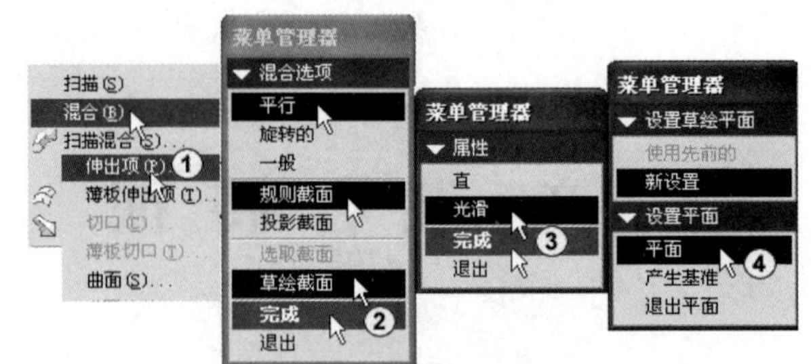

图 6-1　选择混合类型，选择混合方式，定义混合属性

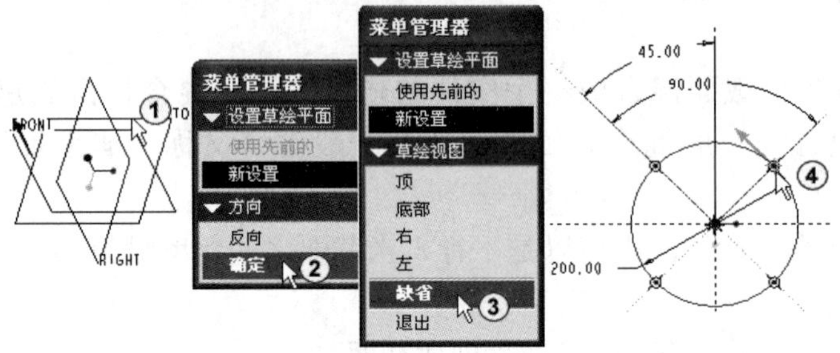

图 6-2　选择草图绘制平面，绘制混合第一截面

3）切换截面，绘制第二混合截面，定义截面深度。绘制好第一混合截面后，单击菜单“插入”→“特征工具”→“切换截面”命令，第一截面变成灰暗色，系统接受第二截面的绘制。用“矩形”工具□绘制一个矩形，如图 6-3 中②所示。要注意起点位置和箭头方向。如果位置不对，先选中对应的位置点，然后单击菜单“草绘”→“特征工具”→“起点”命令，即可改变起点位置。如果箭头方向不对，先选中这个点，然后单击菜单“草绘”→“特征工具”→“起点”命令，即可改变箭头方向。单击“确定”按钮✔退出草图绘制，系统弹出“消息输入窗口”对话框，输入 200，单击“确定”按钮✔，如图 6-3 中⑤所示。

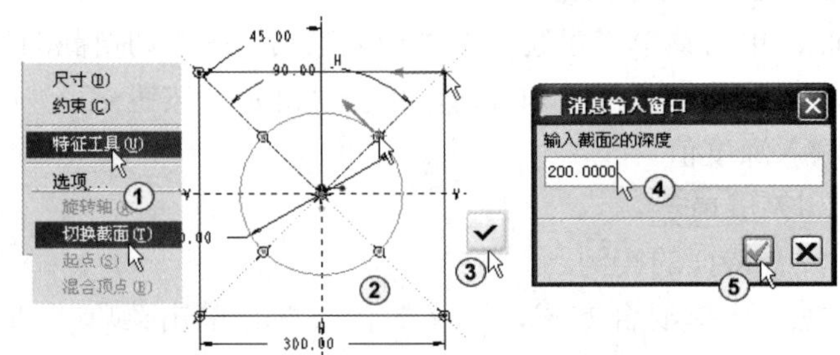

图 6-3　切换截面，绘制混合第二截面，定义截面深度

4）定义截面深度后在“伸出项：混合，平行”对话框中单击“确定”按钮 确定 完成混合操作，效果如图 6-4 中②所示。操作过程见随书光盘 6\视频\6-1 平行混合特征.avi。

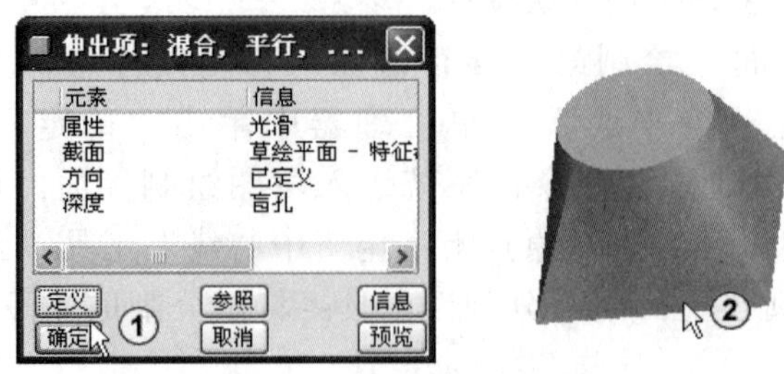

图 6-4　单击“确定”按钮

6.1.2　旋转混合特征

旋转混合特征是将截面绕 Y 轴旋转混合生成实体模型。最大旋转角度为 120°，每个截面用单独的草图绘制，绘制草图时必须定义坐标系。

创建旋转混合特征的步骤如下。

1）单击“混合特征”菜单，选择混合类型，选择混合方式为旋转。

2）定义混合属性：选择混合形状为“直”或“光滑”。

3）选择草图绘制平面，进入草绘界面。

4）单击菜单“草绘”→“坐标系”命令，在草图中插入坐标系，绘制第一截面草图，单击“完成”按钮✔。

5）定义旋转角度：输入角度值。

6）绘制第二截面，单击菜单“草绘”→“坐标系”命令，在草图中插入坐标系，调整起点位置和方向，单击“完成”按钮✔。

7）确认是否继续下一截面：单击“是”按钮继续下一截面，单击“否”按钮结束截面定义。

8）单击“确定”按钮[确定]。

下面是创建旋转混合特征的实例。

1）选择混合类型，选择混合方式，定义混合属性。单击菜单“插入”→“混合”→“伸出项”命令，如图 6-5 中①所示，系统弹出“混合选项”菜单管理器，在其中选择“旋转的”、“规则截面”和“草绘截面”，单击“完成”命令，如图 6-5 中②所示。系统弹出“属性”菜单管理器，选择“光滑”命令，单击“完成”命令，如图 6-5 中③所示。系统弹出“设置草绘平面”菜单管理器，采用默认设置。

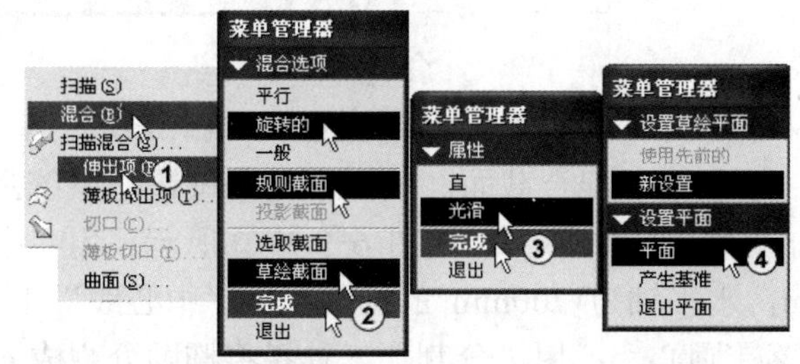

图 6-5　选择混合类型，选择混合方式，定义混合属性

2）选择绘制草图平面，插入坐标系。移动鼠标选择“前视平面”作为草图绘制平面，在“设置草绘平面”菜单管理器中单击“确定”命令，在参照“方向”菜单管理器中单击“缺省”命令，系统进入草图绘制界面。单击菜单“草绘”→“坐标系”，如图 6-6 中④所示。移动鼠标在草图中插入坐标系，如图 6-6 中⑤所示。

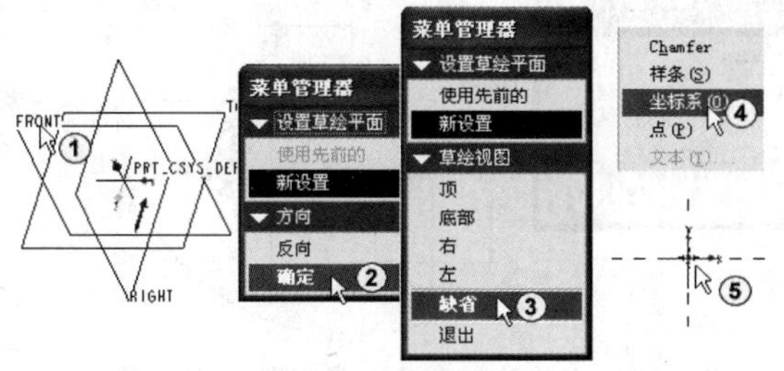

图 6-6　选择草图绘制平面，插入坐标系

3）绘制第一混合截面。用“圆”工具○绘制一个直径为 300mm 的圆，圆心与坐标水平对齐；用“中心线”工具┆绘制夹角为 90° 的两条交叉线，交叉点落在圆心上；用“分割”工具将圆分割成 4 段圆弧，如图 6-7 中①所示。单击“确定”按钮✔退出草图绘制。系统弹出“消息输入窗口”对话框，在文本框中输入 60，单击“确定”按钮✔，如图 6-7 中④所示。

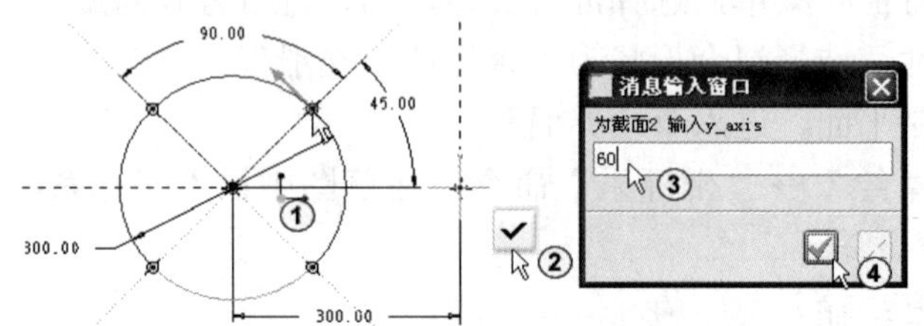

图 6-7　绘制第一混合截面

4）绘制第二混合截面，插入坐标系，确认继续下一截面。定义旋转角度值后，系统进入第二混合截面绘制界面。用“矩形”工具□绘制一个矩形，如图 6-8 中①所示。注意起点位置，如果位置不对，先选中对应的位置点，然后单击菜单“草绘”→“特征工具”→“起点”命令，即可改变起点位置。单击菜单“草绘”→“坐标系”命令，如图 6-8 中②所示。移动鼠标在草图中插入坐标系，如图 6-8 中③所示。单击“确定”按钮✔退出草图绘制。系统弹出“确认”对话框，单击“是”按钮［是(Y)］，如图 6-8 中⑤所示。

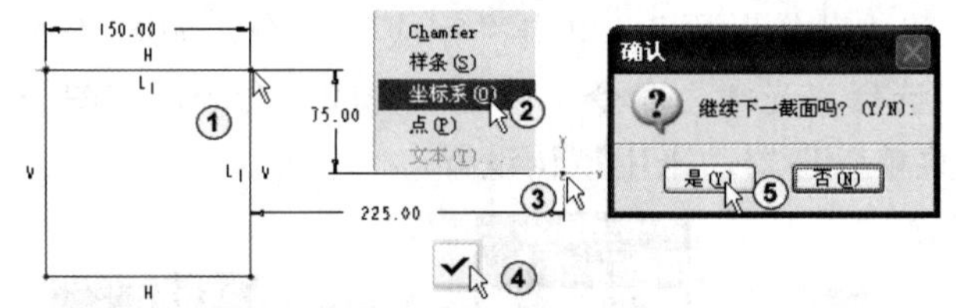

图 6-8　绘制第二混合截面，插入坐标系，确认继续下一截面

5）定义旋转角度，绘制第三混合截面。单击“是”按钮，系统弹出“消息输入窗口”对话框，输入 60，单击“确定”按钮✔，如图 6-9 中②所示。用“中心和轴椭圆”工具绘制一个竖轴为 400mm，水平轴为 200mm 的椭圆；用“中心线”工具┆绘制夹角为 90° 的两条交叉线，交叉点落在圆心上；用“分割”工具将椭圆分割成 4 段圆弧，如图 6-9 中③所示。单击菜单“草绘”→“坐标系”命令，如图 6-9 中④所示。移动鼠标在草图中插入坐标系，如图 6-9 中⑤所示。坐标系与椭圆的圆心水平对齐，单击“确定”按钮✔退出草图绘制。

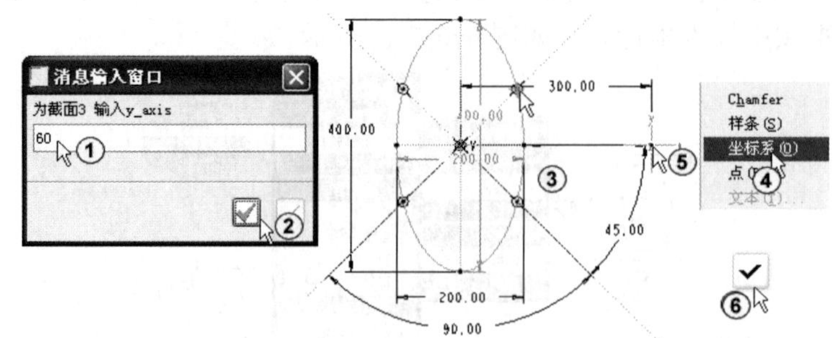

图 6-9　定义旋转角度，绘制第三混合截面

6）定义第三截面后，系统弹出“确认”对话框，单击“否”按钮[否(N)]，如图 6-10 中①所示。在“伸出项：混合，旋转”对话框中单击“确定”按钮[确定]完成混合操作，效果如图 6-10 中③所示，操作过程见随书光盘 6\视频\6-2 旋转混合特征.avi。

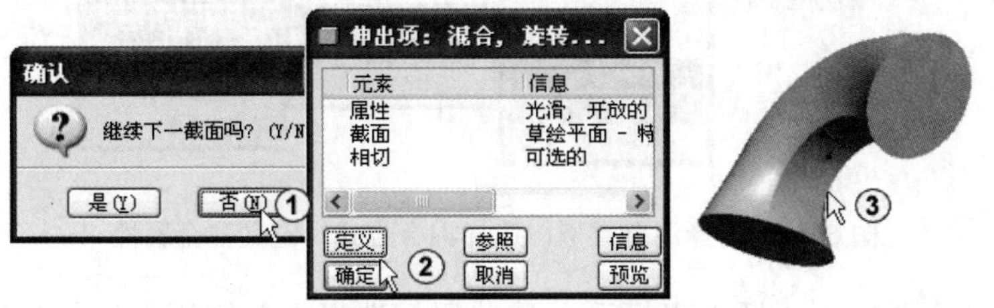

图 6-10　否定继续下一截面，单击“确定”按钮

6.1.3　一般混合特征

一般混合特征是比较灵活实用的混合方式。最大旋转角度为 120°，需要定义 X、Y、Z 轴的旋转角度。每个截面用单独草图绘制，绘制草图时必须定义坐标系。

创建一般混合特征的步骤如下。

1）单击“混合特征”菜单，选择混合类型，选择混合方式为“一般”。

2）定义混合属性：选择混合形状为“直”或“光滑”。

3）选择草图绘制平面，进入草绘界面。

4）单击菜单“草绘”→“坐标系”命令，在草图中插入坐标系，绘制第一截面草图，单击“完成”按钮✔。

5）分别定义 X 轴、Y 轴和 Z 轴的旋转角度并输入角度值。

6）绘制第二截面草图，单击菜单“草绘”→“坐标系”命令，在草图中插入坐标系，调整起点位置和方向，单击“完成”按钮✔。

7）确认是否继续下一截面：单击“是”按钮继续下一截面，单击“否”结束截面定义。

8）分别定义 X 轴、Y 轴和 Z 轴的旋转角度并输入角度值。

9）绘制第三截面草图，单击菜单“草绘”→“坐标系”命令，在草图中插入坐标系，调整起点位置和方向，单击“完成”按钮✔。

10）确认是否继续下一截面：单击“否”按钮。

11）输入第二截面深度和第三截面深度。

12）单击“确定”按钮[确定]。

下面是创建一般混合特征的实例。

1）选择混合类型，选择混合方式，定义混合属性。单击菜单“插入”→“混合”→“伸出项”命令，如图 6-11 中①所示，系统弹出“混合选项”菜单管理器，在其中选择“一般”、“规则截面”和“草绘截面”，单击“完成”命令，如图 6-11 中②所示。系统弹出“属性”菜单管理器，选择“光滑”命令，单击“完成”命令，如图 6-11 中③所示。系统弹出“设置草绘平面”菜单管理器，采用默认设置。

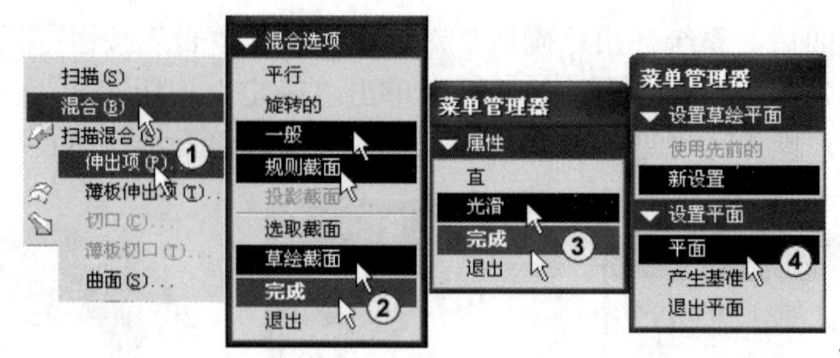

图 6-11　选择混合类型，选择混合方式，定义混合属性

2）选择绘制草图平面，插入坐标系。移动鼠标选择“前视平面”作为草图绘制平面，在“设置草绘平面”菜单管理器中单击“确定”命令，在参照“方向”菜单管理器中单击“缺省”命令，系统进入草图绘制界面。单击菜单“草绘”→“坐标系”命令，如图 6-12 中④所示。移动鼠标在草图中插入坐标系，如图 6-12 中⑤所示。

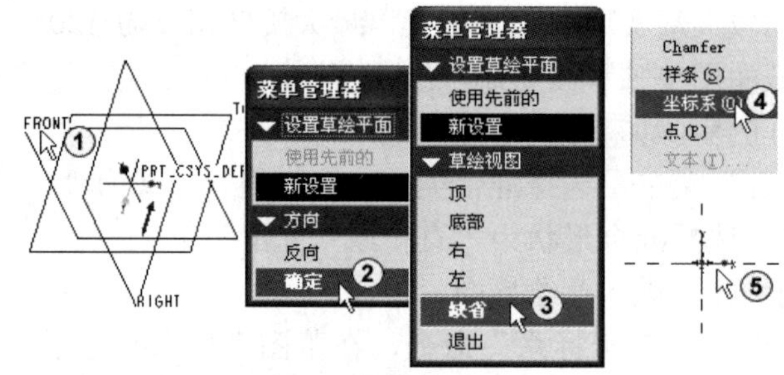

图 6-12　选择草图绘制平面，插入坐标系

3）绘制第一混合截面，退出草图绘制，输入 X 轴旋转角度。用“矩形”工具□绘制一个 100mm×100mm 的矩形，矩形中心与插入坐标对齐，如图 6-13 中①所示。单击“确定”按钮✔退出草图绘制。系统弹出“消息输入窗口”对话框，输入 0，单击“确定”按钮✔，如图 6-13 中④所示。

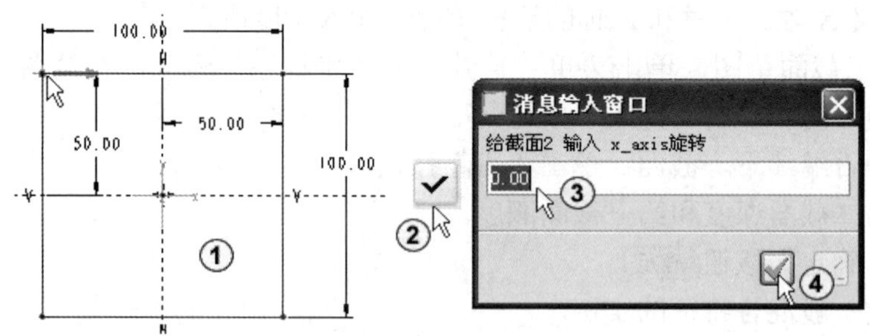

图 6-13　绘制第一混合截面，退出草图绘制，定义 X 轴旋转角度

4）输入 Y 轴旋转角度，输入 Z 轴旋转角度。系统弹出“Y 轴旋转角度”对话框，输入 0，单击“确定”按钮✔，如图 6-14 中②所示。系统弹出“Z 轴旋转角度”对话框，输入 120，单击“确定”按钮✔，如图 6-14 中④所示。

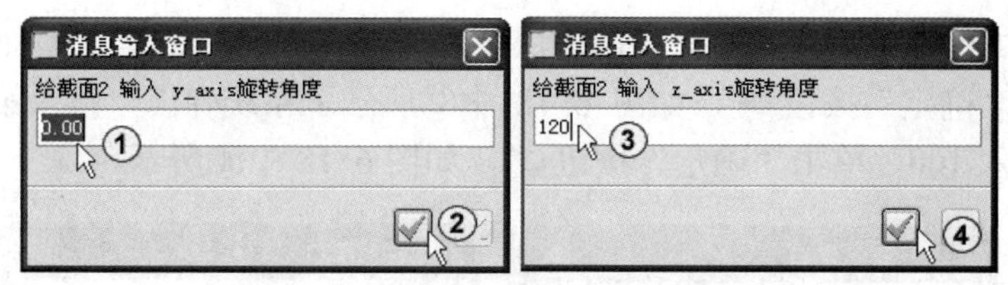

图 6-14　定义 Y 轴和 Z 轴的旋转角度

5）插入坐标系，绘制第二截面草图，退出草图绘制，确认继续下一截面。在下拉菜单中选择“坐标系”命令，如图 6-15 中①所示。移动鼠标在草图中插入坐标系，如图 6-15 中②所示。用“矩形”工具□绘制一个 60mm×60mm 的矩形，矩形中心与插入坐标对齐，如图 6-15 中③所示，单击“确定”按钮✔退出草图绘制。系统弹出“确认”对话框，单击“是”按钮[是(Y)]，如图 6-15 中⑤所示。

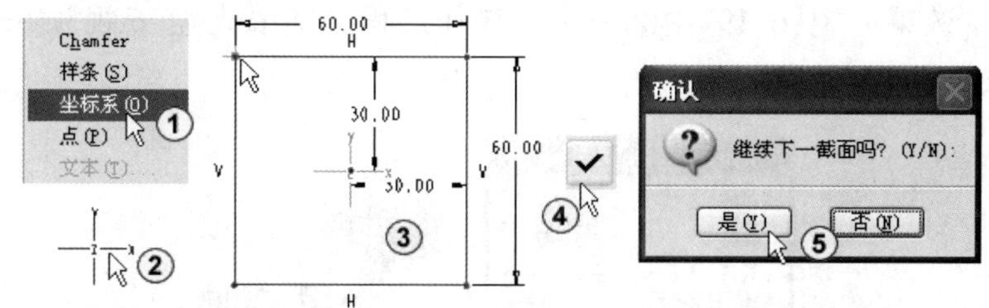

图 6-15　插入坐标系，绘制第二截面草图，退出草图绘制，确认继续下一截面

6）输入 X 轴、Y 轴和 Z 轴的旋转角度。系统弹出“输入 X 轴旋转角度”对话框，输入 0，单击“确定”按钮✔，如图 6-16 中②所示。系统弹出“输入 Y 轴旋转角度”对话框，输入 0，单击“确定”按钮✔，如图 6-16 中④所示。系统弹出“输入 Z 轴旋转角度”对话框，输入 120，单击“确定”按钮✔，如图 6-16 中⑥所示。

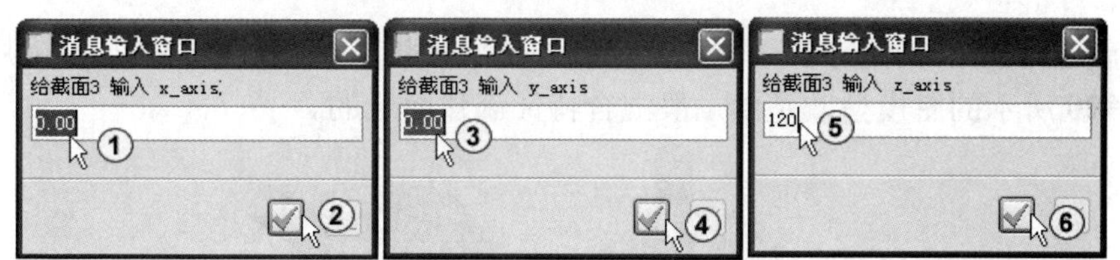

图 6-16　定义 X 轴、Y 轴和 Z 轴的旋转角度

7）插入坐标系，绘制第三截面草图，退出草图绘制，否定继续下一截面。在下拉菜单中选择“坐标系”命令，如图 6-17 中①所示。移动鼠标在草图中插入坐标系，如图 6-17 中②所示。用“矩形”工具□绘制一个 100mm×100mm 的矩形，矩形中心与插入坐标对齐，如图 6-17 中③所示。单击“确定”按钮✔退出草图绘制。系统弹出“确认”对话框，单击“否”按钮[否(N)]，如图 6-17 中⑤所示。

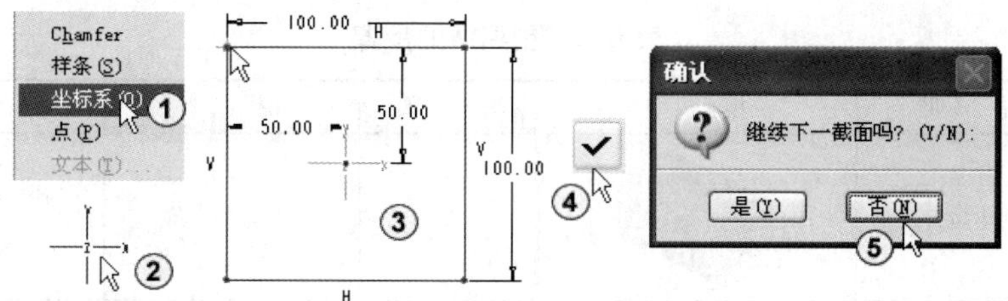

图 6-17　插入坐标系，绘制第三混合截面草图，退出草图绘制，否定继续下一截面

8）输入第二截面深度，输入第三截面深度。系统弹出“输入第二截面深度”对话框，输入 100，单击“确定”按钮✔，如图 6-18 中②所示。系统弹出“输入第三截面深度”对话框，在其中输入 100，单击“确定”按钮✔，如图 6-18 中④所示。

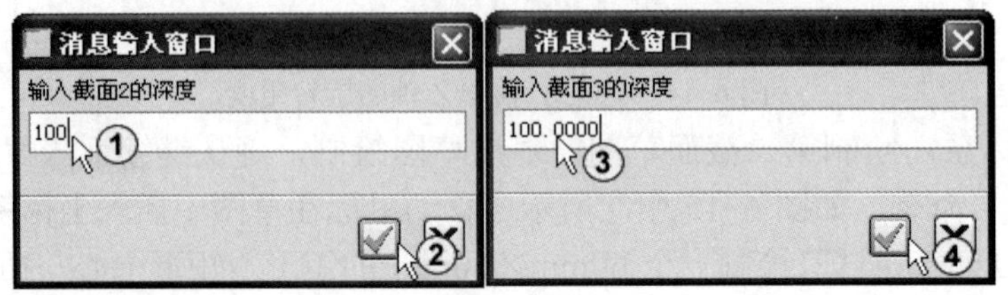

图 6-18　输入第二截面深度，输入第三截面深度

9）输入第三截面深度后，在“伸出项：混合，一般”对话框中单击“确定”按钮[确定]完成混合操作，效果如图 6-19 中②所示，操作过程见随书光盘 6\视频\6-3 一般混合特征.avi。

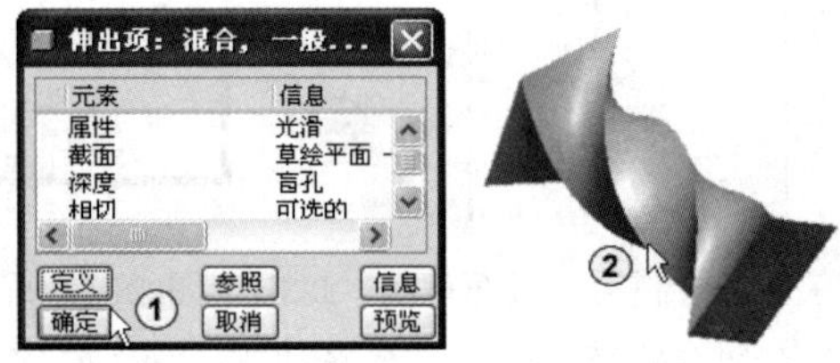

图 6-19　单击“确定”按钮

6.2　应用实例

本章介绍瓶模型的创建方法。创建瓶模型的主要知识点是一般混合特征的应用。

如图 6-20 所示的瓶模型，是由一般混合特征创建而成的。

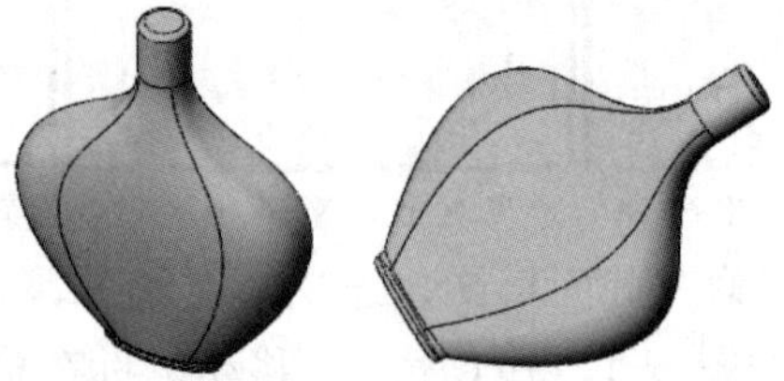

图 6-20　瓶模型

建模思路：用拉伸特征创建出瓶口和瓶底，然后用一般混合特征创建出瓶体。

创建瓶的步骤如表 6-1 所示。

表 6-1　创建瓶的步骤

步　骤	说　明	模　型	步　骤	说　明	模　型
1	创建拉伸		2	创建基准面	

（续）

步　骤	说　明	模　型	步　骤	说　明	模　型
3	创建拉伸		6	创建一般混合	
4	创建基准面		7	添加圆角	
5	创建混合截面草图				

下面介绍瓶的具体创建方法。

1）新建文件。单击菜单“文件”→“新建”命令，在弹出的“新建”对话框中选择类型为“零件”，子类型为“实体”，在“名称”文本框中输入“UAG”，勾选“使用缺省模板”选项，单击“确定”按钮确定，如图 6-21 所示。

2）创建实体拉伸，选择草绘平面。在“特征”工具栏中选择“拉伸”，系统弹出“拉伸”对话框，在对话框中选择“拉伸为实体”按钮，再单击“位置”按钮位置，系统弹出“草绘”对话框，在其中单击“定义”按钮定义...，系统弹出“草绘”对话框，要求选择草绘平面以及方向。移动鼠标单击“上视基准平面”，如图 6-22 中④所示。系统自动选择右视基准平面作为参照方向，接受系统默认方向。单击“草绘”按钮草绘进入草图绘制界面。

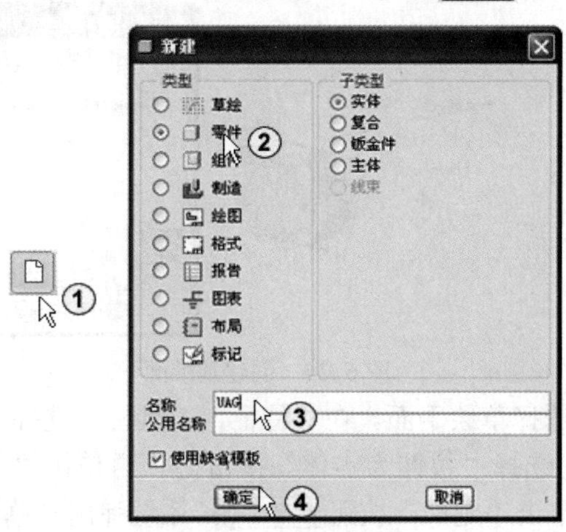

图 6-21　“新建”对话框

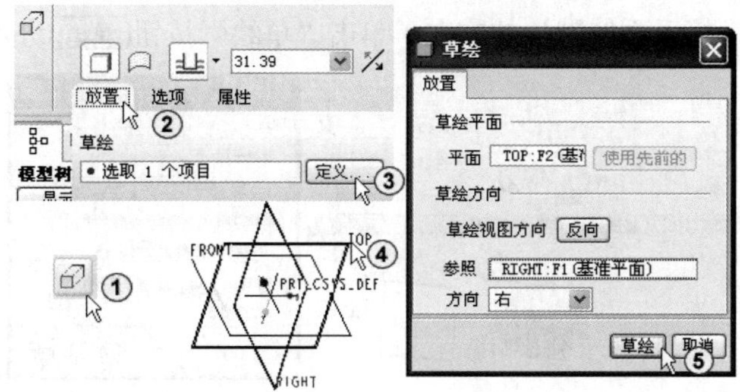

图 6-22　创建拉伸，选择草绘平面

3）绘制拉伸截面，退出草图绘制。用“圆”工具○绘制一个直径为 12mm 的圆，圆心落在原点上。用“中心线”工具┆绘制夹角为 90° 的两条交叉线，交叉点落在圆心上；用“分割”工具将圆分割成 4 段圆弧，如图 6-23 中①所示。单击“确定”按钮✔退出草图绘制。完成草图绘制后，“拉伸”对话框处于激活状态，选择拉伸方式为“从草绘平面以指定的深度值拉伸”，输入深度值为 15。从预览中可以看到拉伸方向，如果方向不对，可以单击“将材料的伸出方向改为草绘的另一侧”来改变方向，单击“确定”按钮✔完成拉伸操作，效果如图 6-23 中⑤所示。

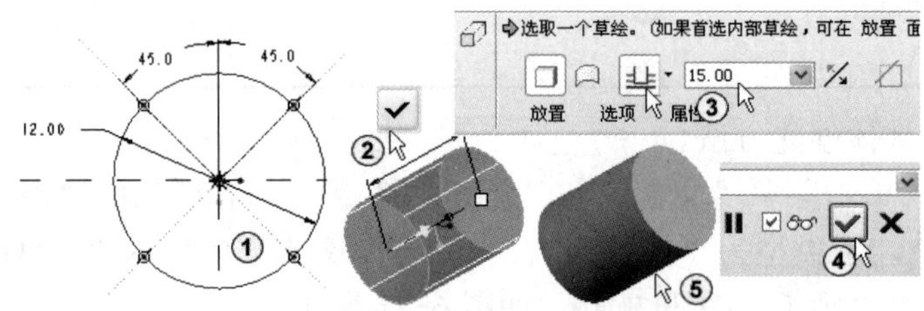

图 6-23　绘制圆，绘制交叉轴线，分割圆，退出草图绘制

4）创建基准面。在特征工具栏中单击“平面”按钮，系统弹出“基准平面”对话框，移动鼠标选择“上视基准面”作为参照方向，如图 6-24 中②所示。在“平移”文本框中输入 80，然后按回车键，从预览中可以看到创建的基准平面，如果方向不对在 80 前面加上负号，然后按回车键。单击“确定”按钮确定完成基准面的创建。

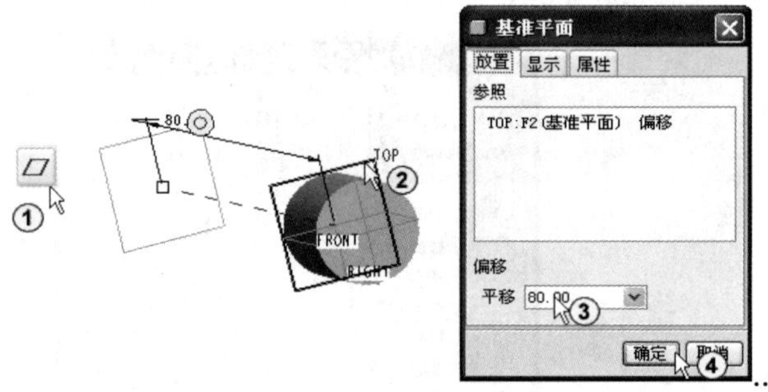

图 6-24　创建基准面

5）创建实体拉伸，选择草绘平面。在“特征”工具栏中选择“拉伸”，系统弹出“拉伸”对话框，在对话框中选择“拉伸为实体”按钮，再单击“位置”按钮位置，系统弹出“草绘”对话框，在其中单击“定义”按钮定义...，系统弹出“草绘”对话框，要求选择草绘平面及方向。移动鼠标单击“DTM1”基准平面，如图 6-25 中④所示。系统自动选择右视基准平面作为参照方向，接受系统默认的方向。单击“草绘”按钮草绘进入草图绘制界面。

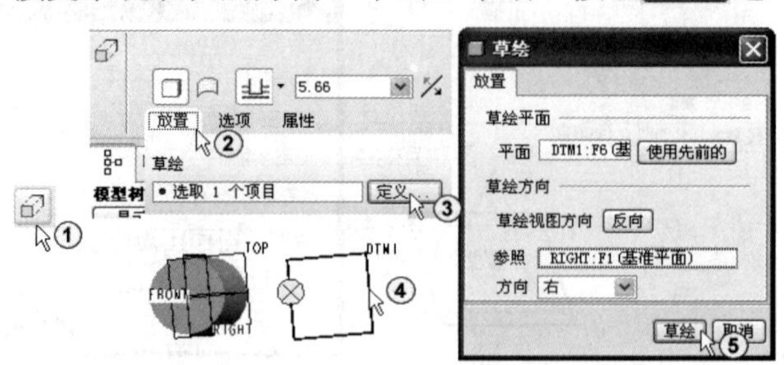

图 6-25　创建拉伸，选择草绘平面

6）绘制拉伸截面，退出草图绘制。用“中心和轴椭圆”工具绘制一个长轴为30mm，短轴为12mm的椭圆，圆心落在原点上；用“中心线”工具绘制夹角为90°的两条交叉线，交叉点落在圆心上；用“分割”工具将椭圆分割成4段圆弧，如图6-26中①所示。单击“确定”按钮退出草图绘制。完成草图绘制后，“拉伸”对话框处于激活状态，选择拉伸方式为“从草绘平面以指定的深度值拉伸”，输入深度值为3。单击“将材料的伸出方向改为草绘的另一侧”来改变默认的方向，单击“确定”按钮完成拉伸操作，效果如图6-26中⑥所示。

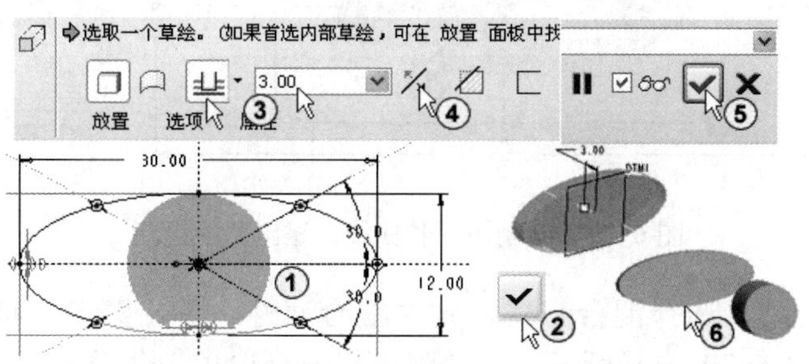

图6-26 绘制拉伸截面，退出草图绘制

7）创建基准面。在特征工具栏中单击“平面”按钮，系统弹出“基准平面”对话框，移动鼠标选择“DTM1 基准面”作为参照方向，如图6-27中②所示。在“平移”文本框中输入55，然后单击回车键，从预览中可以看到创建的基准平面，如果方向不对在55前面加上负号，然后单击回车键。单击“确定”按钮确定完成基准面的创建。

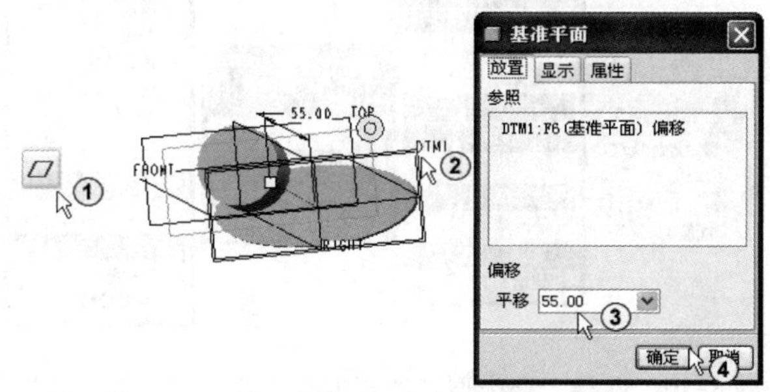

图6-27 创建基准面

8）选择草绘平面，绘制混合截面草图。在“特征”工具栏中选择“草绘”按钮，系统弹出“草绘”对话框，要求选择草绘平面和草绘方向。移动鼠标选择“DTM2”基准面作为参照方向，如图6-28中②所示。系统自动选择右视基准面作为参照方向，采用系统默认的方向。单击“草绘”按钮草绘进入草图绘制界面，如图6-28中③所示。

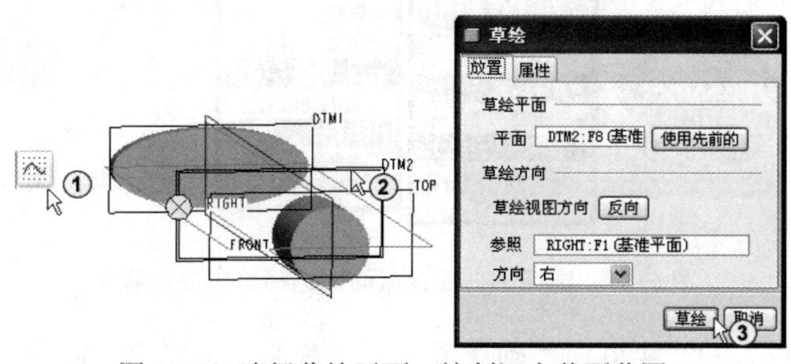

图6-28 选择草绘平面，绘制混合截面草图

9）绘制矩形和曲线，退出草图绘制。用“矩形”工具□绘制一个矩形，将矩形的两条竖边转换成构造线；用“样条”工具∿在矩形的左右两边各绘制一条曲线；用“创建尺寸”工具|↔|标注如图 6-29 中①所示的尺寸。单击“确定”按钮✔退出草图绘制。

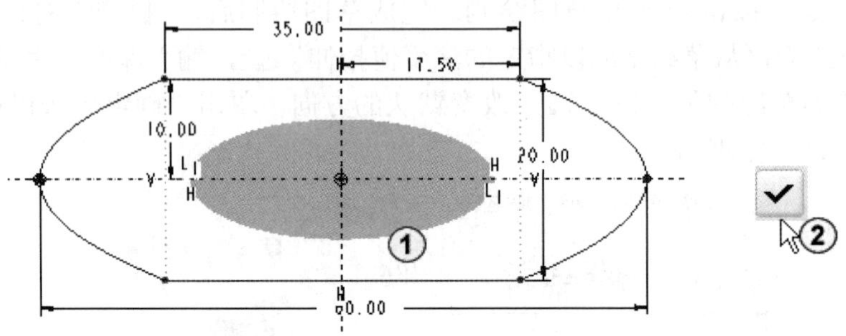

图 6-29　绘制矩形和曲线，退出草图绘制

10）选择混合类型，选择混合方式，定义混合属性。单击菜单“插入”→“混合”→“伸出项”命令，如图 6-30 中①所示。系统弹出“混合选项”菜单管理器，在其中选择“一般”、“规则截面”和“选取截面”，单击“完成”命令，如图 6-30 中②所示。系统弹出“属性”菜单管理器，选择“光滑”命令，单击“完成”命令，如图 6-30 中③所示。系统弹出“选出曲线”菜单管理器，单击“选取环”命令，如图 6-30 中④所示。

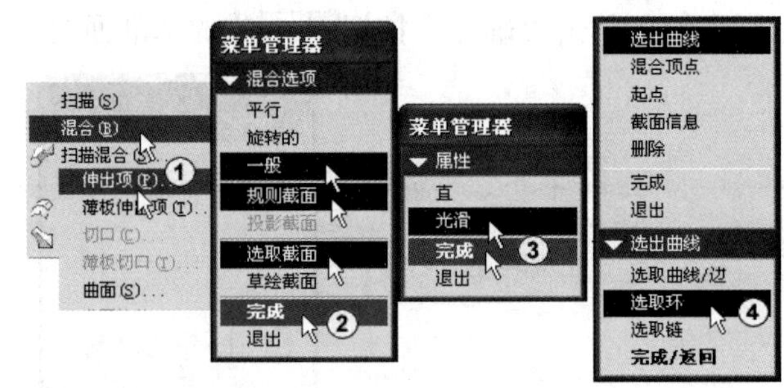

图 6-30　选择混合类型，选择混合方式，定义混合属性

11）选择第一混合截面，选择第二混合截面。单击“选取环”命令后，移动鼠标选择如图 6-31 中①所示的环作为第一混合截面，单击“完成”命令，单击“选取环”命令，移动鼠标选择如图 6-31 中④所示的曲线环作为第二混合截面。

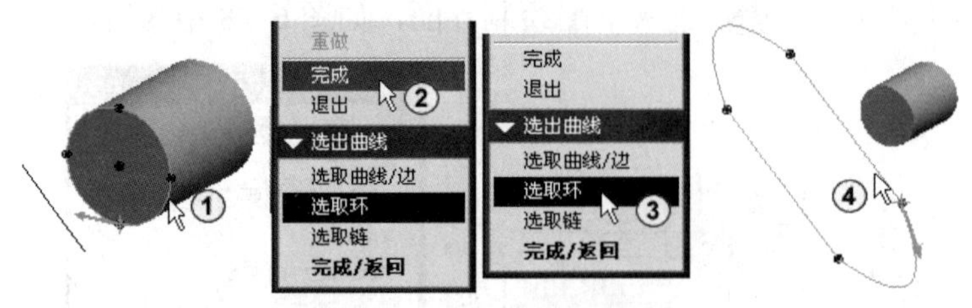

图 6-31　选择第一混合截面，选择第二混合截面

12）调整起点位置和箭头方向，确认继续下一截面。定义第二截面后，从图中可以看出

起点位置与第一截面不对应。单击“起点”命令，再单击如图 6-32 中②所示的点，起点位置改变了，如果箭头方向不对，再次单击该点，箭头就会改变方向。单击“完成”命令，系统弹出“确认”对话框，单击“是”按钮 是(Y) ，如图 6-32 中④所示。

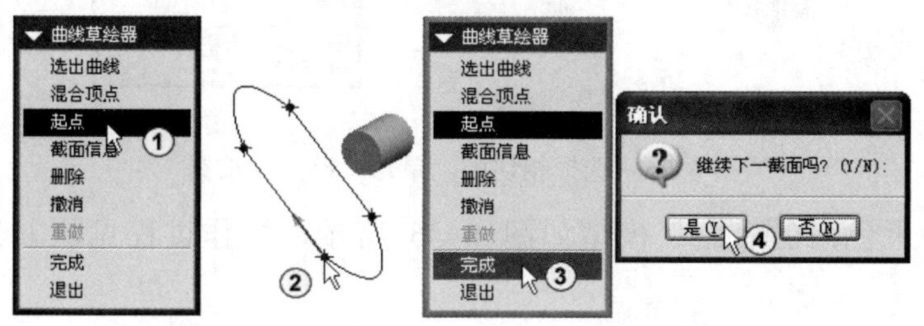

图 6-32　定义起点位置和箭头方向，确认继续下一截面

13）选择第三混合截面，定义起点位置和箭头方向。单击“选取环”命令，移动鼠标选择如图 6-33 中②所示的环作为第三混合截面，从图中可以看出起点位置与第二截面不对应。单击“起点”命令，再单击如图 6-33 中②所示的点，起点位置改变了，如果箭头方向不对，再次单击该点，箭头就会改变方向。单击“完成”命令，如图 6-33 中⑤所示。

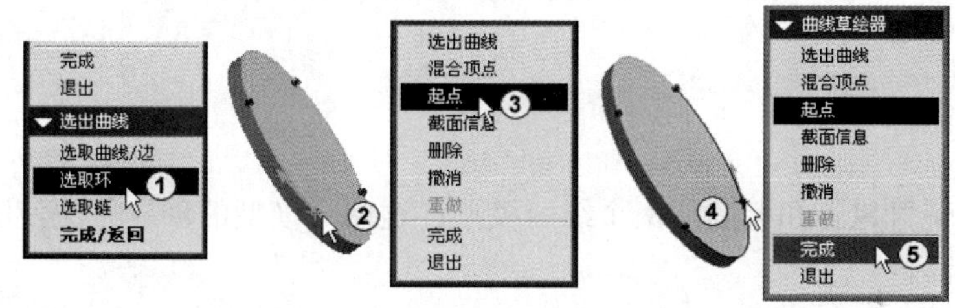

图 6-33　选择第三混合截面，定义起点位置和箭头方向

14）否定继续下一截面，定义相切。定义第三混合截面后，系统弹出“确认”对话框，单击“否”按钮 否(N) ，如图 6-34 中①所示。在“伸出项：混合，一般”对话框中选中“相切”命令，然后单击“定义”按钮，系统弹出“确认”对话框，单击“是”按钮 是(Y) ，如图 6-34 中④所示。

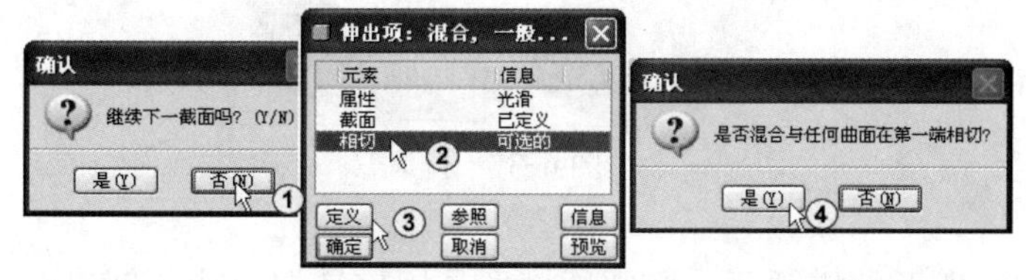

图 6-34　否定继续下一截面，定义相切

15）选择相切面，单击“确定”按钮。确认混合曲面后，系统要求选择与第一混合曲线相切的曲面，因为第一混合截面曲线是由 4 段圆弧组成的，系统会依次以红色显示曲线并要求选择与之相切的曲面，移动鼠标选择与之曲线相切的曲面，如图 6-35 中①所示。定义完第一截面相切后，系统弹出“确认”对话框，单击“否”按钮 否(N) ，如图 6-35 中②所示。在“伸出项：混合，一般”对话框中单击“确定”按钮完成混合操作，效果如图 6-35 中④所示。

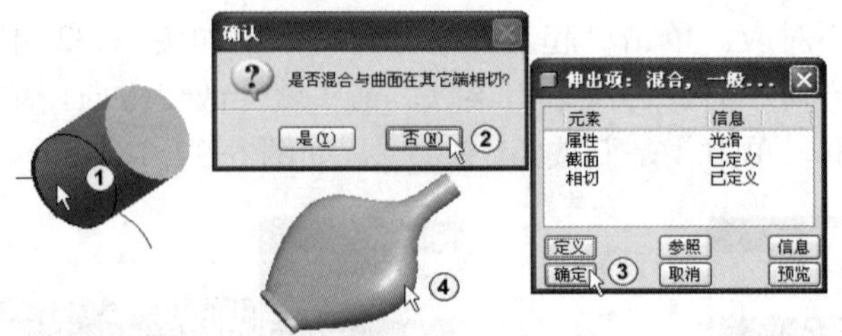

图 6-35　选择相切面，单击“确定”按钮

添加圆角和上色后的“瓶”模型如图 6-36 所示，操作过程见随书光盘 6\视频\6-4 瓶.avi。

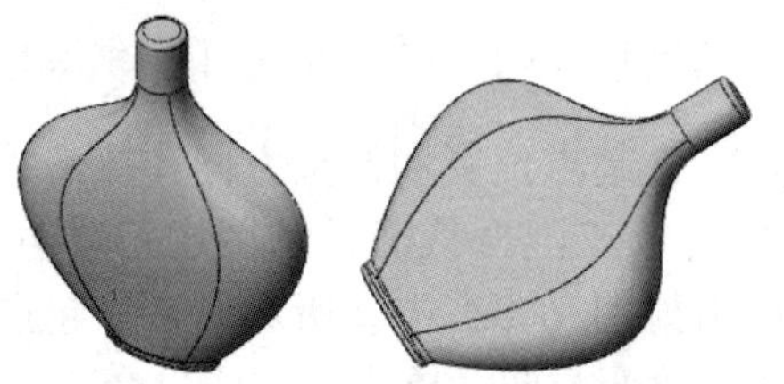

图 6-36　添加圆角和上色后的“瓶”模型

6.3　练习题

本章要求实现排风管和椭圆环两个练习模型。这两个模型的创建方法使用了一般混合特征和旋转混合特征。

1．排风管

制作如图 6-37 所示的排风管。排风管模型是用一般混合特征创建而成的，本练习题的知识点是一般混合特征的应用。

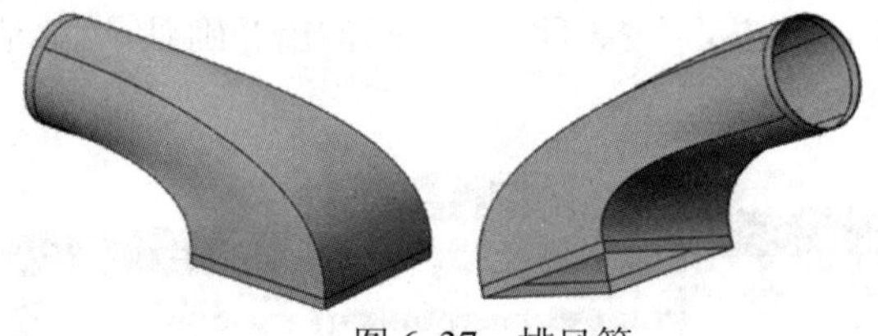

图 6-37　排风管

2．椭圆环

制作如图 6-38 所示的椭圆环。椭圆环模型是用旋转混合特征创建而成的，本练习题的知识点是旋转混合特征的应用。

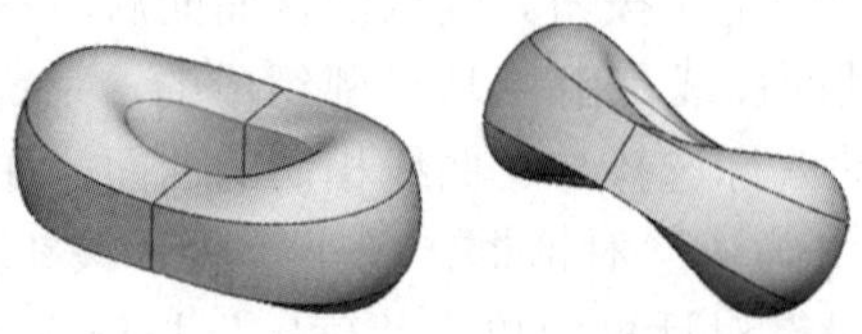

图 6-38　椭圆环

第7章　曲　　线

7.1　基准曲线

曲线是构建模型的骨架，只有构建出理想的曲线才能创建出符合设计要求的曲面，所以曲线是创建模型的核心和灵魂。

基准曲线可以作为扫描特征的轨迹线；可以作为构建曲面的骨架线；可以作为加工程序的切削路径。

创建基准曲线的方法有经过点、自文件、使用剖截面和从方程 4 种。

经过点：创建一条通过指定点的曲线。

自文件：创建一条来自文件所指定的点的曲线，文件格式为 IGES 和 SET。

使用剖截面：以剖面的边来创建曲线。

从方程：使用方程式来创建曲线。

单击“基准特征”工具栏中的“基准曲线”按钮，系统弹出“曲线选项”菜单管理器，如图 7-1 所示。选择一种创建曲线的方法，然后单击“完成”命令，进入下一个菜单选项，单击“退出”命令，退出曲线创建。

图 7-1　“曲线选项”菜单管理器

从方程创建基准曲线的过程为：

1）单击“基准特征”工具栏中的“基准曲线”按钮，系统弹出“曲线选项”菜单管理器，选择“从方程”命令，然后单击“完成”命令，如图 7-2 中①所示。系统弹出“曲线从方程”对话框和“得到坐标系”菜单管理器，并自动选中“选取”命令，并弹出“选取”对话框，如图 7-2 中②所示。移动鼠标选择如图 7-2 中③所示的坐标系，系统弹出“设置坐标类型”菜单管理器，选择“圆柱”命令，如图 7-2 中④所示。

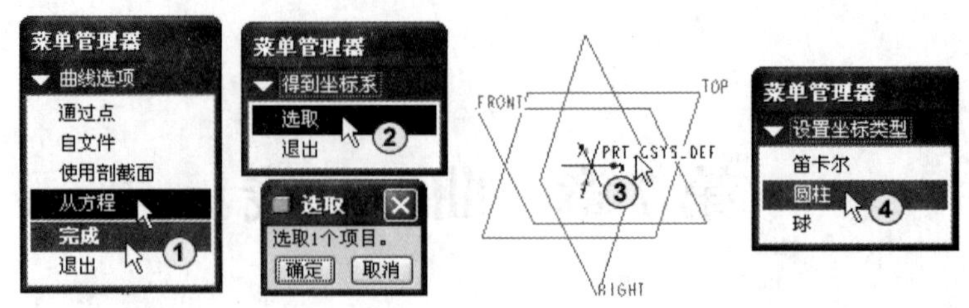

图 7-2　选择“曲线选项”，设置“坐标类型”，指定坐标

2）系统弹出“记事本”编辑器，在记事本中输入“r=t　theta=10+t*(20*360)　z=t*3”如图 7-3 中①所示。然后将文件“保存”，最后单击“退出”命令退出记事本编辑，如图 7-3 中③所示。

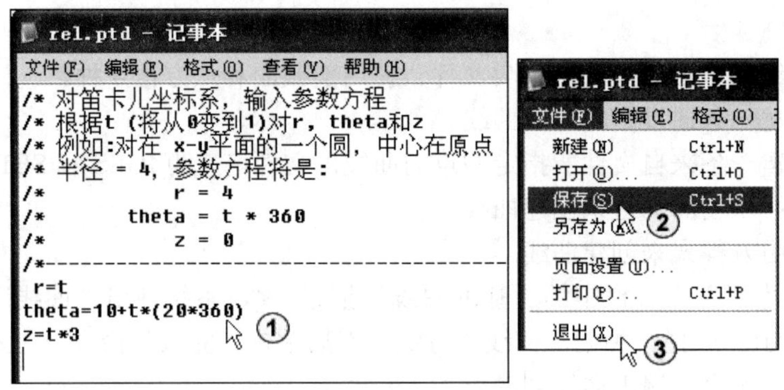

图 7-3　输入曲线方程

3）在“曲线：从方程”对话框中显示出信息，已定义了“坐标系”、“坐标系类型”和“方程”，单击“确定”按钮［确定］，完成曲线方程的创建，效果如图 7-4 中②所示。在设计树中增加了“曲线标识”，如图 7-4 中③所示。

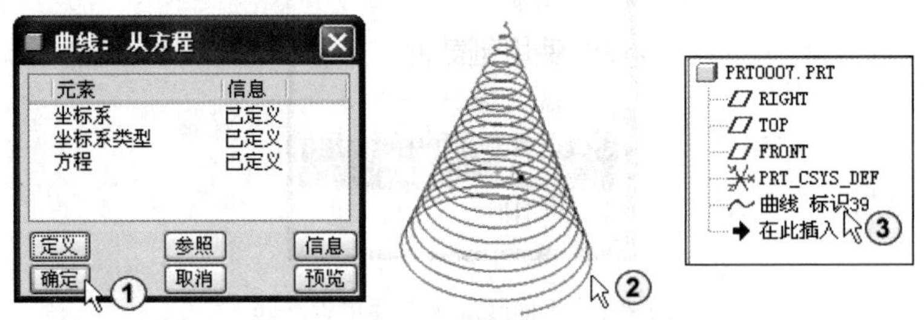

图 7-4　确定定义，得到曲线方程

7.2　造型指令创建曲线

造型指令下的曲线构成特点：曲线由两个端点和无数个中间点组成；曲线的两个端点有切线，可以控制曲线与相连曲线之间的连接关系。

曲线的两个端点确定了曲线的起点和终点，中间点确定了曲线的形状，可以通过端点切线调整与其相连对象之间的连接关系是“连接 G0”、“相切 G1”或者“曲率 G2”。中间点可以用移动鼠标来改变其曲线的形状。中间点越多越容易表达其曲线的形状，但中间点越多其曲线的光滑程度越差，在满足曲线形状的前提下尽量采用较小的中间点，以保证曲线的光滑度。

在造型指令下两条曲线的连接关系为“自由连接”用一条直线段表示；“相切连接”用一个单箭头表示；“曲率连接”用多箭头表示。线段和箭头的长度会影响两条曲线过渡连接的质量，其长度越长过渡越缓。

曲线都是通过选择多个点连接而成的。点可以分为“自由点”、“软点”和“固定点”3种类型。

自由点：无任何约束的点。在图形窗口中显示为“实心点”，如图 7-5 中①所示。

软点：定义曲线的点还没有参照到其他对象前，都是独立的。把曲线上的点配合〈Shift〉键抓取参照到其他对象，建立不同条件的参照，这些具有参数相关属性的点称为“软点”。“软点”具有部分约束属性，可以沿其产生的曲线进行移动。当曲线的点成为软点参照到其他对象时，就成为这些参照对象的子系，修改这些对象时曲线会依软点建立的条件进行相应的更新。假如需要删除这些对象时，曲线也会同时被删除。“软点”在图形窗口中显示为“圆形”，图 7-5 中②所示。

固定点：完全约束的点，固定点不能进行移动。在图形窗口中显示为“X”，如图 7-5 中③所示。

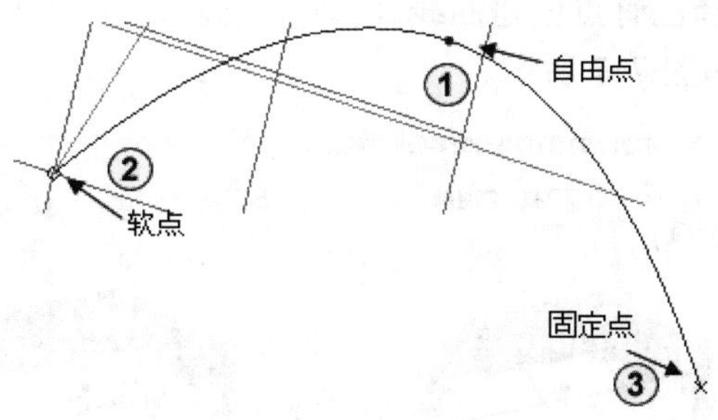

图 7-5　自由点、软点和固定点

创建造型曲线的操作步骤如下：

1）单击“创建曲线”按钮。单击工具栏中的“造型”按钮，系统弹出“造型”菜单，在菜单中单击“创建曲线”按钮，如图 7-6 中①所示，系统弹出“曲线参数设置”面板。

2）选择创建曲线类型。在“曲线参数设置”面板中单击“创建平面曲线”图标，如图 7-6 中②所示。曲线类型有“创建自由曲线”、“创建平面曲线”和“创建曲面上的曲线”3种类型。

3）定义曲线中的点。使用控制或输入点创建曲线，如图 7-6 中③所示。

4）完成曲线创建。单击鼠标中键，完成曲线创建。

5）编辑曲线。单击“编辑曲线”按钮，如图 7-6 中④所示，选择要编辑的曲线对其控制点进行编辑。

6）退出曲线创建。单击“曲线参数设置”面板中的“确定”按钮✔退出曲线创建，如图 7-6 中⑤所示。单击“造型”菜单栏中的“确定”按钮✔退出造型界面，如图 7-6 中⑥所示。

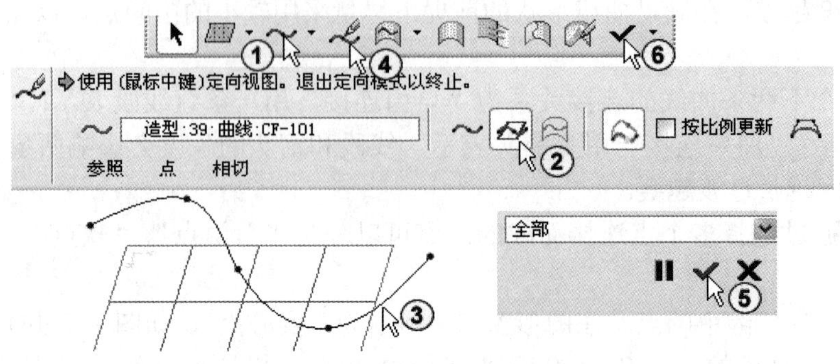

图 7-6　创建造型曲线

7.2.1　自由曲线

自由曲线就是可以通过任意点来构建的曲线。可以通过按住“shift”键的方法来捕捉软点或固定点。

创建自由曲线的操作步骤如下：

1）单击“创建自由曲线”按钮～。

2）按住“shift”键选择已有点创建曲线。

创建自由曲线的方法如图 7-7 所示。

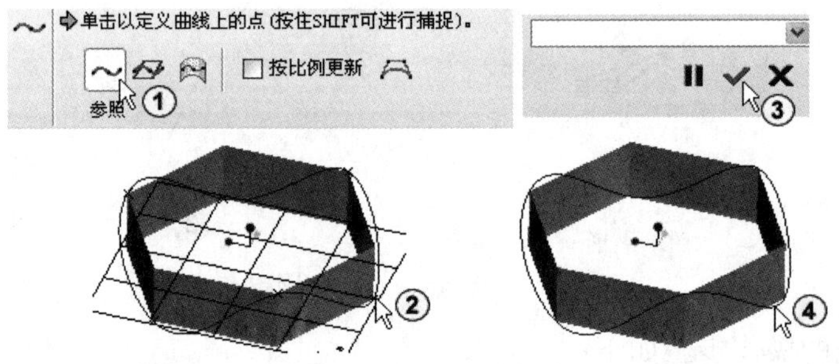

图 7-7　创建自由曲线

7.2.2　平面曲线

平面曲线是建立在一个平面上的曲线，首先要指定创建曲线的平面，然后在平面上选择点或创建点来创建曲线。

创建平面曲线的操作步骤如下：

1）单击“创建平面曲线”按钮。

2）选择一个平面或创建一个平面。

3）在平面上创建曲线。

创建平面曲线的方法如图 7-8 所示。

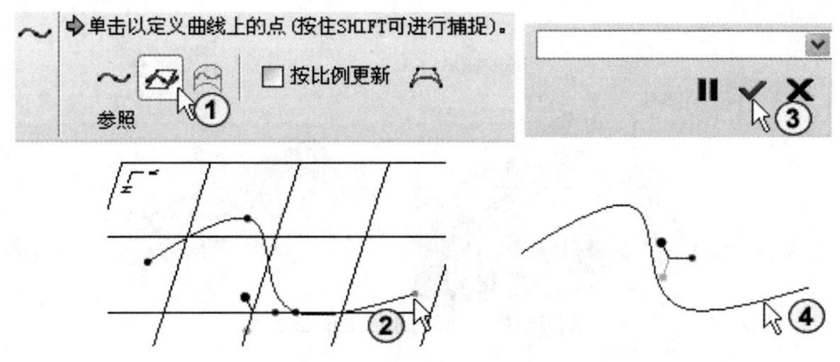

图 7-8　创建平面曲线

在平面曲线中还有一种特殊的平面曲线，称为径向路径平面曲线。它是通过曲线选择一个点作曲线的法向平面，并在此平面上创建曲线。在构造曲面的内部构造线时这种曲线非常有用。

创建径向路径平面曲线的操作步骤如下：

1）单击“创建平面曲线”按钮。

2）在“曲线参数”面板中单击“参照”命令，系统弹出“参照选项”对话框。

3）单击“参照”文本框，文本框激活接受输入，移动鼠标单击需要创建径向路径平面的曲线。

4）系统自动在单击点上生成一个径向曲线的法向平面。

5）在法向平面上创建曲线。

创建径向路径平面曲线的方法如图 7-9 所示。

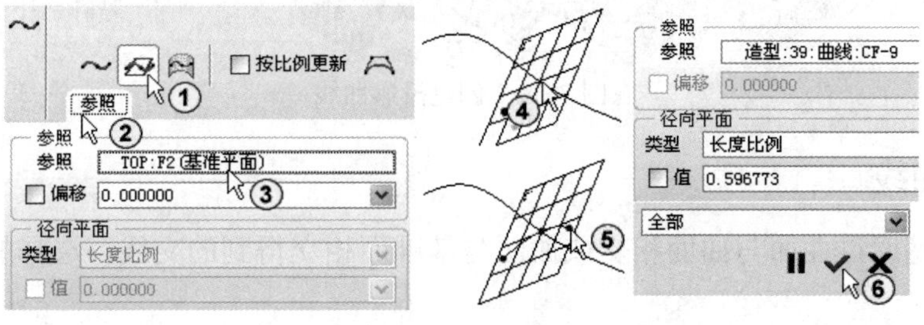

图 7-9　创建径向路径平面曲线

7.2.3　曲面上曲线

曲面上的曲线是依附在曲面上的，在曲面上选取点可以创建曲面上的曲线。要创建封闭的曲线，在选取最后一点时按住“shift”键再单击第一个端点即可，这时的软点显示为正方形。

创建曲面上的曲线的操作步骤如下：

1）单击“创建曲面上的曲线”按钮。

2）在曲面上选取点创建曲线。

创建曲面上的曲线的方法如图 7-10 所示。

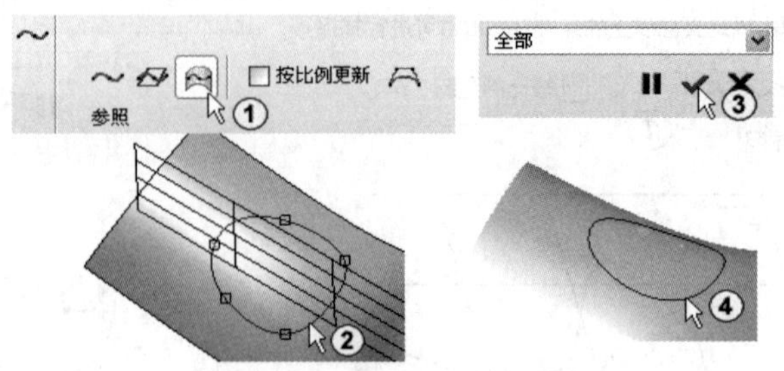

图 7-10　创建曲面上的曲线

7.2.4　投影曲线

投影曲线是将选择的曲线投影到曲面上得到的曲线。创建投影曲线时需要确定一个投影方向，可以选择基准轴、平面或基准面来作为投影方向。

创建“投影曲线”的操作步骤如下：

1）在“造型”菜单栏中单击“投影曲线”按钮。

2）选择要投影的曲线。

3）选择目标曲面。

4）选择确定投影方向的基准轴、平面或基准面。

创建投影曲线的方法如图 7-11 所示。

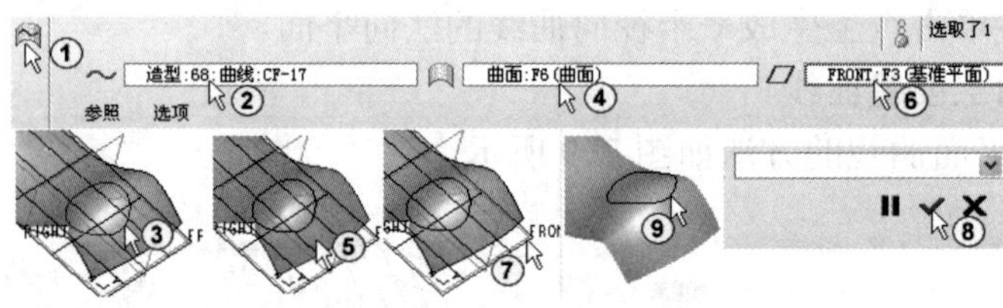

图 7-11　创建投影曲线

7.2.5　相交曲线

相交曲线是通过曲面与曲面相交或曲面与基准面相交得到的交线。选择的两个对象必须相交。

创建“相交曲线”的操作步骤如下：

1）单击“造型”菜单栏中的“相交曲线”按钮。

2）选择曲面。

3）选择与之相交的另一对象曲面或基准面。

创建相交曲线的方法如图 7-12 所示。

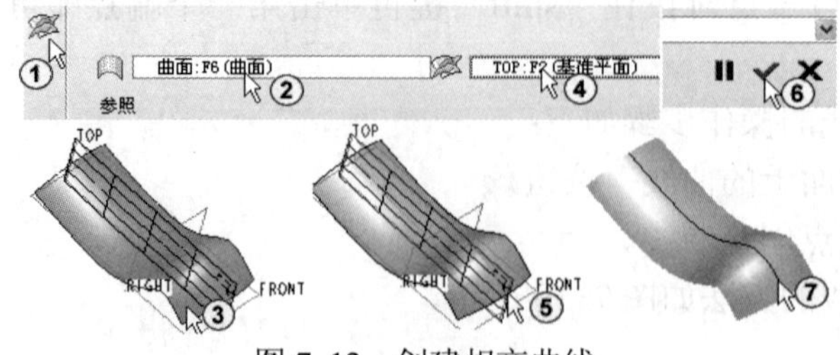

图 7-12　创建相交曲线

7.3 造型指令编辑曲线

在造型指令中，曲线的编辑由“插值点（或控制点）的位置编辑”和“端点的连接定义”两部分组成。

插值点位置编辑。在插值点的编辑中可以使用光标在图形界面中进行直接拖动，也可以选择控制面板中的“点”命令，通过输入坐标值来进行编辑。坐标值的输入有“默认的绝对坐标值输入”和“相对坐标输入”两种方法。

端点连接定义。对曲线的两个端点可以设定一个约束条件，在曲线连接的情况下，可以定义曲线与已有的曲线为相切、曲率连续等约束。所有端点的约束都可以通过单击连接标识线的快捷菜单进行选择和设定。

编辑曲线的操作步骤如下：

1）单击造型菜单栏中的“编辑曲线”按钮。

2）对曲线进行编辑。

7.3.1 曲线的分段和合并

造型中创建的曲线可以在插值点进行分割。方法是进入曲线编辑状态，选择曲线插值点单击鼠标右键，在弹出的菜单中选择“分割”命令，曲线被分割成了两段，如图 7-13 所示。

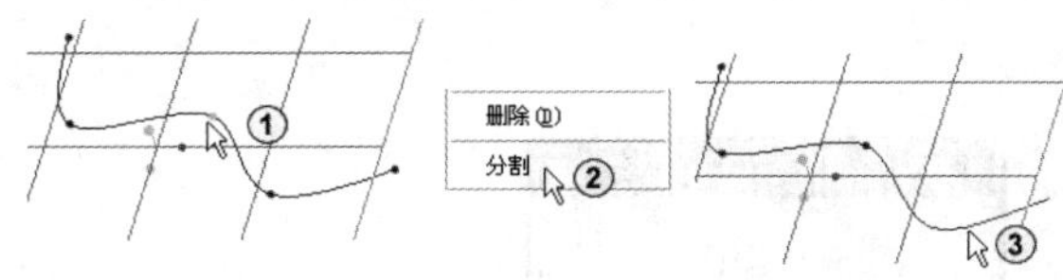

图 7-13　对曲线进行分割

造型中创建的两段相连曲线可以进行组合，在曲线编辑状态下选择两条曲线的公共点，然后单击鼠标右键，在下拉菜单中选择“组合”，两条曲线组合成一条曲线，如图 7-14 所示。

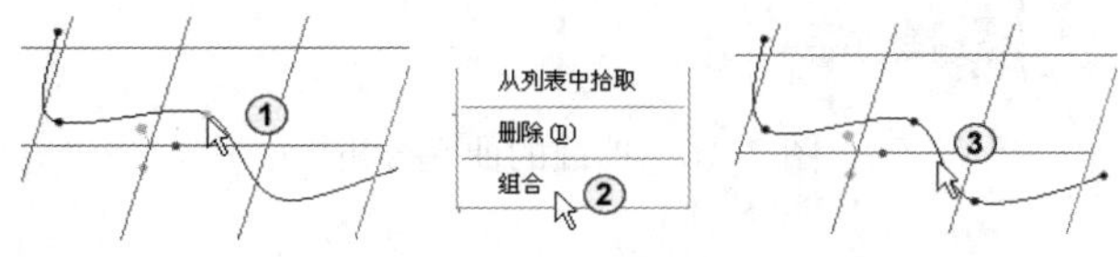

图 7-14　对曲线进行组合

7.3.2 曲线的复制和移动

在造型中，曲线的复制和移动方便、灵活。选择曲线，单击菜单“编辑”→“复制”命令，系统弹出“曲线复制参数设置”面板，在“选项”和“控制杆”命令中都可以设置曲线的偏移和旋转参数，还可以缩放复制的曲线，如图 7-15 所示。

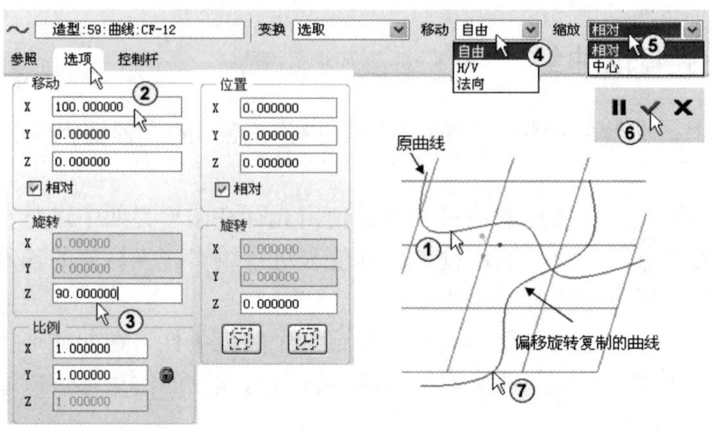

图 7-15　对曲线进行移动、旋转和缩放复制

7.3.3　曲线的曲率分析

使用曲线的曲率分析可以将曲线的曲率调整得更加流畅。曲率分析可以很直观地反映出曲线的流畅程度。显示曲线曲率的方法：单击工具栏中的“曲率”按钮，系统弹出“曲率”对话框。单击“几何”文本框，输入要分析的曲线。选择“出图”为“曲率”，“示例”为“数目”，调整“数量”和“比例”转盘，使表示曲率的直线数量和长度达到适宜。选择曲率显示类型，其类型有“显示波峰平滑连接”、“显示波峰线性连接”和“仅显示波峰”3 种，如图 7-16 所示。

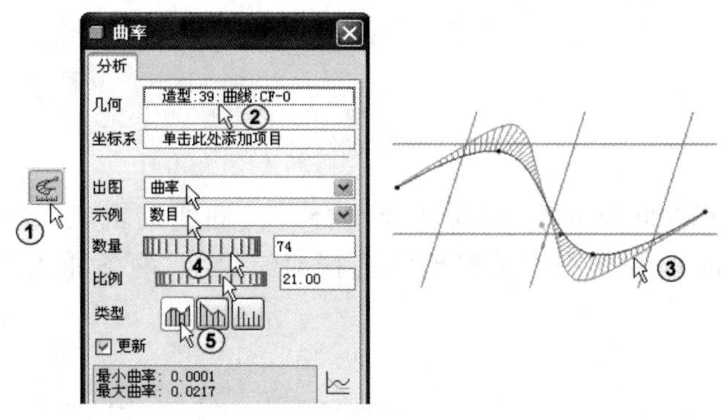

图 7-16　曲线的曲率分析

7.4　应用实例

本章介绍螺旋丝攻和铁丝网的创建方法。螺纹丝攻模型的主要知识点是三个排屑槽的创建。铁丝网模型的主要知识点是波浪形铁丝的创建。

7.4.1　螺旋丝攻

图 7-17 所示的螺旋丝攻是机械加工中常用的工具。它由刃、排屑槽和柄三部分组

成。排屑槽是螺旋形的，丝攻的头部有一个中心孔，尾部是方形的，便于与丝攻扳手连接。

图 7-17　螺旋丝攻

建模思路：此模型的建模要点是螺旋排屑槽，排屑槽的尾部是渐消过渡，直接用螺旋扫描达不到设计要求。先旋转出带有圆弧收尾的曲面，再用螺旋扫描做出螺旋曲面，将旋转曲面和螺旋曲面相交得其交线，利用其交线作为扫描轨迹线，得到具有收尾形状的排屑槽，再将排屑槽圆周阵列三个，以达到设计要求。其建模步骤如表 7-1 所示。

图 7-1　螺旋丝攻建模步骤

步　骤	说　明	模型	步　骤	说　明	模　型
1	创建实体旋转		6	创建阵列	
2	创建曲面旋转		7	创建切口螺旋扫描	
3	创建曲面螺旋扫描		8	创建去材料拉伸	
4	创建交线		9	创建阵列	
5	创建切口扫描		10	创建圆角	

下面介绍螺旋丝攻的创建方法。

1. 创建基体

1）新建文件。单击菜单“文件”→“新建”命令，在弹出的“新建”对话框中选择类型为“零件”，子类型为“实体”，在“名称”文本框中输入“jlytxxat”，单击“使用缺省模板”命令，单击“确定”按钮 确定 ，如图 7-18 所示。

2）定义实体旋转，选择草绘平面。在“特征”工具栏中选择“旋转”按钮，系统弹出“旋转”对话框，在对话框中选择“作为实体旋转”按钮，再单击“位置”按钮 位置 ，系统弹出草绘对话框，在其中单击“定义”按钮 定义... ，系统弹出“草绘”对话框，要求选择草绘平面及方向。移动鼠标选择前视平面“FRONT”作为草绘平面，其他采用缺省设置，单击“草绘”按钮 草绘 进入草图绘制界面，如图 7-19 所示。

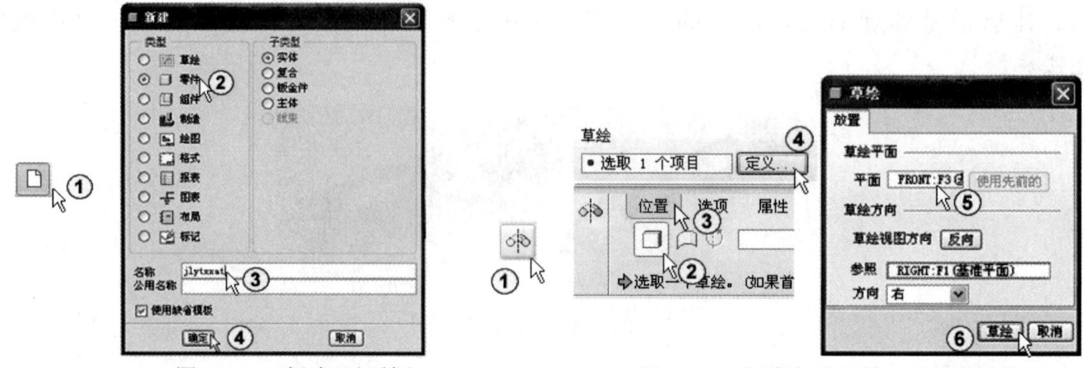

图 7-18 “新建”对话框　　　　图 7-19 创建实体旋转，选择草绘平面

3）绘制旋转轴线。在“草图”工具栏中选择“中心线”工具┆，绘制一条水平轴线，轴线与水平坐标线重合，如图 7-20 所示。

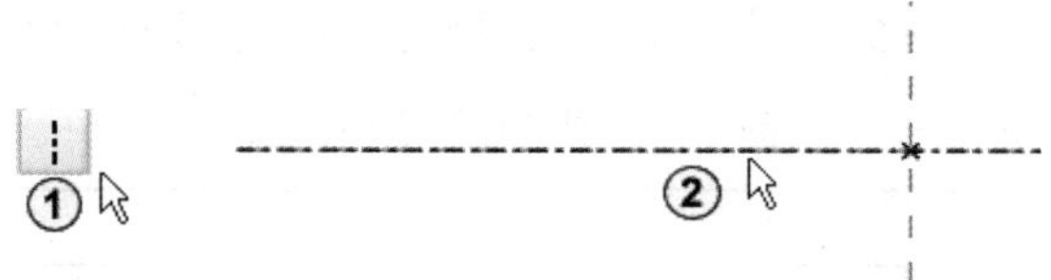

图 7-20 绘制旋转轴线

4）绘制旋转截面轮廓。在“草图工具栏中选择“直线”工具╲，绘制如图 7-21 中②所示的几何图形，图 7-21 中③是局部放大图，表示中心钻的几何轮廓。

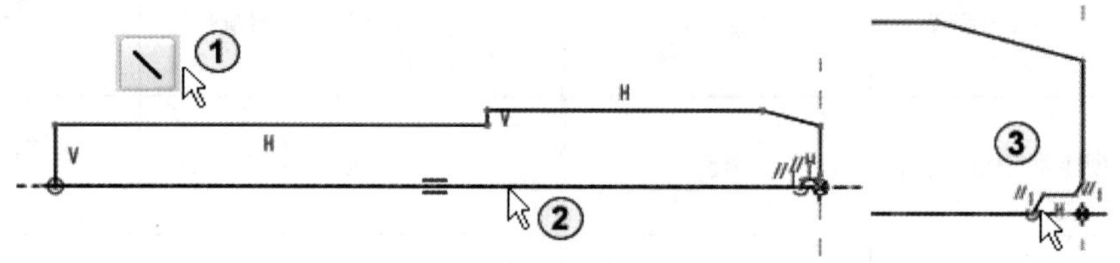

图 7-21 绘制旋转截面轮廓

5）标注尺寸，修改尺寸，退出草图绘制。在“草图”工具栏中选择“创建尺寸”工具⟼标注尺寸，选择“修改”工具将尺寸修改成符合设计要求的尺寸，如图 7-22 中②所示，图 7-22 中③是局部放大图。单击“确定”按钮✔退出草图绘制。

6）设置旋转参数，完成旋转体的创建。完成草图绘制后，“旋转”对话框处于激活状态，选择旋转方式为“从草绘平面以指定的角度值旋转”，输入角度值为 360°，在绘图区可以预览到旋转体的效果，单击“确定”按钮✔，完成旋转体的创建，如图 7-23 中⑤所示。

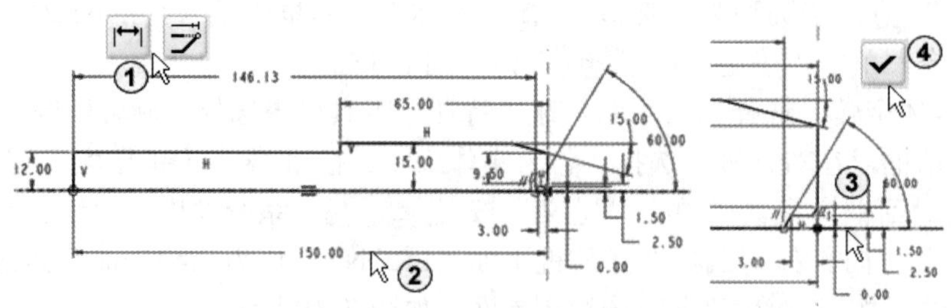

图 7-22 标注尺寸，修改尺寸，退出草图绘制

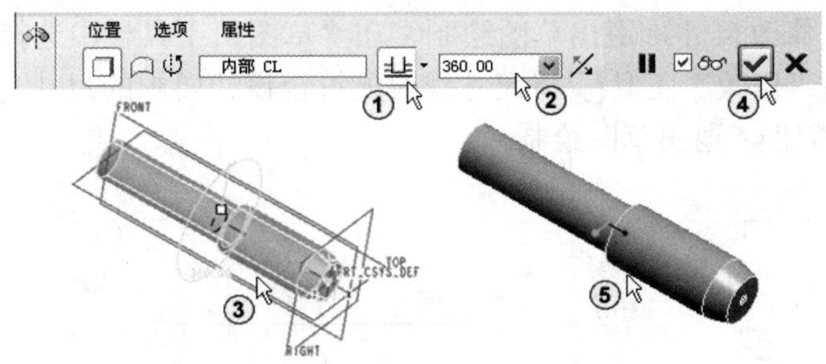

图 7-23　设置旋转参数，完成旋转体的创建

2. 创建排屑槽

1）定义曲面旋转，选择草绘平面。在“特征”工具栏中选择“旋转”按钮，系统弹出“旋转”对话框，在对话框中选择“作为曲面旋转”按钮，再单击“位置”按钮位置，系统弹出草绘对话框，在其中单击“定义”按钮定义...，系统弹出“草绘”对话框，要求选择草绘平面及方向。移动鼠标单击“使用先前的”按钮使用先前的，系统就会以上一次选择的草绘平面和方向进入草绘界面，如图 7-24 所示。

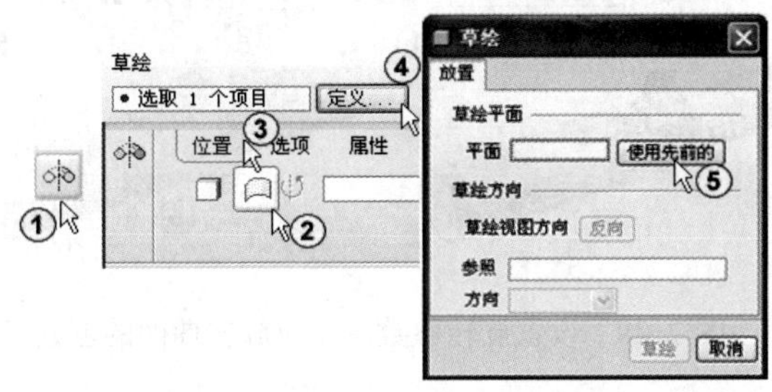

图 7-24　创建曲面旋转，选择草绘平面

2）绘制旋转轴线。在“草图”工具栏中选择“中心线”工具，绘制一条水平轴线，轴线与水平坐标线重合，如图 7-25 所示。

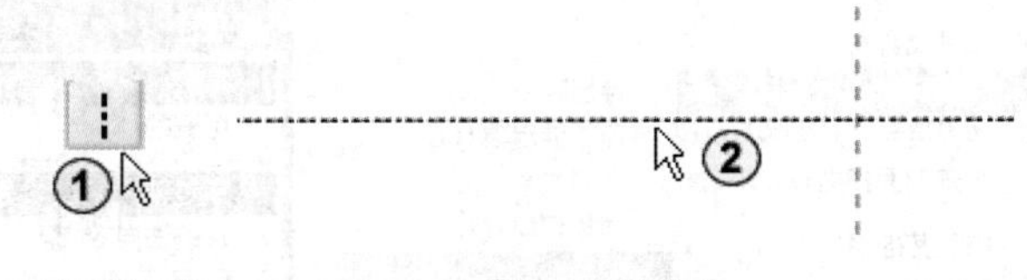

图 7-25　绘制旋转轴线

3）绘制旋转截面轮廓。在“草图”工具栏中选择“直线”工具和“圆形”工具绘制如图 7-26 中②所示的几何图形。

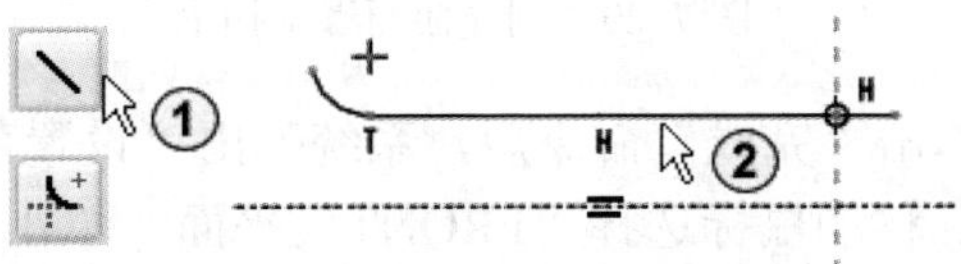

图 7-26　绘制旋转截面轮廓

4）标注尺寸，修改尺寸，退出草图绘制。在“草图”工具栏中选择“创建尺寸”工具标注尺寸，选择“修改”工具将尺寸修改成符合设计要求的尺寸，如图 7-27 中②所示。单击“确定”按钮退出草图绘制。

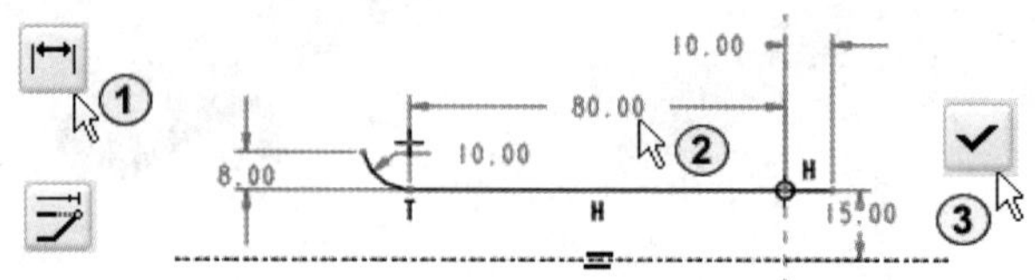

图 7-27　标注尺寸，修改尺寸，退出草图绘制

5）设置旋转参数，完成旋转曲面的创建。完成草图绘制后，“旋转”对话框处于激活状态，选择旋转方式为“从草绘平面以指定的角度值旋转”，输入角度值为 360°，在绘图区可以预览到旋转体的效果，单击“确定”按钮，完成旋转曲面的创建，如图 7-28 中⑤所示。

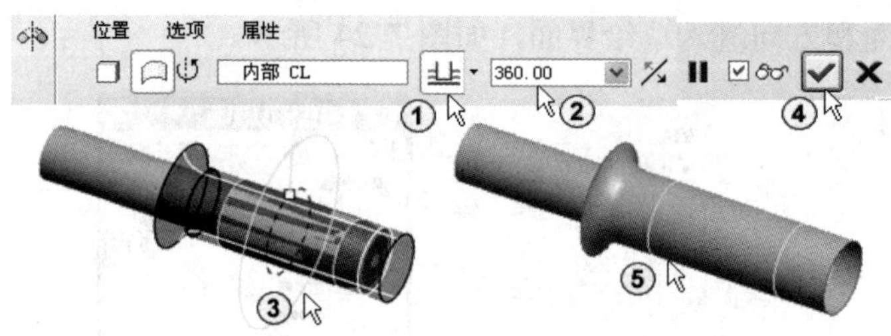

图 7-28　设置旋转参数，完成旋转曲面的创建

6）设置曲面螺旋扫描参数。单击菜单“插入”→“螺旋扫描”→“曲面”命令，如图 7-29 中②所示。系统弹出“曲面螺旋扫描”对话框和“属性”菜单管理器，选择“常数”、“穿过轴”和“右手定则”，单击“完成”命令，如图 7-29 中⑤所示。

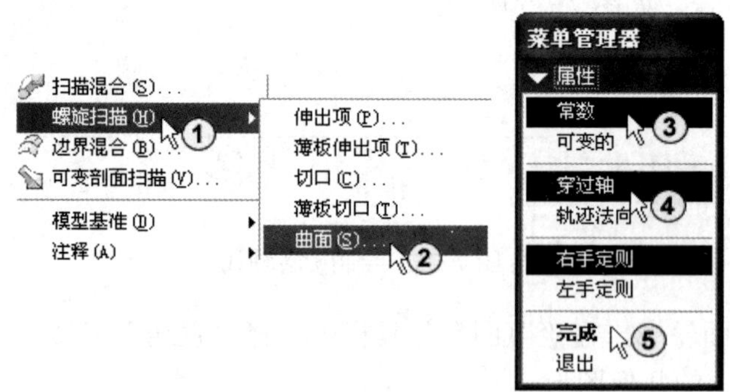

图 7-29　创建曲面螺旋扫描

7）设置草绘平面。单击“完成”命令后，系统弹出“设置草绘平面”菜单管理器，选择“新设置”和“平面”，移动鼠标选择“FRONT”平面，单击菜单管理器中的“正向”，再单击“缺省”，如图 7-30 中③所示，系统进入草图绘制界面。

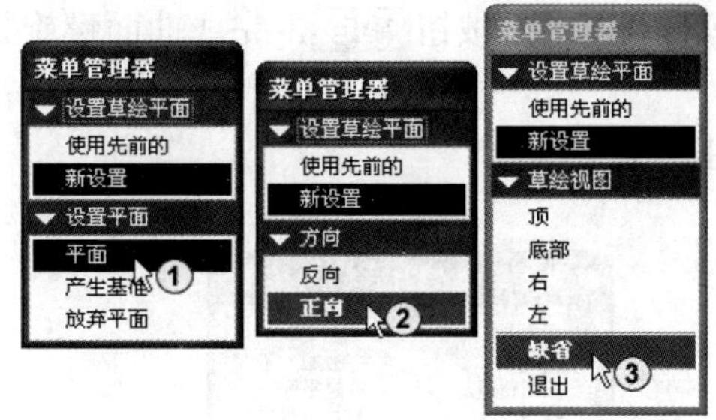

图 7-30　设置草绘平面

8）绘制螺旋中心线。在“草图”工具栏中选择“中心线”工具 ，绘制一条水平中心线，中心线与水平坐标线重合，如图 7-31 所示。

9）绘制轨迹线。在“草图”工具栏中选择“直线”工具 ，绘制如图 7-32 中②所示的几何图形。

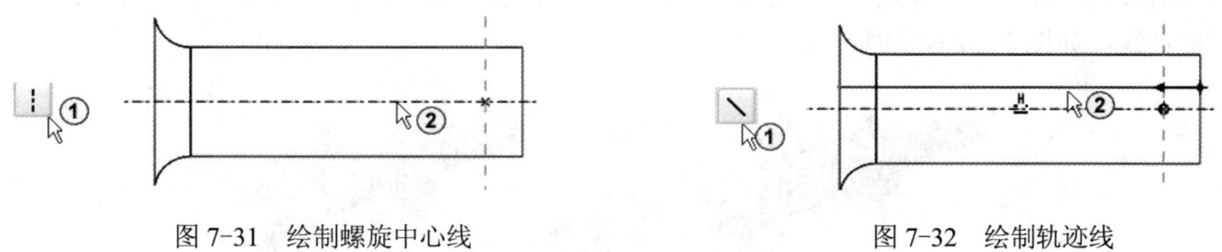

图 7-31　绘制螺旋中心线　　　　图 7-32　绘制轨迹线

10）标注尺寸，修改尺寸，退出草图绘制。在“草图”工具栏中选择“创建尺寸”工具 标注尺寸，选择“修改”工具 将尺寸修改成符合设计要求的尺寸，如图 7-33 中②所示。单击“确定”按钮 退出草图绘制。

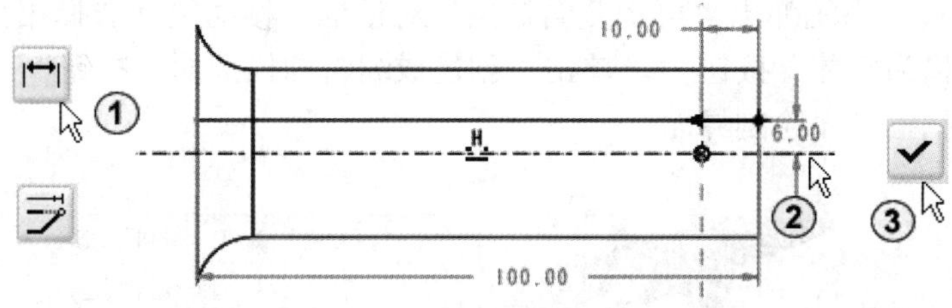

图 7-33　标注尺寸，修改尺寸，退出草图绘制

11）设定螺距。单击“完成”按钮后，系统弹出“输入节距值”文本框，输入 100，单击“接受值”按钮 ，如图 7-34 所示。

图 7-34　输入螺距

12）绘制扫描截面，单击“确定”按钮。单击“接受值”按钮后，系统“进入扫描截面”绘制界面，在“草图”工具栏中选择“直线”工具 ，绘制一条水平线，选择“创建尺寸”工具 标注尺寸，如图 7-35 中②所示。单击“完成”按钮 退出草图绘制。在“曲

面：螺旋扫描”对话框中单击“确定”按钮[确定]，完成曲面螺旋扫描操作，如图 7-35 中④所示。

曲面螺旋扫描效果如图 7-36 所示。

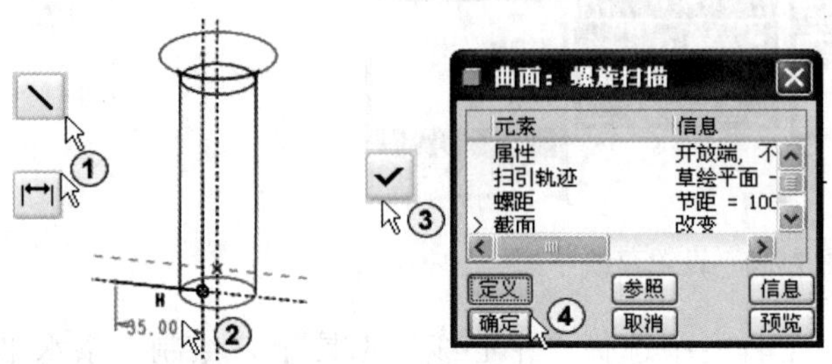

图 7-35　绘制扫描截面，单击“确定”按钮

图 7-36　曲面螺旋扫描效果

13）创建相交曲线。选择“曲面螺旋扫描”和“曲面旋转”，如图 7-37 中①、②所示，选择时按住〈ctrl〉键，然后单击菜单“编辑”→“相交”命令，如图 7-37 中③所示，产生相交曲线，如图 7-37 中④所示。

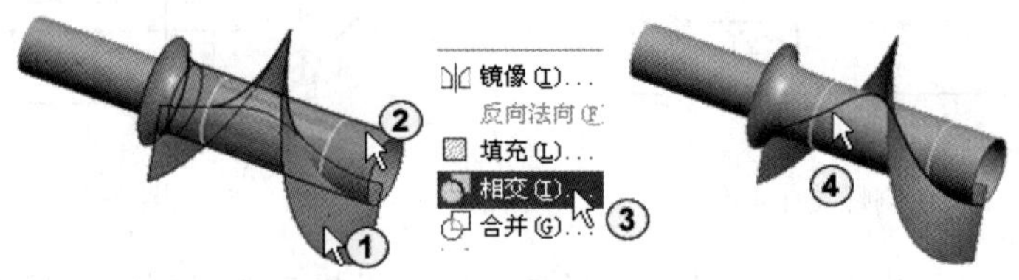

图 7-37　创建相交曲线

14）选择变截面扫描轨迹线，进入扫描剖面绘制界面。单击“特征”工具栏中的“可变截面扫描”按钮，系统弹出“可变截面扫描”对话框，移动鼠标选择相交曲线作为扫描轨迹线，选择“扫描为实体”按钮，单击“创建或编辑扫描剖面”按钮，如图 7-38 中④所示。系统进入扫描剖面绘制界面。

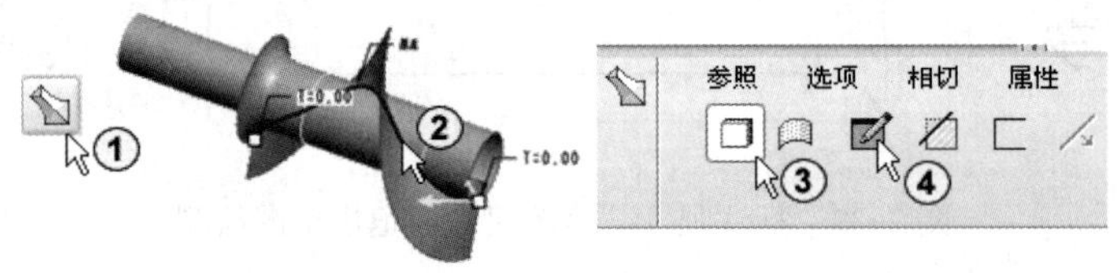

图 7-38　创建变截面扫描轨迹线，进入扫描剖面绘制界面

15）绘制变截面扫描剖面。在“草图”工具栏中选择“圆心和点”工具，绘制一个圆，圆心落在水平轴线上，选择“创建尺寸”工具标注尺寸，如图 7-39 中②所示。单击“确定”按钮退出草图绘制。

16）创建变截面移除材料扫描。退出草图绘制后，系统激活了“变截面扫描”对话框，从绘图区可以预览到扫描的效果。单击“移除材料”按钮，如图 7-40 中②所示，从预览中可以看到移除材料的方向，如果方向不对，可以单击“将材料的伸出方向改为草绘的另一侧”来改变方向，单击“确定”按钮，完成变截面扫描操作。

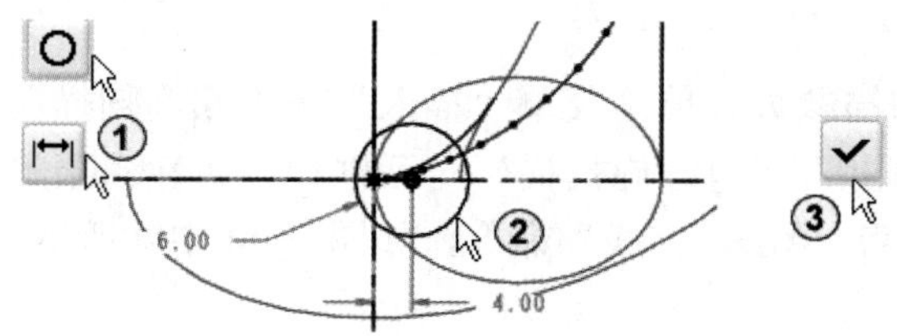

图 7-39　绘制变截面扫描剖面

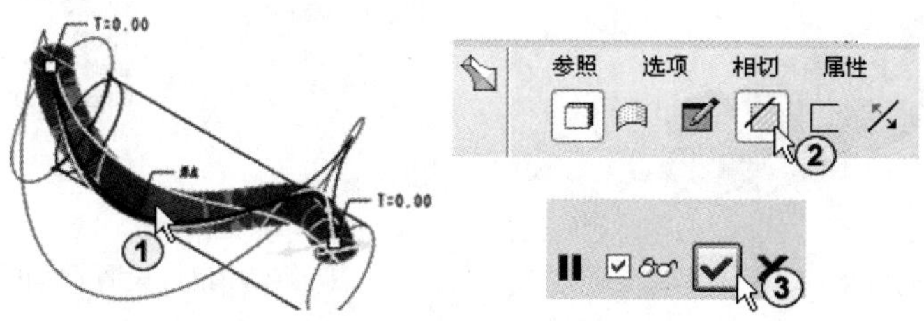

图 7-40　创建变截面移除材料扫描

17）隐藏选择对象。在特征树中选择“旋转 2”、“曲面标识 148”和“交截 1”3 个特征，然后单击鼠标右键，在弹出的菜单中选择“隐藏”命令，如图 7-41 中②所示，选中的 3 个对象在屏幕上消失了，即被隐藏了起来。我们可以清楚地看到变截面扫描的结果，如图 7-41 中③所示。

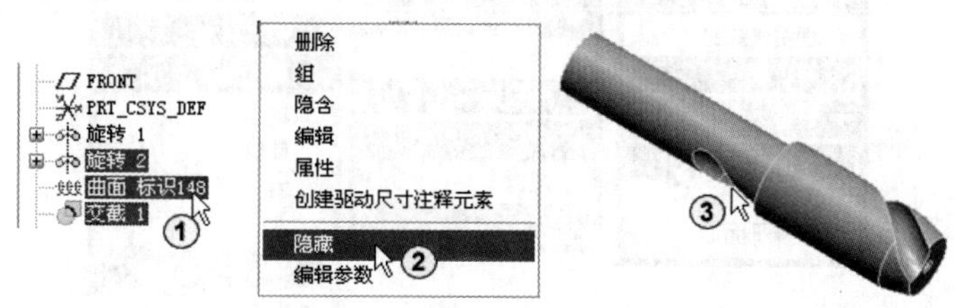

图 7-41　隐藏选择对象

18）阵列变截面扫描特征。在特征树中选择“变截面扫描”命令，单击菜单“编辑”→“阵列”命令，如图 7-42 中②所示。系统弹出“阵列”对话框，选择阵列方式为“轴”，移动鼠标选择旋转轴，如图 7-42 中⑤所示，输入阵列数为 3，角度为 120°，如图 7-42 中⑦所示，单击“确定”按钮✔，完成阵列操作。

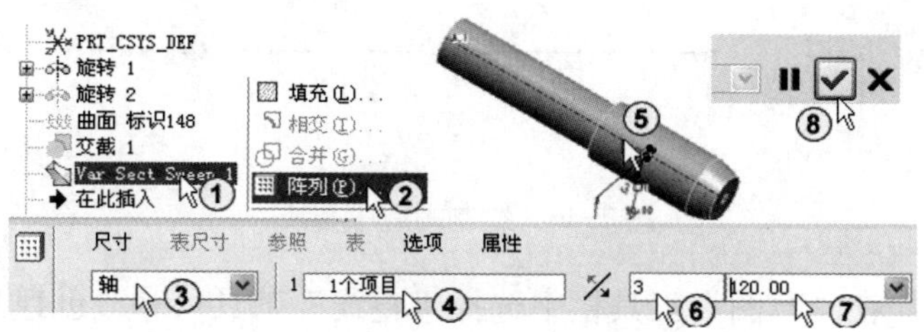

图 7-42　阵列变截面扫描特征

阵列操作后的效果如图 7-43 所示。

3. 创建丝刃

1）设置曲面螺旋扫描参数。单击菜单“插入”→“螺旋扫描”→“切口”命令，如图7-44 中②所示。系统弹出“切剪螺旋扫描”对话框和“属性”菜单管理器，选择“常数”、“穿过轴”和“右手定则”，单击“完成”命令，如图 7-44 中⑥所示。

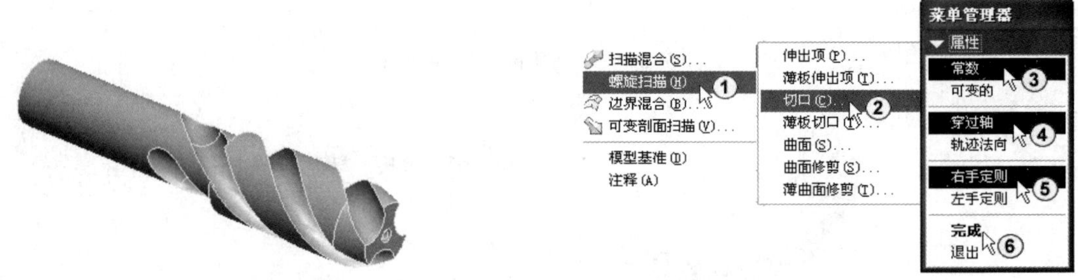

图 7-43　阵列效果　　图 7-44　设置曲面螺旋扫描参数

2）设置草绘平面。单击“完成”命令后，系统弹出“设置草绘平面”菜单管理器，选择“新设置”和“平面”，移动鼠标选择“FRONT”平面，单击菜单管理器中的“正向”，再单击“缺省”，如图 7-45 中③所示，系统进入草图绘制界面。

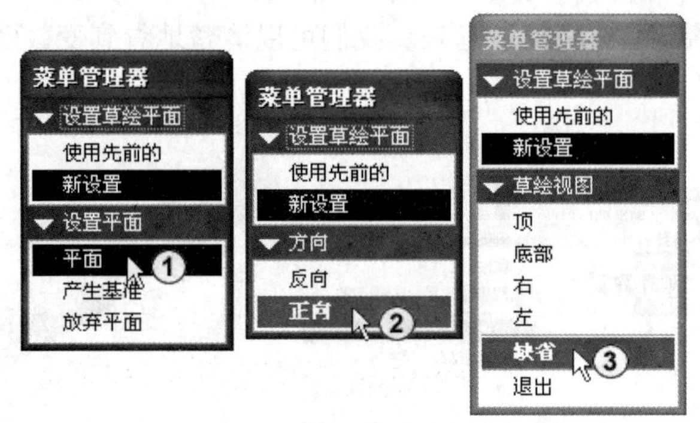

图 7-45　设置草绘平面

3）绘制螺旋中心线。在“草图”工具栏中选择“中心线”工具 ┆，绘制一条水平中心线，中心线与水平坐标线重合，如图 7-46 所示。

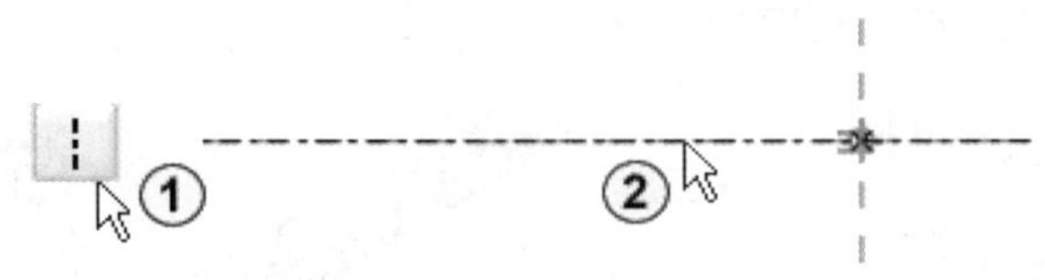

图 7-46　绘制螺旋中心线

4）绘制轨迹线。在“草图”工具栏中选择“直线”工具 ╲ 和“创建尺寸”工具 ⟷ 绘制如图 7-47 中②所示的轨迹线。单击“确定”按钮 ✔ 退出草图绘制。

5）设定螺距。单击“完成”按钮后，系统弹出“输入节距值”文本框，输入 2.5，单击“接受值”按钮 ✔，如图 7-48 所示。

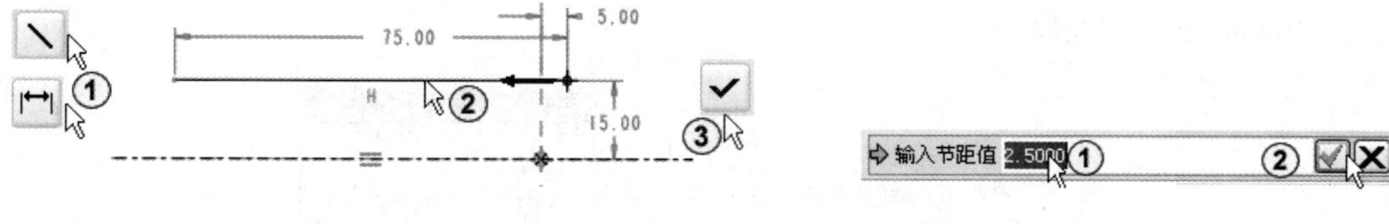

图 7-47　绘制轨迹线　　　　图 7-48　输入节距值

6）绘制扫描截面，单击“确定”按钮。单击“接受值”按钮后，系统进入“扫描截面”绘制界面，在“草图”工具栏中选择“直线”工具，绘制三角形的一半，用“镜像”工具，选择水平轴线镜像到下面，然后选择“创建尺寸”工具标注尺寸，如图 7-49 中②所示。单击“确定”按钮退出草图绘制。

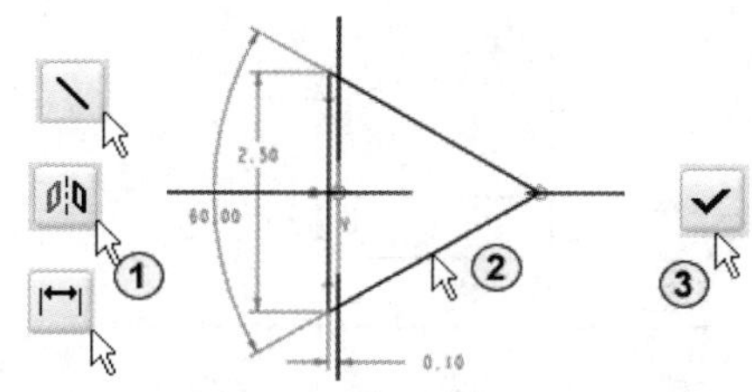

图 7-49　绘制扫描截面，单击“确定”按钮

7）确定切剪方向，单击“确定”按钮。退出草图绘制后，系统弹出“方向”菜单管理器，在绘图区显示出切剪的箭头方向，如果箭头方向符合设计要求，在“方向”菜单管理中单击“正向”，否则单击“反向”。在“切剪：螺旋扫描”对话框中单击“确定”按钮 确定 ，完成切剪螺旋扫描操作，如图 7-50 中③所示。

加入螺旋切口扫描后的效果如图 7-51 所示。

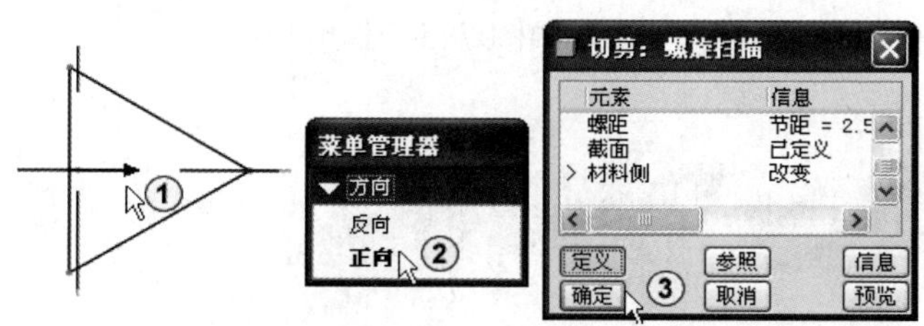

图 7-50　确定切剪方向，单击“确定”按钮

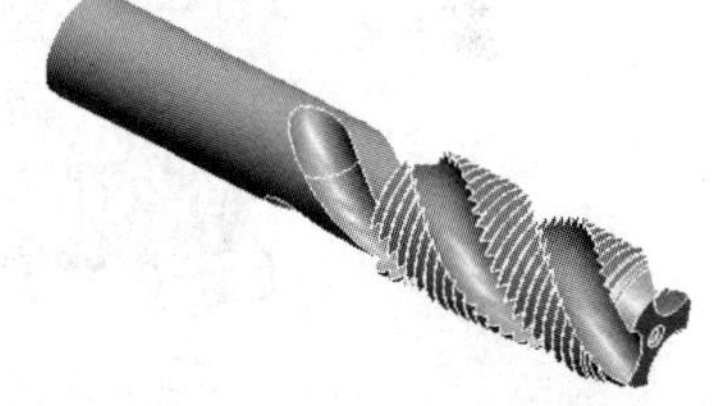

图 7-51　螺旋切口扫描效果

4．创建尾部方形

1）定义实体拉伸，选择草绘平面。在“特征”工具栏中选择“拉伸”按钮，系统弹出“拉伸”对话框，在对话框中选择“拉伸为实体”按钮，再单击“位置”按钮 位置 ，系统弹出草绘对话框，在其中单击“定义”按钮 定义... ，系统弹出“草绘”对话框，要求选择草绘平面及方向。移动鼠标单击“使用先前的”按钮 使用先前的 ，系统以上一次选择的草绘平面和方向进入草绘界面，如图 7-52 所示。

2）绘制拉伸截面，退出草图绘制。在“草图”工具栏中选择“直线”工具，绘制一个长方形，用“圆形”工具在长方形的右下角绘制一个圆弧，用“镜像”工具，选择水平轴线镜像到下面，然后选择“创建尺寸”工具标注尺寸，如图 7-53 中②所示。单击“确定”按钮✔退出草图绘制。

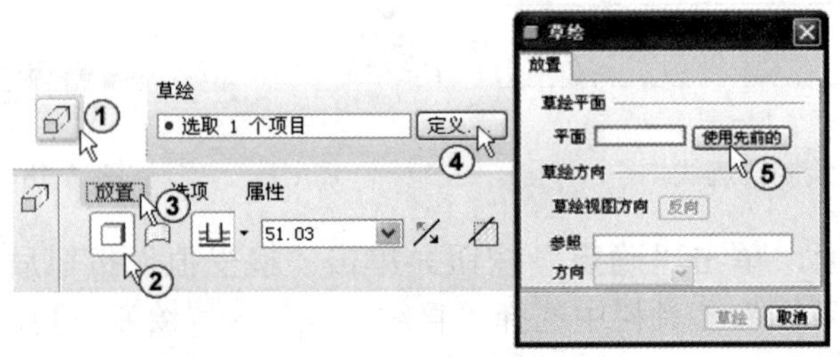

图 7-52　创建实体拉伸，选择草绘平面

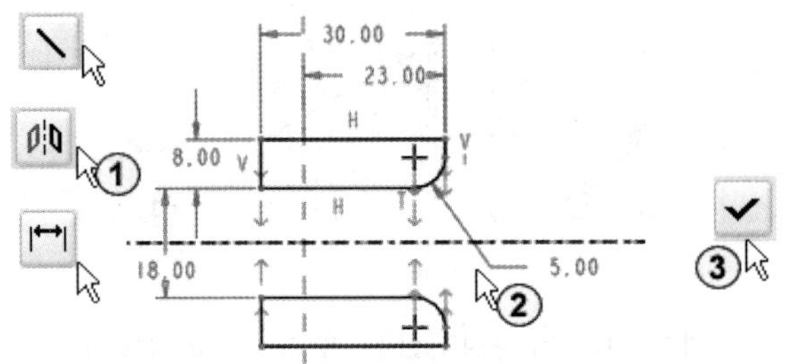

图 7-53　绘制拉伸截面，退出草图绘制

3）设置拉伸参数，完成移除材料拉伸。完成草图绘制后，“拉伸”对话框处于激活状态，选择拉伸方式为“在各方向上以指定深度值的一半拉伸草图平面的两侧”按钮⊟，输入深度值为 30mm，单击“移除材料”按钮，如图 7-54 中③所示。从预览中可以看到移除材料的方向，如果方向不对，可以单击“将材料的伸出方向改为草绘的另一侧”⁄来改变方向，单击“确定”按钮✔，完成移除材料拉伸操作，效果如图 7-54 中⑥所示。

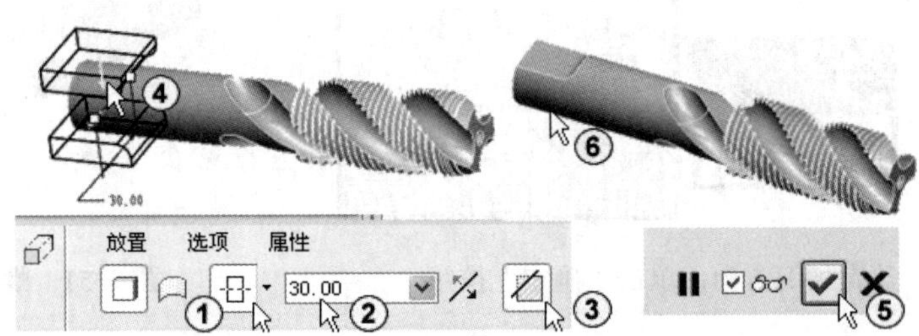

图 7-54　设置拉伸参数，完成移除材料拉伸

4）阵列拉伸特征。在特征树中选择“拉伸 1”命令，单击菜单“编辑”→“阵列”命令，如图 7-55 中②所示。系统弹出“阵列”对话框，选择阵列方式为“轴”，移动鼠标选择旋转轴，如图 7-55 中⑤所示，输入阵列数为 2，角度为 90° 如图 7-55 中⑦所示，单击“确定”按钮✔，完成阵列操作。

加入拉伸阵列后的效果如图 7-56 所示。

5）创建圆角。单击工具栏中的“倒圆角”按钮，系统弹出“倒圆角”对话框，输入圆角半径为 0.5mm，选择如图 7-57 中③所示的 8 条边线，单击“确定”按钮✔完成倒圆角操作，效果如图 7-57 中⑤所示。

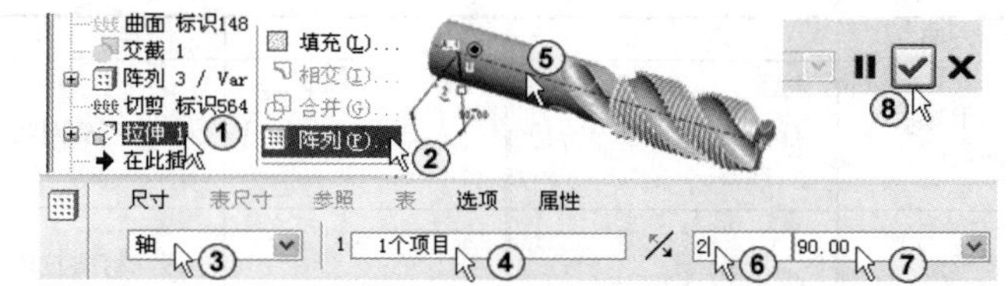

图 7-55　阵列拉伸特征

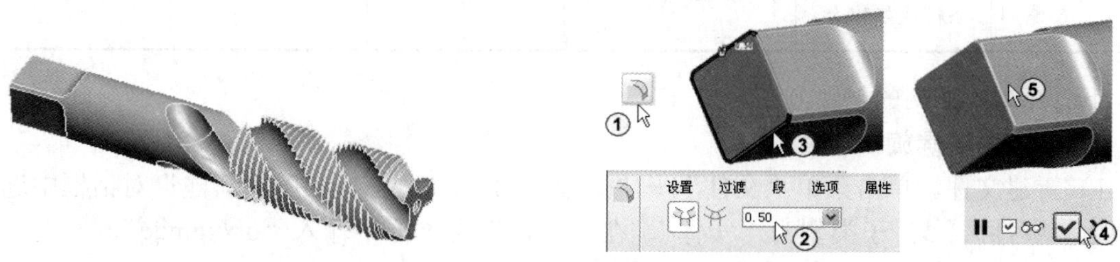

图 7-56　阵列效果　　　　图 7-57　创建圆角

创建完成的螺旋丝攻如图 7-58 所示，操作过程见随书光盘 7\视频\7-1 螺旋丝攻.avi。

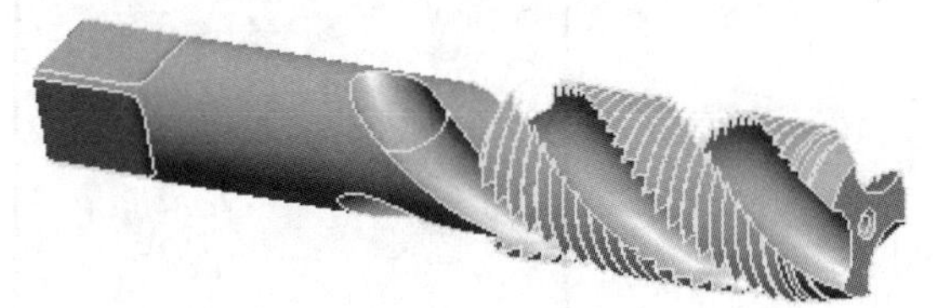

图 7-58　创建完成的螺旋丝攻

7.4.2　铁丝网

如图 7-59 所示的铁丝网是由扁形螺旋铁丝相互交织而成的。

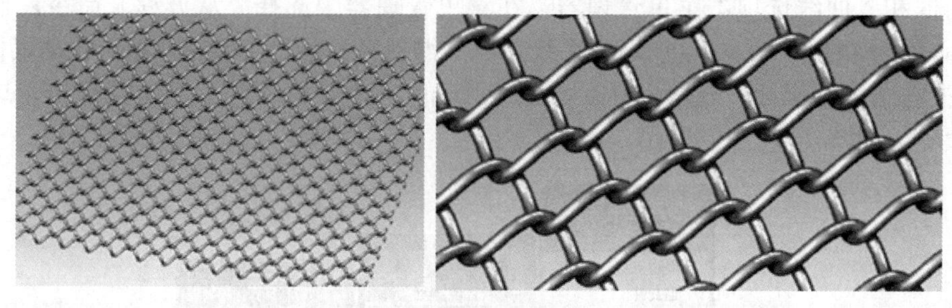

图 7-59　铁丝网

建模思路：先用方程式做出扁形螺旋线，然后以扁形螺旋线为轨迹，扫描出扁形螺旋铁丝，再移动复制出第二条扁形螺旋铁丝，使两条扁形螺旋铁丝成相互交织状，最后用阵列复制成网状。其建模步骤如表 7-2 所示。

表 7-2　铁丝网建模步骤

步　骤	说　明	模　型	步　骤	说　明	模　型
1	创建扁形螺旋曲面		4	阵列成网状	
2	创建扁形螺旋铁丝		5	移除材料拉伸去掉多余部分	
3	移动复制出第二条扁形螺旋铁丝		6		

下面介绍铁丝网的创建方法。

1．创建扁形螺旋铁丝

1）新建文件。单击菜单“文件”→“新建”命令，在弹出的“新建”对话框中选择类型为“零件”，子类型为“实体”，在“名称”文本框中输入“qrxxgmqq”，勾选“使用缺省模板”命令，单击“确定”按钮确定，如图 7-60 所示。

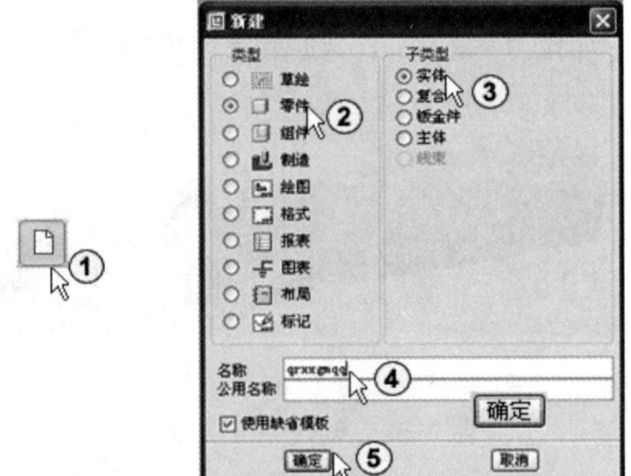

图 7-60　“新建”对话框

2）创建扁形螺旋曲线。单击“基础特征”工具栏中的“曲线”按钮，系统弹出“曲线”对话框和“曲线选项”菜单管理器，在菜单管理器中选择“从方程”命令，然后单击“完成”命令，如图 7-61 中③所示。系统弹出“得到坐标系”菜单管理器，移动鼠标选择如图 7-61 中⑤所示的坐标。选取坐标后，系统弹出“设置坐标类型”菜单管理器，选择“笛卡尔”命令，如图 7-61 中⑥所示。

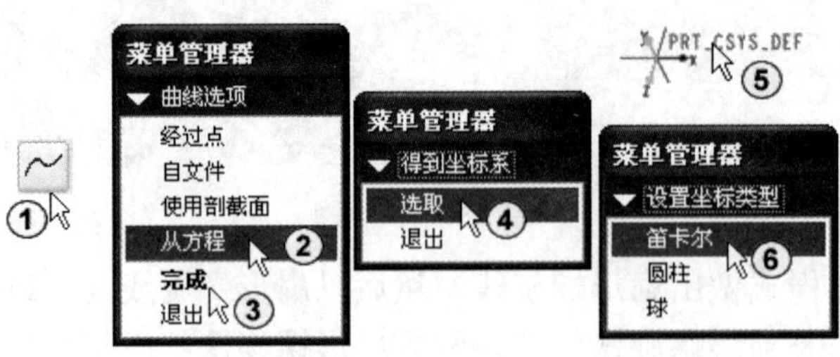

图 7-61　创建扁形螺旋曲线

3）输入方程式。设置坐标类型后系统弹出“记事本”编辑器，在记事本中输入“x=60*t*12,y=7*sin（t*360*12）,z=20*cos（t*360*12）”，如图 7-62 中①所示。单击记事本菜单“文件”→“保存”，然后关闭记事本。在“曲线：从方程”对话框中单击“确定”按钮确定，完成扇形螺旋曲线的创建。

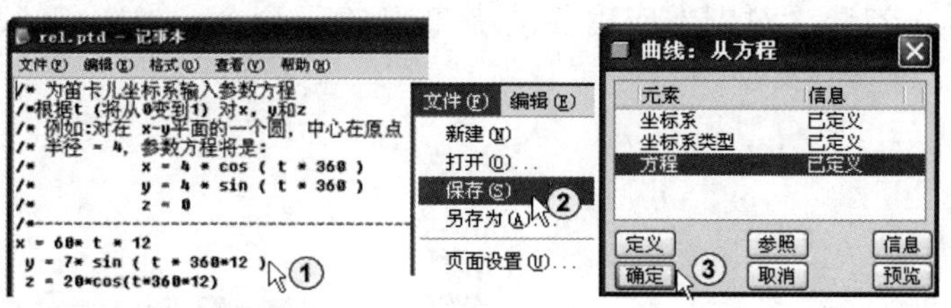

图 7-62　输入方程式

创建完成的扇形螺旋曲线如图 7-63 所示。

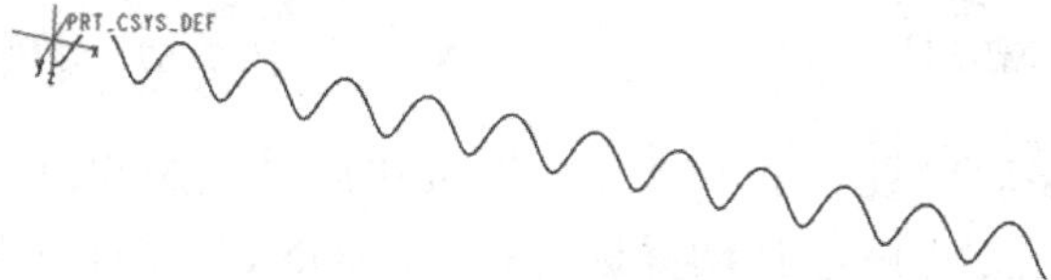

图 7-63　创建完成的扇形螺旋曲线

4）选择变截面扫描轨迹线，进入扫描剖面绘制界面。单击“特征”工具栏中的“可变截面扫描”按钮，系统弹出“可变截面扫描”对话框，移动鼠标选择扇形螺旋曲线作为扫描轨迹线，选择“扫描为实体”按钮，单击“创建或编辑扫描剖面”按钮，如图 7-64 中④所示。系统进入扫描剖面绘制界面。

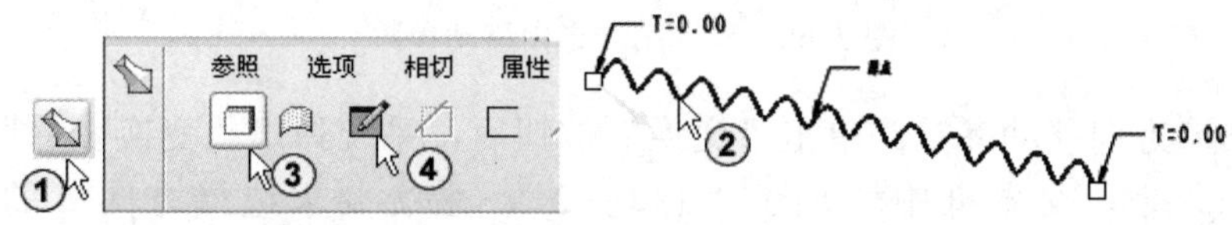

图 7-64　创建变截面扫描轨迹线，进入扫描剖面绘制界面

5）绘制变截面扫描剖面，单击“确定”按钮。在“草图”工具栏中选择“圆心和点”工具，绘制一个圆，圆心落在轨迹线的起点上。选择“创建尺寸”工具标注尺寸，如图 7-65 中②所示。单击“确定”按钮，退出草图绘制。单击“变截面扫描”对话框中的“确定”按钮，完成变截面扫描操作。

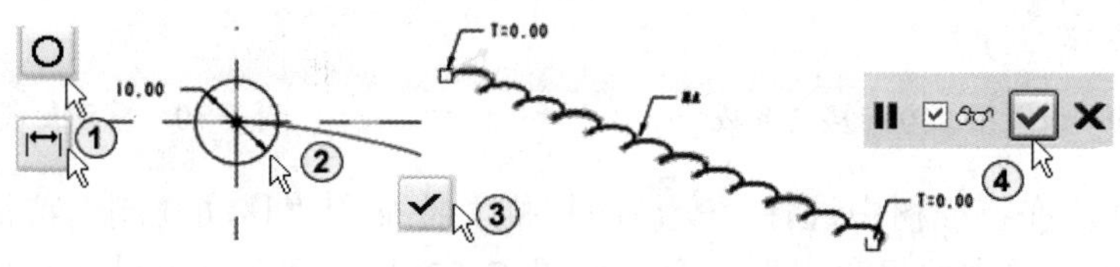

图 7-65　绘制扫描剖面，单击“确定”按钮

创建完成的扁形螺旋铁丝如图 7-66 所示。

2. 创建铁丝网

1）复制扫描特征。在特征树中选择“变截面扫描”特征，单击菜单“编辑”→“复制”命令，再次单击“编辑”→“选择性粘贴”命令，如图 7-67 中③所示。系统弹出“选择性粘贴”对话框，勾选“对副本应用移动/旋转变换”命令，如图 7-67 中④所示，单击“确定”按钮确定。

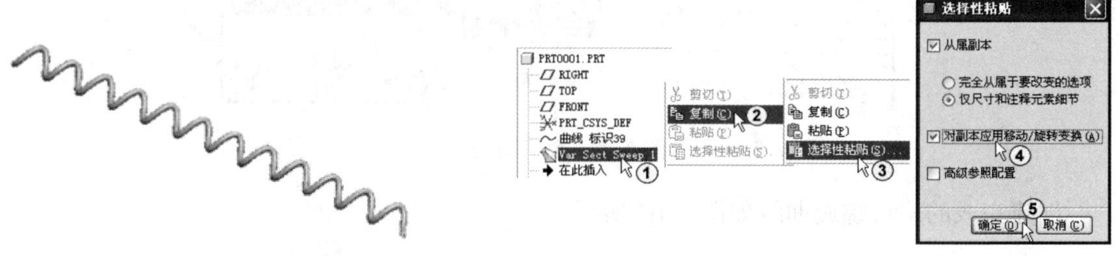

图 7-66　创建完成的扁形螺旋铁丝　　图 7-67　复制扫描特征

2）设置第一方向移动参数。单击“确定”按钮后，系统弹出“复制”对话框，选择“沿选定参照平移特征”按钮↔，移动鼠标选择“FRONT”平面作为平移参照，输入距离为 28mm，如图 7-68 中④所示。然后单击“变换”进入第二方向的设置。

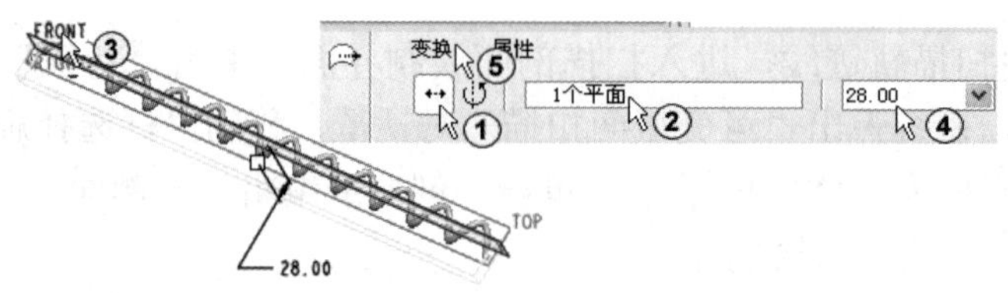

图 7-68　设置第一方向移动参数

3）设置第二方向移动参数。单击“变换”按钮后，系统弹出“变换设置”文本框，单击“新移动”命令，文本框中增加了“移动 2”，系统要求选择方向二的参照，选择“RIGHT”作为第二方向参照，如图 7-69 中③所示，输入距离为 30mm，单击“确定”按钮✔，完成移动复制操作。

移动复制后的两条扁形螺旋铁丝成相互交织状，如图 7-70 所示。

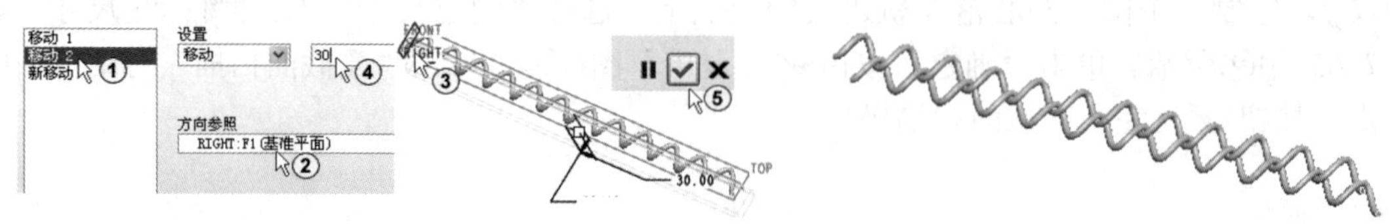

图 7-69　设置第二方向移动参数　　图 7-70　移动复制后的效果

4）组合特征。在特征树中选择“变截面扫描”特征和“移动复制”特征，单击鼠标右键，在弹出的下拉菜单中选择“组”命令，如图 7-71 中②所示。在特征树中出现了“组”按钮，如图 7-71 中③所示。

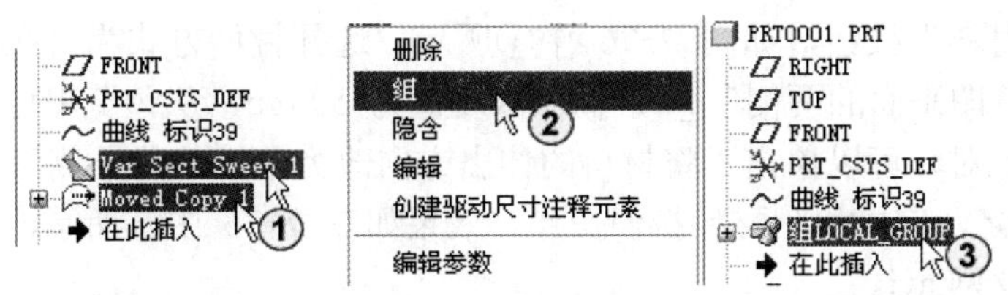

图 7-71　组合特征

5）阵列组。在特征树中选择“组”特征，单击菜单“编辑”→“阵列”命令，如图 7-72 中①所示。系统弹出“阵列”对话框，选择阵列方式为“方向”，移动鼠标选择“FRONT”基准面为方向参照，如图 7-14 中④所示。输入阵列数为 15 个，距离为 56mm，如图 7-72 中⑥所示，单击“确定”按钮✔，完成阵列操作。

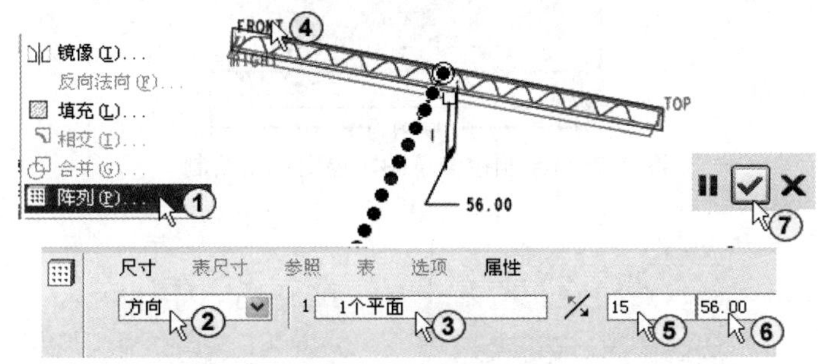

图 7-72　创建阵列组

扁形螺旋铁丝阵列后形成了相互交织的网状，如图 7-73 所示。

6）定义实体拉伸，选择草绘平面。在“特征”工具栏中选择“拉伸”按钮，系统弹出“拉伸”对话框，在对话框中选择“拉伸为实体”按钮，再单击“位置”按钮位置，系统弹出“草绘”文本框，在其框中单击“定义”按钮定义...，系统弹出“草绘”对话框，要求选择草绘平面及方向。移动鼠标选择“TOP”基准平面，其余采用默认设置。单击“草绘”按钮草绘进入草图绘制界面，如图 7-74 所示。

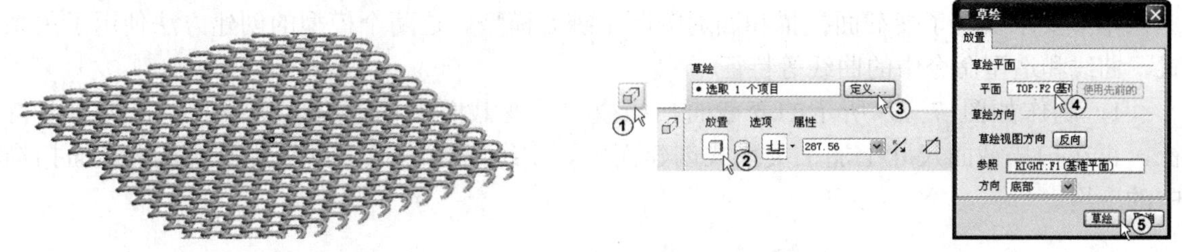

图 7-73　阵列效果　　　　图 7-74　定义实体拉伸，选择草绘平面

7）绘制拉伸截面，退出草图绘制。在“草图”工具栏中选择“矩形”工具绘制两个矩形，然后选择“创建尺寸”工具标注尺寸，如图 7-75 中②所示。单击“确定”按钮✔，退出草图绘制。

8）设置拉伸参数，完成移除材料拉伸。完成草图绘制后，“拉伸”对话框处于激活状态，单击“移除材料”按钮，如图 7-76 中①所示，选择拉伸方式为“在各方向上以指定深度值的一半拉伸草图平面的两侧”，输入深度值为 50mm，从预览中可以看到移除材料的方向，如果方向不对，可以单击“将材料的伸出方向改为草绘的另一侧”来改变方向，单击“确定”按钮，完成移除材料拉伸操作，效果如图 7-76 中⑥所示，操作过程见随书光盘 7\视频\7-2 铁丝网.avi。

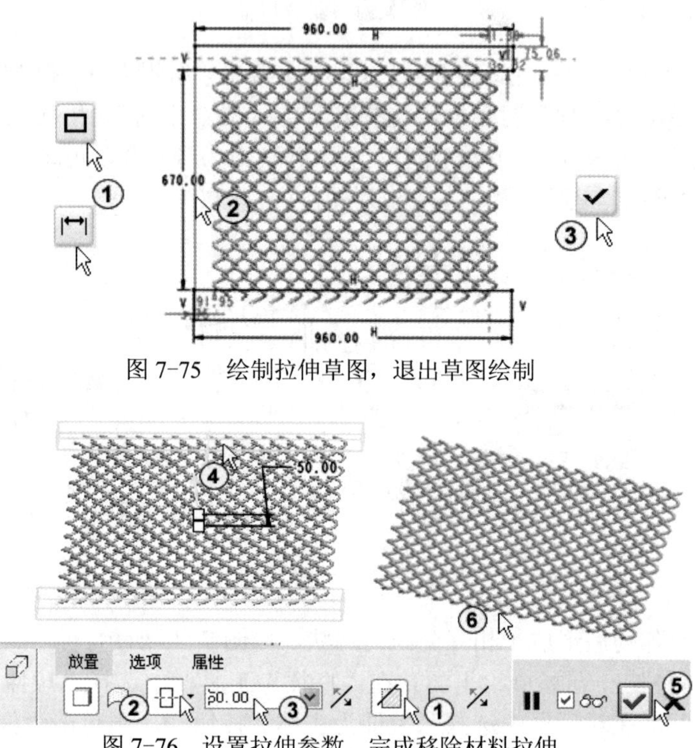

图 7-75　绘制拉伸草图，退出草图绘制

图 7-76　设置拉伸参数，完成移除材料拉伸

7.5　练习题

本节要求实现了变截面扫描和四通管两个练习模型。这两个模型的创建方法使用了关系式、曲线和造型命令中的曲线等特征。

1．制作如图 7-77 所示的变截面扫描模型。变截面扫描模型以变截面扫描为主要特征，再在扫描截面尺寸上加上关系式创建而成。本练习题的知识点是关系式在变截面扫描中的应用。

图 7-77　变截面扫描模型

2．制作如图 7-78 所示的四通管模型。四通管模型以旋转为主要特征，再在主管与副管之间构建曲线，然后以构建的曲线创建曲面，加上镜象、复制等特征，最后完成四通管的创建。本练习题的知识点是曲线构建和曲面编辑。

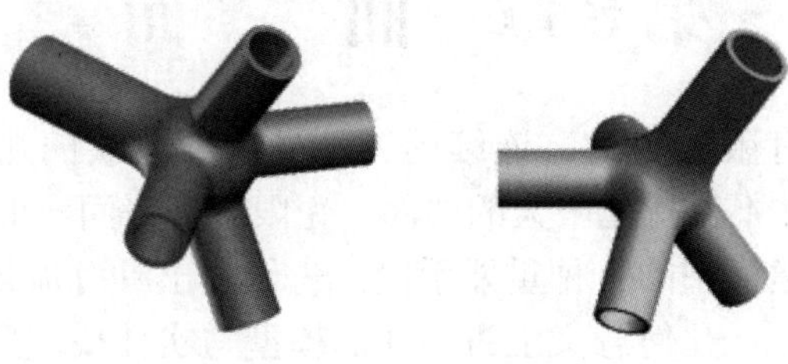

图 7-78　四通管模型

第8章　曲　　面

3D 软件中的曲面为有限大小的、连续的、处处可导的欧氏几何曲面，其理论厚度为0，称为曲面实体。3D 软件不支持无限大的曲面。无限大的平面一般用作基准面。

曲面是三维造型中创建模型的一种重要手段，先创建出具有流畅外形的曲面，再由曲面转换成实体从而形成产品。从几何意义上讲，曲面模型与实体模型所表达的结果是完全一致的，通常情况下可交替地使用实体和曲面特征。实体建模快捷高效，但仅用实体建模在实际的设计过程中远远达不到设计要求，所以在通常的情况下是交替使用的，其建模顺序是先曲面后实体。

8.1　创建曲面

在 Pro/E5.0 中利用“造型”命令，可以创建出“边界曲面”、“放样曲面”和“混合曲面”。

边界曲面：以四条边或三条边组成的闭合边界创建曲面。

放样曲面：以同一方向的一组非相交曲线创建曲面。

混合曲面：以一条或多条主曲线以及一条或多条交叉曲线创建的曲面，交叉曲线至少要有一条，交叉曲线与主曲线必须相交。

曲面“命令”对话框，如图 8-1 中①所示。

• 选取项目：文本框激活可输入构成曲面的边界曲线。

单击此处添加项目：文本框激活可输入内部曲线。

参照：“参照选项”文本框如图 8-1 中②所示，显示了构成曲面的曲线链和内部曲线。

参数化：“参数化选项”文本框如图 8-1 中③所示，显示参数化的曲线和软点的类型。

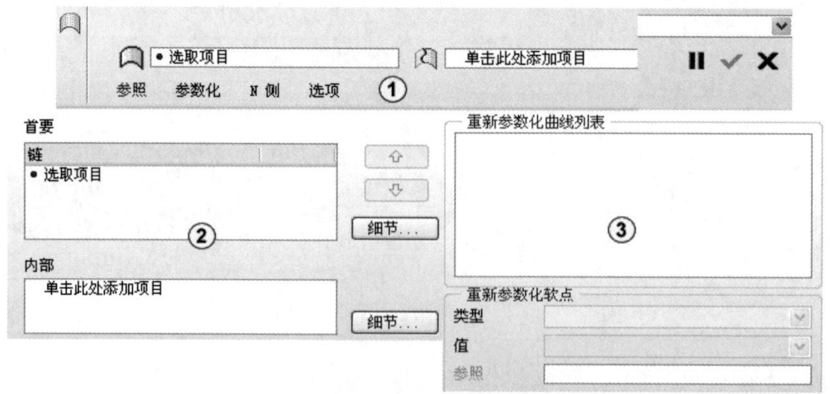

图 8-1　“参照选项和参数化选项”文本框

N 边：“N 边选项”文本框如图 8-2 中①所示，可以对边界进行修剪和形状控制。

选项："选项"文本框如图 8-2 中②所示，可以设定曲面的生成方式。

径向：勾选了"径向"选项，创建出的曲面带有径向混合的曲面，只有一条主曲线时该选项才被激活。

统一：选择该选项时创建出的曲面具有统一的混合曲面，只有两条主曲线时该选项才被激活。

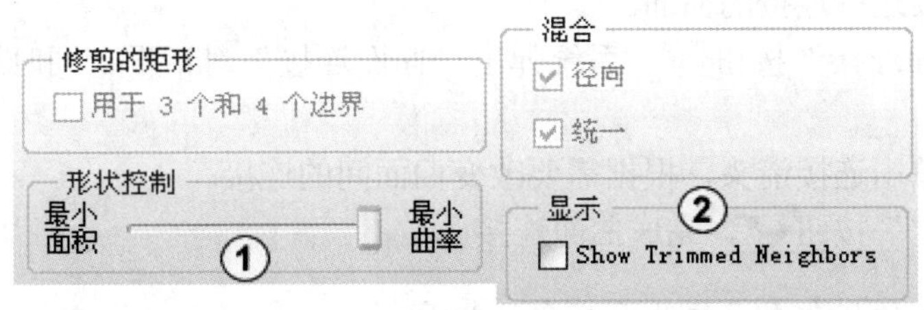

图 8-2 "N 边和选项"文本框

创建曲面的操作步骤如下。

1）单击"造型"按钮，系统弹出"造型"工具栏，单击"曲面"按钮，系统弹出"曲面"对话框。

2）选择构成曲面的曲线。选择同一方向的一组非相交曲线可创建放样曲面；选择三条或四条边界曲线可创建边界曲面。

3）选择内部曲线，内部曲线可对曲面的形状进行控制。

4）定义相邻边界的连接关系。

5）单击"确定"按钮，完成曲面创建。

注意：选择多条主曲线时要按住〈Ctrl〉键，在单条主曲线中选择多条曲线时要按住〈Shift〉键。

构建四边形曲面时四条基本曲线必须相交。

COS 曲线不能作为内部曲线。

内部曲线不能与相邻的基本曲线相交。

内部曲线与基本曲线以及内部曲线与内部曲线相交时必须有交点。

穿过相同边界的两条内部曲线不能在边界内部再相交。

内部曲线必须同两条边界曲线相交。

内部曲线不能与边界曲线有多于两点的相交处。

8.2 曲面连接

在"造型"命令中对曲面进行连接时有主从之分，主曲面不改变自己的形状，从曲面在连接时自动适应主曲面的外形。两个相邻连接的曲面可以定义相互之间的连接关系，主要有三种连接关系：位置连接、相切连接和曲率连接。他们分别以虚线、单箭头、多箭头来表示。各种连接关系之间的切换可以通过单击连接线来实现。

除了这三种连接关系外，还有一种特殊的连接关系，那就是拔模相切。它可以用定义创建的曲面和已有的曲面成某一角度关系，用来定义曲面的拔模斜度。要创建拔模相切对首选构面的曲线有一定的要求，确定拔模角度的那个方向的构面曲线，都要和同一个曲面或基准平面成相同角度的拔模相切连接关系。拔模相切用一个虚线的单击箭头来表示。

创建曲面连接的操作步骤如下：

1）选择两个要进行连接的曲面。

2）单击“曲面连接”按钮，系统弹出“曲面连接”对话框，同时选中的曲面显示连接箭头。

3）在模型中单击连接箭头，根据需要改变曲面间的连接。

4）单击“确定”按钮✔，完成曲面连接。

注意：箭头的指向表示主曲面指向从曲面。

单击箭头末端，改变曲面的主从属性。

单击箭头中部，在相切连接和曲率连接间切换。

按住〈Shift〉键，然后单击箭头中部，除共享的边界曲线外，两曲面间无连接。

8.3 曲面修剪

造型中的曲面修剪只能用曲线去修剪曲面或曲面组，修剪的曲线必需是曲面上的曲线。

“造型”命令中曲面修剪的操作步骤如下。

1）单击“造型”按钮，系统弹出“造型”工具栏，单击“曲面修剪”按钮，系统弹出“曲面修剪”对话框。

2）选择要修剪的曲面组，选择修剪曲线，选择需要剪掉的曲面。

3）单击“确定”按钮✔，完成曲面连接。

创建曲面修剪的方法：

单击工具栏中的“造型”按钮，系统弹出“造型”工具栏，在“造型”工具栏中单击“曲面修剪”按钮，系统弹出“曲面修剪”对话框，移动鼠标选择如图 8-3 中③所示的曲面作为修剪对象，再选择如图 8-3 中⑤所示的曲线作为修剪曲线，然后选择如图 8-3 中⑦所示的曲线作为剪掉曲面，单击“确定”按钮✔，完成曲面修剪操作，效果如图 8-3 中⑨所示。

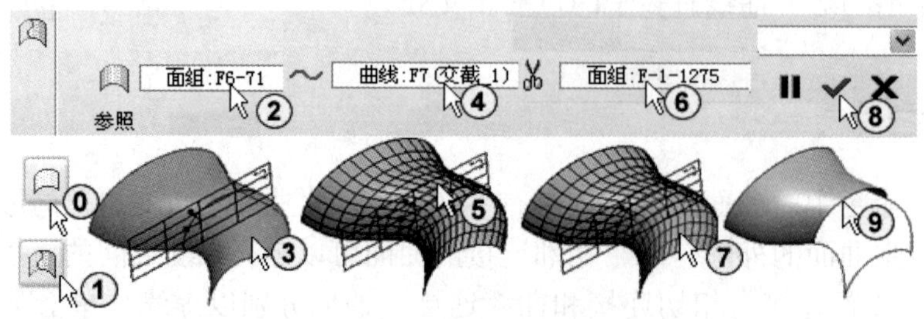

图 8-3　创建曲面修剪

8.4　曲面编辑

在“造型”命令中曲面创建完成后，可以对曲面进行实时的编辑修改。其方法是单击工具栏中的“造型”按钮，系统弹出“造型”工具栏，在“造型”工具栏中单击“曲面编辑”按钮，系统弹出“曲面编辑”对话框，根据设计要求对曲面进行编辑修改。

在“编辑”菜单中的“曲面编辑”命令，包括“复制”、“镜像”、“合并”、“修剪”、“延伸”、“偏移”、“加厚”和“实体化”。

8.4.1　复制曲面

复制有两种方法：“复制、粘贴”和“复制、选择性粘贴”。

1．复制、粘贴

“复制”命令可以将选中的曲面进行复制。曲面的复制有三种形式：复制所有选择的曲面、复制曲面并填充曲面上的孔、复制曲面上封闭区域内的部分曲面。

复制曲面的操作步骤如下。

1）选择要复制的曲面使曲面呈粉红色显示。

2）单击菜单“编辑”→“复制”命令。

3）单击菜单“编辑”→“粘贴”命令，系统弹出“复制”对话框，如图 8-4 中①所示。

4）单击“选项”按钮，系统弹出“选项”文本框，在“选项”文本框中有“按原样复制所有曲面”、“排除曲面并填充孔”和“复制内部边界”三个选项。

按原样复制所有曲面：复制所有选择的曲面。

排除曲面并填充孔：选择此选项系统会增加“排除轮廓”和“填充孔/曲面”文本框，如图 8-4 中③所示。

排除轮廓：从当前复制特征中选择要排除的曲面。

填充孔/曲面：在已选中的曲面上选择孔的边缘填充孔。

复制内部边界：选择此选项系统会增加“边界曲线”文本框，如图 8-4 中④所示。

边界曲线：选择封闭的边界，复制边界内部的曲面。

5）单击“确定”按钮，完成曲面复制。

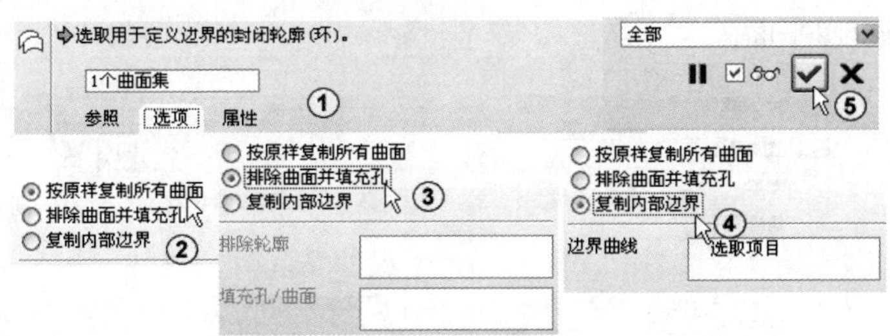

图 8-4　复制曲面

2．复制、选择性粘贴

“选择性复制”命令可以将选中的曲面进行平移或旋转复制。

选择性复制曲面的操作步骤如下：

1）选择要复制的曲面使曲面呈粉红色显示。

2）单击菜单“编辑”→“复制”。

3）单击菜单“编辑”→“选择性粘贴”，系统弹出“选择性复制”对话框，如图 8-5 中①所示。

4）选择复制类型。复制类型有“平移特征”↔和“旋转特征”两种。

5）单击“参照”按钮，系统弹出“参照”文本框，如图 8-5 中②所示。此文本框中显示要移动复制的曲面对象。

6）单击“变换”按钮，系统弹出“变换”文本框，如图 8-5 中③所示。此文本框可以定义复制曲面的移动方式平移或旋转，可以输入平移距离、旋转角度值以及方向参照。

7）单击“选项”按钮，系统弹出“选项”文本框，如图 8-5 中④所示。此文本框可以定义复制原始几何或不复制原始几何；定义隐藏原始几何或不隐藏原始几何。

8）单击“确定”按钮✔，完成曲面选择性复制。

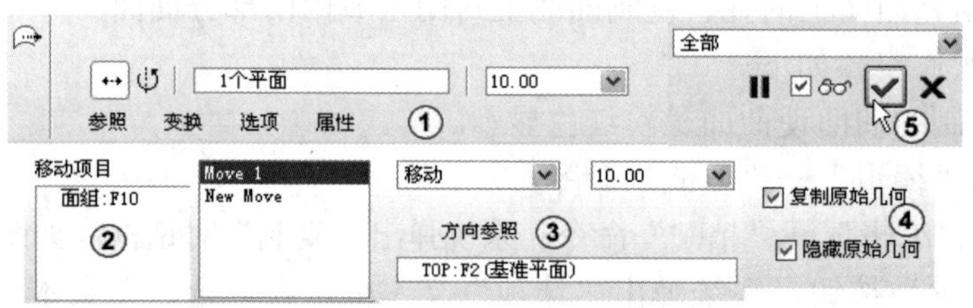

图 8-5　选择性复制曲面

8.4.2　镜像曲面

镜像操作可以将选择的曲面复制到平面的另一侧，生成一个对称的曲面。

创建镜像曲面的操作步骤如下：

1）选择要镜像的曲面使曲面呈粉红色显示。

2）单击菜单“编辑”→“镜像”命令，系统弹出“镜像”对话框，如图 8-6 中①所示。

3）选择镜像平面。

4）单击“参照”按钮，系统弹出“参照”文本框，如图 8-6 中②所示。此文本框显示选中的镜像项目和镜像平面。

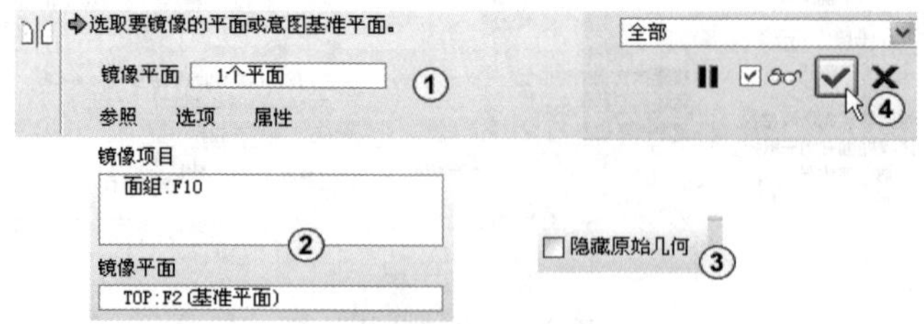

图 8-6　创建镜像曲面

5）单击“选项”按钮，系统弹出“选项”文本框，如图 8-6 中③所示。此文本框可以定义隐藏或显示原始几何。

6）单击“确定”按钮✔，完成镜像曲面的创建。

8.4.3 合并曲面

将两个相邻或相交曲面合并，生成一个单独的特征，当删除合并面组后其原始面组仍然存在。

创建合并曲面的操作步骤如下。

1）按住〈Ctrl〉键选择要合并的两个面组，选中的曲面呈粉红色显示。

2）单击菜单“编辑”→“合并”命令，系统弹出“合并”对话框，如图 8-7 中①所示。

3）如果是相交曲面，单击“改变要保留的第一面组的侧”按钮，或单击“改变要保留的第二面组的侧”按钮，为每个面组选择需要保留的一侧。

4）单击“参照”按钮，系统弹出“参照”文本框，如图 8-7 中②所示。此文本框显示选中的合并面组。

5）单击“选项”按钮，系统弹出“选项”文本框，如图 8-7 中③所示。此文本框有“相交”和“连接”两个选项。

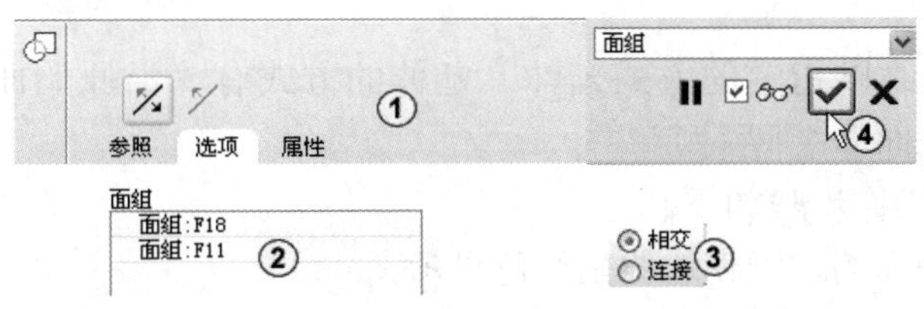

图 8-7 创建合并曲面

相交：两个曲面组相互交叉时，选择相交形式来合并，可通过单击“改变要保留的第一面组的侧”按钮，或单击“改变要保留的第二面组的侧”按钮，为每个面组选择需要保留的一侧。

连接：一个曲面的边位于另一个曲面的表面时，选择“连接”选项，可以将与边重合的曲面合并在一起。

6）单击“确定”按钮✔，完成合并曲面操作。

8.4.4 修剪曲面

利用曲面、基准面或曲面上的曲线可以对曲面进行修剪。被修剪的曲面与修剪工具曲面或基准面必须相交。

创建修剪曲面的操作步骤如下。

1）选择要修剪的曲面使曲面呈粉红色显示。

2）单击菜单“编辑”→“修剪”命令，系统弹出“修剪”对话框，如图 8-8 中①所示。

3）选择修剪工具曲面、基准面或曲面上的曲线。

4）单击“在要保留的修剪曲面的一侧、另一侧或两侧之间反向”按钮，切换到要保留的一侧。

5）单击“参照”按钮，系统弹出“参照”文本框，如图 8-8 中②所示。此文本框显示修剪面组和修剪对象面组。

6）单击“选项”按钮，系统弹出“选项”文本框，如图 8-8 中③所示。此文本框可以定义保留或不保留修剪曲面；定义薄修剪参数。

薄修剪：就是用曲面工具加厚的方式来修剪曲面。

7）如果选择的修剪工具是曲线，其必须是曲面上的曲线。

8）单击“确定”按钮✔，完成修剪曲面操作。

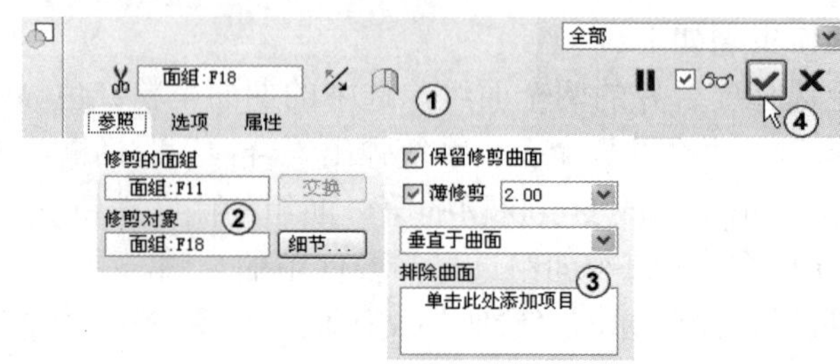

图 8-8 创建修剪曲面

8.4.5 延伸曲面

将选择的曲面边缘以指定的方式延伸。延伸的方式有“沿原始曲面延伸曲面”和“将曲面延伸至参照平面”两种。

创建修剪曲面的操作步骤如下。

1）选择要延伸曲面的边线使边线呈红色显示。

2）单击菜单“编辑”→“延伸”命令，系统弹出“延伸”对话框，如图 8-9 中①所示。

3）选择延伸方式。延伸方式有“沿原始曲面延伸曲面”和“将曲面延伸至参照平面”两种。

4）单击“反向延伸”按钮，可以改变延伸方向。

5）单击“参照”按钮，系统弹出“参照”文本框，如图 8-9 中②所示。此文本框显示选中的曲面边界和参照平面。

6）单击“量度”按钮，系统弹出“量度”文本框，如图 8-9 中③所示。此文本可以设置延伸距离和定义距离类型，当选择“将曲面延伸至参照平面”延伸方式时，此选项不可用。

7）单击“选项”按钮，系统弹出“选项”文本框，如图 8-9 中④所示。此文本框可以定义延伸方法为“相同”、“相切”或“逼近”。当选择“将曲面延伸至参照平面”延伸方式时，此选项不可用。

8）单击“确定”按钮✔，完成延伸曲面操作。

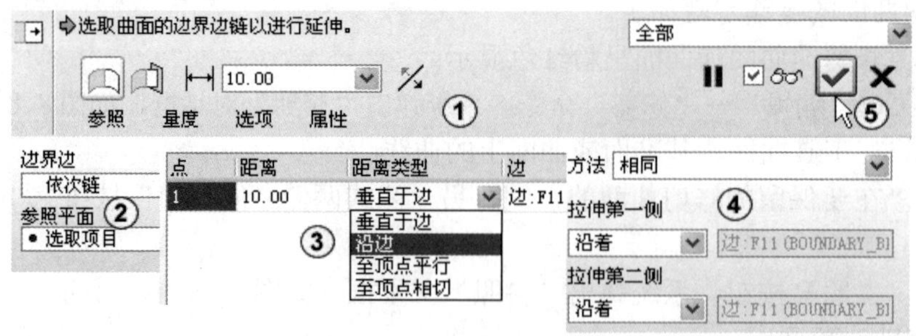

图 8-9 创建延伸曲面

8.4.6 偏移曲面

将选中的面或曲面偏移一定距离。

创建偏移曲面的操作步骤如下。

1）选择要偏移的曲面使曲面呈粉红色显示。

2）单击菜单“编辑”→“偏移”命令，系统弹出“偏移”对话框，如图8-10中①所示。

3）选择偏移方式。偏移方式有“标准偏移特征”、“具有拔模特征”、“展开特征”和“替换特征”四种。

标准偏移特征：需要输入偏移距离，单击“将偏移方向改为其他侧”按钮，可以改变偏移方向。

具有拔模特征：需要绘制一个轮廓草图，指定拉伸高度，输入拔模角度，单击“将偏移方向改为其他侧”按钮，可以改变偏移方向。

展开特征：需要绘制草图，指定拉伸距离，单击“将偏移方向改为其他侧”按钮，可以改变偏移方向。

替换特征：需要选择替换曲面。

4）单击“参照”按钮，系统弹出“参照”文本框，如图8-10中②所示。此文本框显示选中的偏移曲面对象。

5）单击“选项”按钮，系统弹出“选项”文本框，如图8-10中③所示。此文本框可以定义偏移曲面的方法，包括“垂直于曲面”、“自动拟合”和“控制似合”三种，可以定义是否创建侧曲面。

6）单击“确定”按钮，完成偏移曲面操作。

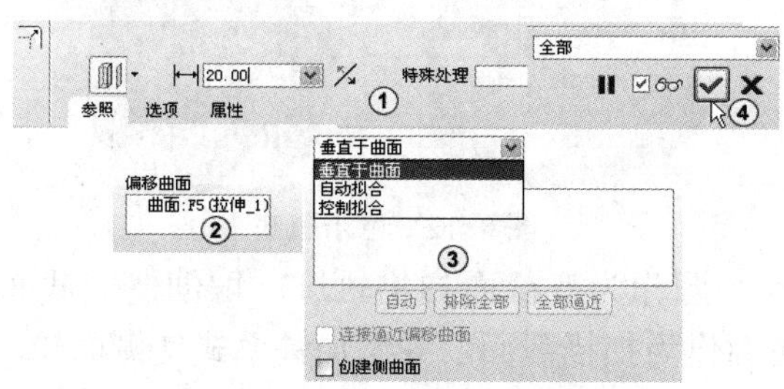

图8-10　创建偏移曲面

8.4.7 加厚曲面

曲面是0厚度的，可以用加厚命令将曲面加厚成一定的厚度。

创建加厚曲面的操作步骤如下。

1）选择要加厚的曲面使曲面呈粉红色显示。

2）单击菜单“编辑”→“加厚”命令，系统弹出“加厚”对话框，如图8-11中①所示。

3）输入加厚厚度值，单击“反转结果几何方向”按钮，可以改变加厚方向。

4）单击“参照”按钮，系统弹出“参照”文本框，如图8-11中②所示。此文本框显示选中的加厚曲面对象。

5）单击“选项”按钮，系统弹出“选项”文本框，如图8-11中③所示。此文本框可以定义加厚曲面的方法，包括“垂直于曲面”、“自动拟合”和“控制拟合”三种，可以排除选中的曲面。

6）单击“确定”按钮✔，完成加厚曲面操作。

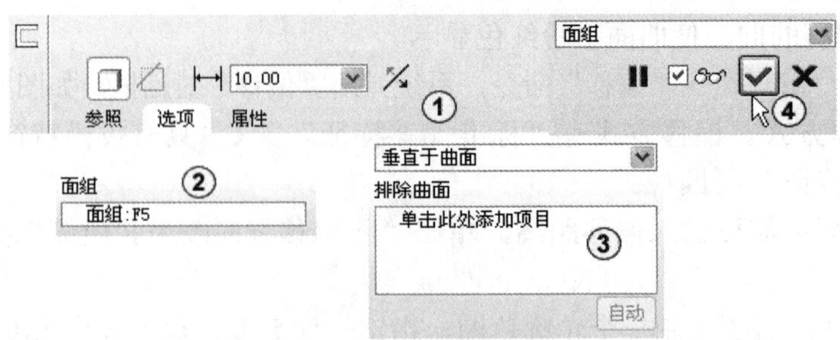

图 8-11　创建加厚曲面

8.5　实例

本章介绍可乐瓶底和世界杯足球的创建方法。可乐瓶底模型的主要知识点是变截面扫描中运用了关系式。世界杯足球模型的主要知识点是草图方程式的运用和曲面的编辑操作。

8.5.1　可乐瓶底

如图 8-12 所示的可乐瓶底是用变截面扫描创建而成的。

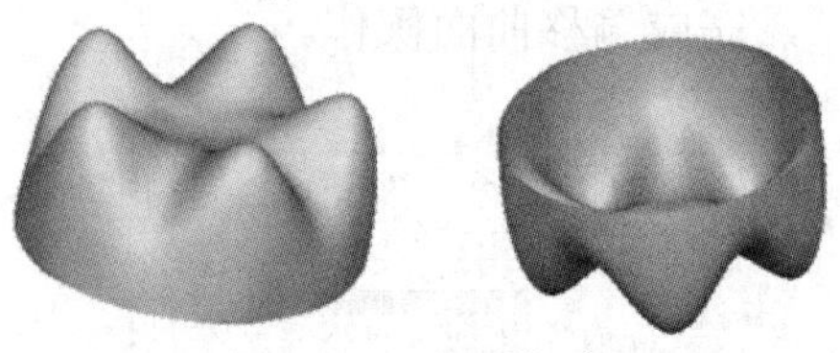

图 8-12　可乐瓶底

建模思路：先绘制一个圆作为变截面扫描轨迹，再创建变截面扫描，以圆作为扫描轨迹，以可乐瓶底的侧面轮廓作为扫描截面，并添加关系式使侧面轮廓随圆形轨迹扫描一周变化 5 次，结果产生 5 个峰形轮廓。其建模步骤如表 8-1 所示。

表 8-1　可乐瓶底建模步骤

步　骤	说　明	模　型	步　骤	说　明	模　型
1	创建变截面扫描轨迹	100.00	3	创建变截面扫描	
2	创建变截面扫描截面并添加关系式				

下面介绍可乐瓶底的创建方法。

1）新建文件。单击菜单“文件”→“新建”命令，在弹出的“新建”对话框中选择类型为“零件”，子类型为“实体”，在“名称”文本框中输入“skqiuagyqa”，勾选“使用缺省模板”命令，单击“确定”按钮确定，如图 8-13 所示。

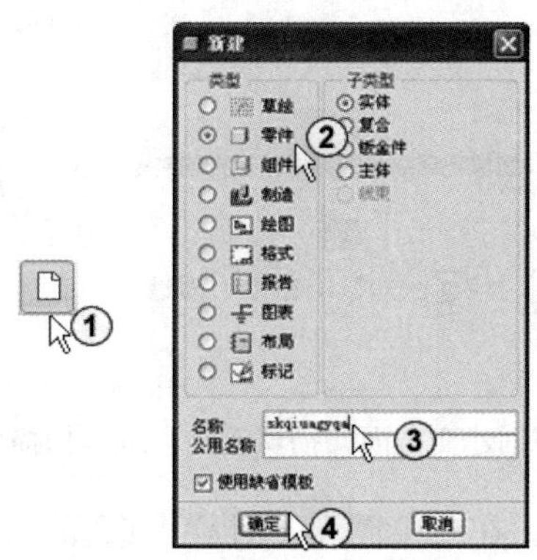

图 8-13　创建“新建”文件

2）选择草绘平面。从“特征”工具栏中选择“草绘”按钮，系统弹出“草绘”对话框，要求选择草绘平面和草绘方向参照，移动鼠标选择上视基准面，系统自动在“参照”文本框中输入右视基准面作为草绘视图参照方向，采用系统默认的方向。单击“草绘”按钮草绘，进入草图绘制界面，如图 8-14 所示。

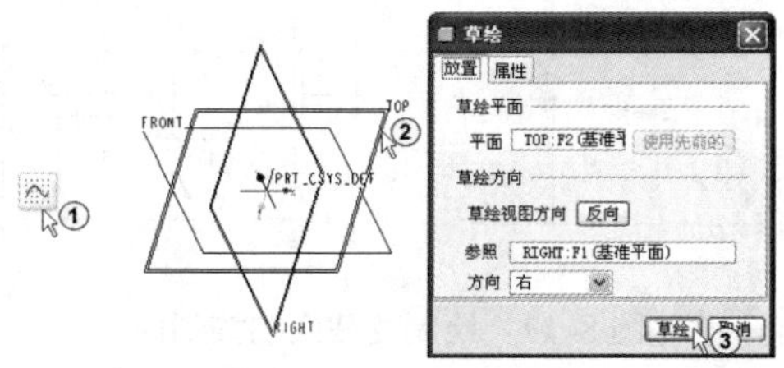

图 8-14　选择草绘平面

3）绘制变截面扫描轨迹。在“草图”工具栏中选择“圆心和点”工具，绘制一个直径为 100mm 的圆，圆心落在原点上，如图 8-15 中②所示，单击“确定”按钮，退出草图绘制。

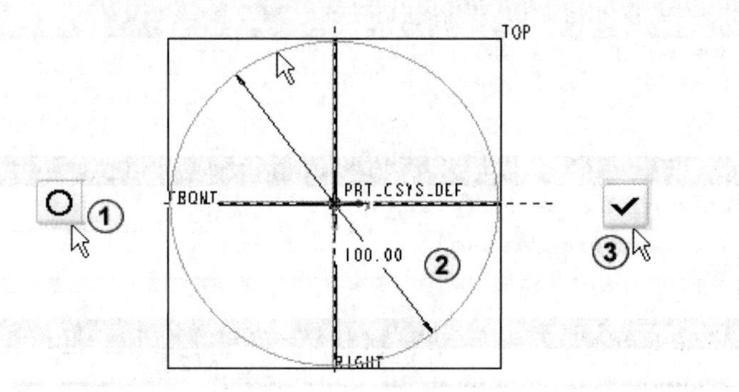

图 8-15　绘制变截面扫描轨迹

4）选择变截面扫描轨迹线，进入扫描剖面绘制界面。单击“特征”工具栏中的“可变截面扫描”按钮，系统弹出“可变截面扫描”对话框，移动鼠标选择圆作为扫描轨迹线，选择“扫描为曲面”按钮，单击“创建或编辑扫描剖面”按钮，如图 8-16 中④所示。系统进入扫描剖面绘制界面。

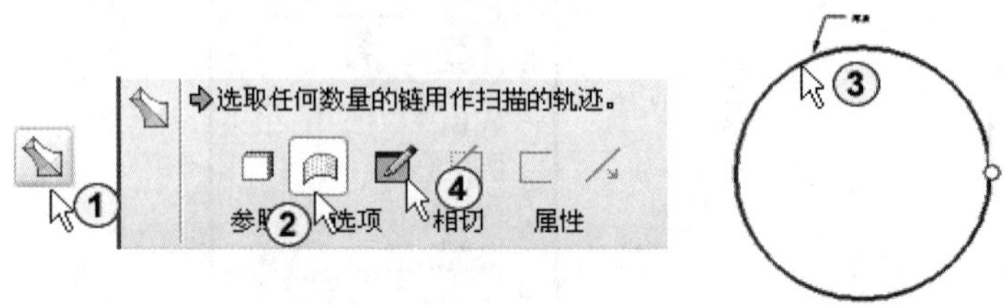

图 8-16　创建变截面扫描轨迹线，进入扫描剖面绘制界面

5）绘制变截面扫描剖面。在“草图”工具栏中选择“样条”工具，绘制一条由 6 个控制点组成的曲线，曲线的两个端点分别落在水平轴和竖轴上，如图 8-17 中①所示。选择“创建尺寸”工具，标注如图 8-17 中②所示的尺寸，将尺寸 40mm 赋予关系式。

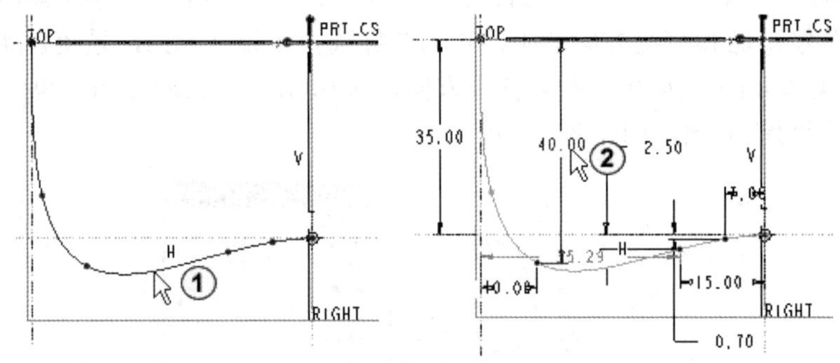

图 8-17　绘制变截面扫描剖面

6）添加关系式。单击菜单“工具”→“关系”命令，系统弹出“关系”对话框，移动鼠标单击尺寸 40，sd23=40 自动输入到关系输入框中，在后面加上“+12*AIN（TRAJRAR*360*5）”，如图 8-18 中①所示，单击“确定”按钮，完成关系式创建。单击“确定”按钮，退出草图绘制。

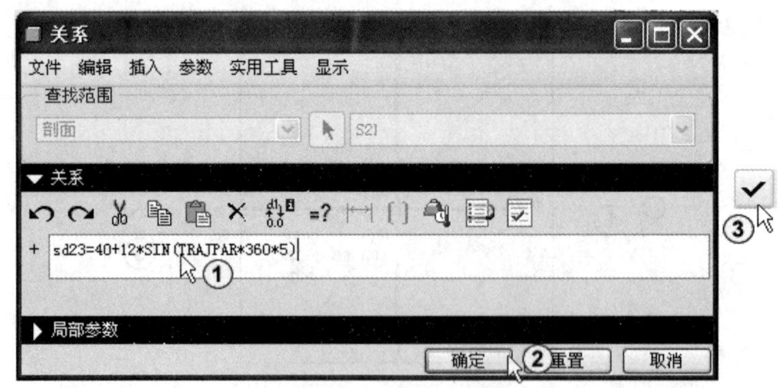

图 8-18　添加关系式

7）创建变截面扫描。退出草图绘制后系统激活了“变截面扫描”对话框，从绘图区可以预览到扫描的效果，如图 8-19 中①所示。单击“确定”按钮✔，完成变截面扫描操作，效果如图 8-19 中③所示。

图 8-19　创建变截面扫描

上色后的可乐瓶底模型如图 8-20 所示。操作过程见随书光盘 8\视频\8-1 可乐瓶底.avi。

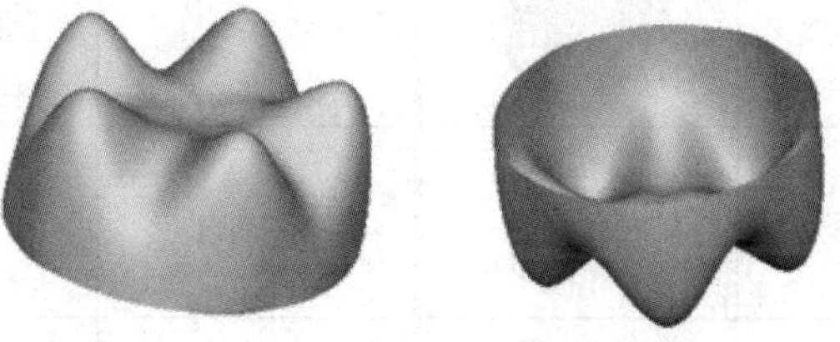

图 8-20　变截面扫描创建的可乐瓶底模型

8.5.2　世界杯足球

图 8-21 所示的世界杯足球是由 6 个哑铃形和 8 个三叉形组成的球体。

建模思路：先绘制哑铃形和球体轮廓草图，拉伸哑铃形曲面，旋转复制出两个哑铃形曲面，旋转出半个球体曲面，然后将三个哑铃形拉伸曲面，剪裁球形曲面，再以三个基准平面剪裁球形曲面。分别偏移剩下的哑铃形曲面和三叉形曲面，然后分别合并哑铃形曲面和三叉形曲面，并对这两个曲面进行倒圆，再进行镜像和旋转复制操作，完成世界杯足球的创建。其建模步骤如表 8-2 所示。

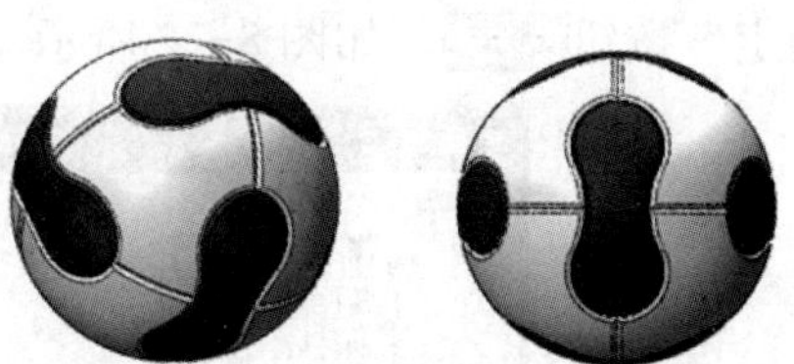

图 8-21　世界杯足球

表 8-2　世界杯足球建模步骤

步　骤	说　明	模　型	步　骤	说　明	模　型
1	创建曲面拉伸		3	创建旋转复制	
2	创建旋转复制		4	创建旋转对象	

（续）

步　骤	说　明	模　型	步　骤	说　明	模　型
5	创建曲面旋转		12	创建偏移曲面、合并曲面、倒圆角	
6	创建曲面修剪		13	创建镜像	
7	创建曲面修剪		14	创建镜像	
8	创建曲面修剪		15	创建旋转复制	
9	创建曲面修剪		16	创建镜像	
10	创建曲面修剪		17	创建旋转复制	
11	创建偏移曲面、合并曲面、倒圆角		18	创建旋转对象	

下面介绍世界杯足球的创建方法。

1．创建哑铃形和三叉形曲面

1）新建文件。单击菜单“文件”→“新建”命令，在弹出的“新建”对话框中选择类型为“零件”，子类型为“实体”，在“名称”文本框中输入“anlwsgkhgi”，勾选“使用缺省模板”命令，单击“确定”按钮，如图 8-22 所示。

图 8-22　“新建”对话框

2）定义曲面拉伸，选择草绘平面。从“特征”工具栏中选择“拉伸”按钮，系统弹出“拉伸”对话框，在对话框中选择“拉伸为曲面”按钮，再单击“位置”按钮位置，系统弹出“草绘”文本框，在文本框中单击“定义”按钮定义...，系统弹出“草绘”对话框，要求选择草绘平面及方向。移动鼠标前视平面，系统自动选择右视基准平面作为草绘参照方向，进入草图绘制界面，如图 8-23 所示。

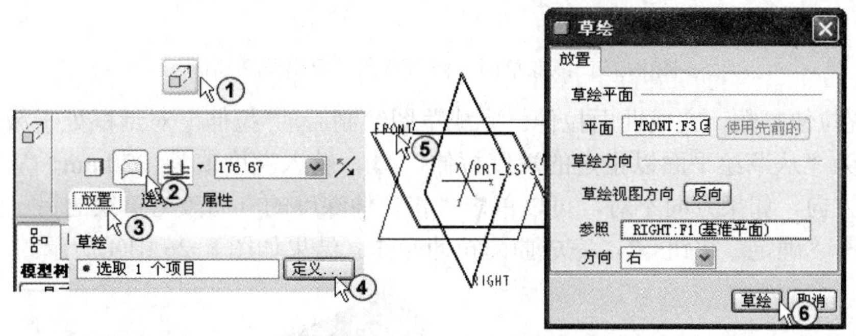

图 8-23　创建曲面拉伸，选择草绘平面

3）绘制拉伸截面。在“草图”工具栏中选择“圆心和点”工具，绘制一个直径 400mm 的圆，圆心落在原点上。用“直线”工具，绘制两个直角三角形，两个三个角的顶点与原点重合，一个直角边与竖轴重合，一个直角边与水平边重合，斜边顶点分别与圆重合，从原点开始向右绘制一条水平线。将两条 L1 直线作等长约束；将两条 L2 直线作等长约束，然后选择“创建尺寸”工具，标注尺寸，如图 8-24 中①所示。用“圆心和点”工具，绘制一个直径为 60mm 的圆和一个大圆，直径为 60mm 的圆心落在竖轴上，圆与直角边端点重合，大圆的圆心落在水平轴上，圆与水平短线右端点重合，将大圆与小圆作相切约束，如图 8-24 中②所示。

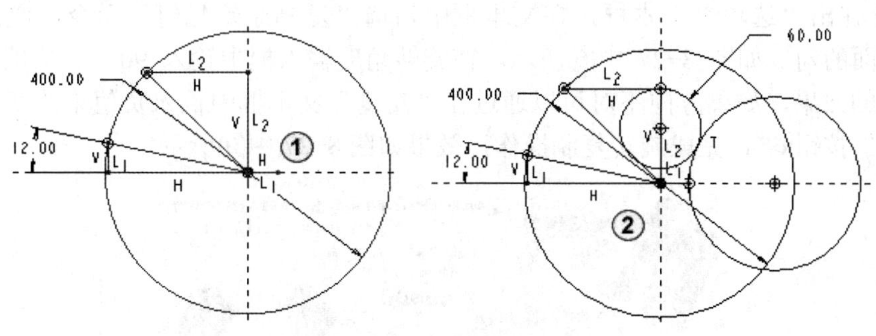

图 8-24　绘制拉伸截面

4）镜像草图，修剪草图，退出草图绘制。在“草图”工具栏中选择“中心线”工具，绘制一条水平中心线和一条竖直中心线，中心线分别与水平坐标线和竖直坐标线重合。用“镜像”工具将直径 60mm 的圆镜像到水平轴下面，将大圆镜像到竖轴左边，如图 8-25 中①所示。用“删除段”工具修剪草图，将两个直角三角形、短水平线和直径为 400mm 的圆转换成构造线，如图 8-25 中②所示。单击“确定”按钮，退出草图绘制。

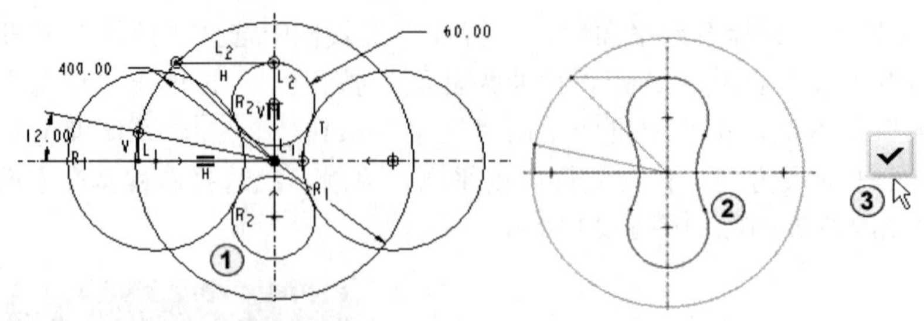

图 8-25　镜像草图，修剪草图，退出草图绘制

5）设置拉伸参数，完成曲面拉伸。完成草图绘制后，“拉伸”对话框处于激活状态，选择拉伸方式为“从草绘平面以指定的深度拉伸”，输入深度值为 220mm，从预览中可以看到拉伸的方向，如果方向不对，可以单击“将拉伸深度的方向改为草绘的另一侧”来改变方向，单击“确定”按钮，完成曲面拉伸操作。结果如图 8-26 中④所示。

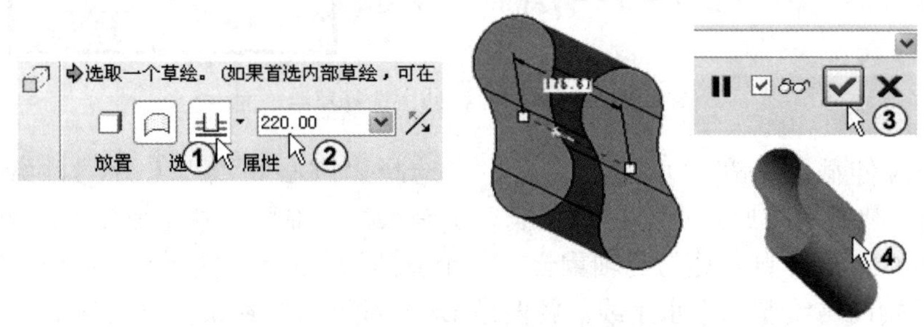

图 8-26　设置拉伸参数，完成曲面拉伸

6）创建旋转复制。选择图 8-27 中①所示的拉伸曲面，单击菜单“编辑”→“复制”命令，再单击菜单“编辑”→“选择性粘贴”命令，系统弹出“移动复制”对话框，单击“相对选定参照旋转特征”按钮，移动鼠标选择“Y”轴作为旋转轴，单击“选项”按钮选项，系统弹出“选项”文本框，在文本框中勾选“复制原始几何”命令，取消“隐藏原始几何”前面的勾，如图 8-27 中⑥所示。在旋转角度输入框中输入 90°，从预览中可以看到旋转复制的效果，如果方向不对可以通过在“角度”文本框中输入负值来改变旋转方向，单击“确定”按钮，完成旋转复制操作，效果如图 8-27 中⑨所示。

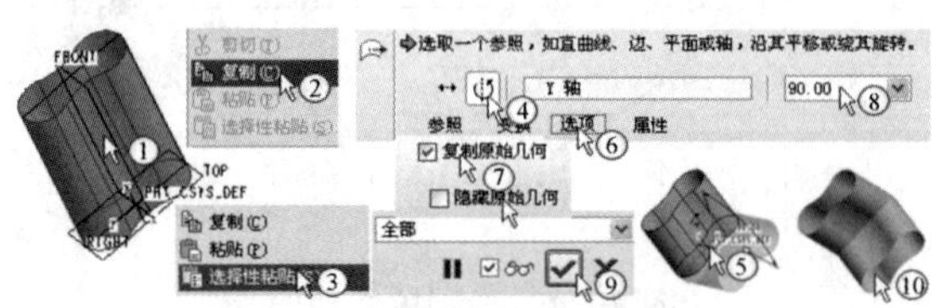

图 8-27　创建旋转复制（一）

7）创建旋转复制。选择图 8-28 中⓪所示的曲面，单击菜单“编辑”→“复制”命令，再单击菜单“编辑”→“选择性粘贴”命令，系统弹出“移动复制”对话框，单击“相对选定参照旋转特征”按钮，移动鼠标选择“Z”轴作为旋转轴，单击“选项”按钮选项，系统弹出“选项”文本框，在文本框中勾选“复制原始几何”命令，取消勾选“隐藏原始几何”，如图 8-28 中⑥所示。在“旋转角度”文本框中输入 90°，从预览中可以看到旋转复制

的效果，如果方向不对可以通过在“角度”文本框中输入负值来改变旋转方向，单击“确定”按钮✔，完成旋转复制操作，效果如图 8-28 中⑨所示。

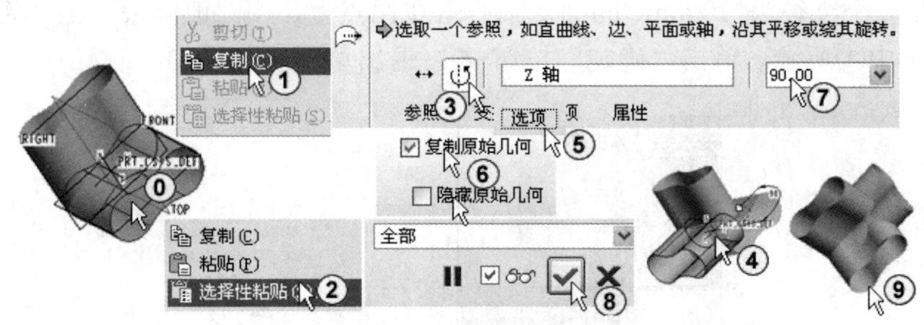

图 8-28 创建旋转复制（二）

8）创建旋转移动。选择图 8-29 中⓪所示的曲面，单击菜单“编辑”→“复制”命令，再单击菜单“编辑”→“选择性粘贴”命令，系统弹出“移动复制”对话框，单击“相对选定参照旋转特征”按钮，移动鼠标选择“X”轴作为旋转轴，单击“选项”按钮[选项]，系统弹出“选项”文本框，在文本框中取消“复制原始几何”前面的勾，如图 8-29 中⑥所示。在“旋转角度”文本框中输入 90°，从预览中可以看到旋转复制的效果，如果方向不对可以通过在“角度”文本框中输入负值来改变旋转方向，单击“确定”按钮✔，完成旋转操作，效果如图 8-29 中⑨所示。

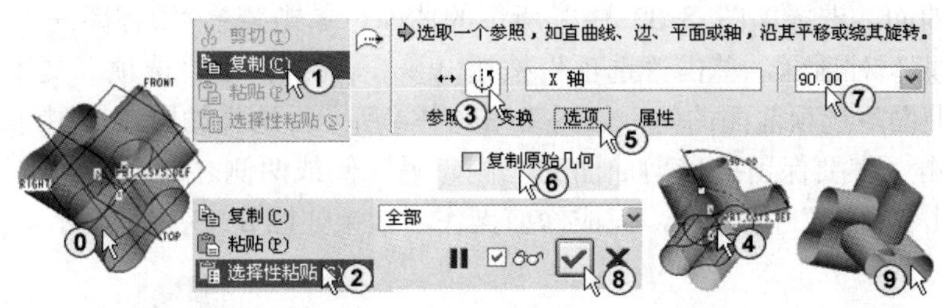

图 8-29 创建旋转移动（一）

9）定义曲面旋转，选择草绘平面。在“特征”工具栏中选择“旋转”按钮，系统弹出“旋转”对话框，在对话框中选择“作为曲面旋转”按钮，再单击“位置”按钮[位置]，系统弹出“草绘”文本框，在文本框中单击“定义”按钮[定义...]，系统弹出“草绘”对话框，要求选择草绘平面及方向。移动鼠标选择“前视基准面”作为草绘平面，系统在“方向参照”文本框中自动输入右视基准平面作为草绘平面参照方向，进入草图绘制界面，如图 8-30 所示。

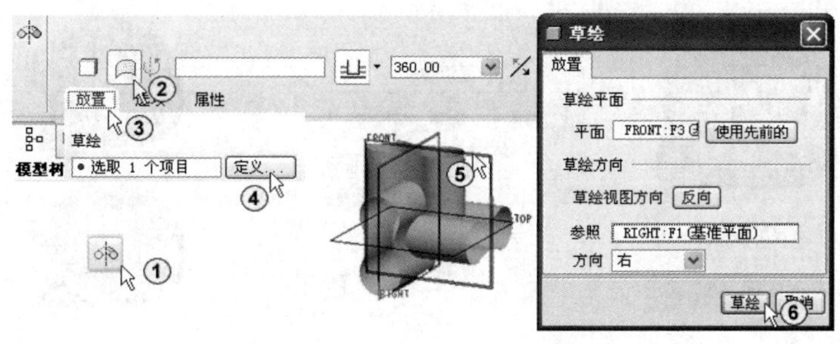

图 8-30 创建曲面旋转，选择草绘平面

10）绘制旋转轴线，绘制旋转截面，退出草图绘制。在“草图”工具栏中选择“中心线”工具┆，绘制一条竖直轴线，轴线与竖直坐标线重合。在“草图”工具栏中选择“圆”工具○，绘制一个半径为 200mm 的圆，圆心落在原点上，用“删除段”工具将圆修剪成半圆，如图 8-31 中①所示，单击“确定”按钮✔，退出草图绘制。

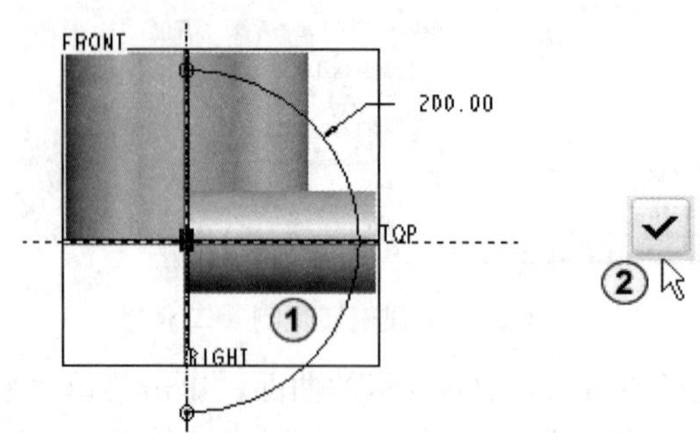

图 8-31　绘制旋转轴线，绘制旋转截面，退出草图绘制

11）设置旋转参数，完成曲面旋转。完成草图绘制后，“旋转”对话框处于激活状态，选择旋转方式为“从草绘平面以指定的角度值旋转”命令，输入角度值为 1800°，在绘图区可以预览到曲面旋转的效果，单击“确定”按钮✔，完成曲面旋转操作，效果如图 8-32 中④所示。

12）修剪曲面。选择如图 8-33 中①所示的曲面，单击菜单“编辑”→“修剪”命令，系统弹出“修剪”对话框，单击“选项”按钮 选项 ，系统弹出“选项”文本框，在其中取消“保留修剪曲面”选项前面的勾，如图 8-33 中④所示。选择如图 8-5 中⑤所示的曲面作为修剪面，单击“在要保留的修剪曲面的一侧、另一侧或两侧之间反向”按钮，切换到保留两侧。单击“确定”按钮✔，完成修剪操作，效果如图 8-33 中⑧所示。

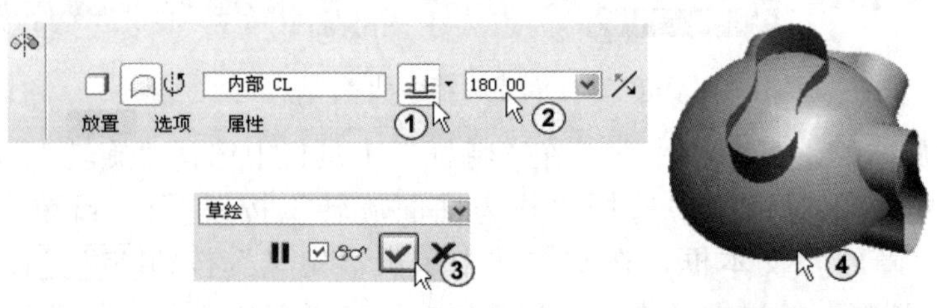

图 8-32　设置旋转参数，完成曲面旋转

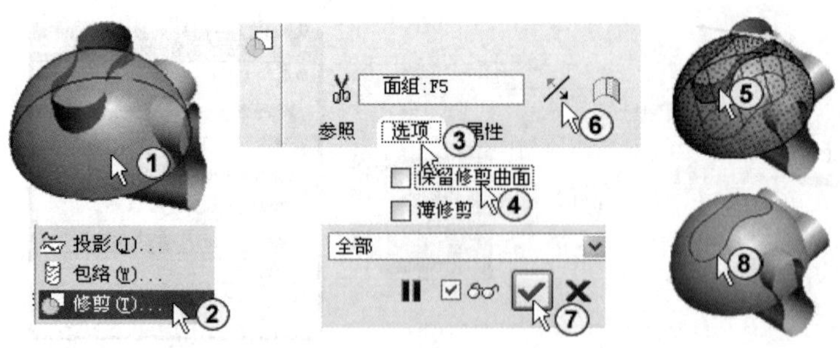

图 8-33　修剪曲面（一）

13）修剪曲面。选择图 8-34 中①所示的曲面，单击菜单“编辑”→“修剪”命令，系统弹出“修剪”对话框，单击“选项”按钮选项，系统弹出“选项”文本框，在其中取消“保留修剪曲面”选项前面的勾，如图 8-34 中④所示。选择图 8-34 中⑤所示的曲面作为修剪面，单击“在要保留的修剪曲面的一侧、另一侧或两侧之间反向”按钮，切换到保留外侧。单击“确定”按钮，完成修剪操作，效果如图 8-34 中⑧所示。

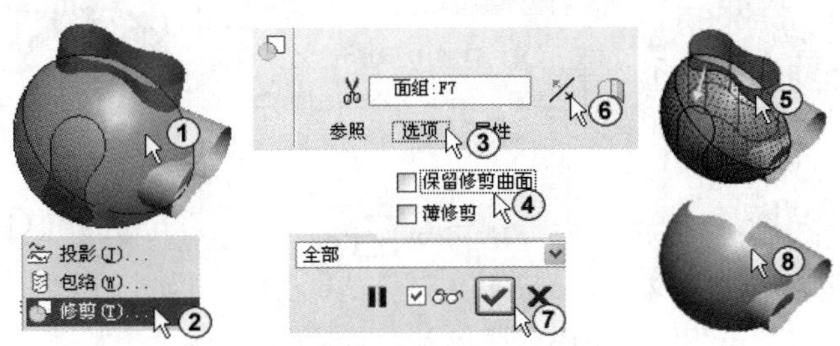

图 8-34　修剪曲面（二）

14）修剪曲面。选择图 8-35 中①所示的曲面，单击菜单“编辑”→“修剪”命令，系统弹出“修剪”对话框，单击“选项”按钮选项，系统弹出“选项”文本框，在其中取消“保留修剪曲面”选项前面的勾，如图 8-35 中④所示。选择图 8-35 中⑤所示的曲面作为修剪面，单击“在要保留的修剪曲面的一侧、另一侧或两侧之间反向”按钮，切换到保留外侧。单击“确定”按钮，完成修剪操作，效果如图 8-35 中⑧所示。

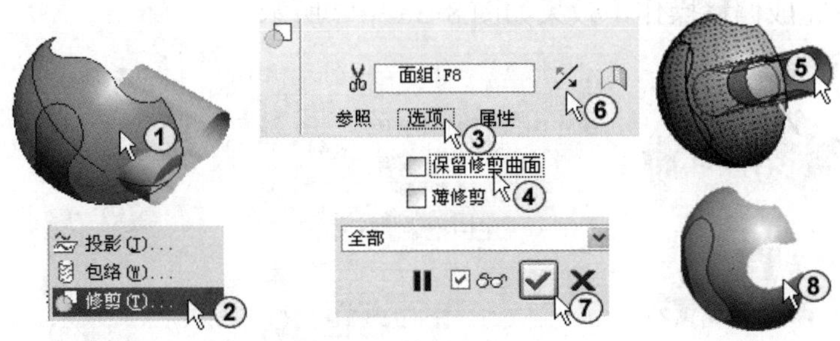

图 8-35　修剪曲面（三）

15）修剪曲面。选择如图 8-36 中①所示的曲面，单击菜单“编辑”→“修剪”命令，系统弹出“修剪”对话框，选择如图 8-36 中③所示的上视基准面作为修剪面，单击“在要保留的修剪曲面的一侧、另一侧或两侧之间反向”按钮，切换到保留一侧。单击“确定”按钮，完成修剪操作，效果如图 8-36 中⑥所示。

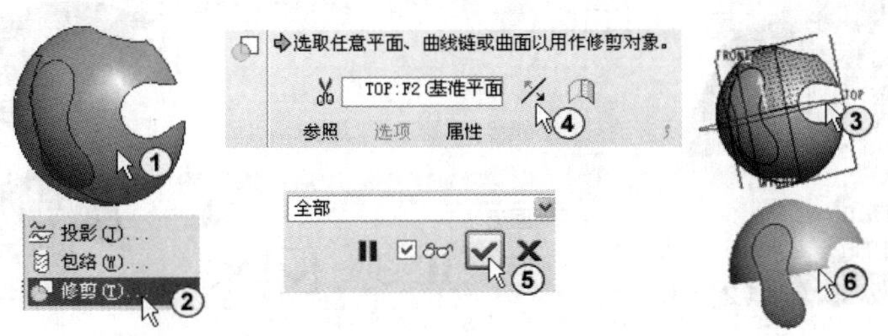

图 8-36　修剪曲面（四）

16）修剪曲面。选择如图 8-37 中①所示的曲面，单击菜单“编辑”→“修剪”命令，系统弹出“修剪”对话框，选择如图 8-37 中③所示的右视基准面作为修剪面，单击“在要保留的修剪曲面的一侧、另一侧或两侧之间反向”按钮，切换到保留一侧。单击“确定”按钮，完成修剪操作，效果如图 8-37 中⑥所示。

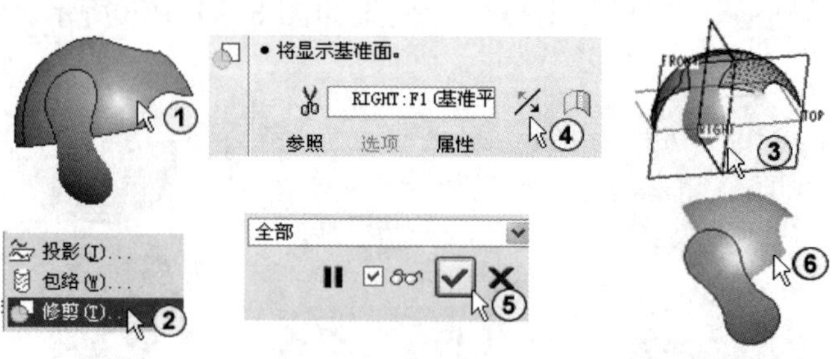

图 8-37　修剪曲面（五）

2．对哑铃形和三叉形曲面进行偏移、合并和圆角

1）偏移曲面。选择如图 8-38 中①所示的曲面，单击菜单“编辑”→“偏移”命令，系统弹出“偏移”对话框，选择偏移方式为“标准偏移特征”，输入偏移距离为 10mm，单击“选项”按钮，系统弹出“选项”文本框，在其中选择偏移类型为“垂直于曲面”，勾选“创建侧曲面”命令，如图 8-38 中⑥所示。从预览中可以看到偏移的方向，如果偏移方向不符合设计要求，可以单击“将偏移方向改为其他侧”按钮来改变偏移方向。单击“确定”按钮，完成偏移操作，效果如图 8-38 中⑧所示。

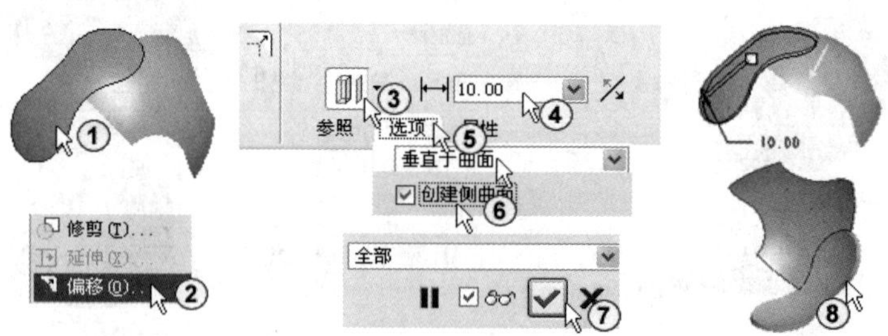

图 8-38　创建曲面偏移（一）

2）合并曲面。选择如图 8-39 中①所示的两组曲面，单击菜单“编辑”→“合并”命令，系统弹出“合并”对话框。单击“确定”按钮，完成合并操作，效果如图 8-39 中④所示。

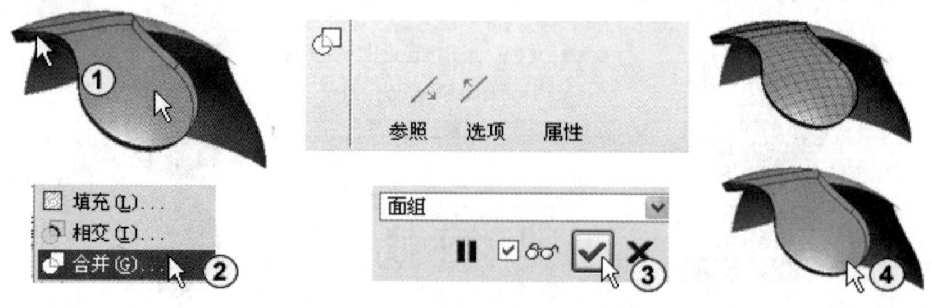

图 8-39　创建曲面合并（一）

3）合并曲面。选择如图 8-40 中①所示的两组曲面，单击菜单“编辑”→“合并”命令，系统弹出“合并”对话框，单击“确定”按钮✔，完成合并操作，效果如图 8-40 中④所示。

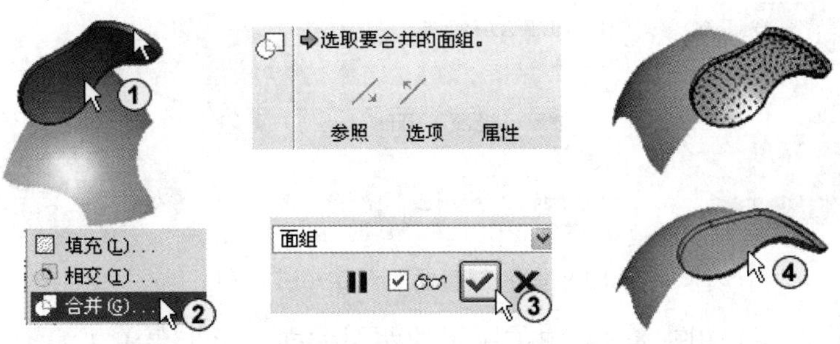

图 8-40　创建曲面合并（二）

4）创建倒圆角。单击“特征”工具栏中的“倒圆角”按钮，系统弹出“倒圆角”对话框，输入圆角半径为 6mm，移动鼠标选择需要圆角的边，如图 8-41 中④所示。单击“确定”按钮✔，完成倒圆角操作，效果如图 8-41 中⑥所示。

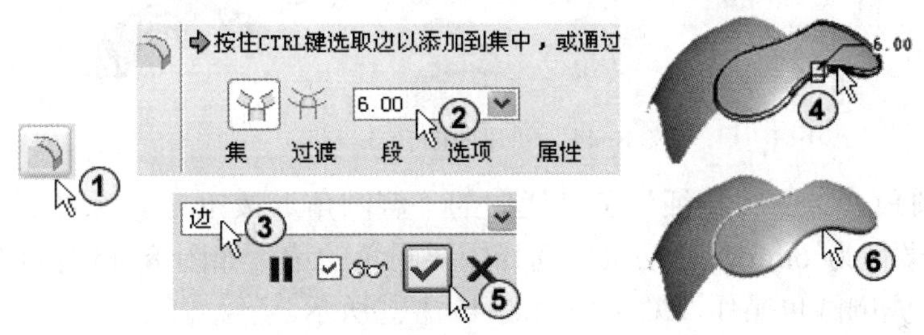

图 8-41　创建倒圆角（一）

5）偏移曲面。选择如图 8-42 中①所示的曲面，单击菜单“编辑”→“偏移”命令，系统弹出“偏移”对话框，选择偏移方式为“标准偏移特征”，输入偏移距离为 10mm，单击“选项”按钮选项，系统弹出“选项”文本框，在其中选择偏移类型为“垂直于曲面”，勾选“创建侧曲面”命令，如图 8-42 中⑥所示。从预览中可以看到偏移的方向，如果偏移方向不符合设计要求，可以单击“将偏移方向改为其他侧”按钮来改变偏移方向。单击“确定”按钮✔，完成偏移操作，效果如图 8-42 中⑧所示。

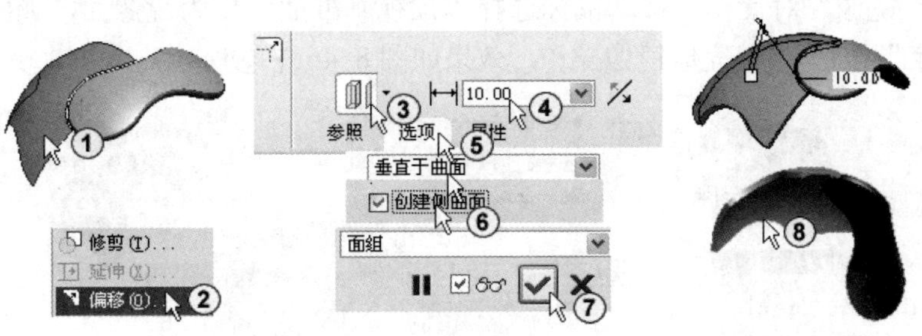

图 8-42　创建曲面偏移（二）

6）合并曲面。选择如图 8-43 中①所示的两组曲面，单击菜单“编辑”→“合并”命令，系统弹出“合并”对话框。单击“确定”按钮✔，完成合并操作，效果如图 8-43 中④所示。

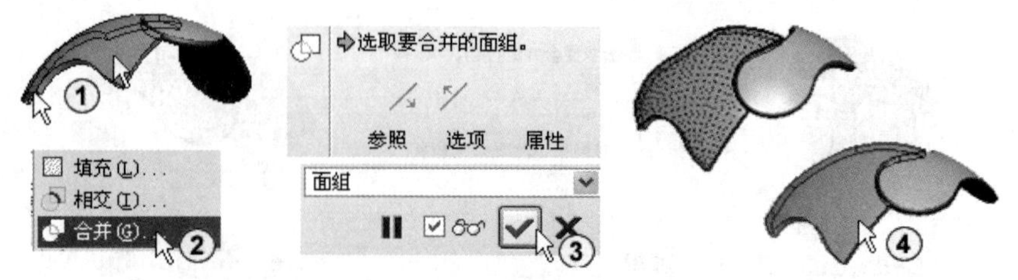

图 8-43　创建曲面合并（三）

7）合并曲面。选择如图 8-44 中①所示的两组曲面，单击菜单“编辑”→“合并”命令，系统弹出“合并”对话框，单击“确定”按钮✔，完成合并操作，效果如图 8-44 中④所示。

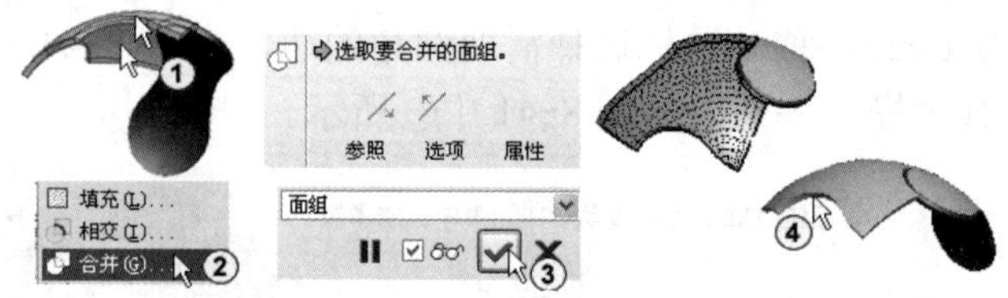

图 8-44　创建曲面合并（四）

8）创建倒圆角。单击“特征”工具栏中的“倒圆角”按钮，系统弹出“倒圆角”对话框，输入圆角半径为 6mm，移动鼠标选择需要圆角的边，如图 8-45 中④所示。单击“确定”按钮✔，完成倒圆角操作，效果如图 8-45 中⑥所示。

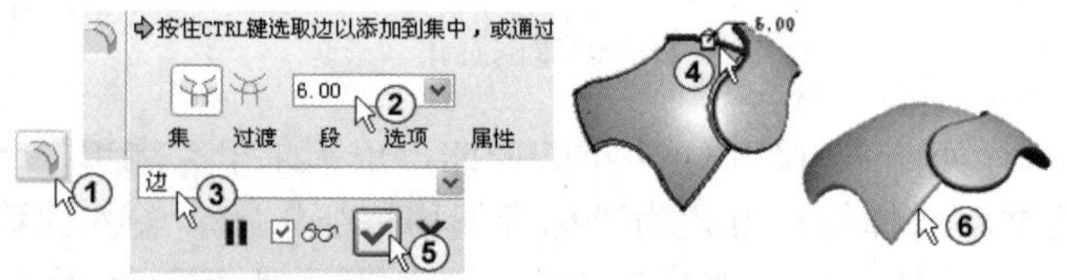

图 8-45　创建倒圆角（二）

3．对哑铃形和三叉形曲面进行镜像和移动复制

1）镜像对象。选择如图 8-46 中①所示的三叉形曲面组，单击菜单“编辑”→“镜像”命令，系统弹出“镜像”对话框，移动鼠标选择“顶视基准面”作为镜像面，如图 8-46 中③所示。单击“确定”按钮✔，完成镜像操作，效果如图 8-46 中⑤所示。

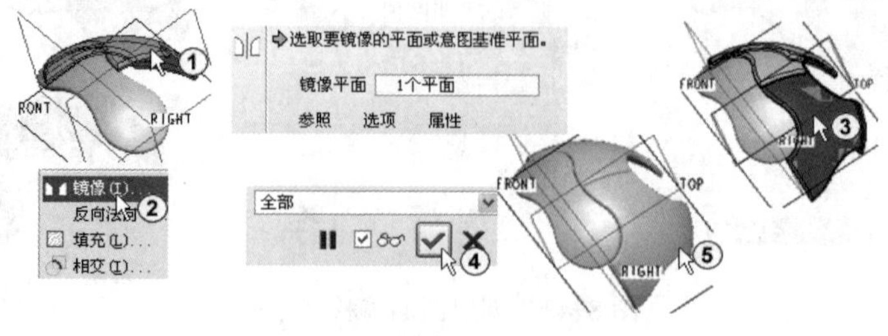

图 8-46　创建镜像（一）

2）镜像对象。选择如图 8-47 中①所示的两个三叉形曲面组和一个哑铃形曲面组，单击菜单“编辑”→“镜像”命令，系统弹出“镜像”对话框，移动鼠标选择“前视基准面”作为镜像面，如图 8-47 中③所示，单击“确定”按钮✔，完成镜像操作，效果如图 8-47 中⑤所示。

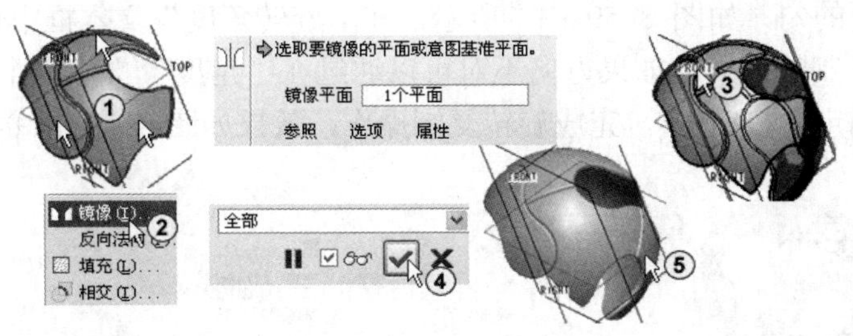

图 8-47　创建镜像（二）

3）创建旋转复制。选择如图 8-48 中⓪所示的两个哑铃形曲面组，单击菜单“编辑”→“复制”命令，再单击菜单“编辑”→“选择性粘贴”命令，系统弹出“移动复制”对话框。单击“相对选定参照旋转特征”按钮，移动鼠标选择“Y”轴作为旋转轴，单击“选项”按钮 选项 ，系统弹出“选项”文本框，在其中勾选“复制原始几何”命令，取消“隐藏原始几何”前面的勾，如图 8-48 中⑤所示。在“旋转角度”文本框中输入 90°，从预览中可以看到旋转复制的效果，如果方向不对可以通过在“角度”文本框中输入负值来改变旋转方向。单击“确定”按钮✔，完成旋转复制操作，效果如图 8-48 中⑨所示。

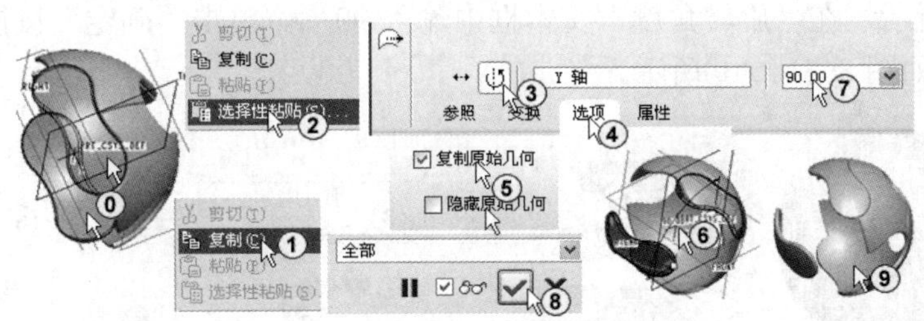

图 8-48　创建旋转复制

4）镜像对象。选择如图 8-49 中①所示的 4 个三叉形曲面组，单击菜单“编辑”→“镜像”命令，系统弹出“镜像”对话框，移动鼠标选择“右视基准面”作为镜像面，如图 8-49 中③所示。单击“确定”按钮✔，完成镜像操作，效果如图 8-49 中⑤所示。

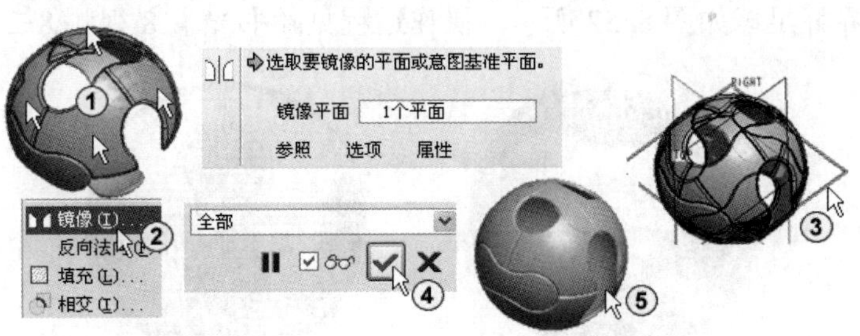

图 8-49　创建镜像（三）

5）创建旋转复制。选择如图 8-50 中⓪所示的两个哑铃形曲面组，单击菜单“编辑”→“复制”命令，再单击菜单“编辑”→“选择性粘贴”命令，系统弹出“移动复制”对话框，单击“相对选定参照旋转特征”按钮，移动鼠标选择“Z”轴作为旋转轴。单击“选项”按钮选项，系统弹出“选项”文本框，在其中勾选“复制原始几何”命令，取消“隐藏原始几何”前面的勾，如图 8-50 中⑤所示，在“旋转角度”文本框中输入 90°，从预览中可以看到旋转复制的效果，如果方向不对可以通过在“角度”文本框中输入负值来改变旋转方向。单击“确定”按钮，完成旋转复制操作，效果如图 8-50 中⑨所示。

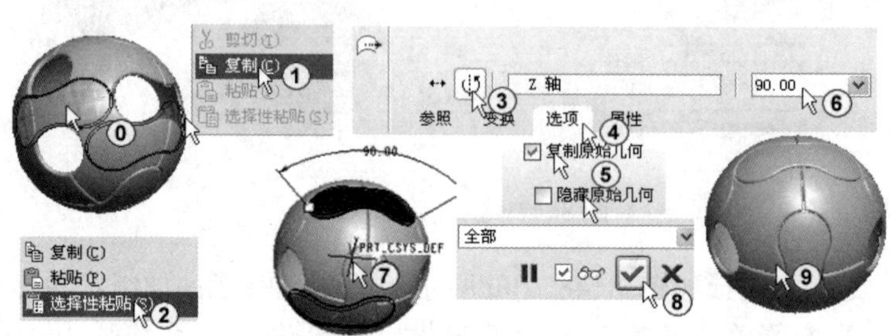

图 8-50　创建旋转复制（三）

6）创建旋转移动。选择图 8-51 中⓪所示的两个哑铃形曲面组，单击菜单“编辑”→“复制”命令，再单击菜单“编辑”→“选择性粘贴”命令，系统弹出“移动复制”对话框，单击“相对选定参照旋转特征”按钮，移动鼠标选择“X”轴作为旋转轴。单击“选项”按钮选项，系统弹出“选项”文本框，在其中取消“复制原始几何”选项前面的勾，如图 8-51 中⑤所示，在“旋转角度”文本框中输入 90°。单击“确定”按钮，完成旋转复制操作，效果如图 8-51 中⑨所示。

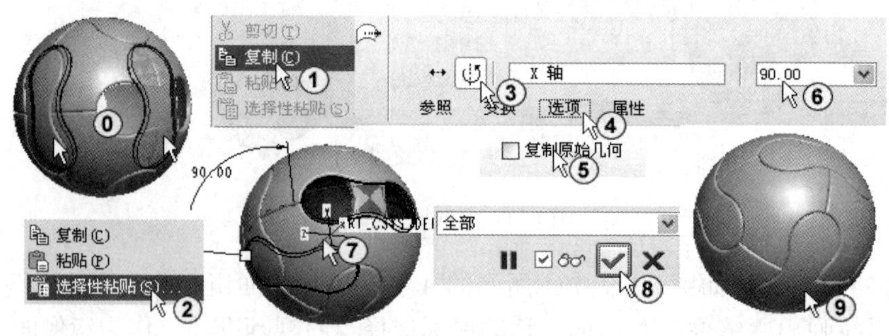

图 8-51　创建旋转移动（二）

上色后的世界杯足球如图 8-52 所示。操作过程见随书光盘 8\视频\8-2 世界杯足球.avi。

图 8-52　创建好的世界杯足球

8.6 练习题

本章要求实现了构面练习和吹风机两个练习模型。这两个模型的创建方法使用了曲线、造型命令中的曲线、曲面等特征。

1．制作如图 8-53 所示的变构面练习模型。构面练习模型以造型命令中的曲面为主要特征，再构建曲线，以构建的曲线构面，合并曲面，加厚曲面完成对模型的创建。本练习题的知识点是造型命令中的曲面、曲线以及边界曲面的应用。

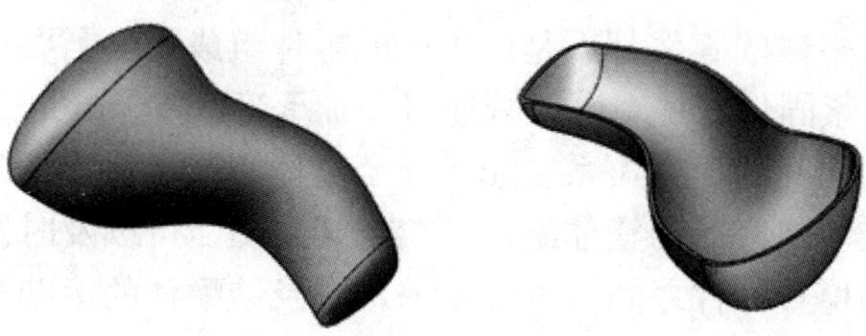

图 8-53　变构面练习模型

2．制作如图 8-54 所示的吹风机模型。吹风机模型以旋转为主要特征，再构建曲线，并以构建的曲线构面，加上曲面编辑等特征创建而成。本练习题的知识点是曲面、曲线以及边界曲面和曲面编辑等特征的应用。

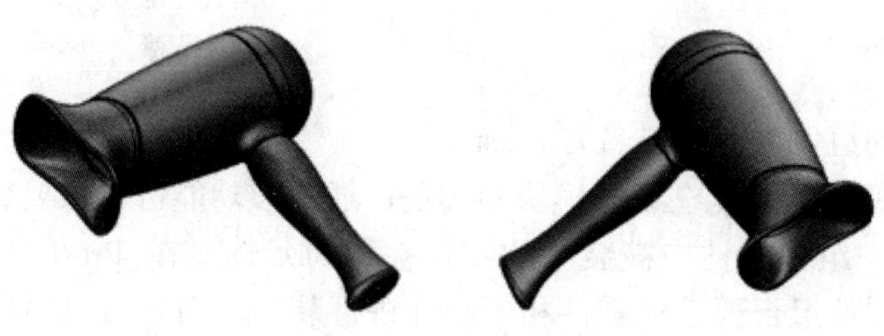

图 8-54　吹风机模型

第9章 实体装配

本章在介绍 Pro/E 5.0 装配基本知识和环境配置的基础上，进一步讲述了在装配过程中如何精确控制元件位置及如何对装配进行修改，通过具体实例引导读者快速掌握装配设计的方法和技巧。

在机械设计中，大多数的零件都不是由单一的零件组成的，需要许多零件装配而成。例如：简单的螺栓与螺母紧固件、柱塞泵、减速器、轴承等。在 pro/E 的装配模块中，可以将创建好的零件通过相互之间的配合关系装配成一个整体。装配体的零部件可以包括独立的零件和其他装配体。通过创建产品的整体结构、绘制装配图，可以及时发现零件之间的配合问题，可以通过模拟运动检查零件之间的干涉现象，以及装配体的运动结构是否符合设计要求等。另外，还可以创建爆炸视图，从而直观地显示所有零件之间的位置关系。

9.1 装配功能及界面

本节叙述装配模块的功能，了解如何进入装配界面，如何在模型树中了解元件信息。

9.1.1 装配功能

Pro/E 5.0 创建的组件文件扩展名为 *.asm。

Pro/E 5.0 提供的装配功能在组件模块中实现，通过该功能可以将要装配的零部件在组件文件中进行装配，在组件文件中被装配的零件被称为元件。在 Pro/E 5.0 的“组件”模式下，不但可以根据零件组合要求将零件和子组件进行装配，而且可以根据要求在组件模式下直接设计零件（或者创建特征，进行适当的设置后直接反映在被装配的元件中），然后可以对组件进行修改、分析、替换及重定向。

装配模块有以下几个功能：

1）将零件或子装配体组合成一个装配体。

2）修改零件和特征构造。

3）修改装配放置偏距，创建及修改装配基准平面、坐标系和剖面视图。

4）创建新零件，包括镜像零件。

5）运用“移动”和“复制”创建零件。

6）创建钣金件。

7）创建可互换的零件自动更换零件，创建在装配零件下贯穿若干零件的装配特征。

8）用“族表”创建装配图族。

9）创建装配分解视图。

10）进行装配分析，获取装配信息，执行视图和图层操作，创建参照尺寸。

11）删除或替换元件。

12）简化装配图。

9.1.2 组件界面

（1）新建组件文件

启动 Pro/E 后，单击菜单“文件”→“新建”，也可以单击工具栏中的“新建”按钮，系统弹出“新建”对话框。在该对话框中选中“组件”单选按钮，然后输入文件名，系统默认扩展名为.asm，如图 9-1 所示，单击“确定”按钮，系统进入组件设计界面，如图 9-2 所示。

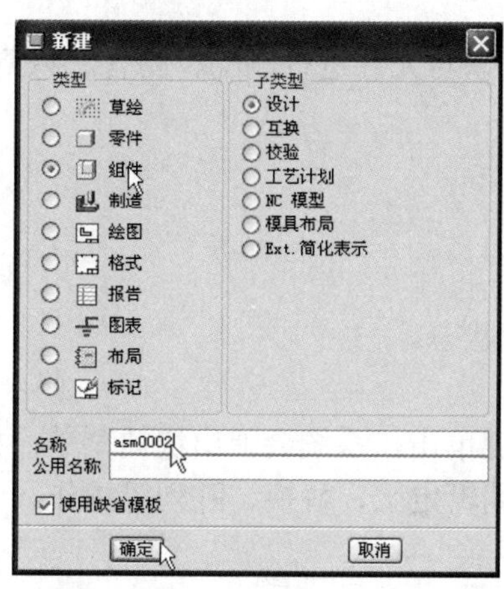

图 9-1 新建组件文件

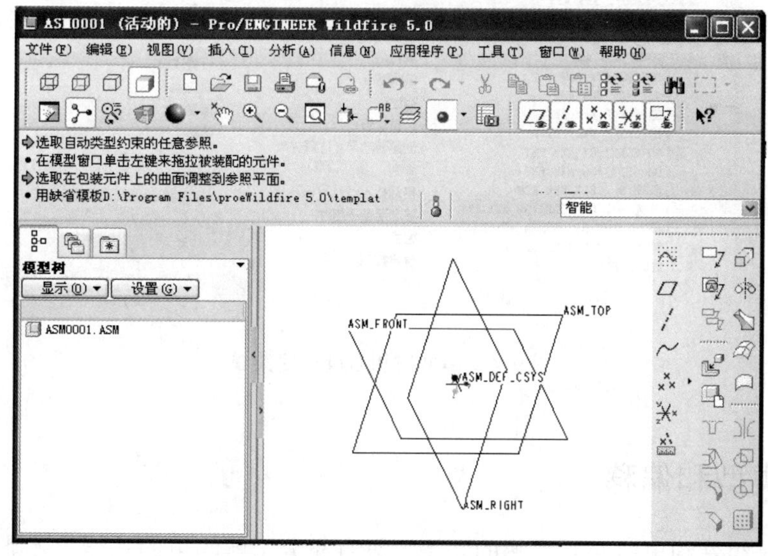

图 9-2 组件设计界面

组件设计界面比零件设计界面多了“组件”工具栏，如图 9-3 所示。

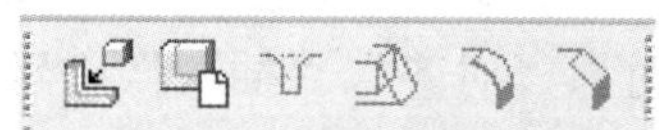

图 9-3 “组件”工具栏

（2）组件模型树

插入组件元件并进行约束后，在模型树窗口中显示出组件的模型树，模型树的节点表示了构成组件子组件、零件和特征，如图 9-4a 所示。其中，图标和符号提供了组件元件的信息，在模型树中可以进行以下操作：

1）修改组件或组件中的所有元件。

2）打开元件模型。

3）重新定义元件的约束。

4）重新定义参照。用户可以对元件进行删除、隐含、恢复、替换或阵列元件等操作。

5）创建装配特征。

6）创建注释。

7）控制参照。

8）访问模型和元件信息。

9）重定义所有元件的显示状态。

10）固定打包元件的位置。

在模型树中选中元件，右键单击，系统会弹出快捷菜单，如图 9-4b、c 所示。快捷菜单可以进行打开、删除、隐含、编辑定义、替换、阵列等操作。

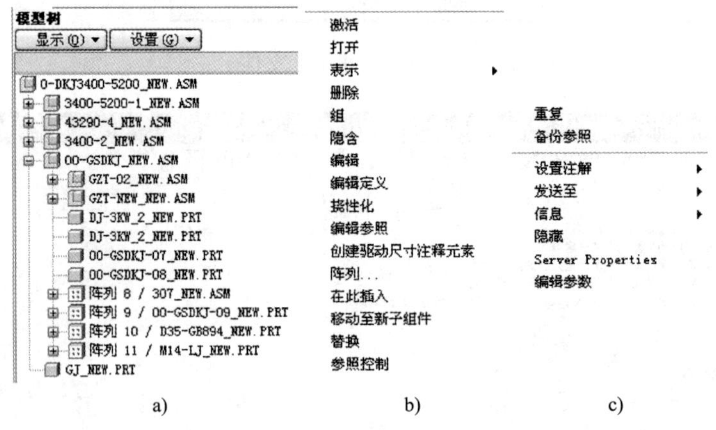

图 9-4　模型树和右键快捷菜单

9.2　约束类型和偏移

约束类型是组件约束前必须了解的知识，只有充分了解约束的功能，才能更好地应用约束。偏移是将元件按一定方式平移或旋转，使之与组件之间有更佳的位置来选择约束对象。

9.2.1　约束类型

约束类型包括“自动”、“配对”、“对齐”、“插入”、“坐标系”、“相切”、“线上点”、“曲面上的点”、“曲面上的边”、“固定”和“缺省”11 项。

1）自动：基于所选参照的自动约束。

2）配对 ：将元件参照与组件参照配对。

3）对齐 ：将元件参照与组件参照对齐。

4）插入 ：将元件参照插入到组件参照中。

5）坐标系 ：将元件坐标系与组件坐标系对齐。

6）相切 ：将元件曲面定位与组件参照相切。

7）线上点 ：将点与线对齐。

8）曲面上的点 :：将点与曲面对齐。

9）曲面上的边 ：将边与曲面对齐。

10）固定 ：将元件固定到当前位置。

11）缺省 ：在缺省位置装配元件。

下面重点介绍最常用的“插入”、“对齐”、“配对”、“坐标系”和“相切”约束方法。

（1）配对约束

配对约束是将指定的两个面贴合在一起，两个面的垂直方向互为反向。匹配约束包含偏距、定向及重合 3 种状态，默认状态下是重合，重合就是偏距为 0 的情况。

添加“配对”约束的步骤如下：

1）插入需要“配对”约束的元件。

2）选择要配对约束的元件的两个面，如图 9-5 中①所示。

3）选择偏移方式为“重合”，结果如图 9-5 中②所示。

4）选择偏移方式为“偏距”并输入偏距值，结果如图 9-5 中③所示。

5）需要再添加约束，可单击“新建约束”，否则，单击“确定”按钮 。

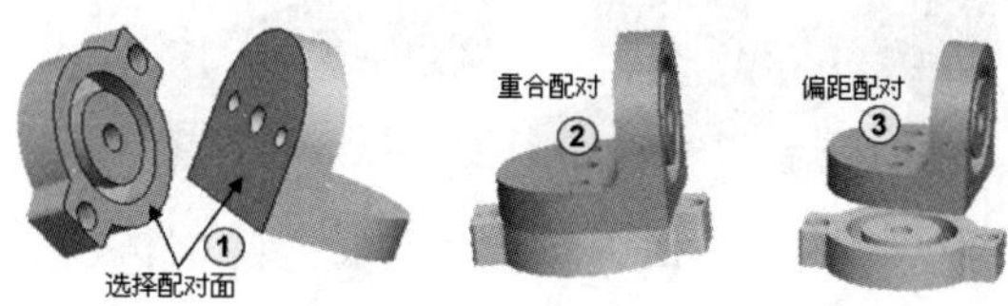

图 9-5　配对约束

（2）对齐约束

对齐约束是将两个指定的对象对齐在一起，两个面的垂直方向为同向。使用对齐约束可以使两个圆弧或圆的中心线成一条直线。当两个平面对齐时，两平面为共面且同向（即两平面的垂直方向为同向），

添加“对齐”约束的步骤如下：

1）插入需要添加“对齐约束”的元件。

2）选择需要对齐的元件的两个对象，可以是平面、圆弧面、边线、轴线等，如图 9-6 中①所示选择了需要对齐的两个面。

3）选择偏移方式为“角度”，输入角度值，效果如图 9-7 中②所示。

4）选择偏移方式为“定向”，结果如图 9-6 中③所示。

5）需要再添加约束，单击“新建约束”，否则，单击“确定”按钮 。

选择如图 9-7 中①所示的两条边作对齐约束，选择偏距方式为“重合”，效果如图 9-7 中②所示。

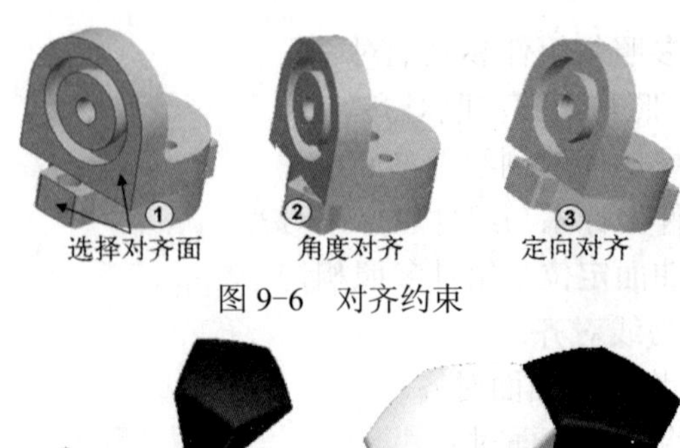

图 9-6　对齐约束

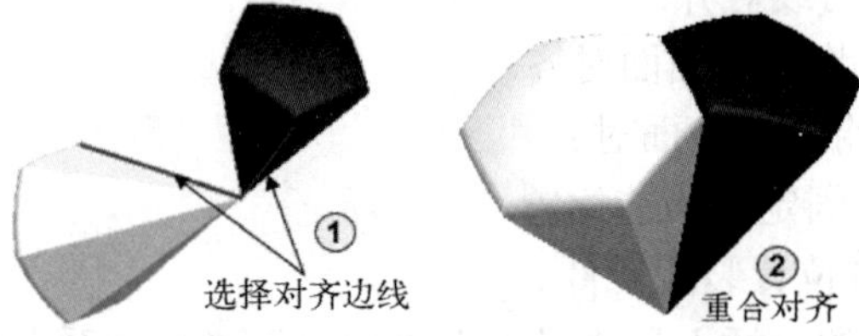

图 9-7　重合对齐约束

（3）插入约束

插入约束是将指定的轴与孔进行配合。使用插入约束也可以将一个圆弧曲面插入到另外一个圆弧曲面中，使得两个旋转曲面的轴线对齐。

添加“插入”约束的步骤如下：

1）插入需要添加“插入”约束的元件。

2）选择需要添加“插入”约束的圆弧面，如图 9-8 中①所示，系统自动以重合的方式对齐两个圆弧面的轴线，效果如图 9-8 中②所示。

3）需要再添加约束，单击“新建约束”，否则，单击“确定”按钮✔。

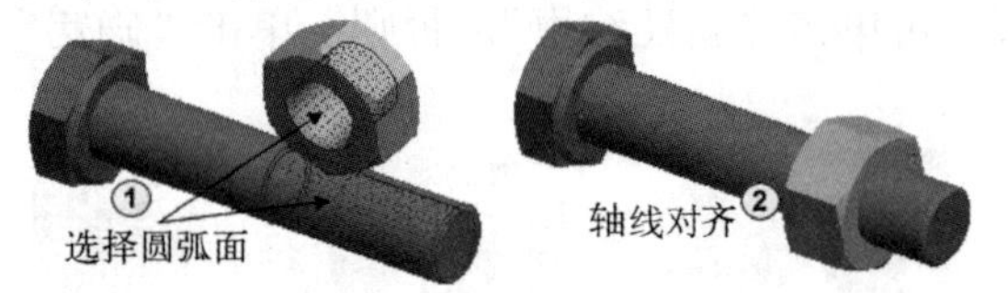

图 9-8　插入约束

（4）坐标系约束

坐标系约束是将两个坐标系的 X、Y、Z 重合在一起。通过将元件坐标系与组件坐标系对齐，将该元件放置在组件中，既可以使用元件坐标系，又可以使用组件坐标系，也可以即时创建。坐标系约束是用对齐所选坐标系的坐标轴来约束元件的，即 X 轴对齐 X 轴，Y 轴对齐 Y 轴。

添加“坐标系”约束的步骤如下：

1）插入需要添加“坐标系”约束的元件。

2）选择需要添加“坐标系”约束的两个坐标系，如图 9-9 中①所示，系统自动将两个坐标系重合在一起，如图 9-9 中②所示。

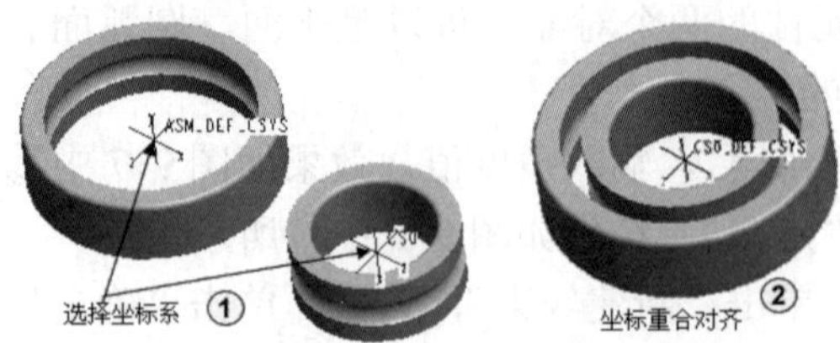

图 9-9　坐标系约束

3）需要再添加约束，单击“新建约束”，否则，单击“确定”按钮✔。

（5）相切约束

相切约束是将两个指定的曲面以相切的方式约束。

添加“相切”约束的步骤如下：

1）插入需要添加“相切”约束的元件。

2）选择两个需要添加“相切”约束的对象，一个可以是圆弧面或球面；另一个可以是平面或圆弧面。如图 9-10 中①所示，选择了球面和圆弧面，系统自动以相切方式约束所选对象，效果如图 9-10 中②所示，添加圆形阵列后的效果如图 9-10 中③所示。

3）需要再添加约束，单击“新建约束”，否则，单击“确定”按钮。

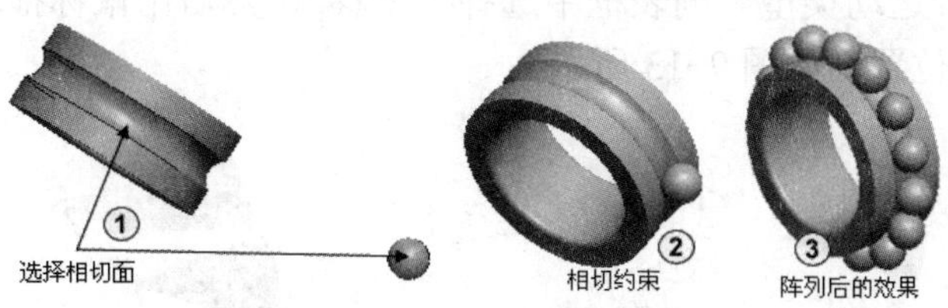

图 9-10　相切约束

9.2.2　偏移

1）偏距：将元件偏移放置到组件参照。在“配对”约束、“对齐”约束时的偏移方式中有“偏距”选项，输入偏距值，使两个约束对象相隔一定的距离，如图 9-11a 所示。

2）定向：将元件参照定向到组件参照。在“配对”约束，“对齐”约束时的偏移方式中有“定向”选项，定向相当于将两个约束对象作平行约束，如图 9-11b 所示。

3）重合：将元件放置在和组件参照重合的位置。在“配对”约束、“对齐”约束的偏移方式中有“重合”选项，重合将使两个约束对象重合在一起，如图 9-11c 所示。

4）角度偏移：在相对于组件参照的角度上放置元件。在“对齐”约束的偏移方式中有“角度偏移”选项，输入角度值，使两个约束对象成一定的角度，如图 9-11d 所示。

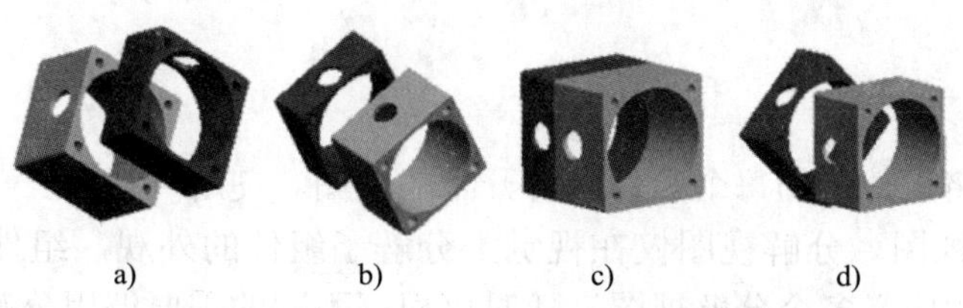

图 9-11　“配对”、“对齐”约束时选择不同偏移方式的结果

a)配对偏距　b)对齐定向　c)配对重合　d)对齐角度

9.2.3　移动

1）定向模式：用于旋转移动定向元件。在插入元件后，元件的位置有时会处于不利于选择约束对象的情况，可“旋转”和“调整”运动类型。

选择定向模式，然后在要移动的元件上单击，系统会出现一个绕轴左右旋转的图标，按住鼠标中键就可以任意移动元件，使元件定向到需要的角度和位置，如图 9-12 所示。

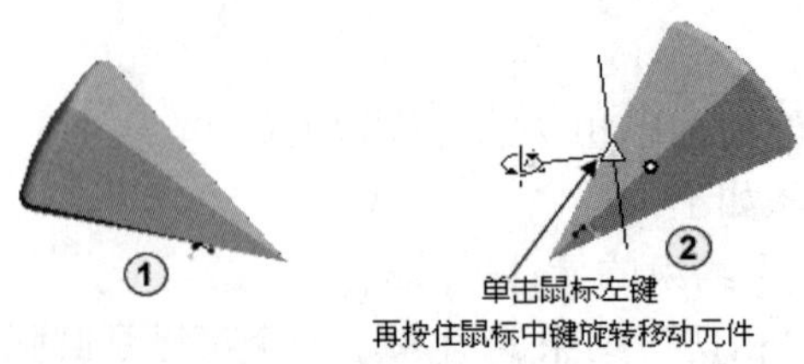

图 9-12　选择定向模式运动类型移动元件

2）平移：用于平移元件。单击“装配”对话框中的“移动” 移动 选项，系统会弹出“移动”对话框，在“运动类型”列表框中选择“平移”，然后用鼠标拖动元件，使元件位置利于选择约束对象的位置，如图 9-13 所示。

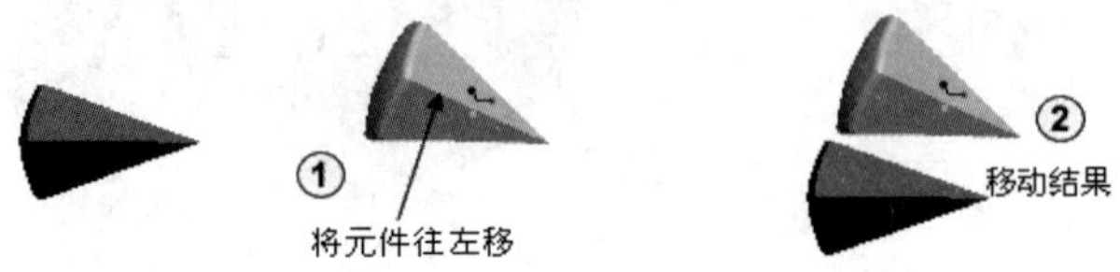

图 9-13　选择平移运动类型移动元件

3）旋转：用于旋转移动元件。单击“装配”对话框中的“移动” 移动 选项，系统会弹出“移动”对话框，在“运动类型”列表框中选择“旋转”，然后单击鼠标确定旋转点，用鼠标拖动元件旋转，使元件位置处于选择约束对象的位置，如图 9-14 所示。

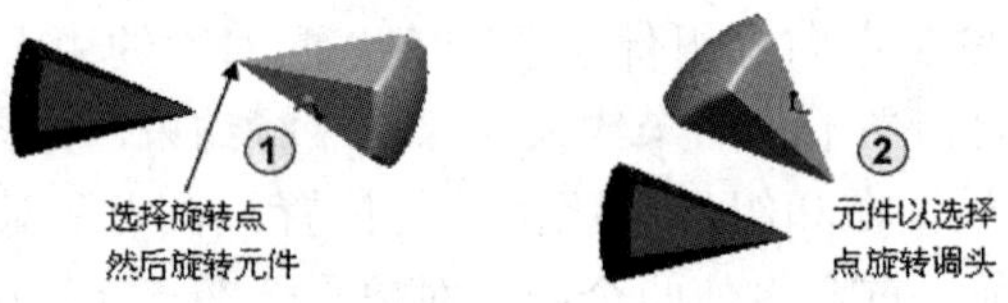

图 9-14　选择旋转运动类型移动元件

9.3　爆炸图

爆炸图是一种将组件中的每个元件分解开来的视图。使用“视图”菜单中的“分解”命令，可以创建分解视图。分解视图仅在视觉上分解了组件的外观，组件的约束关系不会改变。用户可以为组件定义多个分解视图，随时可根据不同的需要调用分解视图，用户还可以为组件的每个视图设置一个分解状态。每个元件都具有一个由放置约束确定的默认分解位置。默认情况下，分解视图的参照元件是父组件。

9.3.1　创建爆炸视图

在组件界面中单击菜单“视图”→“分解”→“分解视图”命令，系统会自动将组件分解。

创建爆炸视图的方法如下：

1）打开组件文件。单击工具栏中的“打开”按钮，系统弹出“文件打开”对话框，选择要打开的组件文件，然后单击“打开”按钮 打开 ，如图 9-15 所示，打开组件文件，系统进入组件编辑窗口，如图 9-16 所示。

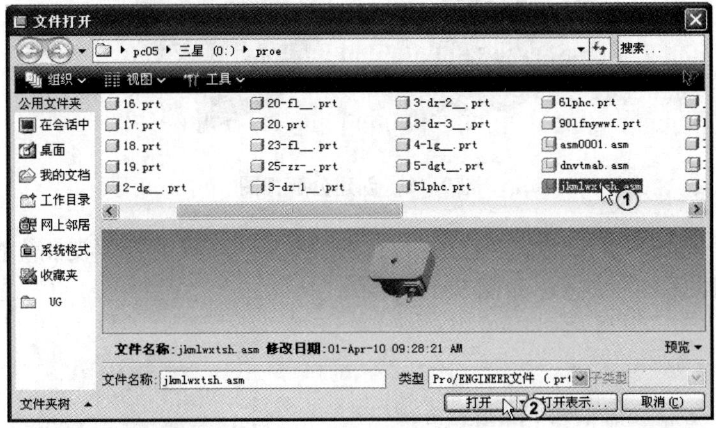

图 9-15 “文件打开”对话框

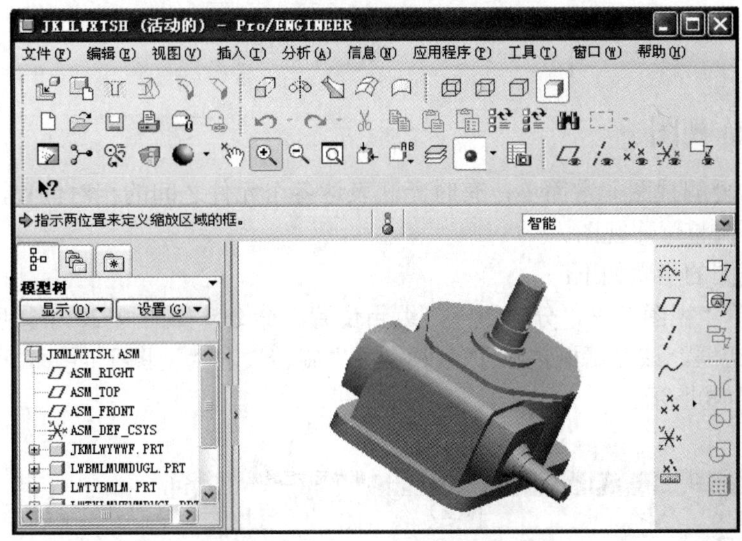

图 9-16 进入组件编辑窗口

2）创建分解视图。单击菜单“视图”→“分解”→“分解视图”命令，如图 9-17 所示。

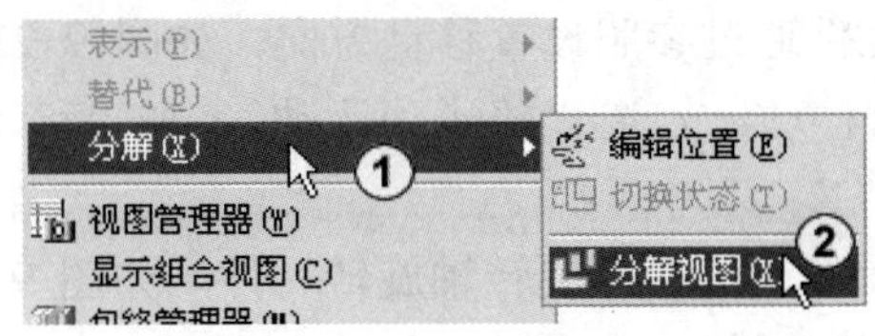

图 9-17 单击分解视图命令

单击“分解视图”命令后，系统自动将组件分解，如图 9-18 所示。

图 9-18　创建分解视图

3）取消分解视图。单击菜单“视图”→“分解”→“取消分解视图”命令，如图 9-19 所示。组件恢复到原来的状态，如图 9-19 所示。

图 9-19　取消分解视图

9.3.2　编辑爆炸视图

系统默认的分解视图非常简单，有时无法表达各个元件之间的相对位置，因此需要通过编辑元件位置来调整爆炸视图。

编辑爆炸视图的步骤如下：

1）单击菜单“视图”→“分解”→“编辑位置”命令，如图 9-20 中②所示，系统弹出“编辑位置”对话框。该对话框提供了“平移”、“旋转”和“视图平面”3 种编辑位置的方法，如图 9-20 中③所示。

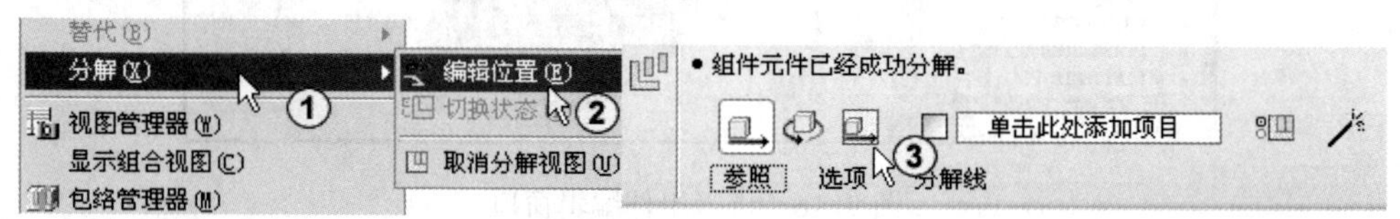

图 9-20　选择“编辑位置”命令和“编辑位置”对话框

2）选择一种编辑位置的方式。

平移：是将选择的元件通过参照设置移动方向，如图 9-21 中①所示，输入“运动增量”值，平移时会以增量值移动。勾选“随子项运动”，如果移动的是父项，那么子项也会随着移动。

旋转：是将选择的元件通过参照旋转轴旋转元件，如图 9-21 中②所示，输入“运动增量”值，放置时会以增量值旋转。

视图平面：是将选择的元件在视图上任意移动，如图 9-21 中③所示。

复制位置：将选择的元件复制到指定的位置。

分解线：创建修饰偏移线，以说明分解元件的运动轨迹。

3）单击“确定”按钮。

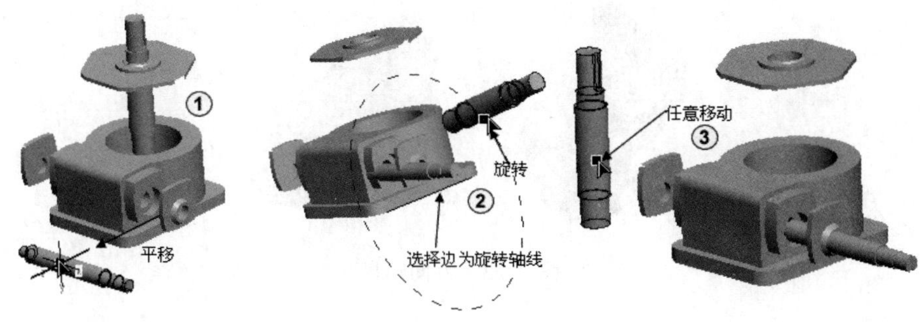

图 9-21　编辑位置的 3 种方法

9.3.3　保存爆炸视图

创建爆炸视图后系统并没有保存，在下次打开组件时看不到爆炸视图。如果要保存爆炸视图，需要在视图管理器进行保存。

保存爆炸视图的方法：打开组件文件，使组件处于爆炸状态，单击菜单“视图”→“视图管理器”，或单击工具栏中的“视图管理器”按钮，系统弹出“视图管理器”对话框，如图 9-22 中①所示。单击“分解”选项卡，然后单击“新建”选项，如图 9-22 中②所示，系统自动输入一个“Exp0001”名称作为新建视图名称。双击“Exp0001”名称，视图显示为没有分解的组件。双击“缺省分解”名称，图视显示为爆炸视图，如图 9-22 中③所示。

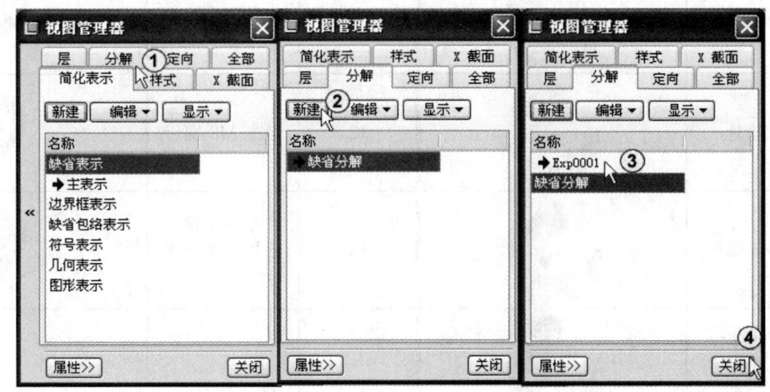

图 9-22　保存装配视图

9.4　绞线装配实例

本章介绍万向转盘和万向轮两个装配模型的创建方法。它们主要的装配约束是配对、对齐、插入、相切等。

如图 9-23 所示的万向转盘装配模型，主要由配对、插入和对齐等约束装配而成的。创建万向转盘装配体的步骤如表 9-1 所示。

图 9-23　万向转盘

表 9-1　万向转盘装配的步骤

步　骤	说　明	模　型	步　骤	说　明	模　型
1	插入第一个元件，默认约束		8	装配转轴	
2	装配转轴		9	装配旋转座	
3	装配活动座		10	装配 M8 螺栓	
4	装配 M8 螺栓		11	装配垫片	
5	装配垫片		12	装配 M8 螺母	
6	装配 M8 螺母		13	阵列螺栓、垫片、螺母组合	
7	阵列螺栓、垫片、螺母组合				

下面介绍万向转盘的具体装配方法。

1）新建文件。单击菜单“文件”→“新建”命令，在弹出的“新建”对话框中选择类型为“组件”，子类型为“设计”，在“名称”文本框中输入“dvntmlfntel”，勾选“使用缺省模板”选项，单击“确定”按钮确定，如图 9-24 所示，系统进入装配体编辑界面。

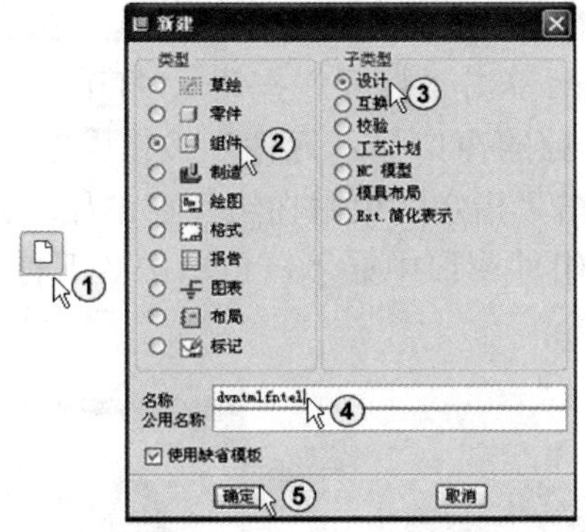

图 9-24　“新建”对话框

2）装配第一个元件。单击“装配”工具栏中的“装配”按钮，系统弹出“打开”对话框，在对话框中找到需要的元件，然后单击“打开”按钮 打开 ，如图 9-25 所示。

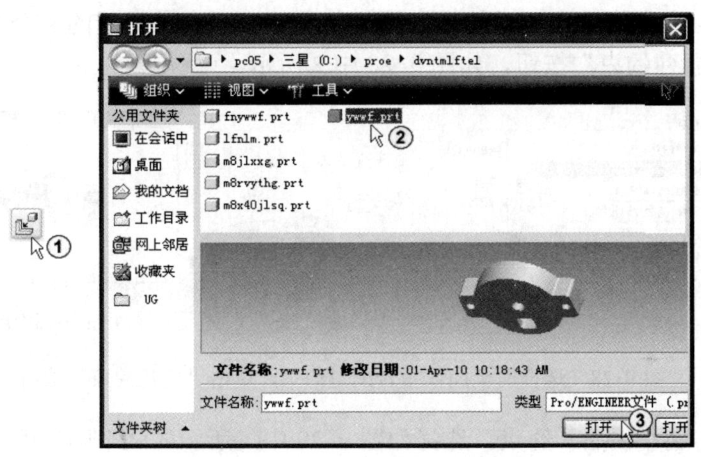

图 9-25　装配第一个元件

3）默认约束第一个元件。打开元件后系统弹出“装配”对话框，单击“放置”选项，弹出“放置”对话框，在其中选择“约束类型”为“缺省”，如图 9-26 中②所示。单击“确定”按钮，系统将第一个元件固定在原点上，如图 9-26 中④所示。

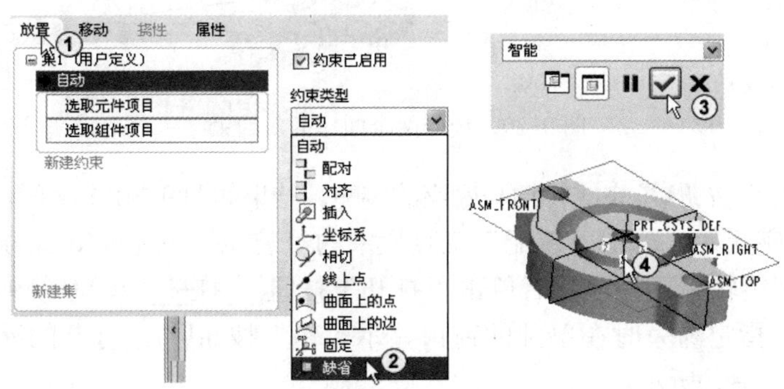

图 9-26　默认约束第一个元件

4）装配转轴元件。单击“装配”工具栏中的“装配”按钮，系统弹出“打开”对话框，在其中找到转轴元件，然后单击“打开”按钮 打开 ，系统弹出“装配”对话框，在其中单击“指定约束时在单独的窗口显示元件”按钮，打开的元件会在单独的窗口中显示如图 9-27 中③所示。单击“指定约束时在组件窗口显示元件”按钮，这是一个切换开关，单击一下打开的元件在组件窗口中显示，再单击一下打开的元件在组件窗口中隐藏。用户可以根据需要灵活应用。

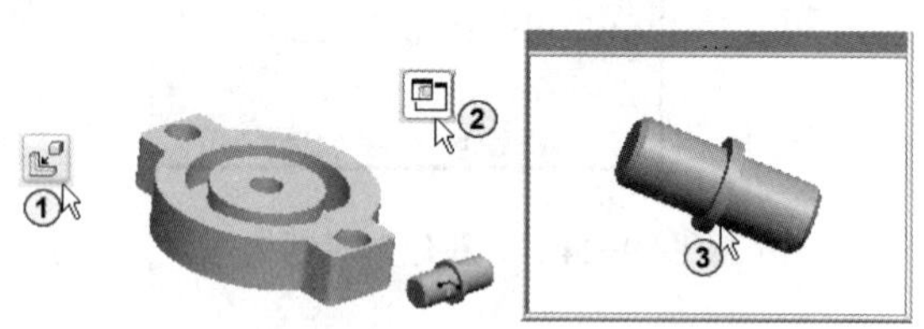

图 9-27 装配转轴元件

5）将转轴与底座作重合配对约束。选择如图 9-28 中①所示的两个平面作重合配对约束，然后单击“新建约束”按钮，如图 9-28 中②所示。

图 9-28 选择两个面作重合配对约束，单击“新建约束”按钮

6）将转轴与底座作插入约束。选择如图 9-29 中①所示的两个圆柱面作插入约束。

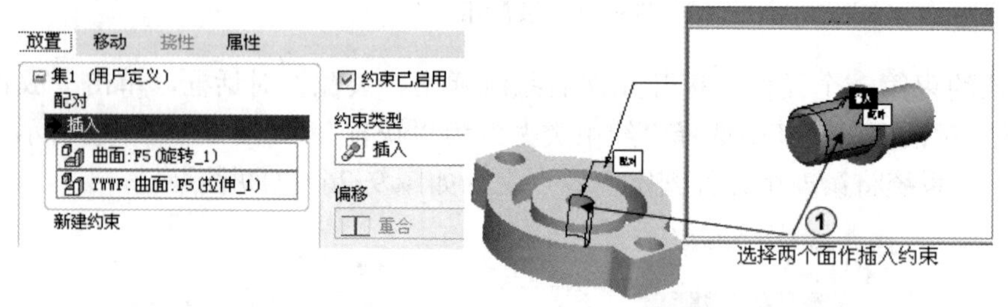

图 9-29 选择两个面作插入约束

7）单击“确定”按钮完成转轴与底座的装配，结果如图 9-30 中②所示。

8）装配旋转座元件。单击“装配”工具栏中的“装配”按钮，系统弹出“打开”对话框，在其中找到旋转座元件，然后单击“打开”按钮 打开 ，系统弹出“装配”对话框，在其中单击“指定约束时在单独的窗口显示元件”按钮，打开的元件会在单独的窗口中显示如图 9-31 中②所示。

9）将旋转座与底座作重合配对约束。选择如图 9-32 中①所示的两个平面作重合配对约束，然后单击“新建约束”按钮如图 9-32 中②所示。

图 9-30　单击“确定”按钮　　　　图 9-31　装配旋转座元件

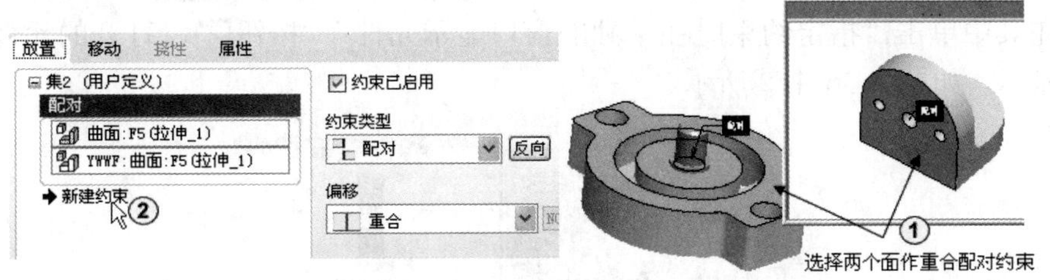

图 9-32　选择两个面作重合配对约束，单击“新建约束”按钮

10）将旋转座与转轴作插入约束。选择如图 9-33 中①所示的两个圆柱面作插入约束，然后单击“新建约束”按钮，如图 9-33 中②所示。

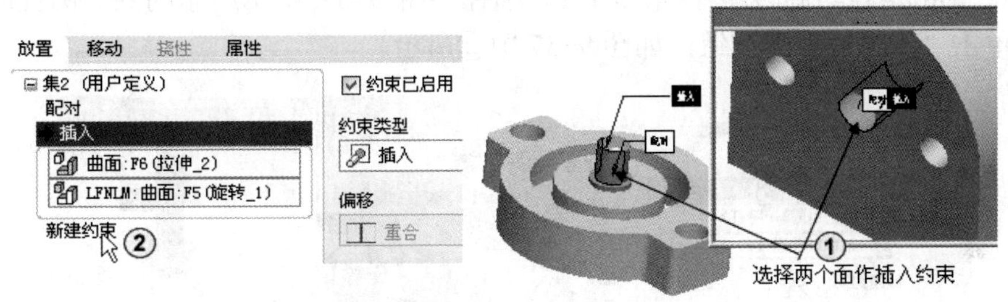

图 9-33　选择两个面作插入约束，单击“新建约束”按钮

11）将旋转座与底座作角度配对约束。选择如图 9-34 中①所示的两个平面作角度配对约束，输入角度值为 90，如图 9-34 中③所示。

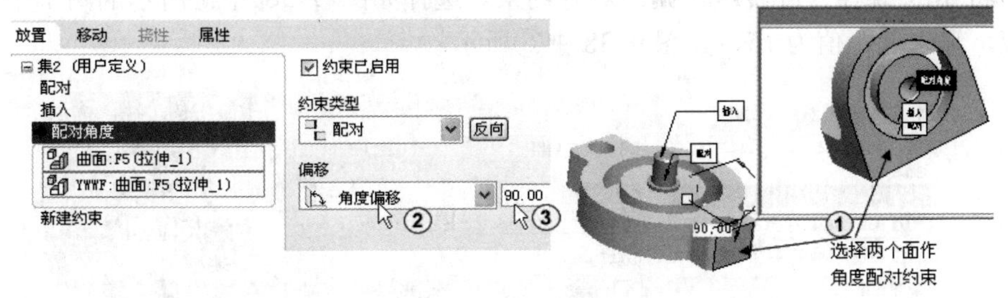

图 9-34　选择两个面作角度配对约束

12）单击“确定”按钮✔完成旋转座与底座、转轴的装配，效果如图 9-35 中②所示。

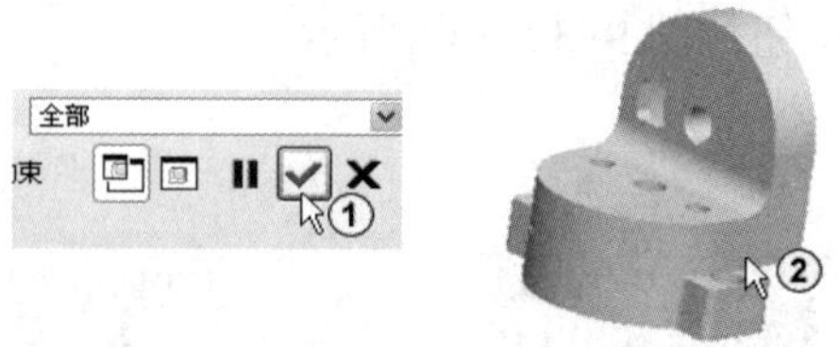

图 9-35　单击“确定”按钮

13）装配 M8 螺栓元件。单击“装配”工具栏中的“装配”按钮，系统弹出“打开”对话框，在其中找到 M8 螺栓元件，然后单击“打开”按钮 打开 ，系统弹出“装配”对话框，在其中单击“指定约束时在单独的窗口显示元件” 按钮，打开的元件会在单独的窗口中显示，如图 9-36 中②所示。

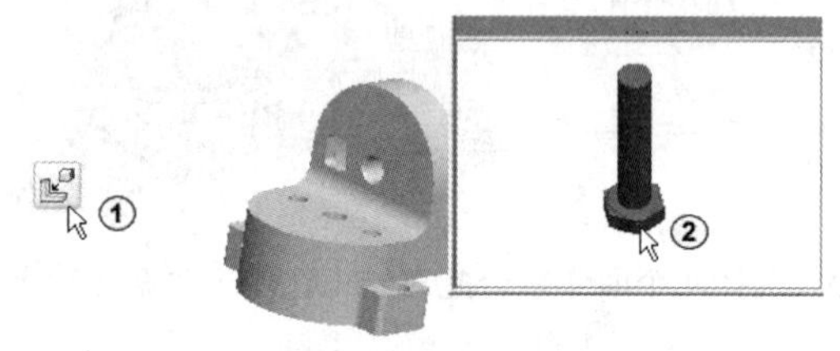

图 9-36　装配 M8 螺栓

14）将 M8 螺栓与旋转座作插入约束。选择如图 9-37 中①所示的两个圆柱面作插入约束，然后单击“新建约束”按钮，如图 9-37 中②所示。

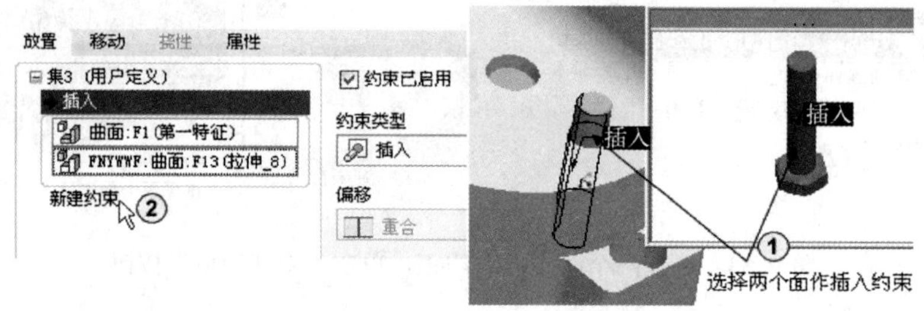

图 9-37　选择两个面作插入约束，单击“新建约束”按钮

15）将 M8 螺栓与旋转座作偏距对齐约束。选择如图 9-38 中①所示的两个平面作偏距对齐约束，输入偏距值为 15，如图 9-38 中③所示。

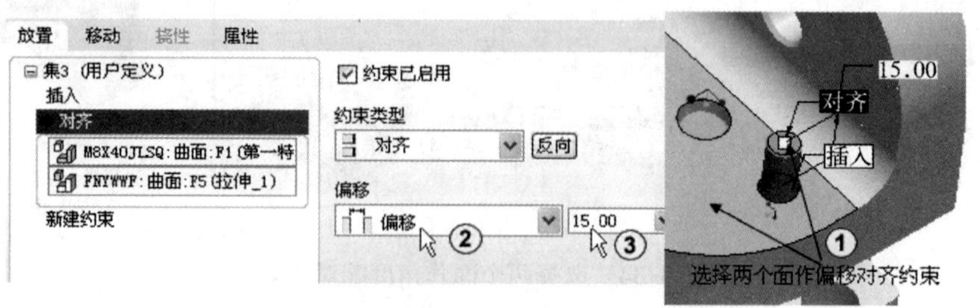

图 9-38　选择两个面作偏移对齐约束

16）单击“确定”按钮完成 M8 螺栓与旋转座的装配，效果如图 9-39 中②所示。

图 9-39　单击“确定”按钮

17）装配垫片元件。单击“装配”工具栏中的“装配”按钮，系统弹出“打开”对话框，在其中找到垫片元件，然后单击“打开”按钮 打开 ，系统弹出“装配”对话框，在其中单击“指定约束时在单独的窗口显示元件”按钮，打开的元件会在单独的窗口中显示，如图 9-40 中②所示。

图 9-40　装配垫片元件

18）将垫片与旋转座作重合配对约束。选择如图 9-41 中①所示的两个平面作重合配对约束，然后单击“新建约束”按钮，如图 9-41 中②所示。

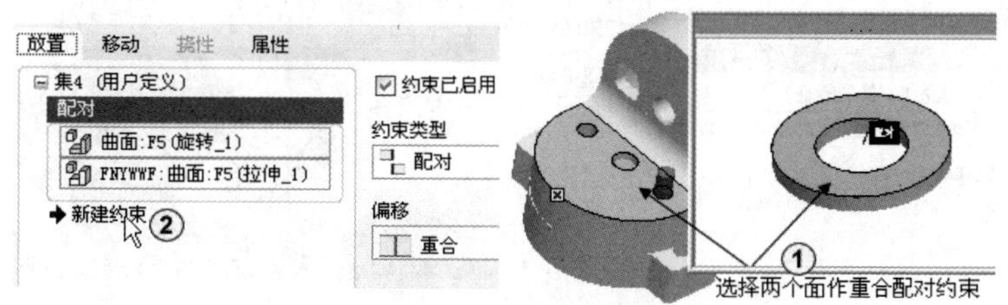

图 9-41　选择两个面作重合配对约束，单击“新建约束”按钮

19）将垫片与 M8 螺栓作插入约束。选择如图 9-42 中①所示的两个圆柱面作插入约束。

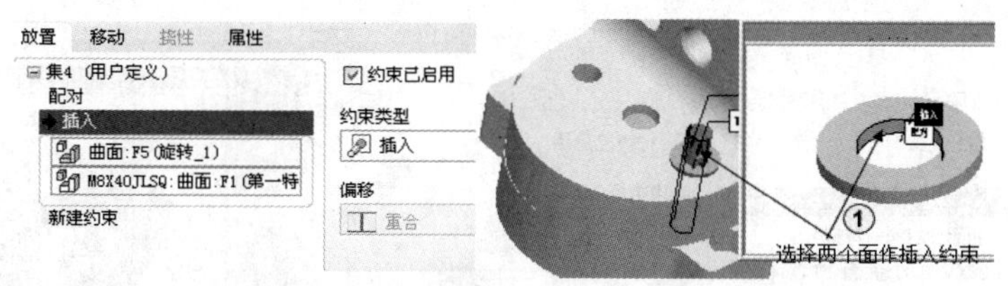

图 9-42　选择两个面作插入约束

20）单击“确定”按钮完成垫片与旋转座、M8 螺栓的装配，结果如图 9-43 中②所示。

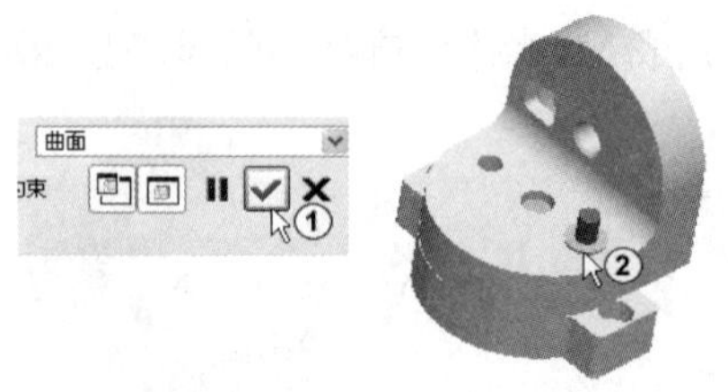

图 9-43　单击“确定”按钮

21）装配 M8 螺母元件。单击“装配”工具栏中的“装配”按钮，系统弹出“打开”对话框，在其中找到 M8 螺母元件，然后单击“打开”按钮 打开 ，系统弹出“装配”对话框，在其中单击“指定约束时在单独的窗口显示元件”按钮，打开的元件会在单独的窗口中显示，如图 9-44 中②所示。

图 9-44　装配 M8 螺母元件

22）将 M8 螺母与垫片作重合配对约束。选择如图 9-45 中①所示的两个平面作重合配对约束，然后单击“新建约束”按钮，如图 9-45 中②所示。

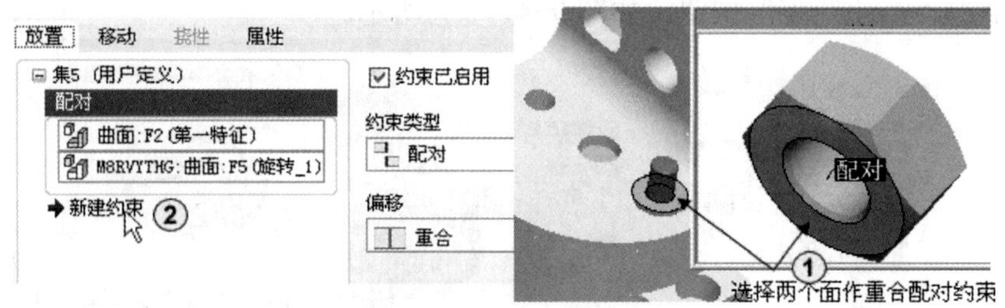

图 9-45　选择两个面作重合配对约束，单击“新建约束”按钮

23）将 M8 螺母与 M8 螺栓作插入约束。选择如图 9-46 中①所示的两个圆柱面作插入约束。

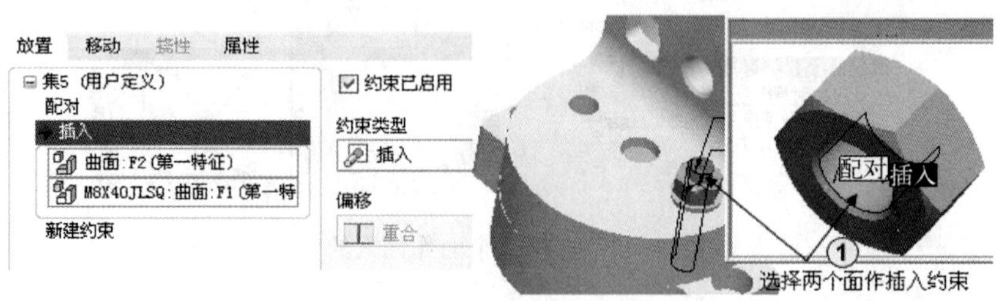

图 9-46　选择两个面作插入约束

24）单击“确定”按钮✔完成 M8 螺母与垫片、M8 螺栓的装配，效果如图 9-47 中②所示。

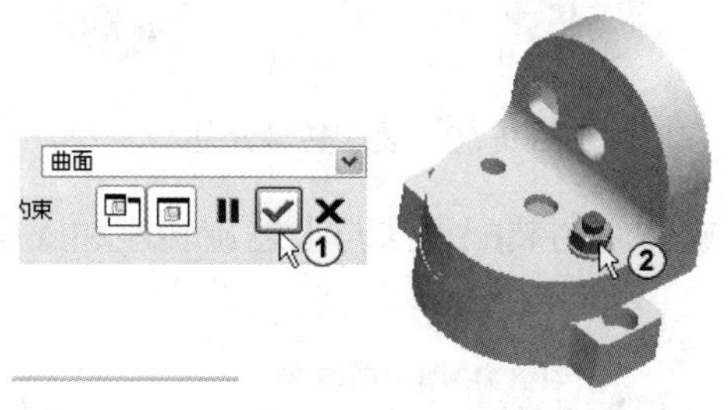

图 9-47　单击“确定”按钮

25）组合元件，选择阵列。在模型树中选择 M8 螺栓、垫片和 M8 螺母，选择时按住〈Ctrl〉键，然后单击鼠标右键，在弹出的快捷菜单中选择“组”，选中的 3 个元件被组合在一起了，如图 9-48 中③所示。选中组后单击菜单“编辑”→“阵列”命令，如图 9-48 中④所示。

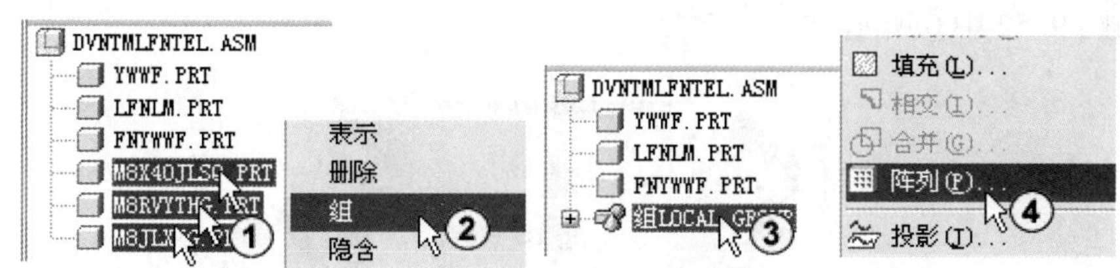

图 9-48　创建组，选择阵列

26）创建阵列。单击“阵列”命令后，系统弹出“阵列”对话框，在其中选择阵列方式为“方向”，然后移动鼠标选择“右视准平面”作为方向参照，系统会显示出方向箭头。如果方向不对，可以单击“反向”按钮来改变方向，输入阵列数为 2，距离为 50，如图 9-49 中④所示。单击“确定”按钮✔完成阵列操作，效果如图 9-49 中⑥所示。

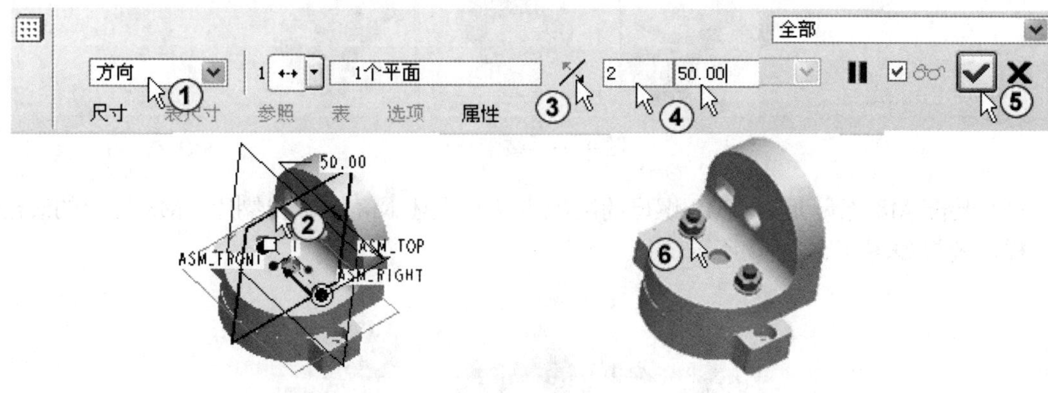

图 9-49　创建阵列

27）装配转轴元件。转轴的装配方法与上述转轴和底座的装配方法一样，效果如图 9-50 中③所示。

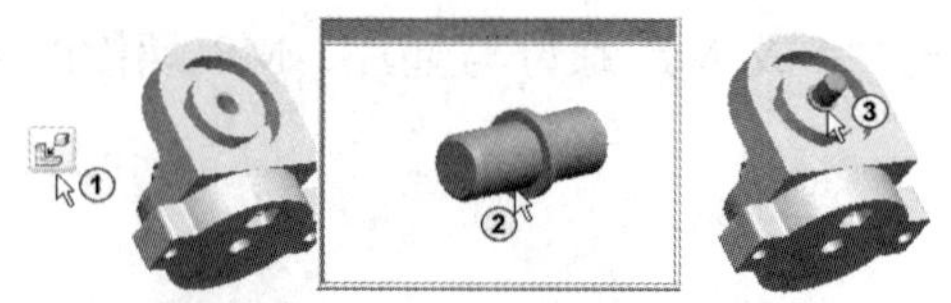

图 9-50　装配转轴元件

28）装配旋转座元件。旋转座的装配方法与上述旋转座和底座、转轴的装配方法一样，效果如图 9-51 中③所示。

图 9-51　装配旋转座元件

29）装配 M8 螺栓元件。M8 螺栓的装配方法与上述 M8 螺栓和旋转座的装配方法一样，效果如图 9-52 中③所示。

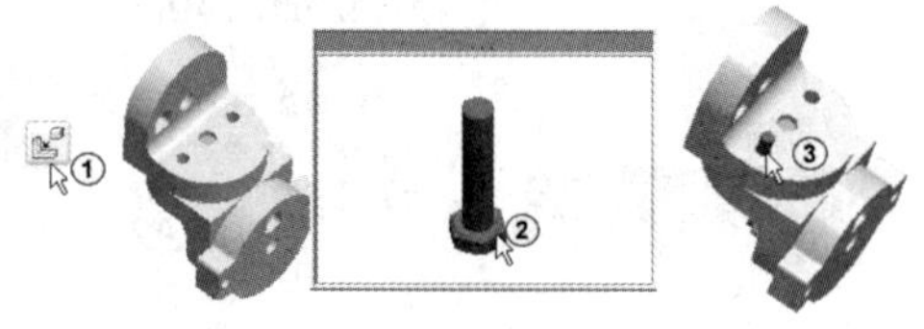

图 9-52　装配 M8 螺栓

30）装配垫片元件。垫片的装配方法与上述垫片和旋转座、M8 螺栓的装配方法一样，效果如图 9-53 中③所示。

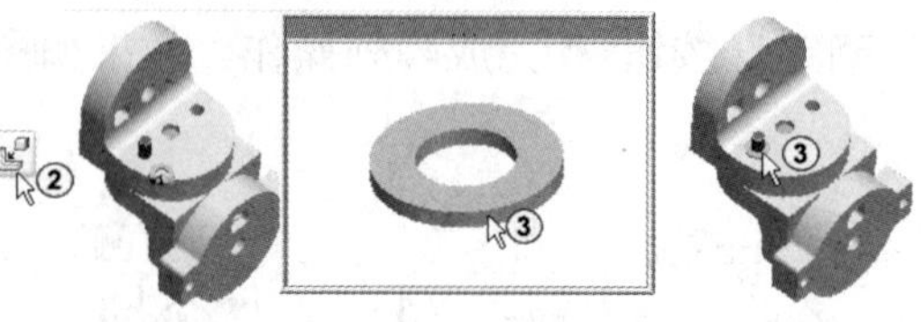

图 9-53　装配垫片

31）装配 M8 螺母元件。M8 螺母的装配方法与上述 M8 螺母和垫片、M8 螺栓的装配方法一样，效果如图 9-54 中③所示。

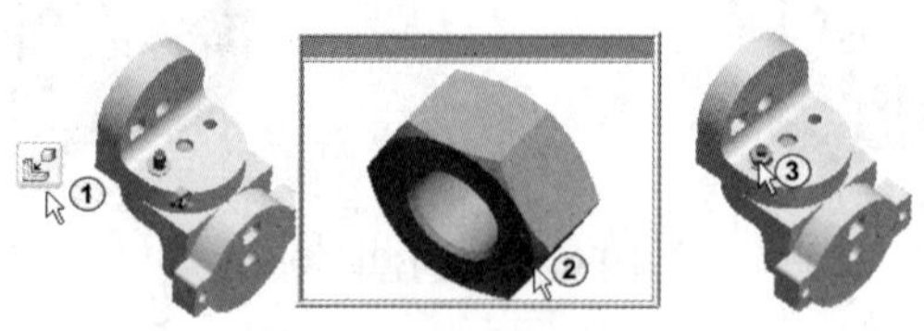

图 9-54　装配 M8 螺母

32）组合元件，创建阵列。组合元件和阵列的方法与上面所述的一样，效果如图 9-55 中⑤所示。

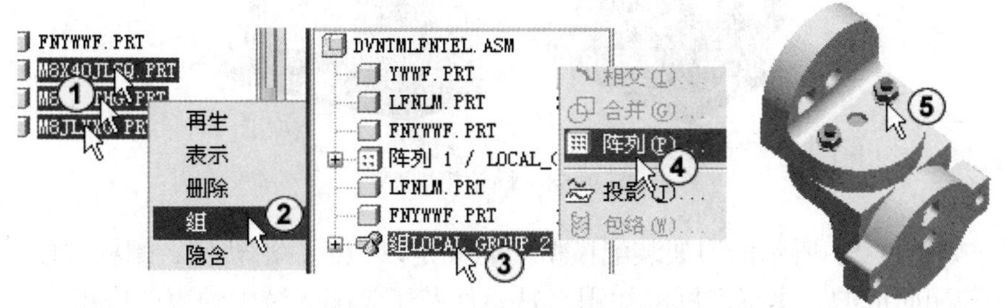

图 9-55　创建组，创建阵列

装配好的万向转盘如图 9-56 所示。操作过程见随书光盘 9\视频\万向转盘.avi。

图 9-56　装配完成的万向转盘

9.5　练习题

要求实现足球、蜗轮箱和刀架 3 个装配练习模型。这 3 个装配模型的创建方法使用了装配中的配对、对齐和插入等约束方法，读者做了练习后，可加深对装配约束的理解和应用。

1．制作如图 9-57 所示的足球装配模型。足球是以 12 个五边皮和 20 个六边皮装配而成的。本练习题的知识点是装配约束和阵列的应用。

图 9-57　足球装配

2．制作如图 9-58 所示的蜗轮箱装配模型。蜗轮箱是以轴、蜗轮座以及端盖等元件装配而成的。本练习题的知识点是装配约束的应用。

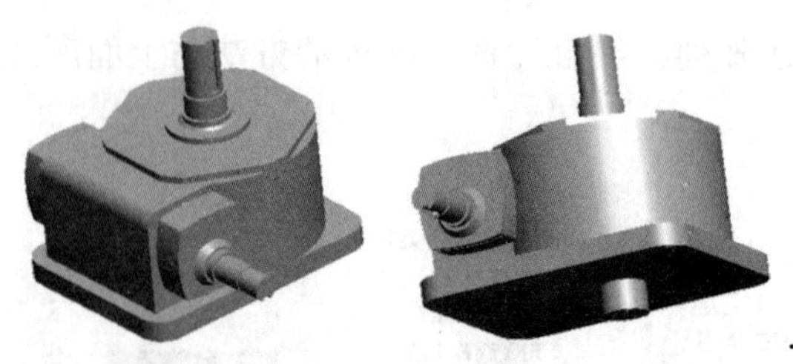

图 9-58　蜗轮箱装配

3．制作如图 9-59 所示的刀架装配模型。刀架是以拖板、滑轨座、螺杆、以刀架底座子装配等元件装配而成的。本练习题的知识点是元件及子装配体装配约束的应用。

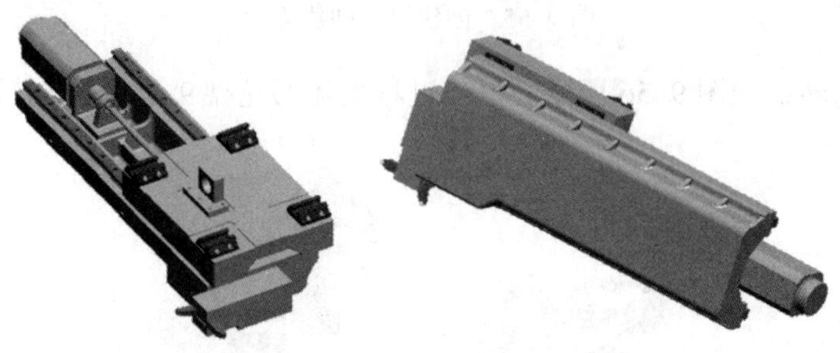

图 9-59　刀架装配

第10章　工　程　图

工程图为产品研发、设计、制造等各个环节提供了相互交流的工具，因此，工程图是产品设计过程中的重要环节。本章主要介绍工程图模块的基本知识，包括工程图环境中面板介绍、工程图创建的一般过程、各种视图的建立、视图编辑与修改、尺寸的自动创建、显示及拭除、尺寸的手动标注、尺寸公差的设置、行为公差的标注、表面粗糙度标注、工程图中的注释和技术要求的建立。

10.1　Pro/E 5.0 工程图概述

使用 Pro/E 的工程图模块，可以创建 Pro/E 三维模型的工程图，可以用注解来注释工程图、处理尺寸以及使用层来管理不同项目的显示等。工程图中所有视图都是相关的。

工程图还支持多个页面，允许定制带有草绘几何的工程图和工程图格式。另外，还可以利用有关接口命令，将工程图文件输出到其他系统或者将文件从其他系统输入到工程图中。

1．面板菜单介绍

1）“布局”面板如图 10-1 所示，用来设置绘图模型、添加绘图视图、调整显示线形等。在工程图的绘制过程中首先就会用到“布局”面板。

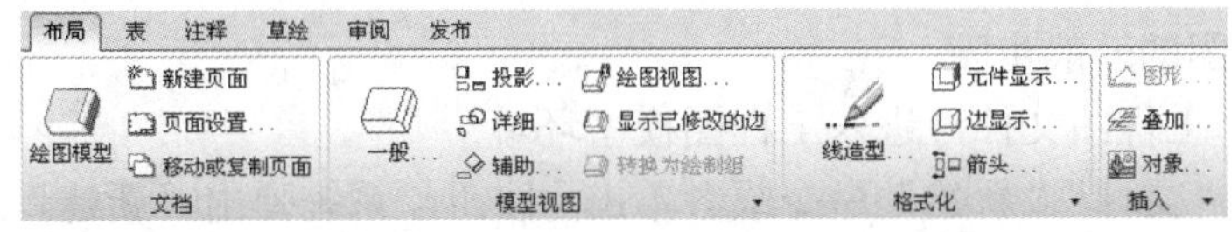

图 10-1　“布局”面板

2）“表”面板如图 10-2 所示，用来完成工程图有关表格的各项操作。

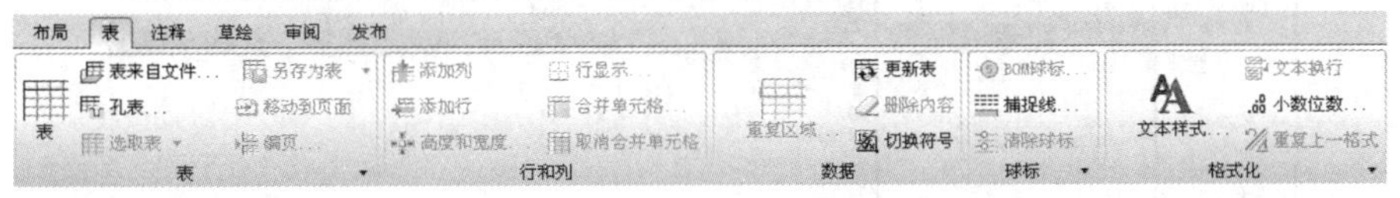

图 10-2　“表”面板

3）“注释”面板如图 10-3 所示，用来为工程图添加各种注释，包括尺寸、公差、基准等。

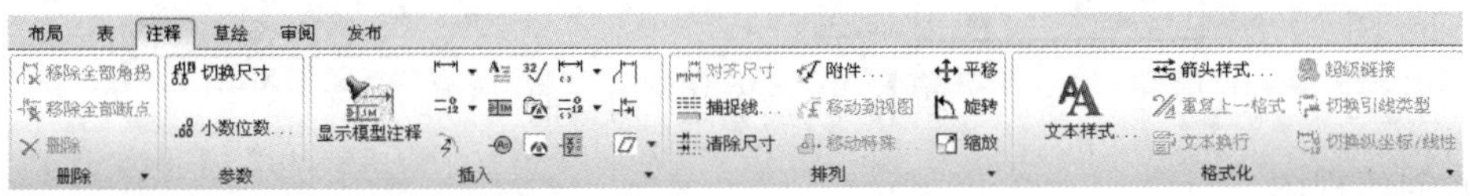

图 10-3　“注释”面板

4）“草绘”面板如图 10-4 所示，用来为工程图添加各种草绘图形，以及对草绘图形进行编辑。

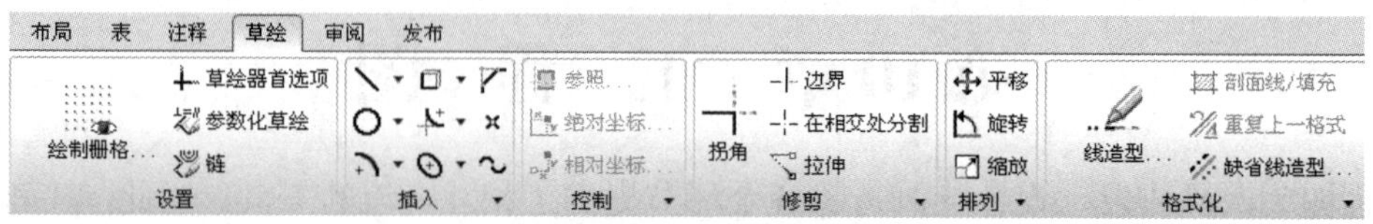

图 10-4 “草绘”面板

5）“审阅”面板如图 10-5 所示，用来对所绘制的草绘图形进行审阅、查询、测量等。

图 10-5 “审阅”面板

6）“发布”面板如图 10-6 所示，用来将所绘制的图形用不同的格式进行发布。

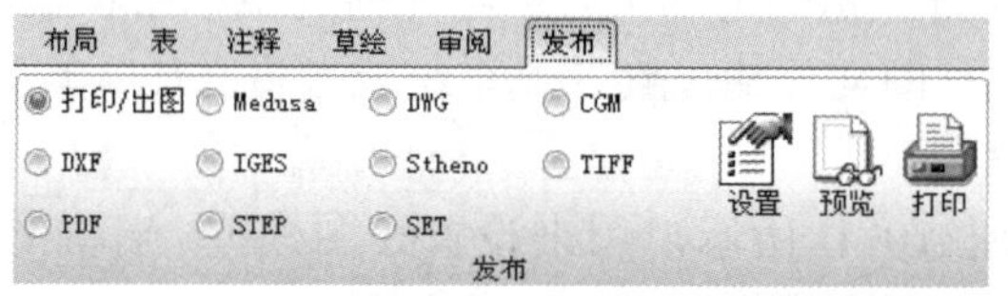

图 10-6 “发布”面板

2. 创建工程图的一般步骤

（1）新建一个工程图文件，进入工程图模型环境

1）单击菜单“文件”“新建”命令或者单击□按钮，系统弹出“新建”对话框。

2）在“新建”对话框中选择文件类型为“绘图”选项。

3）输入文件名称，选择工程图模型和工程图格式模板，如图 10-7 所示。

图 10-7 “新建”对话框

（2）创建视图

1）添加主视图。

2）添加主视图的投影视图（如左视图、右视图、俯视图等）。

3）如果需要，添加详细视图、辅助视图等。

4）调整视图位置。

5）设置视图显示模式。例如，视图中的不可见孔，可进行消隐或者虚线显示。

（3）尺寸标注

1）显示模型尺寸，将多余尺寸拭除。

2）添加尺寸公差。

3）创建基准，进行几何公差标注，标注表面粗糙度（表面光洁度）。

10.2　工程图环境设置

我国国家标准（GB 标注）对工程图有很多规定，例如，对尺寸文本高度、尺寸箭头大小都有明确的规定。正确配置 Pro/E 工程图的环境，可以创建符合国标的工程图。下面介绍 Pro/E 工程图环境的设置。

假设 Pro/E 的安装路径为“C:\Program Files\proeWildfire 5.0”（其他路径与此相似，读者可以根据自己实际情况对步骤进行调整），则有如下步骤：

1）将本书提供的光盘目录：“符合国标的系统配置文件\GB_config”里面的文件 config.pro 复制到 Pro/E 的启动目录下，如“C:\start”。

2）将本书提供的光盘目录：“符合国标的工程图配置文件\drawing_formats”里面的文件 config.pro 复制到“C:\Program Files\proeWildfire 5.0\formats”目录下。

3）将本书提供的光盘目录：符合国标的工程图配置文件\drawing_formats 文件夹里的全部文件复制到“C:\Program Files\proeWildfire 5.0\formats”目录下。

4）单击菜单“工具”→“选项”命令，打开“选项”对话框，如图 10-8 所示。

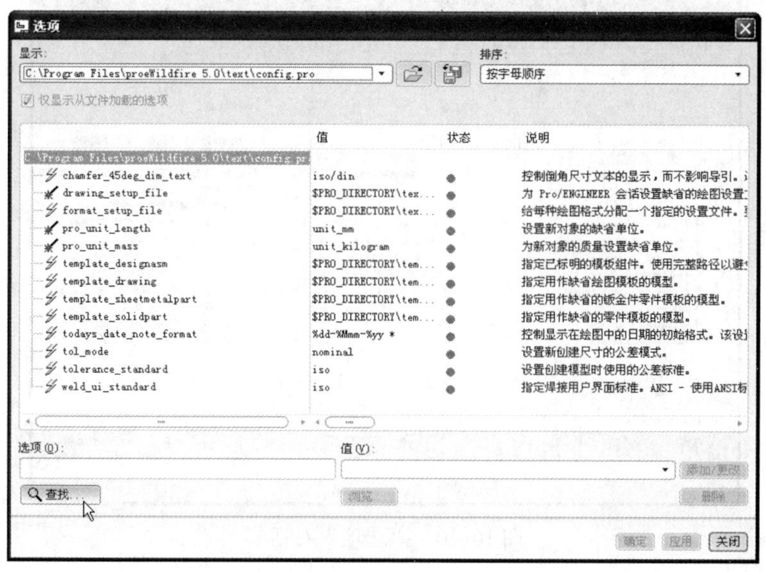

图 10-8　“选项”对话框

5）设置配置文件 config.pro 中相关选项的值。这些选项的设置方法基本相同，下面仅以

drawing_setup_file 选项对操作方法为例加以说明。

1）在图 10-8 所示的“选项”对话框中单击 查找... 按钮，打开“查找选项”对话框，如图 10-9 所示。在空白框里面输入查找项目“template_drawing”后单击 立即查找 按钮，选中出现查询的项目“template_drawing”，单击 浏览... 按钮，找到目录“C:\Program Files\proeWildfire 5.0\formats\gb_formats\a4_prt.frm”，单击 打开 按钮，返回到“查找选项”对话框。

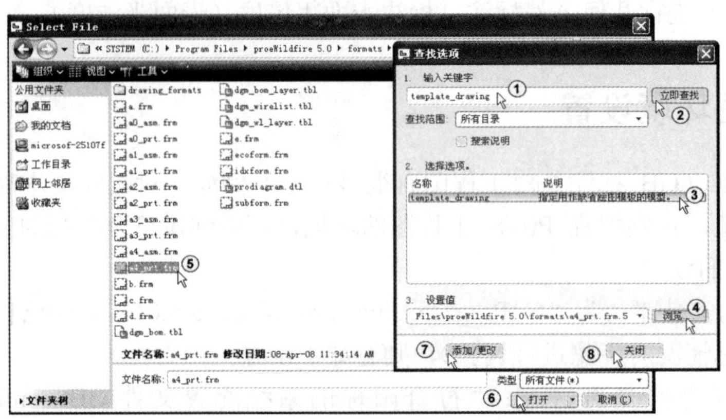

图 10-9 “查找选项”对话框

2）单击如图 10-9 中 添加/更改 按钮后，再单击 关闭 按钮，关闭“查找选项”对话框，返回“选项”对话框。

3）drawing_setup_file 选项已经添加，如图 10-10 所示。单击 应用 按钮后再单击“保存”按钮 ，单击 关闭 按钮，关闭“选项”对话框。

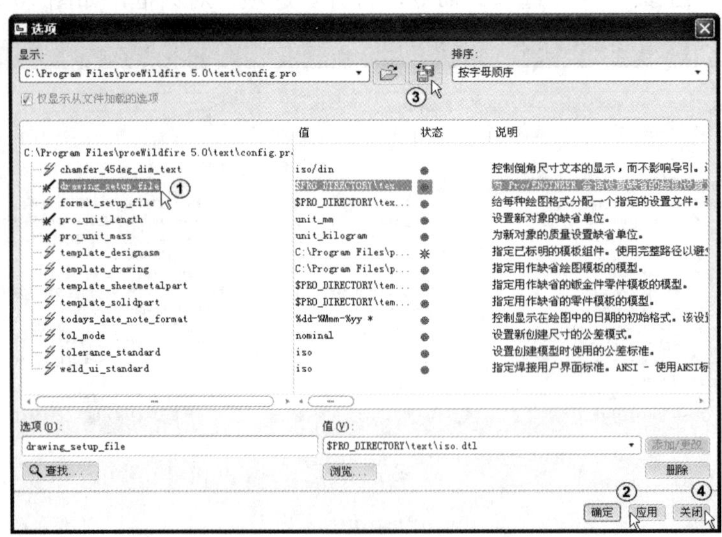

图 10-10 “选项”对话框

4）重新启动 Pro/ENGINEER 程序，设置即可生效。

① 设置 drawing_setup_file 的值为“C:\Program Files\proeWildfire 5.0\text\gb.dtl”。

② 设置 template_designasm 的值为“C:\Program Files\proeWildfire5.0\te mplates\mmks_ asm_design.asm”。

③ 设置 template_solidpart 的值为“C:\Program Files\proeWildfire 5.0\templates\ mm ns_part_solid.prt”。

④ 设置 template_sheetmetalpart 的值为“C:\Program Files\proeWildfire 5.0\templates\ mm ns_part_ sheetmetal.prt”。

⑤ 设置 template_mfgcast 的值为“C:\Program Files\proeWildfire 5.0\templates\ mmns_mfg_cast.mfg”。

⑥ 设置 template_mfgmold 的值为“C:\Program Files\proeWildfire 5.0\templates\ mm ns_mfg_mold.mfg”。

⑦ 设置 pro_format_dir 的值为“C:\Program Files\proeWildfire 5.0\formats\gb_formats”。

⑧ 设置 template_drawing 的值为“C:\Program Files\proeWildfire 5.0\formats\gb_ formats \a4_prt.frm”。

操作过程见随书光盘 10\视频\10-1 环境配置.avi。

10.3 新建工程图

新建工程图的操作过程一般包括以下几个步骤。

1）在工具栏中单击□按钮新建一个工程图文件，如图 10-11 所示。

2）选取文件类型为“绘图”，输入文件名称，取消“使用缺省模板”，单击确定按钮后进入选择模板类型环节，如图 10-12 所示。

3）在图 10-12 中选择合适的模板类型和实体模型。

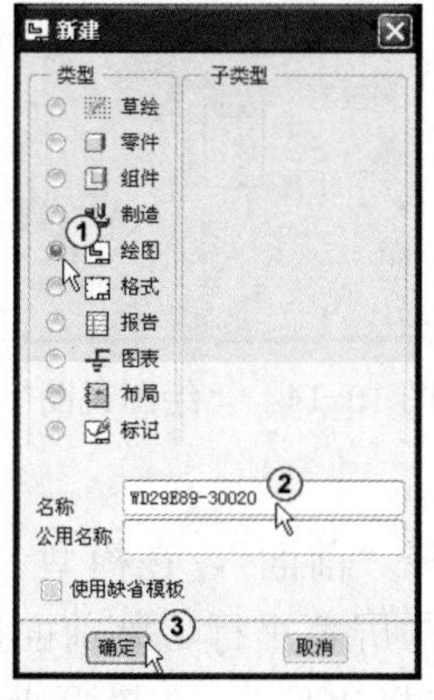

图 10-11 “新建”对话框

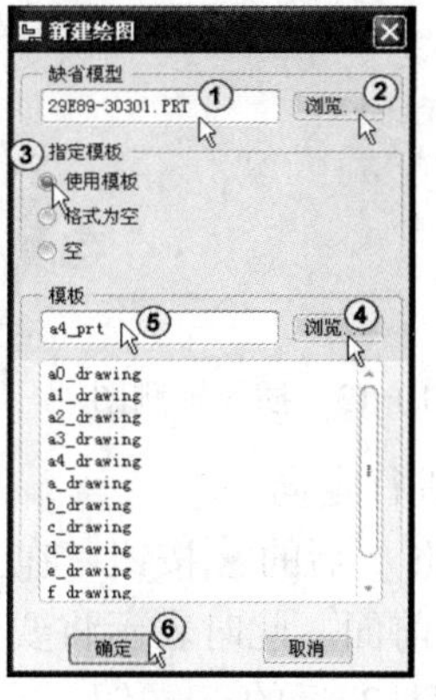

图 10-12 “新建绘图”对话框

4）在“缺省模型”选项中选取将要生成工程图的零件或者装配体模型。一般情况下，系统会自动选择当前活动的模型。如果需要改变模型，单击“浏览”按钮，然后选择正确的模型。

在“指定模板”选项组里面选取工程图模板，包含了 3 个选项。

- 使用模板：创建工程图时使用某个工程图模板。
- 格式为空：不适用模板，但是使用某个图框格式。
- 空：既不使用模板，也不使用格式。

10.4 视图创建与编辑

1. 创建主视图

下面以图 10-13 所示的 29e89-30301 零件的主视图为例，说明主视图创建的操作方法。

1）设置工作目录至零件所在目录。

2）在工具栏中单击□按钮新建一个工程图文件，选择文件类型为“绘图”，输入文件名称“29e89-30301”，取消“使用缺省模板”，单击[确定]按钮后进入“新建绘图”对话框，在指定模板选项中选取“格式为空”，单击[浏览...]按钮后选择文件“C:\Program Files\proeWildfire 5.0\formats\gb_formats\a3_prt.frm”，进入绘图模块。

3）在绘图区域单击鼠标右键，在弹出的快捷菜单中选择“插入普通视图”命令，或者单击面板上的[一般]按钮，如图 10-13 中①所示。

4）在系统的消息区出现提示◆选取绘制视图的中心点时，在绘图区域选择任意单击一点，此时绘图区出现的轴测图，如图 10-13 中②和③所示。

5）系统弹出“绘图视图”对话框，在“选取定向方法”选项中选择“几何参照”，如图 10-14 中①所示。

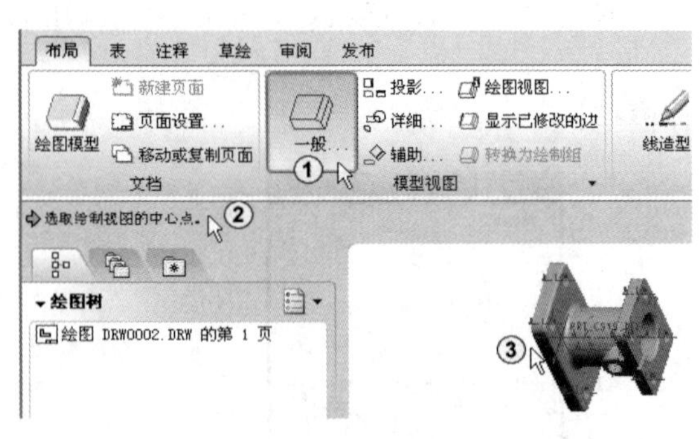

图 10-13　插入轴测图

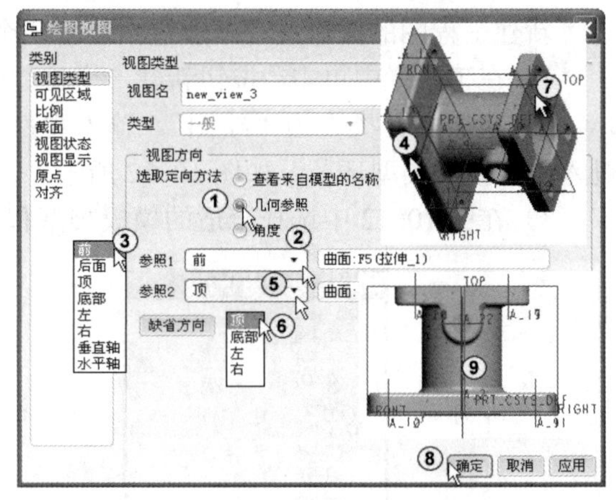

图 10-14　“绘图视图”对话框

6）对视图进行定向

① 单击参照 1 后的▾按钮，在弹出的方位表中选择“前面”，在模型上选择如图 10-14 中②～④所示的前面，此时表示将要选择的模型的表面与屏幕平行、朝前面向读者。

② 单击参照 2 后的▾按钮，在弹出的方位表中选择“顶”，在模型上选择如图 10-14 中⑤～⑦所示的顶面，此时表示将要选择的模型的表面与屏幕垂直。单击[确定]按钮后，结果如图 10-14 中⑨所示。

2. 定义投影图

在 Pro/E 中，可以创建投影图。投影图包括左视图、右视图、俯视图和仰视图。

（1）定义俯视图

1）单击“布局”→“模型视图”→[投影...]命令。

2）当系统消息区出现◆选取绘制视图的中心点的提示时，单击绘图区主视图正下方任意一点，俯视图即可出现在绘图区中。

（2）定义左视图

1）单击“布局”→“模型视图”→ 投影... 命令。

2）当系统消息区出现 选取投影父视图 的提示时，单击主视图上任意一点，系统会出现提示 选取绘制视图的中心点，单击绘图区主视图右边任意一点，即可完成左视图创建。结果如图 10-15 所示。

操作过程见随书光盘 10\视频\10-2 创建工程图.avi。

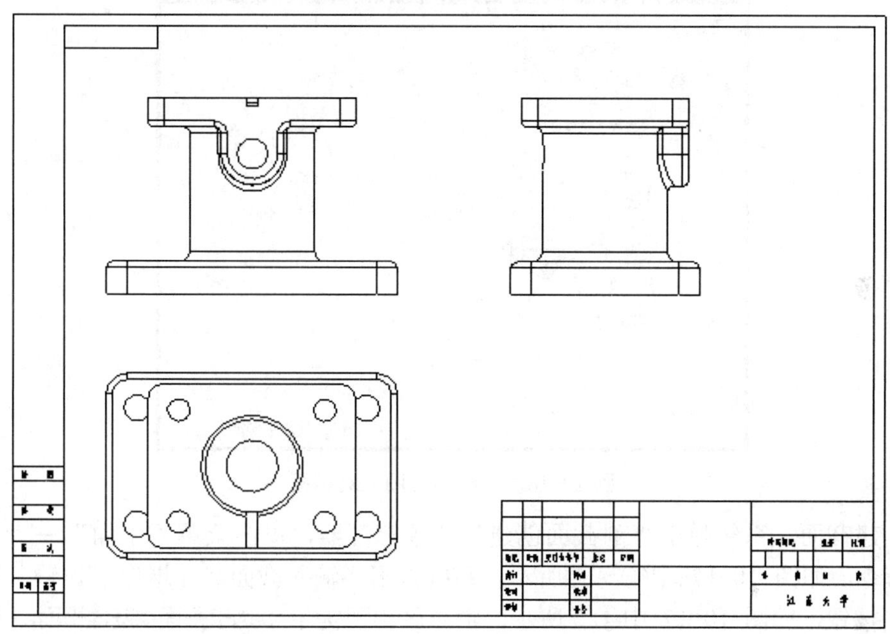

图 10-15 基本视图

3．视图移动与锁定

在主视图和投影视图完成后，假如某些视图位置不正确，可以移动视图到合适的位置。具体操作是：在想要移动的视图上单击鼠标右键，在弹出的快捷菜单中确保“锁定移动视图”没有被选中（也就是前面没有对号 √），再单击视图，按住鼠标左键不放开移动鼠标，此时视图随着鼠标移动，直到移动到合适位置放开鼠标。

如果视图位置已经调整好，就可以将视图锁定，方法是：在想要移动的视图上单击鼠标右键，在弹出的快捷菜单中确保“锁定移动视图”被选中（也就是前面有对号 √）。

4．删除视图

如果要删除某个视图，可以在视图上单击鼠标右键，在弹出的快捷菜单上面选择“删除”命令即可完成删除。

5．图形显示模式

工程图可以设置 3 种显示模式，在工具栏中的图标依次为。

- 无隐藏线：表示在视图中不可见边不显示。
- 隐藏线：表示在视图中不可见边以虚线显示。
- 线框：表示在视图中的不可见边以实线显示。

操作过程见随书光盘 10\视频\10-3 显示方式.avi。

6．创建高级视图

（1）创建“全”剖视图

1）双击左视图，系统弹出“绘图视图”对话框，在“类别”选项中单击“截面”，在“剖面选项”中选择“2D 截面”，在“模型边可见性”选项中单击“全部”，如图 10-16 中①②③所示。单击 + 按钮，单击“名称”栏中的“创建新”，如图 10-16 中④⑤所示。

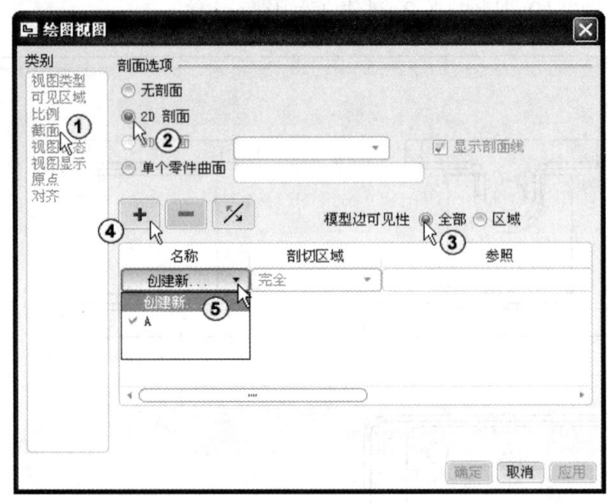

图 10-16　“绘图视图”对话框

2）创建截面。系统弹出“剖截面创建”菜单管理器，单击菜单“平面”→“单一”→“完成”命令，如图 10-17 中①～③所示。系统弹出“输入截面名［退出］”，输入界面名称 A，单击✓按钮，如图 10-17 中④⑤所示。消息区出现提示 ➩选取平面或基准平面.，同时出现“设置平面”菜单管理器，选择“平面”选项，然后在主视图或者俯视图中选择 TOP 基准面，在“剖切区域”中选择“完全”，单击 关闭 按钮关闭对话框，此时左视图就变成全剖视图，结果如图 10-17 中⑥～⑨所示。

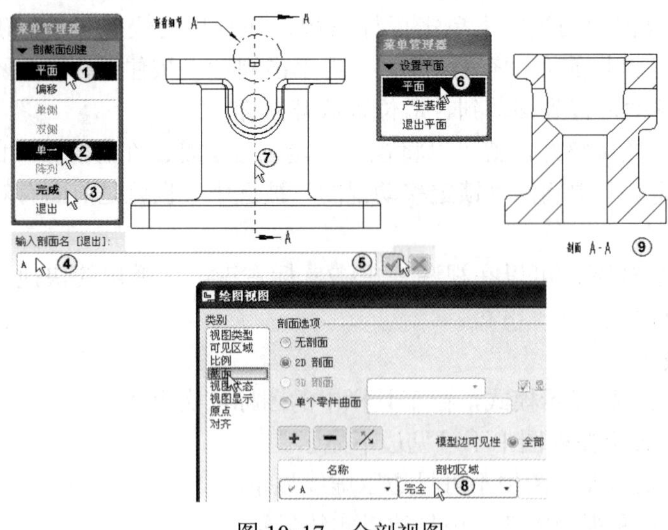

图 10-17　全剖视图

3）添加箭头。在刚才建立的剖面视图上单击鼠标右键，在弹出的快捷菜单中选择“添加箭头”命令，消息区出现提示➪给箭头选出一个截面在其处垂直的视图。中键取消。，单击主视图即可。

操作过程见随书光盘 10\视频\10-4 全剖视图.avi。

（2）创建局部视图

1）鼠标右键单击图，在弹出的快捷菜单中选择“插入详细视图”命令，如图 10-18 中①所示。当系统出现提示“在现有视图上选取要查看细节的中心点”时，在左视图右侧模型上选择一点，如图 10-18 中②和③所示。

2）绘制视图边界线。单击“草图”面板上的“样条”，用鼠标左键绘制一条包围中心点边界样条曲线，绘制完成后单击鼠标中键，如图 10-18 中④⑤所示。

3）在图形工作区域中选择要放置局部视图的位置，单击鼠标左键即可完成局部视图的绘制，如图 10-18 中⑥所示。

操作过程见随书光盘 10\视频\10-5 局部视图.avi。

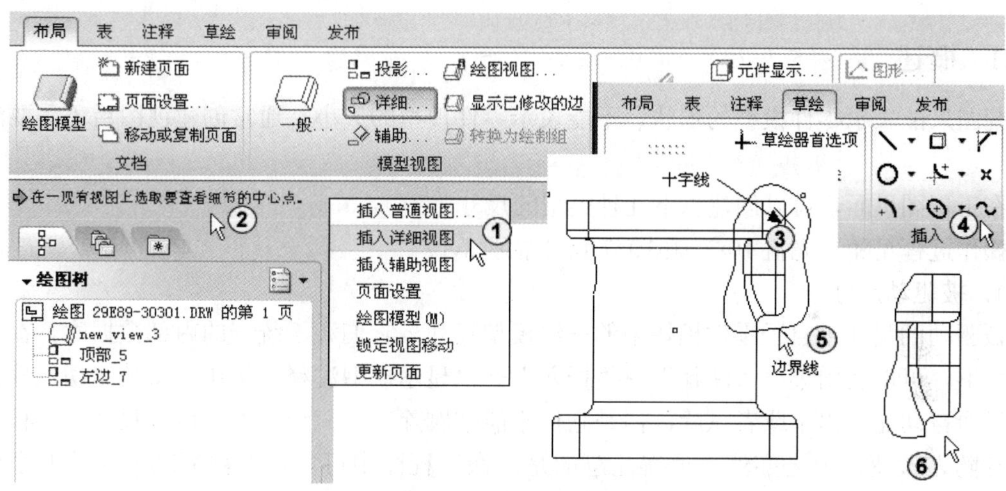

图 10-18　创建局部视图

（3）创建轴测图

1）在绘图区域单击鼠标右键，在弹出的快捷菜单中选择“插入普通视图”命令。

2）当系统出现提示➪选取绘制视图的中心点时，在绘图区域选择一点放置轴测图，如图 10-19 中①②所示。

3）在“绘图视图”的“选取定向方法”中选择“查看来自模型的名称”，在“模型视图名”里面选择 V1（这个方向是以前已经定义好的，用户也可以选择其他合适的视图定为名称）后单击 应用 按钮，如图 10-19 中③～⑤所示。

4）在“类别”下面选择“比例”，在“定制比例”文本框中输入 0.5，单击 应用 按钮，如图 10-19 中⑥～⑧所示。

5）单击 关闭 按钮结束轴测图的创建。

操作过程见随书光盘 10\视频\10-6 轴测图.avi。

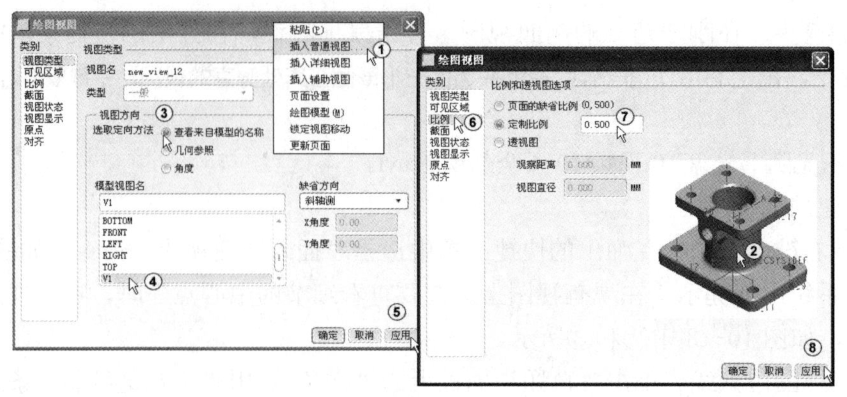

图 10-19　创建轴测图

10.5　尺寸创建与编辑

10.5.1　概述

视图只能表示零件模型的形状，不能表示零件模型的大小。通常创建视图后还需要添加尺寸。

在工程图里面，可以创建以下几种类型的尺寸。

操作过程见随书光盘 10\视频\10-7 尺寸显示.avi。

1．被驱动尺寸

被驱动的尺寸来自于零件模块中的三维模型尺寸，它们源于统一的内部数据库。在工程图环境下，可以利用菜单“注释”→“插入”→“显示模型注释”按钮，将被驱动尺寸在工程图里面自动显示出来或者拭除，但是它们不能被删除。在三维模型中修改尺寸，工程图中的尺寸随之改变，反之亦然。值得注意的是，在工程图中可以修改被驱动的尺寸的小数位数，但是舍入后的尺寸值不能驱动模型几何体。

2．草绘尺寸

在工程图模式下，单击菜单“注释”→“插入”→“尺寸”命令⊢⊣，可以手动标注草绘图元之间、草绘图元与模型对象之间以及模型对象本身的尺寸，这一类尺寸被称为“草绘尺寸”，它们可以被删除，但是它们不能驱动模型。也就是说，当读者修改草绘尺寸时，模型并不随之改变，这就是它与被驱动尺寸的本质区别。所以，如果在工程图中发现模型尺寸不符合设计要求时，不能仅仅是采用创建草绘尺寸来满足设计要求。

由于草绘尺寸可以与视图相关，也可能与视图无关，因此，草绘尺寸存在两种情况：

1）当草绘尺寸不与某个视图相关时，草绘尺寸的数值与草绘比例（由草绘设置文件 GB.dtl 中的选项 draft_scale 指定）有关，例如，某个草绘的圆的直径为 10：

- 如果草绘比例为 0.5 时，该草绘圆直径尺寸显示为 5。
- 如果草绘比例为 1.0 时，该草绘圆直径尺寸显示为 10。
- 如果草绘比例为 2.0 时，该草绘圆直径尺寸显示为 20。

提示：如果修改绘图比例 draft_scale 的值后，应该进行再生。操作方法是：单击菜单“编辑”→“再生”命令。

虽然草绘尺寸的值随着草绘比例而变化，但是草绘图的大小不受草绘比例的影响。

2）当草绘图元与某个视图相关时，草绘图的尺寸不随着草绘比例变化。但是草绘图显示大小随着视图比例变化。

3. 草绘参照尺寸

在工程图环境下，单击菜单“注释”→“插入”→“参照尺寸”命令，可以将草绘图元之间、草绘图元与模型对象之间以及模型对象本身的尺寸标注形成参照尺寸，所有的参照尺寸一般都带有 REF 符号，从而区别于其他尺寸。

10.5.2 创建被驱动尺寸

下面以零件 29e89-30301 工程图为例说明创建被驱动尺寸的操作过程。

1）单击菜单“注释”→“插入”→“显示模型注释”按钮，打开“显示模型注释”对话框，如图 10-20 所示。

图 10-20 “显示模型注释”对话框

2）在打开的“显示模型注释”对话框里面进行如下操作：

① 选择类型为“所有驱动尺寸”。

② 单击选择主视图。

③ 定义显示方式。在“显示”选项组中选择要显示的尺寸，或者直接单击鼠标按钮，再显示全部。

④ 单击对话框中的 应用 按钮即可。

3）单击 确定 按钮结束显示定义。

10.5.3 创建草绘尺寸

在 Pro/E 中，草绘尺寸可以分为一般草绘尺寸、草绘参照尺寸和草绘坐标尺寸 3 种类型。它们主要用于手动标注工程图中两个草绘图元之间、草绘图元与模型对象之间以及模型对象本身的尺寸，坐标尺寸一般用草绘尺寸的坐标形式表示。

（1）“新参照”尺寸标注

下面以 29e89-30301 为例说明“新参照”尺寸标注的一般操作过程。

1）单击菜单“注释”→“插入”→“尺寸”命令，出现如图 10-21 所示的尺寸线“依附类型”。

2）在图 10-21 中选择“图元上”命令后，单击图 10-22 所示的点 1（点 1 在模型的边线上），以选取边线。

3）在图 10-21 中选择“中心”命令后，单击图 10-22 所示的点 2（点 2 在模型的圆弧上），以选取圆弧的圆心。

4）在图 10-22 点 3 处单击鼠标中键，确定尺寸线放置的位置。

5）如果继续标注，重复前 3 个步骤；如果结束标注，单击“返回”命令。

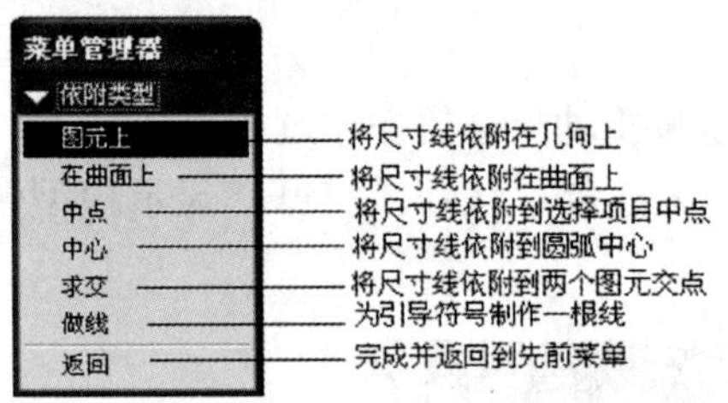

图 10-21 “依附类型”菜单管理器

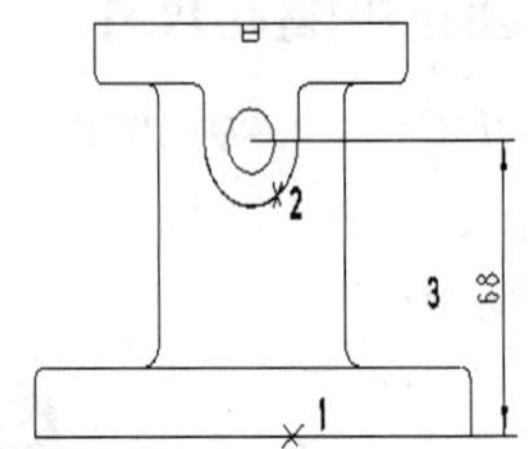

图 10-22 “新参照”尺寸标注

（2）“公共参照”尺寸标注

1）单击菜单“注释”→“插入”→“尺寸”按钮右侧的小三角选择按钮“”，出现如图 10-21 所示的尺寸线“依附类型”。

2）在图 10-21 中选择“图元上”命令后，单击图 10-23 所示的点 1（点 1 在模型的边线上），以选取边线。

3）在图 10-21 中选择“中心”命令后，单击图 10-23 所示的点 2（点 2 在模型的圆弧上），以选取圆弧的圆心。

4）在图 10-23 点 3 处单击鼠标中键，确定尺寸线放置的位置。

5）在图 10-21 中选择“图元上”命令后，单击图 10-23 所示的点 4（点 4 在模型的边线上），以选取边线。

6）在图 10-23 点 5 处单击鼠标中键，确定尺寸线放置的位置。

7）如果继续标注，重复前 3 个步骤；如果结束标注，单击“返回”命令。

操作过程见随书光盘 10\视频\10-8 手动添加尺寸.avi。

操作过程见随书光盘 10\视频\10-9 倒角标注.avi。

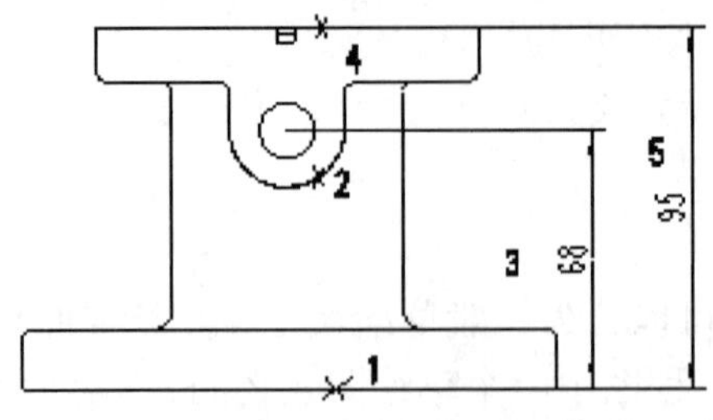

图 10-23 “公共参照”尺寸标注

10.5.4 尺寸操作

1．移动尺寸及其尺寸文本

移动尺寸及其尺寸文本的方法：选择要移动的尺寸，当尺寸加亮变红后，再将鼠标指针放到要移动的文本上，按住鼠标左键，尺寸及其尺寸文本随着鼠标一起移动，到达合适的位置后放开鼠标。操作过程见随书光盘 10\视频\10-10 尺寸位置调正.avi。

2．尺寸编辑快捷菜单

对尺寸进行编辑操作：选择要编辑的尺寸，当尺寸变亮加红后单击鼠标右键，此时系统会根据单击位置的不同弹出不同的快捷键。

1）第一种情况：如果单击位置是在尺寸文本或者尺寸标注线上，则弹出如图 10-24 所示的快捷菜单，其主要的选项说明如下：

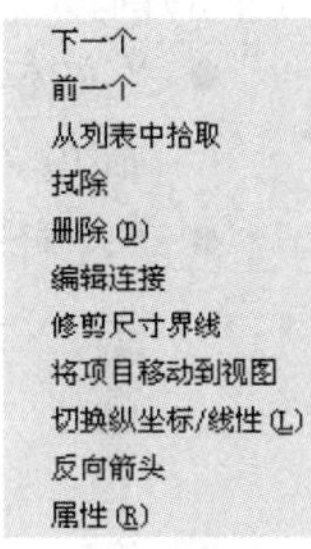

图 10-24　快捷菜单

- 拭除：选择此项后，系统会拭除选择的尺寸，也就是说，尺寸不在视图中显示。
- 将项目移动到视图：该选项的作用是将尺寸从一个视图移动到另外一个视图中，比如，将主视图的某个尺寸移动到左视图。
- 删除：选择此选项后，系统会删除选择的尺寸。
- 切换纵坐标/线性：此选项的作用是将线性尺寸转换为纵坐标尺寸或者将纵坐标尺寸转换为线性尺寸。在由线性尺寸转换为纵坐标尺寸时，需要选择纵坐标基本尺寸。
- 反向箭头：用于切换箭头反向。
- 属性：对尺寸属性进行修改。选择此选项后，系统会弹出如图 10-25 所示的对话框。该对话框有 3 个选项卡，即属性、显示和文本样式。

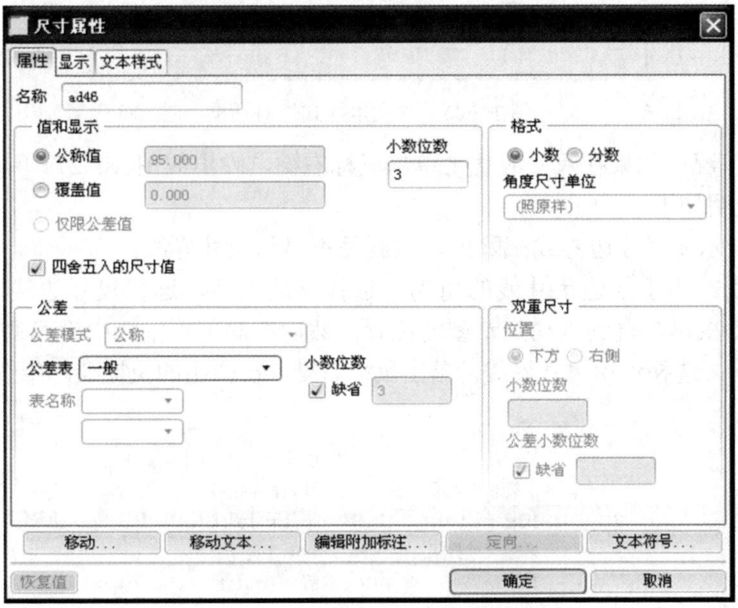

图 10-25　“属性”对话框

“属性”选项卡中的选项说明如下：

- 在“值和显示”和“公差”选项组中，可以单独设置所选尺寸的公差，设置项目包括公称显示模式、尺寸的公差值和尺寸的上下公差值。
- 在“格式”选项组中，可以选择尺寸显示格式，也就是说，是以小数还是以分数形式显示尺寸，保留几位小数，角度单位是弧度还是度。
- 在“显示”选项组中，用户可以将工程图零件的外形轮廓等基础尺寸按照“基本”显示，对重要的零件、需要检验的尺寸以“检查”形式显示。在此区域中，还可以设置尺寸箭头的反向。

“文本样式”选项卡：可以在“前缀”文本框中输入尺寸前缀。比如，可以在尺寸为 4 的前面加上 2-M，那么最终结果就是 2-M4，同理可以加上后缀。

- “文本样式”选项卡如图 10-26 所示。在“字符”选项组中，可以选择字体和文本高度，取消“缺省”选项后可以修改字体高度。
- “注释/尺寸”选项组可以设置文本的位置、颜色以及字体行间距等。

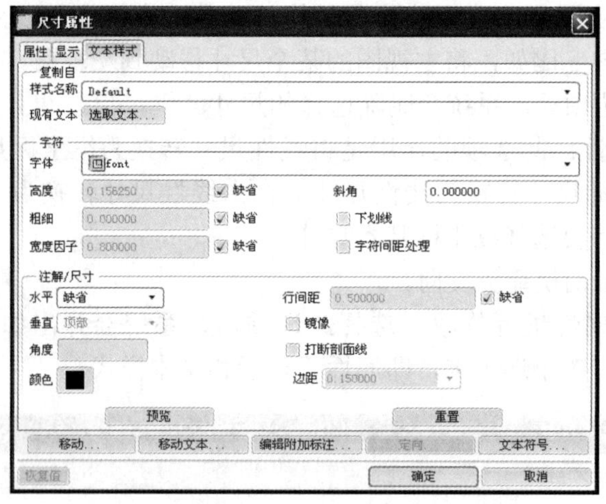

图 10-26　“文本样式”对话框

2）第二种情况：如果在尺寸界线上单击鼠标右键，弹出如图 10-27a 所示的快捷菜单，其主要功能的说明如下。

- 拭除：表示将尺寸边界线拭除掉，也就是不显示尺寸界线。
- 插入角拐：用于创建尺寸线的角拐。选择该选项后，选择尺寸边线上一点作为角拐点，移动鼠标，直到移动到希望的位置，然后在此单击鼠标中键确认放置。
- 删除角拐：选择角拐尺寸界线，单击鼠标右键，在弹出的快捷菜单中选择删除角拐。

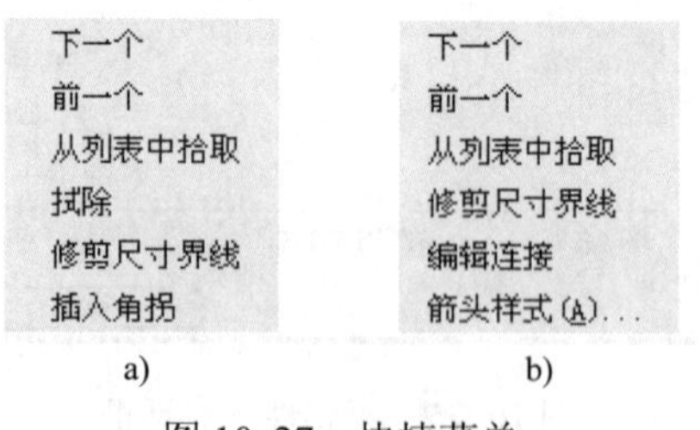

图 10-27　快捷菜单

3）第三种情况：在箭头上单击鼠标右键，弹出如图 10-27b 所示的快捷菜单。

箭头样式：用于修改箭头的样式，箭头样式有箭头、实心点和斜杠等，其操作方法是：选择该项后在打开的如图 10-28 所示的菜单管理器中选择合适的选项后单击“完成/返回”。

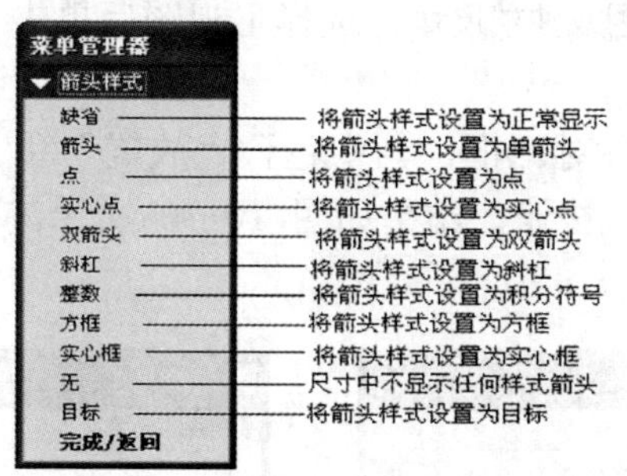

图 10-28 “箭头样式”菜单管理器

（1）尺寸界线破断

1）生成尺寸界线破断：尺寸界线的破断是将尺寸界线的一部分断开。其操作方法是：选择菜单“注释”→“插入”→“断点”命令，在想要破断的尺寸界线上选择 2 点，破断即可形成。

2）删除破断：在破断尺寸界线上单击鼠标右键，在弹出的快捷菜单中选择“删除所有断点”命令，完成删除尺寸界线破断操作。

（2）整理尺寸

对于杂乱无章的尺寸，如图 10-29 所示。Pro/E 提供了一个强有力的整理工具，这个就是“整理尺寸”功能。通过这个工具，系统可以达到如下目的：

- 在尺寸界线之间居中尺寸（包括带有螺纹、直径、符号和公差的整个文本）。
- 在尺寸界线间或者尺寸界线和草绘图元交叉处创建断点。
- 将所有尺寸放置在模型边、视图边、轴或者捕捉线一侧。
- 使箭头反向。
- 统一尺寸间距离。

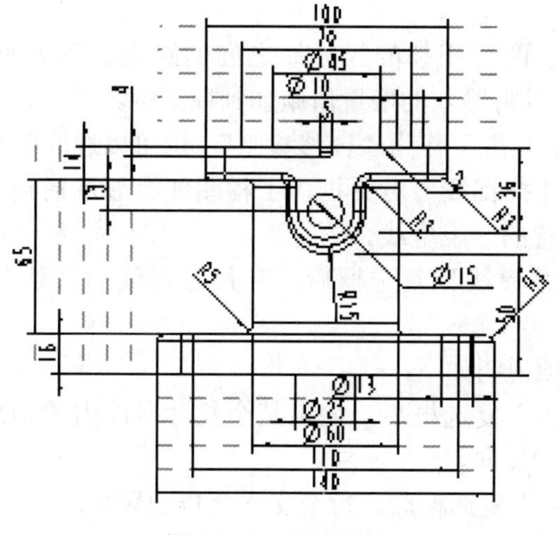

图 10-29 整理尺寸

下面就以图 29e89-30301 为例说明整理尺寸的操作过程。

1）单击菜单“注释”→“排列”→“清除尺寸”命令清除尺寸，或者单击工具栏里面的按钮。

2）提示➡选取要清除的视图或独立尺寸，选择主视图后单击“选取”对话框中的“确定”按钮。

3）系统打开“清除尺寸”对话框，其中包含“放置”和“修饰”两个选项，进行设置后单击应用按钮，再单击关闭按钮，结果如图 10-30 所示。下面对于其各个选项的功能加以说明。

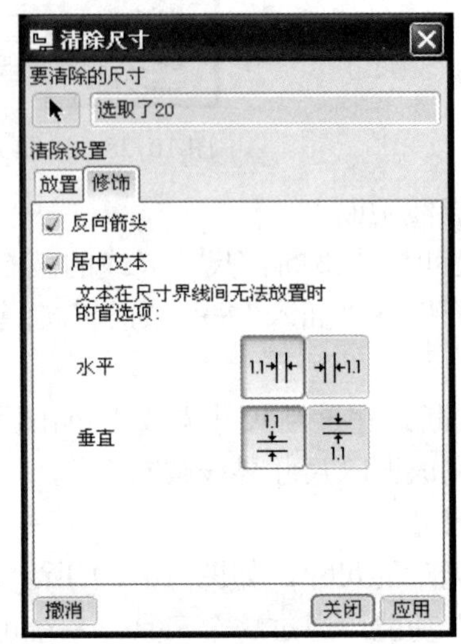

图 10-30　“清除尺寸”对话框

“放置”选项卡的选项说明如下：

- 选择“分隔尺寸”复选框后，可以调整尺寸线的偏距值和增量。
- “偏移”值表示视图轮廓线（或者所选基准线）与视图最近的某个尺寸线之间的距离。输入偏距值后按回车键，单击应用按钮后可以将输入的偏距值施加到视图中去。
- “增量”值表示两个相邻的尺寸线之间的距离。输入增量值后按回车键，单击应用按钮后可以将输入的增量值施加到视图中。
- 一般以“视图的轮廓”作为“偏移参照”，也可以选取某个基准线作为参照。
- 如果选择“创建捕捉线”对话框，工程图便会显示捕捉线。捕捉线是表示水平或者垂直尺寸位置的一组虚线。
- 选择“破断尺寸界线”复选框后，在尺寸界线和其他草绘图元相交处，界线会自动破断。

“修饰”选项组的选项说明如下：

- 选择“反向箭头”复选框后，如果某个尺寸界线内的距离不够容纳箭头时，该箭头大方向会自动反向。
- 选择“居中文本”复选框后，每个文本会自动居中。

操作过程见随书光盘 10\视频\10-11 尺寸整理.avi。

10.5.5 尺寸公差的显示

配置文件 GB.dtl 中的选项 tol_display 和配置文件 config.pro 中的选项 tol_mode 与工程图中的尺寸公差有关，如果要在工程图中显示和处理尺寸公差，必须先配置这两个选项。

Tol_display 选项：此选项控制尺寸公差显示。

1）如果设置为 yse，则尺寸标注显示公差。

2）如果设置为 no，则不显示公差。

Tol_mode 选项：此选项控制公差显示形式。

1）如果设置为 noinal，则只显示名义尺寸，不显示公差。

2）如果设置为 limits，则公差显示上限和下限。

3）如果设置为 plusminus，则公差值为正负值，切正负值相互独立。

4）如果设置为 pluminussym，则公差为正负对称显示。

操作过程见随书光盘 10\视频\10-12 公差标注.avi。

10.6 创建注释文本

10.6.1 注释菜单简介

单击菜单“注释”→“插入”→“注释”命令，打开如图 10-31 所示的“注释类型”菜单管理器。

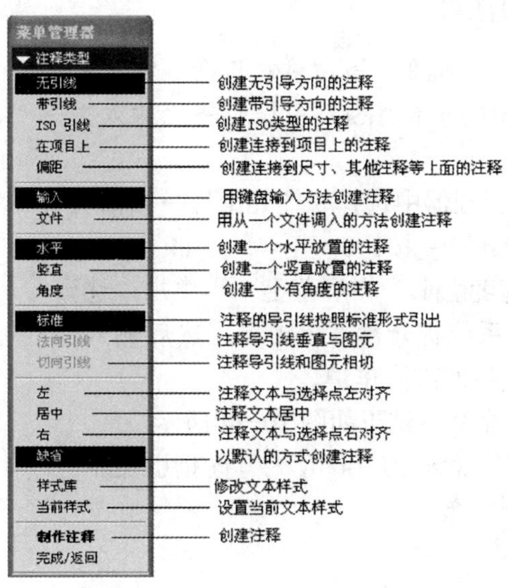

图 10-31 “注释类型”菜单管理器

10.6.2 创建无方向指引注释

下面介绍创建无方向指引注释的操作步骤。

1）单击菜单“注释”→“插入”→“注释”命令。

2）在图 10-30 中单击菜单“无引线”→“输入”→“水平”→“标准”→“缺省”→“制作注释”命令。

3）在弹出的如图 10-32 所示的菜单管理器中选择“选出点”命令，然后在屏幕上单击一个点用来放置注释。

4）当系统提示 输入注释: 时，在其后的空白区域中输入“技术要求”，单击按钮。

5）单击“进行注释”命令，在刚才的“技术要求”下面任意点单击。

6）当系统提示 输入注释: 时，在其后的空白区域输入“1.铸件不得有裂纹、沙眼等缺陷。”按回车键，输入“2.铸造后应去毛刺和锐角”，单击按钮。

7）选择“完成/返回”命令。

8）调整注释文本位置，结果如图 10-33 所示。

操作过程见随书光盘 10\视频\10-13 无方向指引文本注释。

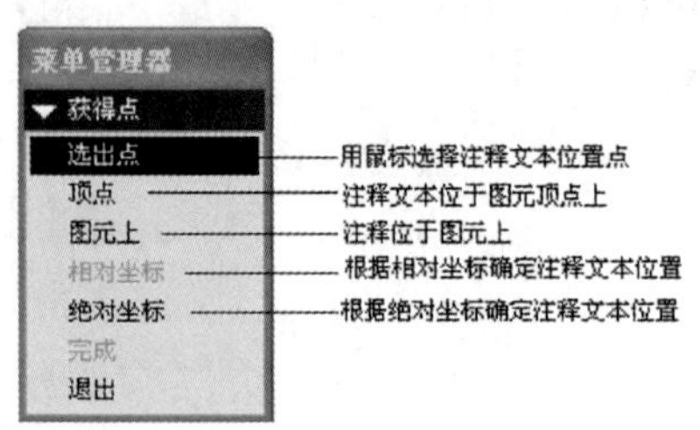

图 10-32 “获得点”菜单管理器

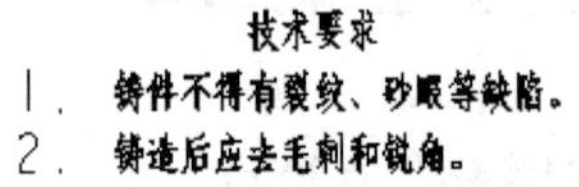

技术要求

1. 铸件不得有裂纹、砂眼等缺陷。

2. 铸造后应去毛刺和锐角。

图 10-33 无方向指引注释

10.6.3 创建有方向指引注释

1）单击菜单“注释”→“插入”→“注释”命令。

2）在系统弹出的菜单中选择“ISO 引线”→“输入”→“水平”→“标准”→“缺省”→“制作注释”命令。

3）此时系统弹出菜单管理器中选择“图元上”→“箭头”，然后单击图元上一点以选择箭头起始点，在菜单栏里单击 确定 按钮。

4）系统提示 选取注释的位置。，在屏幕上一点单击，选择一个放置注释的位置，系统提示 输入注释，然后输入“此孔需要线切割精加工”，按两次回车键。

5）单击“完成/返回”命令，结果如图 10-34 所示。

操作过程见随书光盘10\视频\10-14 有无方向指引文本注释注释.avi。

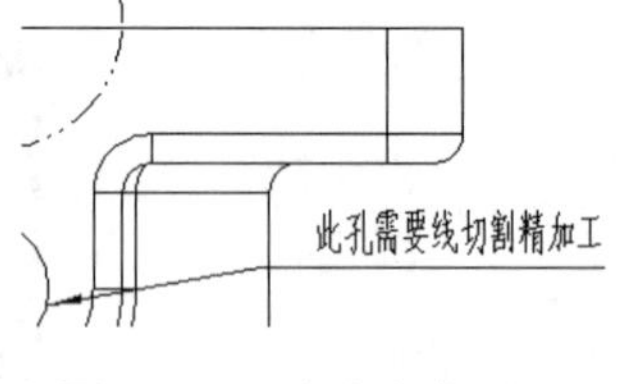

图 10-34 有方向指引注释

10.7 工程图基准

下面以零件 29e89-30301 为例，创建如图 10-35 所示的基准轴 P，以此说明在工程图中创建基准的基本步骤。

1）单击菜单“注释”→“插入”→“模型基准”→“轴”命令。

2）系统弹出如图 10-36 所示的“轴”对话框，基于此对话框进行如下操作。

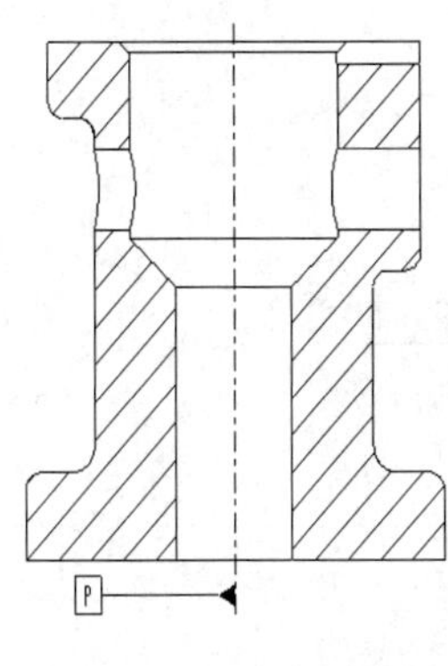

图 10-35　创建基准轴

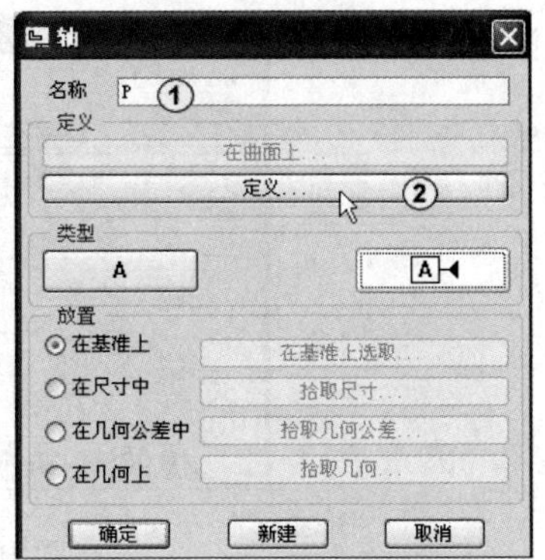

图 10-36　“轴”对话框

① 在对话框的“名称”中输入基准名称 P，单击“定义”按钮，如图 10-36 所示。

② 在弹出的如图 10-37 所示的对话框中选择“过柱面”命令，然后选择主视图的中间圆柱面。

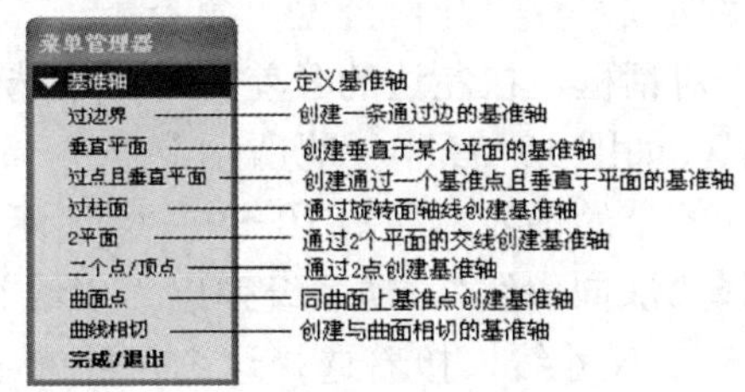

图 10-37　“基准轴”菜单

③ 在“类型”中单击［A◄］按钮。

④ 在“放置”中选择“在基准上”选项。

3）单击［确定］按钮结束定义。

4）分别将基准符号移动到合适位置，移动操作方法和尺寸移动相同。

5）将某个视图中不需要显示的符号拭除。

下面以零件 29e89-30301 基准面 P 为例，说明创建基准面的基本步骤。

1）单击菜单“插入”→“模型基准”→“平面”命令。

2）在弹出的“基准”对话框进行如下操作。

① 在“基准”对话框中输入名称 P。

② 单击“定义”选项中的“在曲面上”按钮，然后选择零件底边线，如图 10-38 中①～③所示。

③ 在“基准”对话框的“类型”选项组中单击［A◄］按钮。

④ 在“基准”对话框的“放置”选项组中选择［⊙在基准上］。

3）单击［确定］按钮结束定义。

4）将符号移动到合适位置，如图 10-38 中④～⑦所示。

5）拭除某个视图中不需要显示的符号。

操作过程见随书光盘 10\视频\10-15 添加基准.avi。

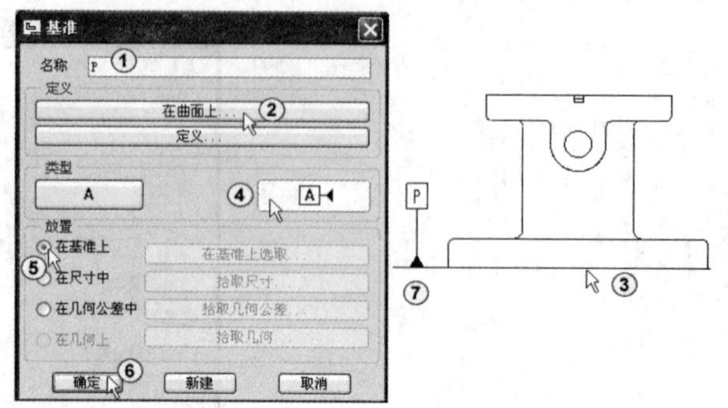

图 10-38　创建工程图基准面

10.8　标注形位公差

下面说明形位公差标注的一般步骤。

1）单击菜单“注释”→“插入”→“几何公差”命令。

2）系统弹出“几何公差”对话框，在左边的公差符号库中选择“平行度”符号 //，在参照“模型类型”中选择“轴”，如图 10-39 中①②所示。

3）选择视图中尺寸为ϕ15 的空的轴线，如图 10-39 中③所示。

4）在放置“类型”中选择“法向引线”，当系统弹出“引线类型”菜单管理器时，选择“箭头”选项，再选择尺寸ϕ15 上尺寸线，接着选择这个尺寸的上界线的箭头即可生成平行度公差，如图 10-39 中④～⑦所示。

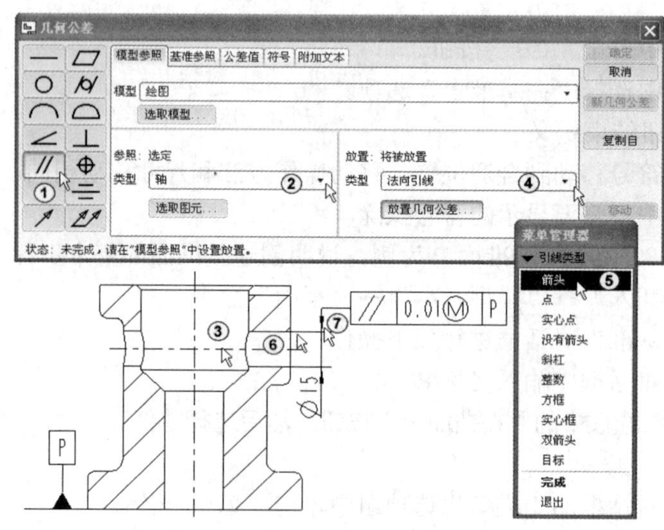

图 10-39　创建形位公差

5）在“基准参照”选项中单击基本旁边的后选择“P”和“RFS（无标志符）”，如图 10-40 中①～③所示。

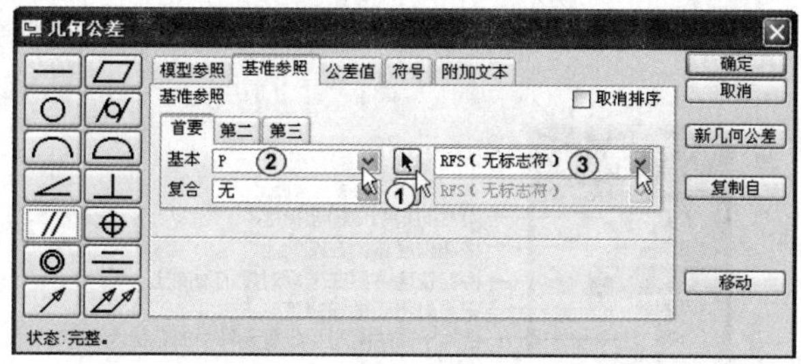

图 10-40　几何公差—基准参照

6）在“公差值”选项中确定“总公差”复选框被选中，在其后面的文本框中输入公差值 0.01，在“材料条件”选择选项“RFS（无标志符）”，如图 10-41 中①～③所示。

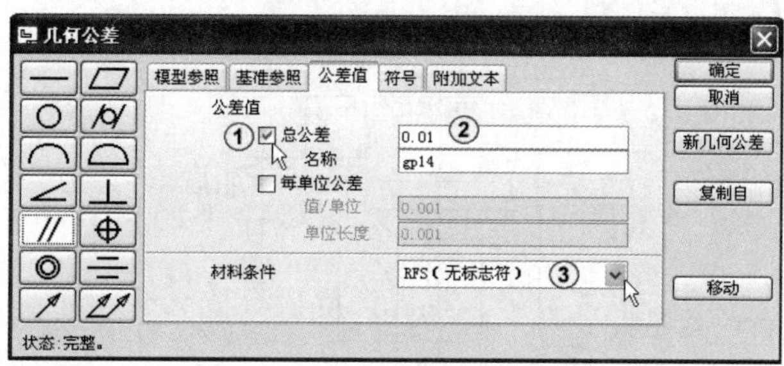

图 10-41　几何公差—公差值

单击确定按钮结束定义。

10.9　表面粗糙度的标注

下面说明工程图中表面光洁度（表面粗糙度）的一般步骤。

1）单击菜单“注释”→“插入”→“表面光洁度”命令。

2）在打开如图 10-42 所示的“得到符号”菜单中选择“检索”选项。

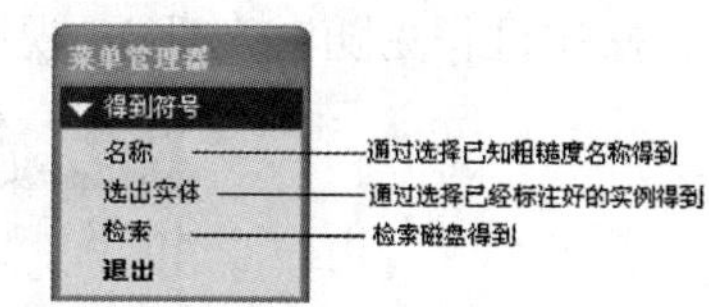

图 10-42　“得到符号”菜单管理器

3）在打开的对话框双击“machined”文件夹，在打开的文件夹中双击文件 standard1.sym，如图 10-43 中①②所示。

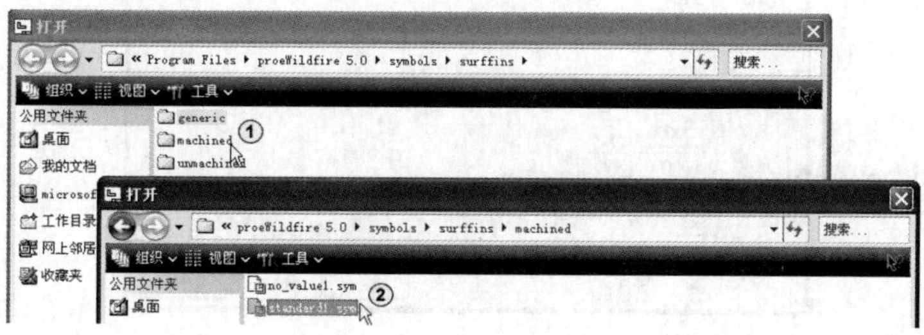

图 10-43　选择粗糙度符号

4）从弹出的如图 10-44 所示的“实例依附”菜单管理器中选择“法向”命令后，选择粗糙度放置的边线。

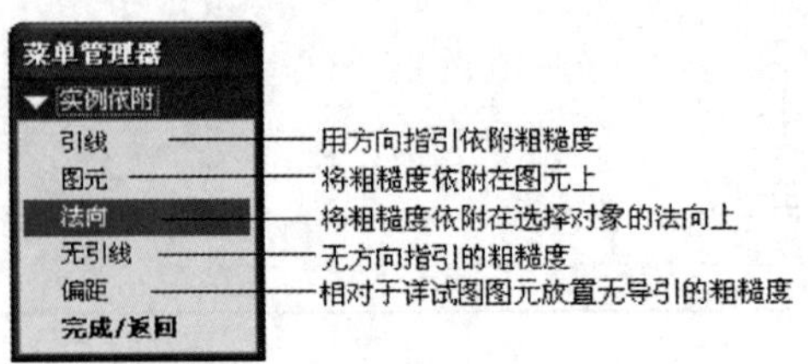

图 10-44 “实例依附”对话框

5）当系统消息出现提示“输入roughness_height的值”时，在后面空白处输入粗糙度值 3.2，单击✓按钮即可完成上表面粗糙度的创建，如图 10-45 所示。

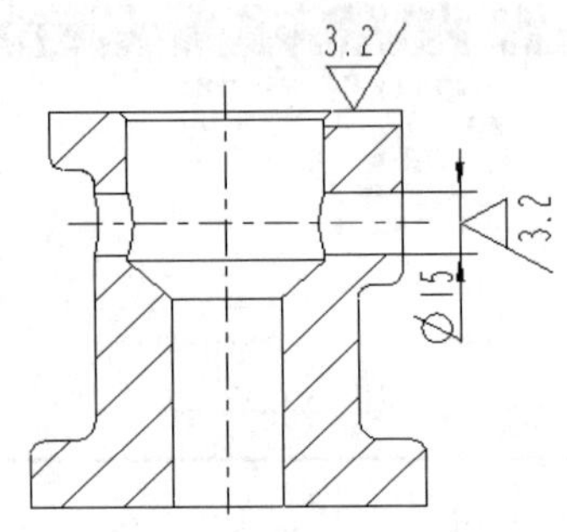

图 10-45 创建粗糙度

6）在图 10-44 中选择“无引线”，单击屏幕上任意点，输入粗糙度数值 3.2。

7）双击已经建立的粗糙度，打开如图 10-46 所示的对话框，连续单击[+90]按钮直到符合要求为止。

移动粗糙度符号到合适位置，最后结果如图 10-47 所示。

操作过程见随书光盘 10\视频\10-16 添加表面粗糙度.avi。

图 10-46 “表面粗糙度”对话框

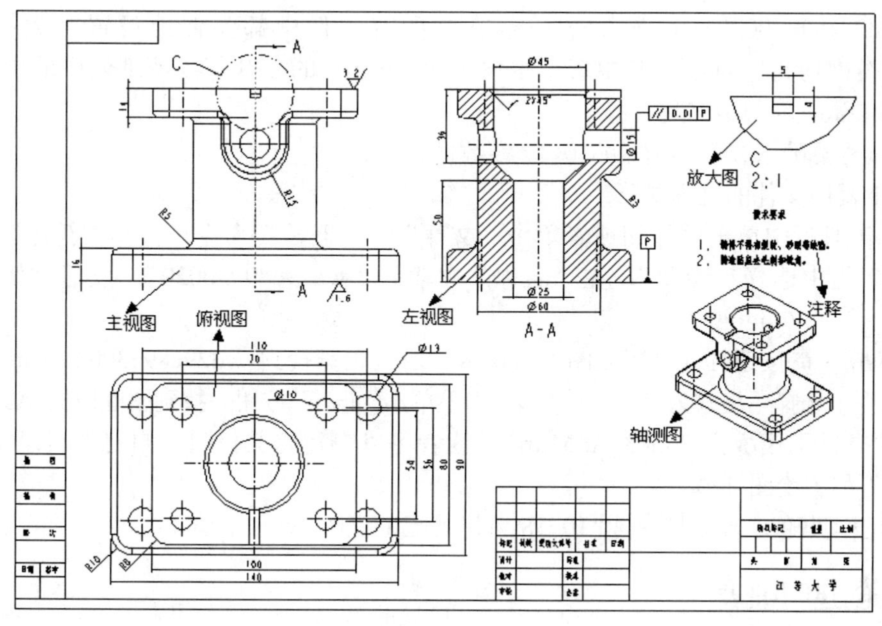

图 10-47　零件图

10.10　装配工程图的生成

本节利用装配好的实例 wd29e89-30020.asm，详细讲述装配工程图中的主要的工程图元素和装配工程图的创建方法。

10.10.1　设置参数并创建工程图

为了使明细表里面的项目自动生成，首先必须对零件进行参数设置。打开 ujs29e89-30201.prt 文件，单击菜单“工具”→“参数”命令，如图 10-48 中①②所示。系统弹出“参数”对话框，单击该对话框下方的+按钮，修改参数名称、类型和值，如图 10-48 中④⑤所示。单击确定按钮关闭对话框。

图 10-48　零件参数设置

对 wd29e89-30020.asm 装配图所包含的所有元件中都类似地设置参数：cname、material，类型均为字符串，其中每个零件里面 cname 的参数值为明细表中的中文名称，material 的参数值为材料名称。

操作过程见随书光盘 10\视频\10-17 参数设置.avi。

创建工程图文件的过程如下：

1）在工具栏中单击🗋按钮或者单击“文件”→“新建”命令，打开“新建”对话框，在“类型”组中选择“绘图”，在“名称”中输入“wd29e89-30020”，取消“使用缺省模板”选项。

2）单击[确定]按钮打开“新制图”对话框，通过浏览找到 wd29e89-30020.asm 文件，在“指定模板”下选择“格式为空”，在“格式”下单击[浏览...]按钮，找到图框模板 A3_ASM.frm（本书已经提供了模板文件 A3_ASM.frm，读者可以自行将其拷贝到自己的目录下）。单击[确定]进入工程图绘图环境。

操作过程见随书光盘 10\视频\10-18 新建装配工程图.avi。

10.10.2 创建明细表

制作明细表可使用户能够在工程图的制作中观察明细表的变化。一般来说，创作明细表可以在任何时候进行，明细表均可以自动根据所引入的装配件生成符合要求的明细表，并可以在任何时候进行编辑。

1）在绘图环境下单击▦按钮，打开“创建表”菜单管理器，在“创建表”选择“升序”、“右对齐”、“按长度”、“获得点”→“选出点”，如图 10-49 中①～⑥所示。下面对各主要参数进行说明。

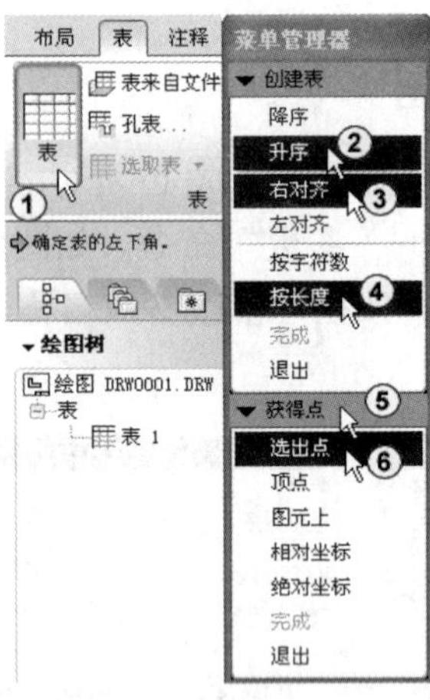

图 10-49 “创建表”菜单

- 升序：表示在将要生成的表格中把第一行作为最底部的那一行。
- 降序：与升序相反。
- 右对齐：使表格左下角作为表格定位的位置。
- 左对齐：与右对齐相反。
- 按字符数：用字符数来表示表格的行和列的宽度。
- 按长度：输入一个长度数值来确定行和列的宽度。

- 选出点：表示表格定位位置由用户单击位置确定。
- 顶点：选取一个图元的端点作为表格定位点。
- 图元上：选取一个图元上的点作为表格定位点。
- 相对坐标：输入相对坐标作为表格定位点。
- 绝对坐标：输入绝对坐标作为表格定位点。

2）在绘图区单击标题栏左上角顶点处（如果位置不对，以后可以移动到合适的位置）单击鼠标左键，在消息区就会出现提示输入第一列宽度，输入数值为 8 后单击✓按钮，如图 10-50 中①②所示。

3）接下来会提示输入下一列宽度，输入第二列宽度为 40 后单击✓按钮。仿照上面输入第三列长度为 44，第四列长度为 8，第五列长度为 38，第六列长度为 10，第七列长度为 12，第八列长度为 20，如图 10-50 中③～⑨所示。

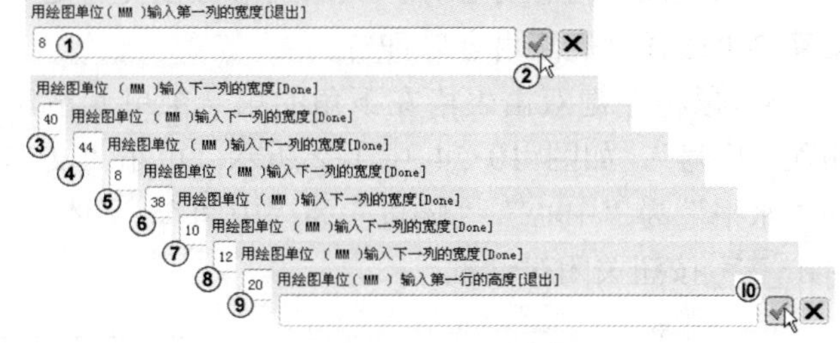

图 10-50　输入表格列宽度

4）接着提示输入下一列的宽度，不要输入任何数值，直接单击✓按钮。

5）系统提示输入第一行高度，输入 7 后单击✓按钮，如图 10-51 中①②所示。类似地输入第二行高度为 7 单击✓按钮，第三行高度为 7 后单击✓按钮，接着提示输入下一行的高度，直接单击✓按钮后完成表格创建，如图 10-51 中③～⑧所示。

操作过程见随书光盘 10\视频\10-19 添加明细表 1.avi。

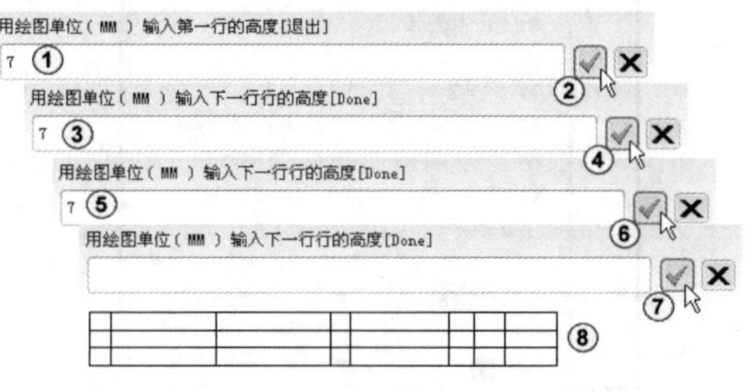

图 10-51　输入表格行宽度

6）合并单元格。单击“表”→“合并单元格”，打开“表合并”菜单管理器，选择“行&列”选项，如图 10-52 中①～③所示。分别单击两个单元格后发现两个单元格被合并成一个单元格了，如图 10-52 中④～⑥所示。

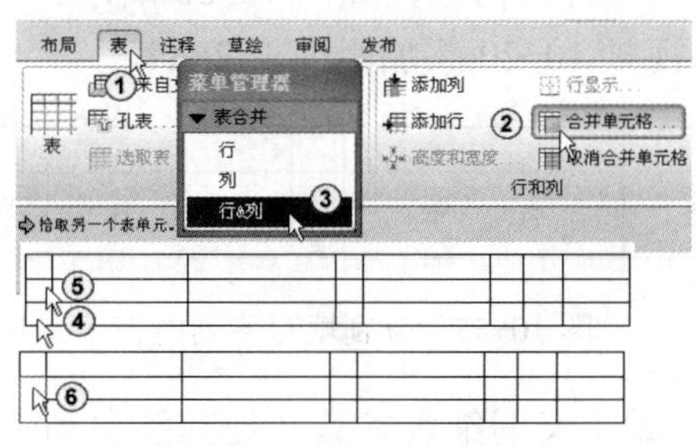

图 10-52　合并单元格

7）继续分别单击单元格，单击确定按钮后再次单击鼠标中键，完成合并，结果如图 10-53 中①～⑥所示。

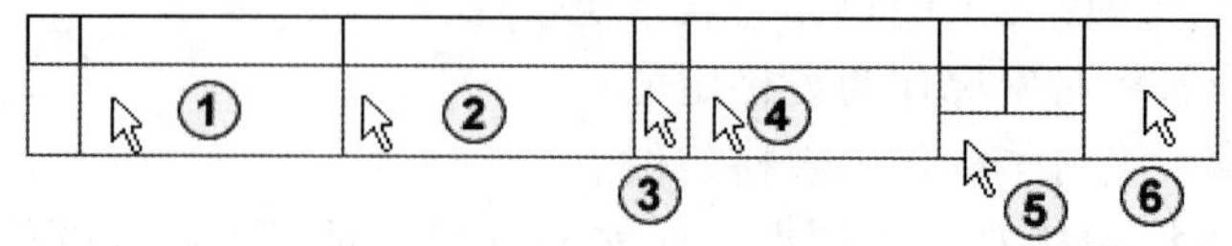

图 10-53　合并单元格

提示：合并表格时，表格中一定不能有文字内容，否则不能合并。假如有文字内容，可以先删除内容再合并。删除内容方法是，选择文字表格后单击鼠标右键，在弹出的快捷菜单中选择“删除内容”即可。

8）鼠标左键双击表格左下角的第一个单元格，系统弹出“注释属性”对话框，在其中输入“序号”，如图 10-54 中①②所示。单击“文本样式”选项卡，修改“注释/尺寸”下面的“水平”为“中心”，“竖直”为“中间”，字体“高度”为 5，如图 10-54 中③～⑥所示。单击确定按钮关闭对话框。

图 10-54　“注释属性”对话框

9）仿照上面的方法分别填写各列内容，如图 10-55 所示。

操作过程见随书光盘 10\视频\10-20 添加明细表 2.avi。

序号	代　号	名　称	数量	材　料	单件	总计	备　注
					重　量		

图 10-55　分别填写各列内容

10）在设置提示框以后开始定义明细表参数，使其能自动生成。单击菜单“表”→“重复区域”命令，打开“表域”菜单管理器，选择“添加”命令，在“区域类型”中选择“简单”命令，如图 10-56 中①～③所示。

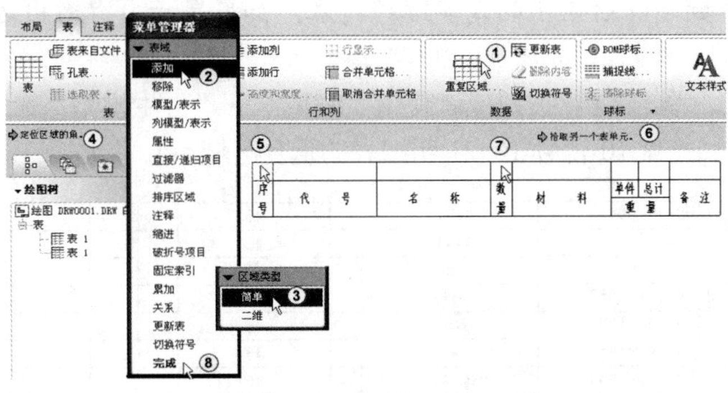

图 10-56 定义重复区域

提示：“重复区域”就是在已经定义的表格中定义一个重复区域。也就是说，这个区域随着参数变化而自动复制，从而自动生成一系列表格。“增加”表示定义一个新的重复区域。“简单”表示创建的表格只是沿着单一的方向进行复制。

11）此时消息栏中出现提示“定位区域的角”，在表格中单击“序号”正上方的空白表格，继续提示“拾取另一个表单元”，单击表格中“数量”正上方的空白表格后单击“完成”，如图 10-56 中④～⑧所示，定义重复区域结束。

12）在左边第一个表格中输入序号参数：rpt.index。具体操作如下：用鼠标右键单击序号正上方的空白表格，选择“报告参数”，系统弹出“报告符号”对话框，单击“rpt”选项，选择“index”，效果如图 10-57 中①～④所示。

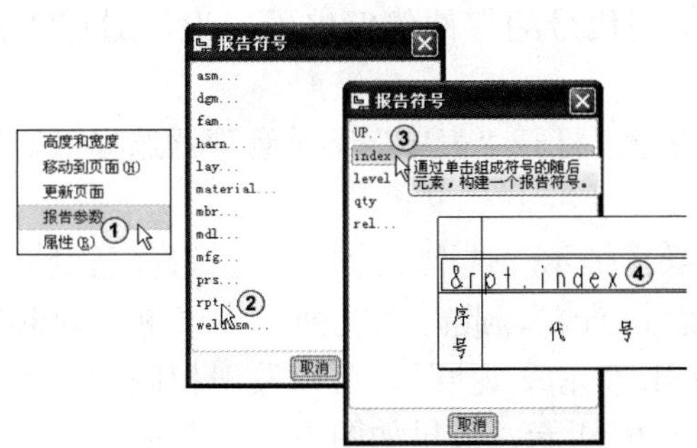

图 10-57 输入序号参数

13）同理，定义代号上面的参数为 asm.mber.name，数量上面的参数为 rpt.qty。在“名称”栏中输入&asm.mbr.cname。方法是用鼠标右键单击名称正上方的空白表格，选择“报告参数”，出现“报告符号”对话框，依次选择“asm”→“mbr”→“User Defined”，在信息提示栏中输入 cname，单击✓按钮后，再单击确定按钮即可完成输入。同理，在“材料”栏中输入&asm.mbr.material，结果如图 10-58 所示。

&rpt.index	&asm.mbr.name	&asm.mbr.cname	&rpt.qty	&asm.mbr.material			
序号	代号	名称	数量	材料	单件	总计	备注
					重量		

图 10-58 输入序号参数

提示：在图 10-58 中输入时，部分栏中内容会超出方框边界，这不影响以后显示。因为现在输入的是参数，以后显示的是实际的内容。如果显示内容超出边界，可以编辑它的高度和宽度。

14）更新明细表。单击[更新表]按钮或者使用“编辑”→“再生模型”命令，结果如图 10-59 所示。操作过程见随书光盘 10\视频\10-21 明细表的重复区域.avi。

17	GB41-2000	螺母M12		45			
16	GB41-2000	螺母M12		45			
15	GB41-2000	螺母M12		45			
14	GB7244-1987	垫圈12		45			
13	GB7244-1987	垫圈12		45			
12	GB7244-1987	垫圈12		45			
11	GB5781-2000	螺栓M12X30		45			
10	GB5781-2000	螺栓M12X30		45			
9	GB5781-2000	螺栓M12X30		45			
8	GB41-2000	螺母M12		45			
7	GB7244-1987	垫圈12		45			
6	GB5781-2000	螺栓M12X30		45			
5	UJS29E89-30206	锁定杆夹板		ZG270-500			
4	UJS29E89-30106	橡胶衬套		聚氨酯橡胶			
3	UJS29E89-30204	橡胶套夹板		Q235			
2	UJS29E89-30203	吊杆底板		Q235			
1	UJS29E89-30201	吊杆		45			
序号	代　号	名　称	数量	材　料	单件 重	总计 量	备　注

图 10-59　明细表

15）合并零件数。可以发现，此时的明细表中零件很多相同的零件并没有被合并起来，因此通过设置，使得相同代号的零件仅仅出现一次，通过“数量”来表示重复数目。具体如下：

① 选择“重复区域”命令，打开“表域”菜单管理器选择“属性”命令，如图 10-60 中①②所示。

② 此时消息栏会出现操作提示“选取一个区域”，选择已经定义了的重复区域后出现提示“已经选取区域，进行属性修改”，此时系统弹出“菜单管理器”的“域表”对话框，选择“无多重记录”命令后单击“完成/返回”，可以发现相同的零件已经合并，并且数量已经标注出来，如图 10-60 中③～⑥所示，效果如图 10-61 所示。

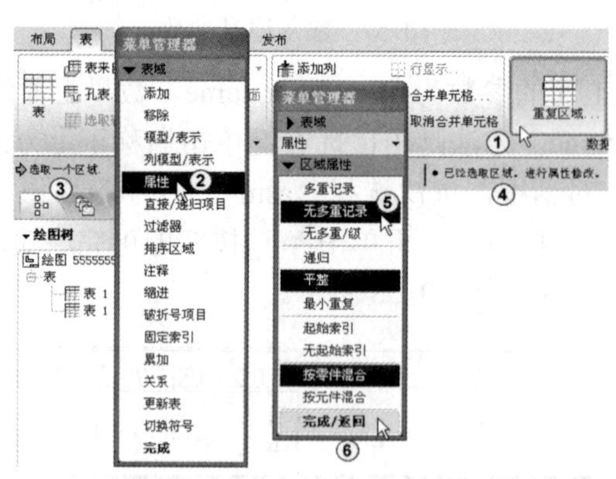

图 10-60　合并零件数

8	GB41-2000	螺母M12	4	45			
7	GB7244-1987	垫圈12	4	45			
6	GB5781-2000	螺栓M12X30	4	45			
5	UJS29E89-30206	稳定杆夹板	1	ZG270-500			
4	UJS29E89-30106	橡胶衬套	1	聚氨酯橡胶			
3	UJS29E89-30204	橡胶套夹板	1	Q235			
2	UJS29E89-30203	吊杆底板	1	Q235			
1	UJS29E89-30201	吊杆	1	45			
序号	代　号	名　称	数量	材　料	单件	总计	备　注
					重　量		

图 10-61　明细表

提示： 选中明细表后将其移动到标题栏上方。如果在零件中设置好密度等各个参数的话，Pro/E 可以自动生成如图 10-62 所示的单件重量和总重以及备注。关于这部分内容，这里不做深入探讨。读者如果有兴趣，可以参考 Pro/E 明细表方面的资料。

8	UJS29E89-30204	胶套夹板	1	Q235	0.288	0.288	bz
7	GB41-2000	螺母M12	4	45	0.014	0.056	bz
6	UJS29E89-30106	橡胶套	1	聚氨酯橡胶	0.313	0.313	bz
5	GB7244-1987	弹性垫圈12	4	45	0.006	0.024	bz
4	UJS29E89-30206	稳定杆夹板	1	ZG270-500	1.333	1.333	bz
3	GB5781-2000	螺栓M12X30	4	45	0.042	0.168	bz
2	UJS29E89-30203	吊杆底板	1	Q235	0.430	0.430	bz
1	UJS29E89-30201	吊杆	1	45	0.945	0.945	bz
序号	代　号	名　称	数量	材　料	单件	总计	备　注
					重　量		

标记	处数	更改文件号	签名	日期	前悬架吊杆	WD29E89-30020		
设计	XXX	标准				阶段标记	重量	比例
校对		批准				S	5.77	1:2
审核		会签				共 1 张	第 1 张	
						XXXXX有限公司		

图 10-62　具有重量和备注的明细表

操作过程见随书光盘 10\视频\10-22 明细表属性.avi。

10.10.3　创建主要视图

（1）制作主视图

1）单击菜单“布局”→“模型视图”→“一般”命令，系统弹出“选取组合状态”对话框，选择“无组合状态”命令，单击 确定 按钮后消息区提示“选取绘图视图的中心点”，如图 10-63 中①～⑥所示。

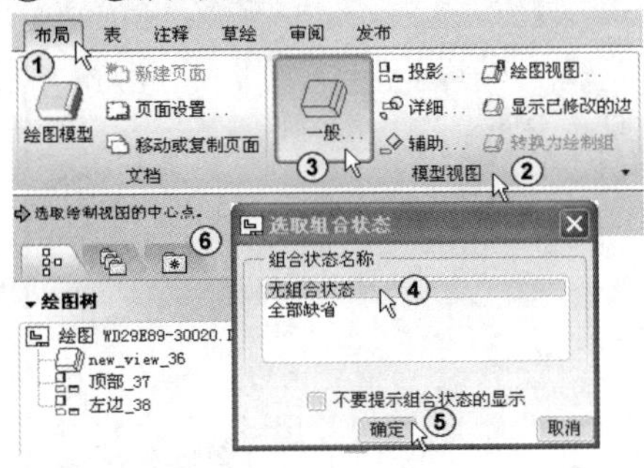

图 10-63　选取组合状态

2）在绘图区域单击，出现装配图的立体图，等待用户设置定位点，如图 10-64 所示。

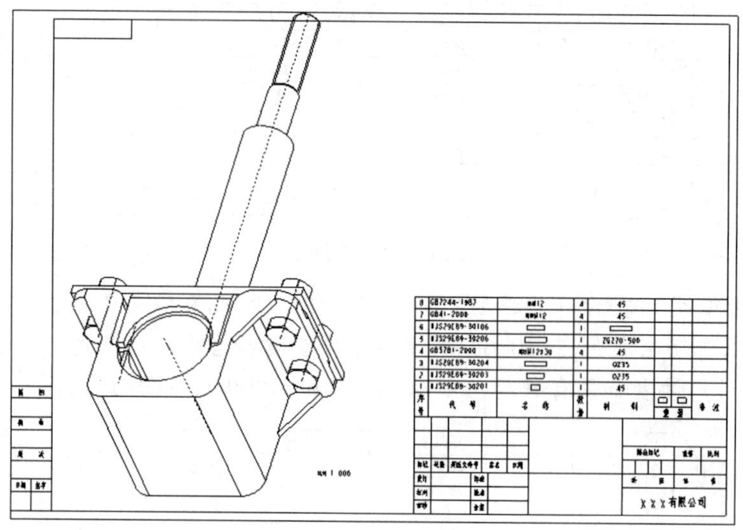

图 10-64　装配立体图

3）系统自动弹出“绘图视图”对话框，在“类别”中选择“视图类型”，在“视图方向”组里选择“几何参考”，如图 10-65 中①②所示。在“参考 1”后面选择“前”，然后单击“前”选项后面的文本框，单击立体图中的平面，在“参考 2”后面选择“底部”，然后单击“底部”选项后面的文本框，接着单击立体图中的平面，如图 10-65 中③～⑥所示，结果如图 10-66 所示。

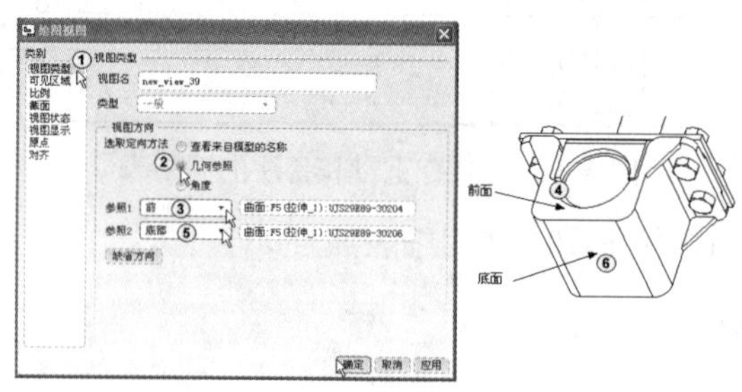

图 10-65　“绘图视图”对话框

4）修改比例。单击菜单“绘图视图”→“类别”→“比例”，选择“定制比例”命令，在“定制比例”对话框中输入 0.5，如图 10-66 中①～③所示，单击 应用 按钮，再单击 确定 按钮。

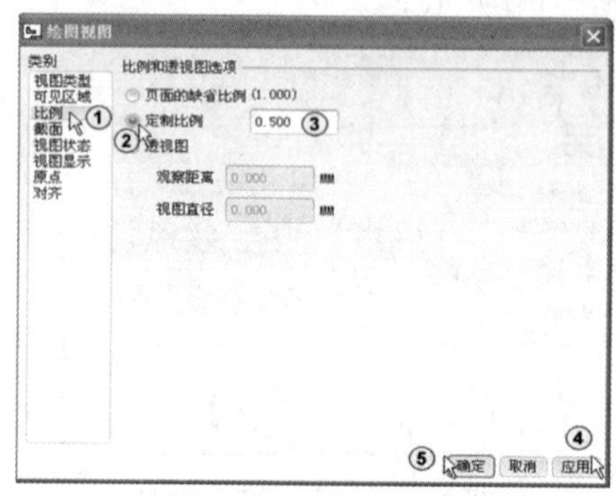

图 10-66　修改比例

5）移动视图位置。在视图上单击鼠标右键，选择“锁定视图移动”选项，然后选择视图，这时视图上会出现一个移动符号✥，这时可以把视图移动到合适位置，结果如图 10-67 所示。

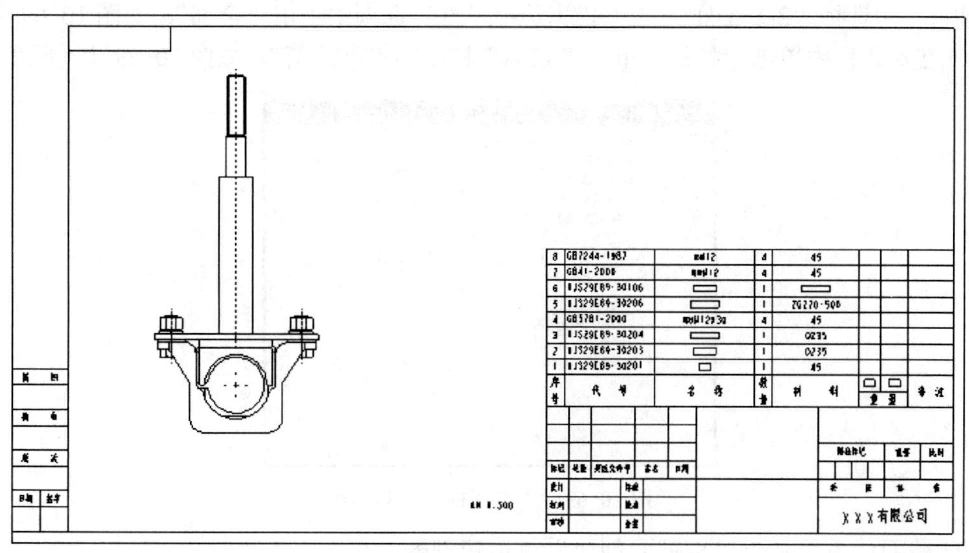

图 10-67　移动主视图

（2）制作俯视图和左视图

1）单击“投影” 按钮后，系统消息区提示“选取绘图视图的中心点”，在主视图下方单击。

2）单击“投影” 按钮后，系统消息区提示“选取投影父视图”，单击主视图，结果如图 10-68 所示。

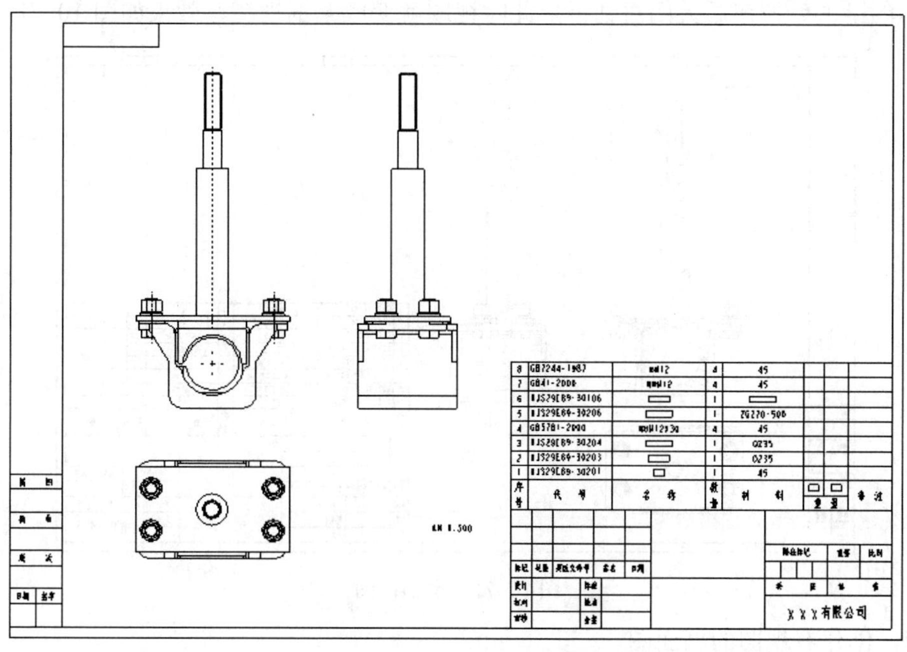

图 10-68　制作俯视图和右视图

（3）制作剖面图

双击左上方的视图，系统弹出“绘图视图”对话框，在“类别”选项中单击“截面”，在“剖面选项”中选择“2D 截面”，在“模型边可见性”选项中单击“全部”，如图 10-69 中①～③所示。在对话框中单击 + 按钮，单击“名称”栏中的“创建新”，如图 10-69 中④⑤所示。

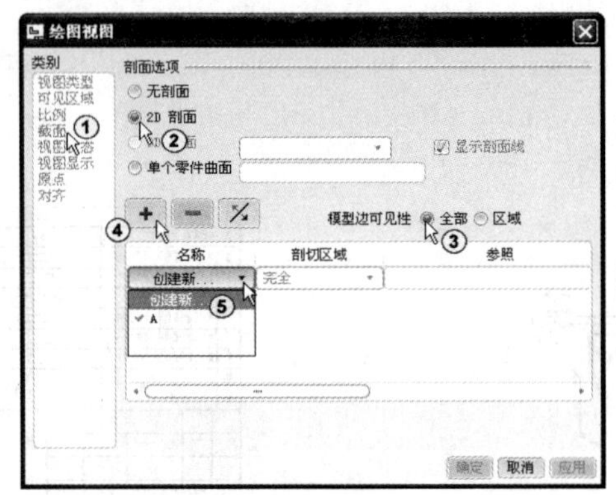

图 10-69 “绘图视图”对话框

创建截面。系统弹出“剖截面创建”菜单管理器，单击菜单“平面”→“单一”→“完成”命令，如图 10-70 中①～③所示。系统弹出“输入截面名［退出］”，输入界面名称 A，单击✓按钮，消息区出现提示 ➡选取平面或基准平面。，同时出现“设置平面”菜单管理器，选择“平面”选项，如图 10-70 中④～⑥所示。然后在俯视图中选择 ASM_TOP:F（基准平面），在“绘图视图”对话框的“剖切区域”中选择“完全”，单击 关闭 按钮后关闭对话框，此时视图就变成全剖视图，效果如图 10-71 所示。

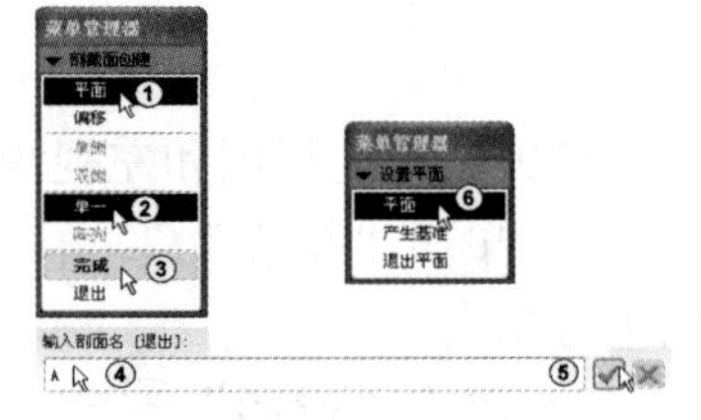

图 10-70 选择截平面

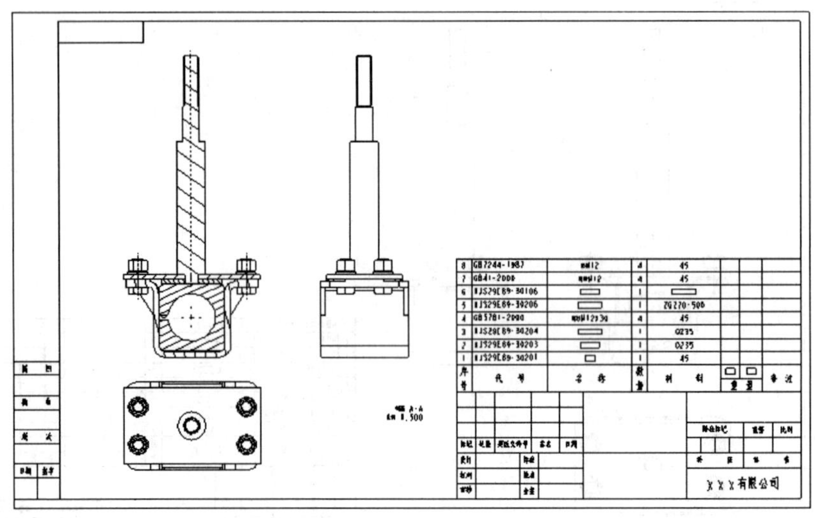

图 10-71 全剖视图

同理，创建右视图的剖面图。

操作过程见随书光盘 10\视频\10-23 添加二维图.avi。

修改剖面线并显示中心线。修改剖面线的方法和零件工程图做法相同，具体内容可参照零件工程图的制作有关章节，这里不再重述。

操作过程见随书光盘 10\视频\10-24 工程图中中心线的自动添加.avi。

制作球标的过程如下：

单击“表”→“BOM 球标”，打开“BOM 球标”菜单管理器，如图 10-72 中①②所示。在“BOM 球标类型”中选择“简单”命令，此时，消息区会提示 “选取—全区域”，如图 10-72 中③～⑤所示。选择已经建立好的明经细表后出现“BOM 视图”菜单管理器，选择“创建球标”选项，在出现“BOM 视图”中选择“根据视图”选项，根据消息区提示“选取要显示 bom 球标的视图”，如图 10-72 中⑥～⑧所示。选择主视图后单击 确定 按钮，发现主视图球标已经建立，如图 10-73 所示。

操作过程见随书光盘 10\视频\10-25 工程图球标的添加.avi。

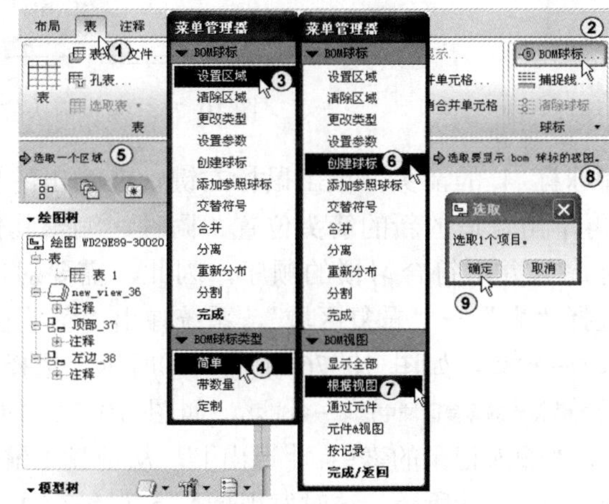

图 10-72　创建 BOM 球标

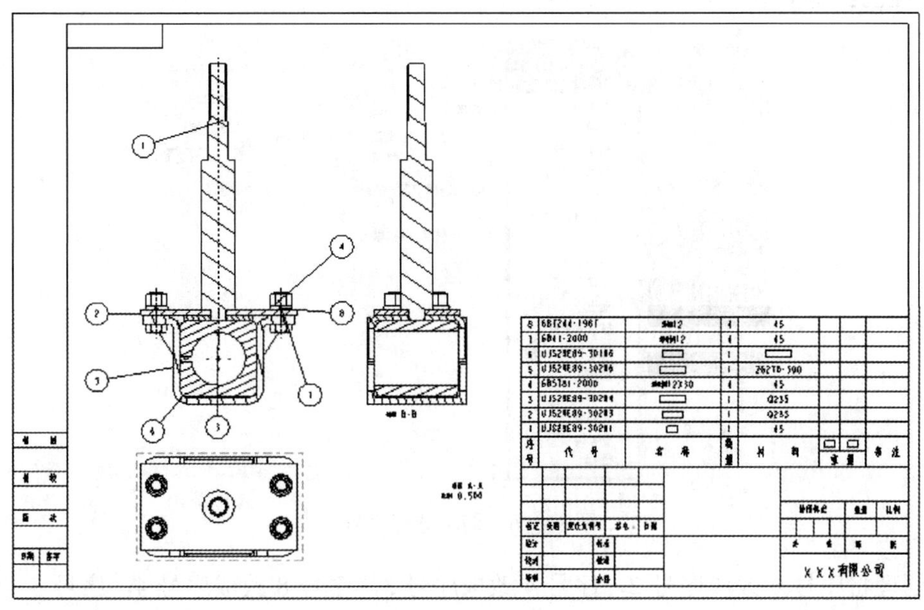

图 10-73　标注球标

为了表达清楚，将编号为 1（螺母）的球标移动到俯视图中。在主视图上选择球标 1，单击鼠标右键，在弹出的快捷菜单中选择“将项目移动到视图”选项，如图 10-74 所示，消息区出现“ ➪选取模型视图或窗口 ”后，选择俯视图，发现球标 1 已经放在俯视图中了。同理，将球标 7 移动到右视图中。

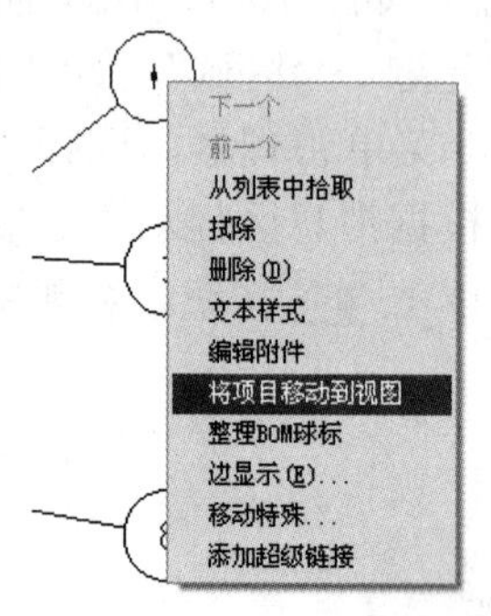

图 10-74　编辑球标

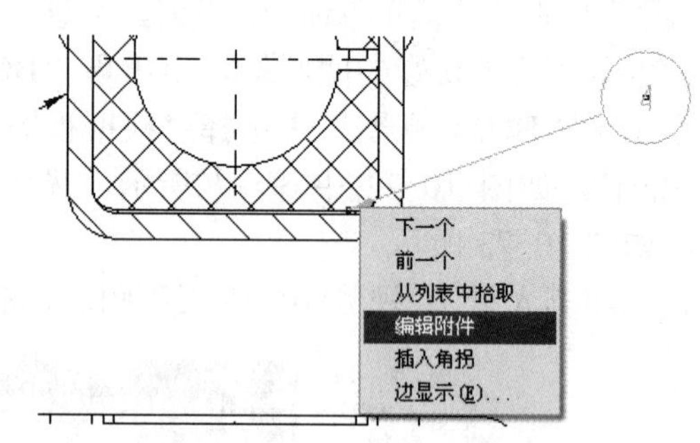

图 10-75　编辑箭头位置

编辑箭头位置。选择球标 4 的箭头，单击鼠标右键，在弹出的快捷菜单中选择编辑附件，如图 10-75 所示，再单击合适的新的箭头位置。同理，编辑其他的球标，修改球标代号。自动标注出来的球标序号并不符合习惯的顺序，因此，需要对球标序号进行修改。首先，把序号 5 改成 1，选择“表”→“重复区域”，系统弹出“菜单管理器”，选择“固定索引”后消息区出现提示 ➪选取一个区域.，如图 10-76 中①～④所示。选择表格，系统弹出“菜单管理器”，消息区出现提示 ➪在当前重复区域中选取一条记录.，如图 10-76 中⑤⑥所示。单击表格中的序号 5，消息区继续提示“输入记录的索引：[退出]”，从键盘上输入“1”，单击☑按钮，单击“完成”，如图 10-76 中⑦～⑨所示。这时发现球标 5 已经变成 1 了，同时明细表中序号 5 的内容已经调至序号 1 了。

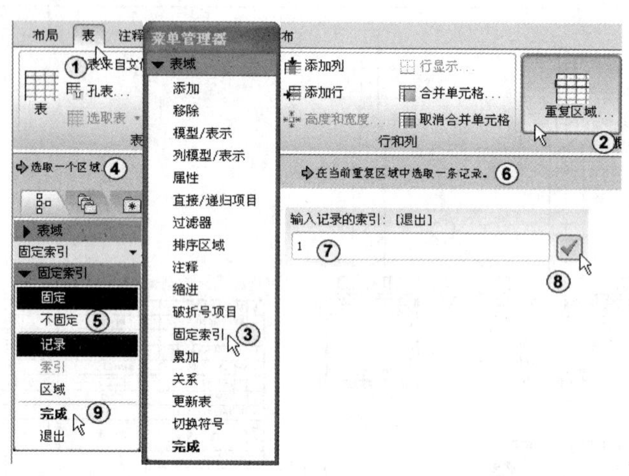

图 10-76　编辑球标序号

1）同理将序号 6 改成序号 2，序号 4 改成序号 3，序号 8 改成序号 4，序号 3 改成序号 5，序号 7 改成序号 6，效果如图 10-77 所示。

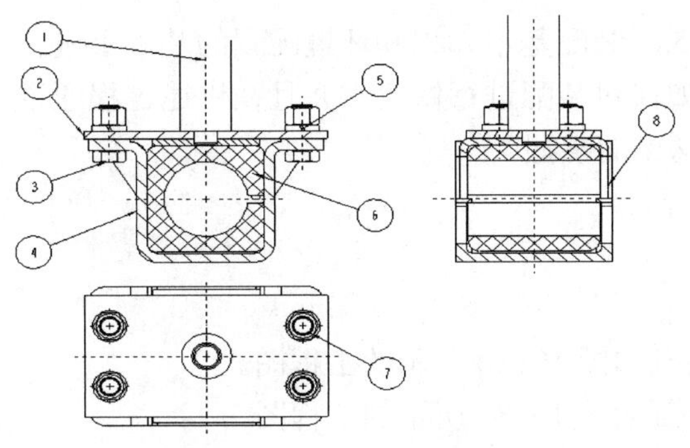

图 10-77　修改球标序号

2）编辑其他内容如图 10-78 所示。此处内容与零件工程图相似，具体操作可查阅零件工程图相关内容，最终的工程图如图 10-79 所示。

操作过程见随书光盘 10\视频\10-26 多余剖面线的拭除.avi。

序号	代　号	名　称	数量	材　料	单件重量	总计重量	备　注
8	GB7244-1987	垫圈12	4	45			
7	GB41-2000	螺母M12	4	45			
6	UJS29E89-30106	橡胶衬套	1	聚氨酯橡胶			
5	UJS29E89-30206	稳定杆夹板	1	ZG270-500			
4	GB5781-2000	螺栓M12X30	4	45			
3	UJS29E89-30204	橡胶套夹板	1	Q235			
2	UJS29E89-30203	吊杆底板	1	Q235			
1	UJS29E89-30201	吊杆	1	45			

标记	处数	更改文件号	签名	日期	前悬吊杆总成	WD29E89-30020		
						阶段标记	重量	比例
						S	5.77	1:2
设计	X X X	标准				共 1 张		第 1 张
校对		批准				X X X有限公司		
审核		会签						

图 10-78　修改明细表

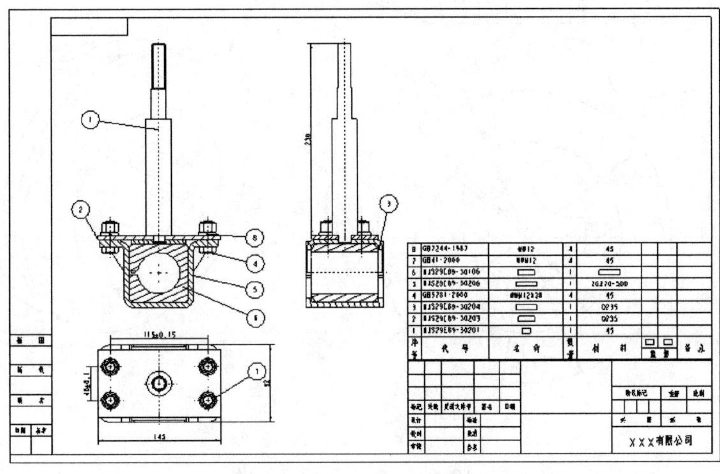

图 10-79　装配工程图

本节在介绍 Pro/E 5.0 装配基本知识和环境配置的基础上进一步讲述了在装配过程中如何精确控制元件位置及如何对装配进行修改，并且在讲述过程通过具体实例引导读者，使其对装配设计有一个更加深刻的掌握。

10.11 练习题

1．以模型为基础绘制如图 10-80 所示的工程图。
2．以模型为基础绘制如图 10-81 所示的工程图。
3．以模型为基础绘制如图 10-82 所示的工程图。

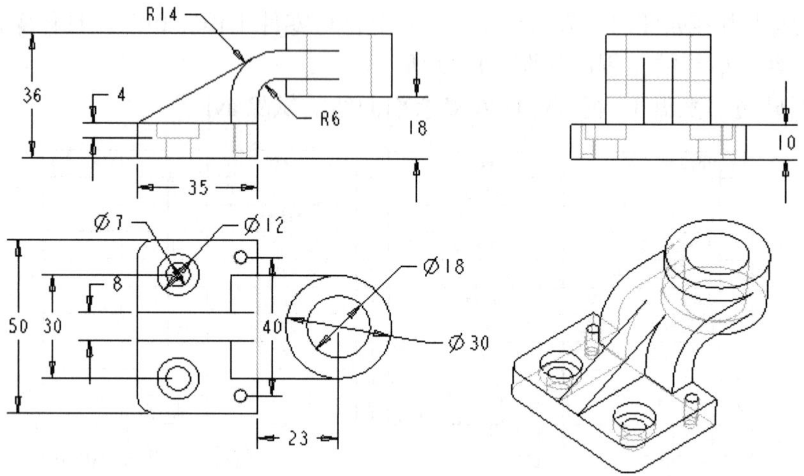

图 10-80　支架类零件工程图

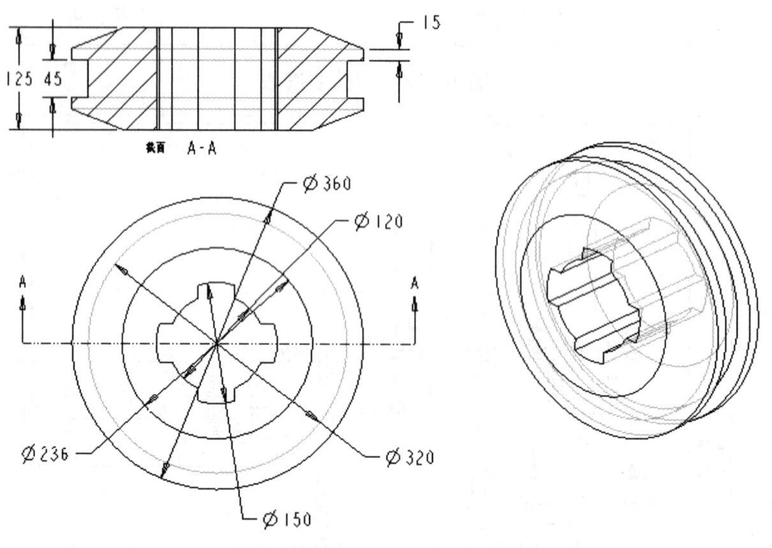

图 10-81　盘类零件工程图

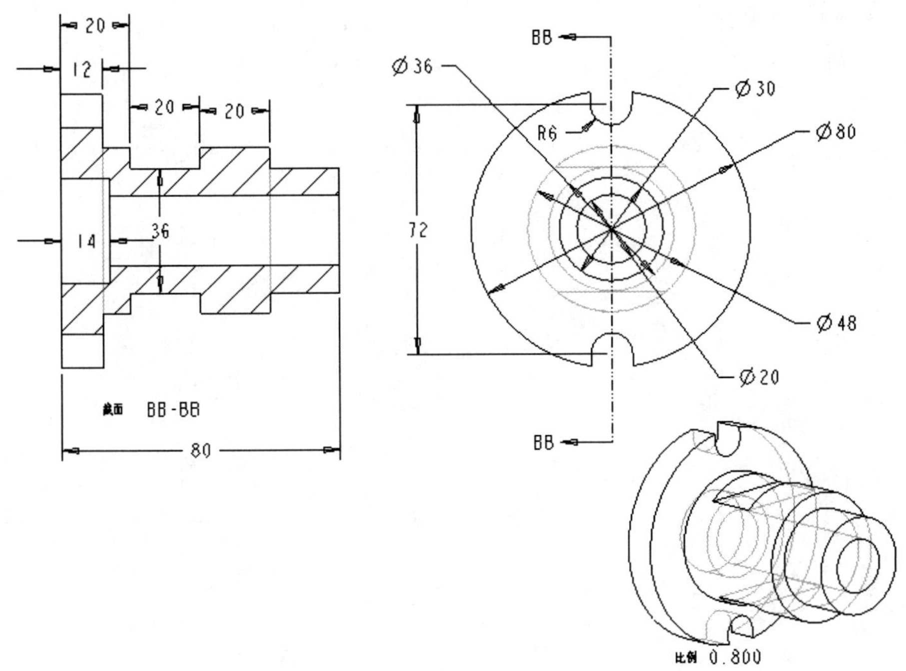

图 10-82　轴类零件工程图